"十二五"国家重点图书出版规划项目
航空航天精品系列

THIN-FILM OPTICS & VACUUM COATING TECHNOLOGY

薄膜光学与真空镀膜技术

王治乐 编著

哈爾濱工業大學出版社
HARBIN INSTITUTE OF TECHNOLOGY PRESS

内 容 简 介

本书比较全面地介绍了光学薄膜的理论基础与真空制备工艺，内容包括光学薄膜的波动理论基础、膜系特性计算与设计方法、常用膜系(减反射膜系、反射膜系、截止滤光片与带通滤光片)的性能特点、薄膜在真空状态下的物理气相沉积技术、物理气相沉积薄膜的结构与特点、光学薄膜的性能测试方法等。本书用简明的语言对光学薄膜技术设计的主要环节进行了论述，并给出了相关的国内、国际技术标准，可作为高等院校电子科学与技术、光电测试、光学工程等专业的本科教材，也可作为光电系统工程技术人员的技术参考材料。

图书在版编目(CIP)数据

薄膜光学与真空镀膜技术/王治乐编著. —哈尔滨：哈尔滨工业大学出版社，2013.12(2025.8 重印)
"十二五"国家重点图书·航空航天精品系列
ISBN 978-7-5603-3696-1

Ⅰ.①薄… Ⅱ.①王… Ⅲ.①薄膜光学②真空技术-镀膜 Ⅳ.①O484.4②TN305.8

中国版本图书馆 CIP 数据核字(2012)第 167413 号

策划编辑 赵文斌 杜 燕
责任编辑 范业婷
出版发行 哈尔滨工业大学出版社
社 址 哈尔滨市南岗区复华四道街 10 号 邮编 150006
传 真 0451-86414749
网 址 http://hitpress.hit.edu.cn
印 刷 哈尔滨圣铂印刷有限公司
开 本 787mm×1092mm 1/16 印张 17.25 字数 398 千字
版 次 2013 年 12 月第 1 版 2025 年 8 月第 2 次印刷
书 号 ISBN 978-7-5603-3696-1
定 价 88.00 元

前　　言

随着各种新型光电设备的发展与已有系统的性能提升，光学薄膜的重要性也得到了加强。光学薄膜的设计与制备不仅涉及光学、材料学、电子学、机械学、自动控制等多个学科，更涉及膜系设计与优化技术、真空沉积技术、膜厚检测技术、薄膜性能测试技术等内容。编写本书的目的是用有限的篇幅比较全面地向读者介绍光学薄膜从理论设计到制备的知识体系，并通过 MACLOED 软件给出了大量实际膜系的光谱曲线来说明相关理论结果，尽量避免繁琐的理论推导。

本书比较全面地介绍了光学薄膜的理论基础与真空制备工艺，具体内容包括光学薄膜的波动理论基础、膜系特性计算与设计方法、常用膜系（减反射膜系、反射膜系、截止滤光片与带通滤光片）的性能特点、薄膜在真空状态下的物理气相沉积技术、物理气相沉积薄膜的结构与特点、光学薄膜的性能测试方法等。本书用简明的语言对光学薄膜技术设计的主要环节进行了论述，并给出了相关的国内、国际技术标准，可作为高等院校电子科学与技术、光电测试、光学工程等专业的本科教材，也可作为光电系统工程技术人员的技术参考材料。

本书的第 2 章和第 3 章由张树青博士参与编写，第 10 章由任智斌博士参与编写，第 9 章由侯晴宇博士参与编写，第 11 章和附录由张旺博士参与编写，其他章节的编写与全书校勘由王治乐博士完成。王付刚、赵明、石栋梁、刘尚阔、宋宇、钱育龙等研究生参与了画图与文字整理工作，在此表示感谢。

由于作者水平有限，错误和疏漏之处在所难免，敬请广大读者批评指正。

编　　者

2013 年 4 月

目　　录

上　篇

下 篇

上　篇

第1章　绪　论

1.1　薄膜光学概述

1.1.1　概念与功能

光学薄膜是指在光学元件或独立的基片上镀一层或多层介质膜、金属膜或介质金属膜，用来改变光波的传输特性。光学薄膜大多通过干涉作用来改变光波的传输特性，如简单的肥皂膜、金属表面氧化膜、水面上油层显现的颜色，均可视为单层膜的干涉。当膜层中的干涉现象可以被观察时，通常认为膜层是薄的，否则认为是厚膜。干涉现象的观测不仅和膜层厚度有关，还与光源的相干性、探测器种类有关。通常，膜层厚度不超过几个波长时，可以认为是薄的。与膜层相比，基片的厚度在毫米或厘米量级，因此可以认为基片是厚的。

光在薄膜内干涉效果随波长变化而改变，光经过光学薄膜后，不同波长光的透射、反射、偏振及相位会发生不同变化，这些变化使得光学薄膜至少具有以下功能：

(1) 反射率的增加或透过率的降低；

(2) 反射率的降低或透过率的增加；

(3) 分光作用：中性分光、双色分光、偏振分光；

(4) 光谱带通、截止及长波通或短波通滤光作用；

(5) 热辐射与发射率的控制、光通量改变；

(6) 相位的改变；

(7) 光波的引导、光开关与集成光路；

(8) 色光与色温的改变；

(9) 光信息的存储；

(10) 色光显示与反射、防伪作用等。

光学薄膜的分类有多种方法，主要分类方法有：

(1) 根据光谱响应的不同，可分为增透膜、反射膜、带通滤光片、截止滤光片、分光膜；

(2) 根据膜厚可分为薄膜(干涉膜) 和厚膜(非干涉膜)；

(3) 根据膜料分为全介质膜、金属膜、介质金属膜；

(4) 根据层数分为单层膜、双层膜、和多层膜(三层膜及以上)。

薄膜光学是研究光在分层介质中传播规律的一门科学，它主要研究光在分层介质中传播时的透射特性、反射特性、吸收特性以及光的偏振状态和相位变化现象。薄膜光学促进了科学仪器的革命，光学零件的薄膜技术除大量应用于光学仪器，如照相机、显微镜、望远镜外，还广泛应用于激光技术、能源研究、空间技术、电子工程、医疗技术、彩色光电印刷机、大规模集成电路制板等领域，可以说没有薄膜光学就没有现代光电仪器。薄膜光学与导波光学相结合，形成了一门新的学科 —— 集成光学。

薄膜光学发展至今，已经形成了一套比较完整、实用的理论，包括薄膜的特性计算、优化设计等具体内容。

1.1.2 发展史简介

薄膜光学理论发展初期阶段也是人们对光的波动性认识的历程，从17 世纪“牛顿环”的发现到1801 年托马斯·杨发表干涉实验结果，以及菲涅耳对此进一步的发扬光大，物理光学和薄膜光学才有了理论基础，目前用多光束干涉处理平行平面薄膜已成为物理教材的基本内容之一。

1873 年麦克斯韦的专著《论电与磁》出版，将光的电磁理论与波动理论相结合，以此为基础导出了两媒质界面上入射光与反射光、透射光之间的振幅、能量和相位关系，从此分析薄膜光学问题的全部理论基本建立。然而，19 世纪的物理学却没有发展多层膜的概念，也没建立相应的分析方法，其原因是当时的光学系统比较简单，没有这种实际需要，当然，当时也不具备制备多层膜的工艺与设备。即使单层膜的应用也历尽艰辛，虽然早在1817 年夫琅禾费(Fraunhofer) 用酸蚀法制成了世界上第一批单层减反射膜，1866 年，瑞利在报告中称失去光泽玻璃的反光比新鲜玻璃的反光弱，但这并没有引起人们的重视。1899 年法布里与泊珞制成了第一个薄膜光学元件 —— 法布里 - 泊珞(Fabry - Perot) 标准具，但它仍是由两块镀单层银膜的平板构成，而不是一个真正的多层膜器件。

因此，直到 19 世纪末，薄膜光学虽然具备了基础理论，但人们并没有找到实际解决制造各种薄膜的工艺方法和膜系设计分析手段，可以说20 世纪以前是薄膜光学的早期发展阶段。

1930 年油扩散泵的出现，使得工业制造各种薄膜成为可能，接着在实验室制造出了单层反射膜、增透膜、分光膜和金属法布里 - 泊珞干涉滤光片。

在上述实际工作的推动下，从20 世纪40 年代开始，薄膜光学理论进入全面发展时期，各种薄膜光学理论和膜系计算方法被相继提出。1956 年，瓦施切克发表了第一本薄膜光学专著《薄膜光学》(Optics of Thin Films)，到了 60 年代，激光、空间技术和光谱技术的飞速发展，以及电子计算机的推广应用，推动了薄膜光学的飞速发展。1969 年，英国学者麦克劳德（Macleod）用干涉矩阵解释和计算光学薄膜，出版了专著《薄膜光学滤光器》（Thin-film Optical Filters）。1976 年，尼特尔（Knittle）发表了专著《薄膜光学》（Optics of Thin Films），全面讨论了薄膜光学的一些理论问题。

薄膜光学本身的发展主要是解决光学薄膜的理论与计算问题，然后解决各类光学薄膜的设计问题。膜系设计与光学系统设计不同，这是因为光学设计的基础是几何光学，而膜系设计的基础是物理光学，确切说是光的干涉原理。最早的膜系设计方法是试凑法、图解法，但这只能解决一些简单膜系的设计问题，随着优化技术和电子计算机的广泛应用，除了发展基于薄膜光学理论的解析设计方法外，杨和西利（Seely）根据电路网络设计理论的研究成果，在膜系设计理论中引入网络设计理论。到 20 世纪 70 年代，膜系设计的更大发展是计算机辅助的各种设计方法，特别是膜系自动设计。1981 年，利德尔（Liddel）出版了膜系设计专著《多层膜中的计算机设计辅助技术》（Computes-aided techniques for the design of multilayer filters）。

目前，在 Zemax、CodeV 等先进的光学设计软件中已经包含膜系设计模块，并且出现了像 Macleod 这样的专业膜系设计软件。

1.1.3 薄膜干涉的特点

目前薄膜光学研究与应用的波段范围为：可见光、红外光和紫外光，波长范围大约为 0.2 ~30 μm。基于波动光学理论的薄膜干涉具有如下特点：

（1）时间相干性

根据物理光学的知识，两束光产生稳定干涉现象的必要条件是：频率相同，振动方向相同，相位差恒定；补充条件是光程差小于相干长度。光源的相干长度为

$$l = \frac{\lambda}{\Delta\lambda} \cdot \lambda = \frac{\lambda^2}{\Delta\lambda} = c\tau \tag{1.1}$$

式中，τ 为单个原子发光持续时间，也称相干时间；$\Delta\lambda$ 为光源波段宽度；λ 为波长。

由式（1.1）可得

$$\Delta\lambda = \frac{\lambda^2}{c\tau} \tag{1.2}$$

由式（1.1）~（1.2）可知，光源时间相干性可以用相干光程、单色性、相干长度、相干时间或谱线宽度表示，它们是等效的。

对于白光光源，取 $\Delta\lambda = 10$ nm，$\lambda = 500$ nm，则相干长度 $l = 0.025$ mm，由于一般光学零件的几何厚度在毫米量级，远远超过白光的相干光程，因此光学零件的上下表面不会产生干涉现象。但光学元件上的薄膜，厚度在亚微米量级，小于白光相干光程，因此，薄膜的上下界面将产生光的干涉现象。

注意，对于氦氖激光器（He-Ne Laser），其 $\Delta\lambda = 10^{-6}$ nm，$\lambda = 632.8$ nm，相干长度 $l =$ 40 km，因此一切光学元件都可按薄膜干涉现象解释。

一般情况下，薄膜会产生干涉现象，而光学元件不会产生干涉现象（除了激光等好的相干光源外），因此，计算薄膜的光学性质用振幅矢量和，计算光学元件（厚膜）的光学性质用强度的数量和。

(2) 空间相干性

在干涉仪中,条纹越清晰越好,干涉条纹的清晰程度由对比度表征,干涉条纹对比度为

$$K = \frac{I_{max} - I_{min}}{I_{max} + I_{min}} \tag{1.3}$$

式中,I_{max} 为干涉条纹光强分布极大值;I_{min} 为干涉条纹光强分布极小值。

当 $K = 0$ 时,条纹对比度最差;当 $K = 1$ 时,条纹对比度最好。

对光学薄膜而言,一般情况下它对条纹对比度的要求与干涉仪完全相反。光学薄膜是为了改善光学零件界面的光学特性,如增透膜,它的作用是增加光学零件界面上的光能透过率,减小光学零件界面上的反射率,而不希望增透膜本身参与成像。如对无限远的一个光点,希望它的像还是一个点,而不是明暗相间的条纹,因此要求薄膜因干涉产生的条纹对比度为零。

一般而言,薄膜的透射率 T 或反射率 R,不是空间位置坐标(x,y) 的函数,而只是波长 λ 的函数(透射率 T 与波长 λ 的关系如图 1.1 所示),也就是说我们不希望薄膜的干涉效应改变光能的空间位置分布状况,即薄膜不根据空间位置坐标进行光能的重新分配,只对各波长的光能进行重新分配。

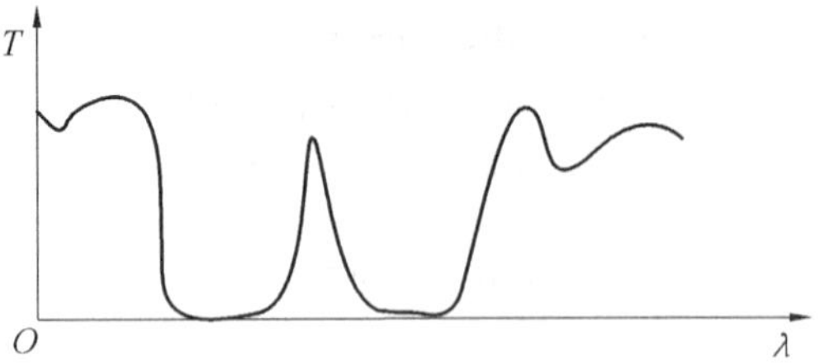

图 1.1　薄膜透射率曲线

1.1.4　光学薄膜的基本假定与表示

1. 基本假定

为了研究方便,对光学薄膜作如下基本假定:

(1) 薄膜在光学上是各向同性介质,电介质的特性可用折射率 n 表征,并且 n 是一个实数;对于金属和半导体,其特性可用复折射率 $N = n - \mathrm{j}k$ 表征,虚部 k 称为消光系数。

(2) 两个相邻介质可用一个数学界面分开,数学界面两侧相邻介质的折射率 n 发生不连续跃变。

(3) 折射率 n 在空间坐标上是连续的;为了达到设计目的,折射率可随膜层的厚度而变化,并将此类薄膜称为非均匀膜或变折射率膜。

(4) 膜层用两个无限大平行平面分开,膜层厚度在波长数量级。

薄膜的理论研究只限于这些基本假定,但真实镀制的光学薄膜并非如此。真实的光学薄膜与我们采用的分层介质简单模型所产生的差别虽然在大多数情况下可以被忽略,但它所造成的扰动使理论应用受到实际的限制,在更精确的理论中,必须考虑真实薄膜的下列因素:

① 蒸发薄膜的多晶结构可能造成光的散射或吸收;

② 基体表面粗糙度和膜层界面粗糙度对光造成的散射或吸收;

③ 由于薄膜结构与内应力造成的薄膜的各向异性;

④ 薄膜的结构和光学常数与薄膜的实际厚度有关;

⑤ 折射率 n 与厚度 d 随时间 t 的变化特性;

⑥ 二相邻材料之间的扩散引起的内过渡层；

⑦ 成膜后表面吸附、氧化引起的外过渡层；

⑧ 由于制备条件引起的膜层的非均匀性；

⑨ 介质光学常数的色散；

⑩ 不同膜层的生成机理等。

2. 薄膜的表示

（1）膜层与膜系

膜系是指具有一定光学功能的多层薄膜，有时也称膜堆。膜层是指膜系中的任何一层膜，膜层与膜系的关系如图 1.2 所示。

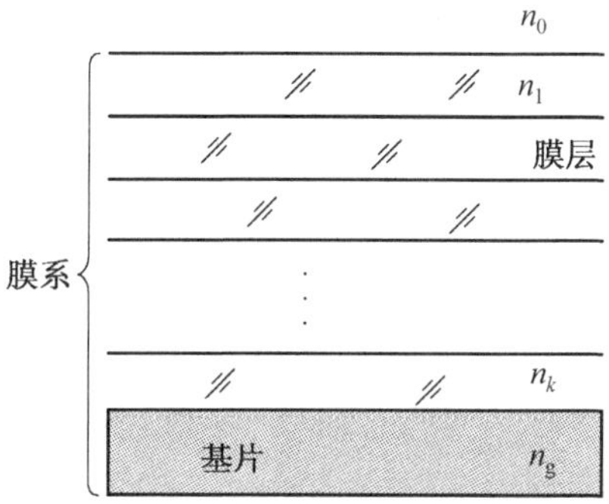

图 1.2　膜层与膜系的关系

一般而言，薄膜是在空气中（或真空中）使用，习惯上用 n_0 表示空气折射率，并从空气侧开始标注各膜层的折射率 $n_1, n_2, \cdots, n_k$，k 为膜系的总层数，基片的折射率记为 n_g，k 层膜存在 $k+1$ 个界面，顺序记为 $1 \sim k+1$。

（2）膜层厚度

膜层的厚度主要有以下三种表示方法：

① 几何厚度：指膜层的实际厚度，也称物理厚度，一般用 d 表示，膜层的几何厚度一般为几百纳米。

② 光学厚度：指膜层等效为光波在真空中的厚度，也就是膜层对应的光程，数值上等于几何厚度与膜层折射率的乘积，记为 nd，不加说明时，膜厚指光学厚度。

③ 相位厚度：指膜层对光波相位的调制厚度，它与入射光波波长、膜层光学厚度以及光波的入射角 θ 有关，相位厚度的表达式为 $\delta = \frac{2\pi}{\lambda} nd\cos\theta$。

（3）膜系与膜层的表示

常见的膜系主要分为周期膜系和非周期膜系。对于周期膜系，若膜层 $n_1 > n_2$，我们一般用 H 表示 n_1 层，L 表示 n_2 层，A 表示空气，它一般为入射介质，G 表示基片，一般为玻璃，在膜厚相同时，$nd = \lambda/4$ 称为一个单位厚度，周期数记为 S，则膜系表示为

$$A(HL)^S G$$

当 $S = 2$ 时，膜系的具体结构为 AHLHLG。

完整的周期膜系表示如下：

$$A(HL)^S G$$

$$n_A = ?\quad n_H = ?\quad n_L = ?\quad n_g = ?\quad S = ?\quad \theta_0 = ?\quad \lambda_0 = ?$$

对于非周期膜系，其膜层厚度也不一定为单位厚度，或单位厚度的整数倍，此时用 $k_1, k_2, k_3, \cdots$ 表示膜层的厚度系数，完整非周期膜系表示如下：

$$Ak_1 M_1 k_2 M_2 k_3 M_3 \cdots G$$

$$n_A = ?\quad \theta_0 = ?\quad \lambda_0 = ?\quad n_g = ?$$

$$k_1 = ?\quad k_2 = ?\quad k_3 = ?\quad \cdots$$

$$n_{M_1}=?\quad n_{M_2}=?\quad n_{M_3}=?\quad \cdots$$

(4) 膜系的性能表示

根据膜系功能的不同，膜系的性能通常用反射光谱曲线和透射光谱曲线表示，典型高反射膜系的反射光谱曲线和透射光谱曲线如图 1.3 所示，当忽略膜层的吸收时，由于 $R(\lambda)+T(\lambda)=1$，反射光谱曲线和透射光谱曲线是互补关系。

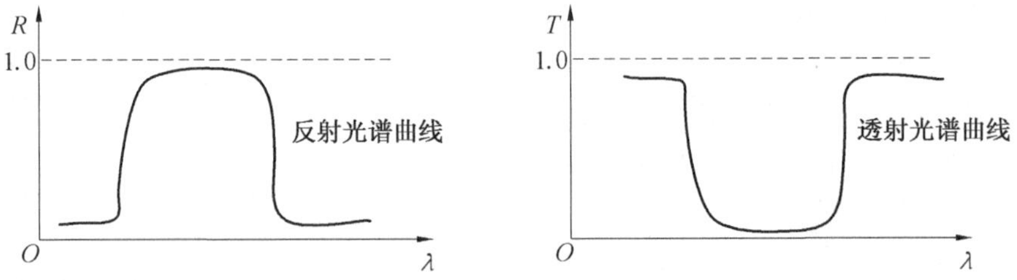

图 1.3　膜系反射光谱曲线和透射光谱曲线

1.2　电磁理论基础

光学薄膜通过光波的干涉作用来实现对光波的调制，因此，研究光波在分层介质中的行为离不开波动光学。下面分别介绍麦克斯韦方程、边界条件及菲涅耳公式。

1.2.1　麦克斯韦方程组

光是电磁波，在物理光学中，已经知道交变电磁场可由下列四个方程描述

$$\oiint \boldsymbol{D}\cdot \mathrm{d}\boldsymbol{s}=Q \tag{1.4}$$

$$\oiint \boldsymbol{B}\cdot \mathrm{d}\boldsymbol{s}=0 \tag{1.5}$$

$$\oint \boldsymbol{E}\cdot \mathrm{d}\boldsymbol{l}=-\iint \frac{\partial \boldsymbol{B}}{\partial t}\cdot \mathrm{d}\boldsymbol{s} \tag{1.6}$$

$$\oint \boldsymbol{H}\cdot \mathrm{d}\boldsymbol{l}=I+\iint \frac{\partial \boldsymbol{D}}{\partial t}\cdot \mathrm{d}\boldsymbol{s} \tag{1.7}$$

以上式中 $\boldsymbol{D}$、$\boldsymbol{E}$、$\boldsymbol{B}$ 和 $\boldsymbol{H}$ 分别表示电感强度（电位移矢量）、电场强度、磁感应强度和磁场强度；Q 表示积分闭合曲面内包含的总电量；I 表示积分闭合回路包围的传导电流；$\mathrm{d}\boldsymbol{l}$ 和 $\mathrm{d}\boldsymbol{s}$ 表示任一闭合回路与闭合曲面上的积分。以上 4 个公式通常称为积分形式的麦克斯韦方程组，主要用来描述某一有限空间范围内的电磁场。

利用微积分中的高斯定理和斯托克斯定理可以得到微分形式的麦克斯韦方程组

$$\nabla\cdot \boldsymbol{D}=\rho \tag{1.8}$$

$$\nabla\cdot \boldsymbol{B}=0 \tag{1.9}$$

$$\nabla\times \boldsymbol{E}=-\frac{\partial \boldsymbol{B}}{\partial t} \tag{1.10}$$

$$\nabla\times \boldsymbol{H}=\boldsymbol{j}+\frac{\partial \boldsymbol{D}}{\partial t} \tag{1.11}$$

式中,∇称为哈密顿算子,$\nabla = \boldsymbol{x}\frac{\partial}{\partial x} + \boldsymbol{y}\frac{\partial}{\partial y} + \boldsymbol{z}\frac{\partial}{\partial z}$;$\boldsymbol{j}$ 为传导电流密度。

微分形式的麦克斯韦方程组主要用来描述空间某一点附近的电磁场。以上各式中的符号所对应的物理名称及其 SI 单位见表 1.1。

表 1.1　麦克斯韦方程中物理量及其单位

符号	物理名称	SI 单位
$\boldsymbol{E}$	电场强度	$\mathrm{V \cdot m^{-1}}$(伏/米)
$\boldsymbol{D}$	电位移矢量	$\mathrm{C \cdot m^{-2}}$(库/平方米)
$\boldsymbol{B}$	磁感应强度	T(特斯拉)
$\boldsymbol{H}$	磁场强度	$\mathrm{A \cdot m^{-1}}$(安/米)
$\boldsymbol{I}$	传导电流	A(安)
$\boldsymbol{j}$	传导电流密度	$\mathrm{A \cdot m^{-2}}$(安/平方米)
ρ	电荷密度	$\mathrm{C \cdot m^{-3}}$(库/立方米)
σ	电导率	$\mathrm{S \cdot m^{-1}}$(西门子/米)
μ	磁导率	$\mathrm{H \cdot m^{-1}}$(亨利/米)
ε	介电常数	$\mathrm{F \cdot m^{-1}}$(法拉/米)

在麦克斯韦方程组中,$\boldsymbol{E}$ 和 $\boldsymbol{B}$ 是电磁场的基本物理量,它们代表介质中总的宏观电磁场,而 $\boldsymbol{D}$ 和 $\boldsymbol{H}$ 只是引进的两个辅助场量。$\boldsymbol{E}$ 和 $\boldsymbol{D}$,$\boldsymbol{B}$ 和 $\boldsymbol{H}$ 的关系与电磁场所在物质的性质有关,在各向同性介质中,它们具有简单的关系

$$\boldsymbol{D} = \varepsilon \boldsymbol{E} \tag{1.12}$$

$$\boldsymbol{B} = \mu \boldsymbol{H} \tag{1.13}$$

式中,ε 和 μ 为标量,称为介电常数和磁导率,在真空中 $\varepsilon = \varepsilon_0 = 8.854\,2 \times 10^{-12}$ F/m,$\mu = \mu_0 = 4\pi \times 10^{-7}$ H/m,在介质中 $\varepsilon = \varepsilon_r \varepsilon_0$,$\mu = \mu_r \mu_0$,$\varepsilon_r$ 和 μ_r 为相对介电常数和相对磁导率。

在导电介质中,还存在欧姆定律

$$\boldsymbol{j} = \sigma \boldsymbol{E} \tag{1.14}$$

式中,σ 为电导率。

式(1.12)~(1.14)称为物质方程,它们描述物质在电磁场作用下的特性。在应用麦克斯韦方程组求解各个场量时,物质方程必不可少。

利用微分形式的麦克斯韦方程组可以得到电磁场的波动方程

$$\nabla^2 \boldsymbol{E} - \frac{1}{v^2}\frac{\partial^2 \boldsymbol{E}}{\partial t^2} = 0 \tag{1.15}$$

$$\nabla^2 \boldsymbol{B} - \frac{1}{v^2}\frac{\partial^2 \boldsymbol{B}}{\partial t^2} = 0 \tag{1.16}$$

式中,$v = 1/\sqrt{\varepsilon\mu}$,代表电磁波的传播速度。在真空中光速 $c = 1/\sqrt{\varepsilon_0\mu_0} = 2.997\,924\,58 \times 10^8$ m/s。定义电磁波在真空中的传播速度 c 与在介质中的传播速度 v 之比为介质的折射率 N,因此可得

$$N = \frac{c}{v} = \sqrt{\varepsilon_r \mu_r} \tag{1.17}$$

除了磁性介质外，多数介质的 $\mu_r \approx 1$，因此 $N = \sqrt{\varepsilon_r}$，在无限大不导电的透明介质中，N 为实数。由于物质介电常数可能为复数（如金属），此时，介质的折射率 N 为复数，记为 $N = n - \mathrm{j}k$，其中 n 和 k 是实数，称 k 为介质的消光系数。

运用有关数学知识，我们不难求出波动方程的平面波解

$$\boldsymbol{E} = \boldsymbol{A}\exp(\mathrm{i}\boldsymbol{k}\cdot\boldsymbol{r})\exp(-\mathrm{i}\omega t) \tag{1.18}$$

式中，$\boldsymbol{A}$ 为复振幅；$\boldsymbol{k}$ 为波矢量；$\boldsymbol{r}$ 为矢径。

由式(1.10) $\nabla\times\boldsymbol{E} = -\frac{\partial\boldsymbol{B}}{\partial t}$，并且

$$\nabla\times\boldsymbol{E} = \{\nabla\exp[\mathrm{i}(\boldsymbol{k}\cdot\boldsymbol{r} - \omega t)]\}\times\boldsymbol{A} = \mathrm{i}\boldsymbol{k}\times\boldsymbol{E}$$

$$\frac{\partial\boldsymbol{B}}{\partial t} = -\mathrm{i}\omega\boldsymbol{B}$$

因此可得

$$\boldsymbol{B} = \frac{1}{\omega}\boldsymbol{k}\times\boldsymbol{E} \tag{1.19}$$

由于 $\boldsymbol{B} = \mu\boldsymbol{H}$，$k = \omega/v = \omega\sqrt{\varepsilon\mu}$，所以可得

$$\boldsymbol{H} = \frac{\sqrt{\varepsilon\mu}}{\mu}\boldsymbol{k}_0\times\boldsymbol{E} \tag{1.20}$$

定义介质中磁场强度与电场强度之比为介质的光学导纳，记为 Y，则

$$Y = \frac{\boldsymbol{H}}{\boldsymbol{k}_0\times\boldsymbol{E}} = \frac{\sqrt{\varepsilon\mu}}{\mu} \tag{1.21}$$

真空中 $Y = Y_0 = \sqrt{\varepsilon_0/\mu_0} = 1/377$ 西门子，称 Y_0 为自由空间导纳，为方便起见，以 Y_0 为光学导纳的单位，因此介质的光学导纳也可记为

$$Y = \sqrt{\frac{\varepsilon_r\varepsilon_0}{\mu_r\mu_0}} = NY_0\frac{1}{\sqrt{\mu_r}} \tag{1.22}$$

在光学波段，大多数非磁性介质的 $\mu_r \approx 1$，因此光学导纳在数值上等于介质的折射率。显然，在微波区，不能假定磁导率接近于1，因此介质的导纳和折射率不再相等。

1.2.2 电磁场边界条件

为了研究电磁波从一种介质进入另一种介质时将发生什么样的光学行为，可先求出在界面两侧电磁场的关系，即所谓的边界条件。

如图1.4所示，设 $\boldsymbol{E}_1$ 为介质1中的电场强度，$\boldsymbol{E}_2$ 为介质2中的电场强度，t 表示切向分量，n 表示法向分量，并假定 $\boldsymbol{E}_1$ 和 $\boldsymbol{E}_2$ 在微小的积分范围变化缓慢，当长度 l 取得比较小时，$\boldsymbol{E}_1$ 和 $\boldsymbol{E}_2$ 可当作常矢量，因此公式 $\oint\boldsymbol{E}\cdot\mathrm{d}\boldsymbol{l} = -\iint\frac{\partial\boldsymbol{B}}{\partial t}\cdot\mathrm{d}\boldsymbol{s}$ 的左端可写为

$$\oint\boldsymbol{E}\cdot\mathrm{d}\boldsymbol{l} = \boldsymbol{E}_1\cdot\boldsymbol{l}_1 + \boldsymbol{E}_2\cdot\boldsymbol{l}_2 = (\boldsymbol{E}_2 - \boldsymbol{E}_1)\cdot\boldsymbol{l}_2 \tag{1.23}$$

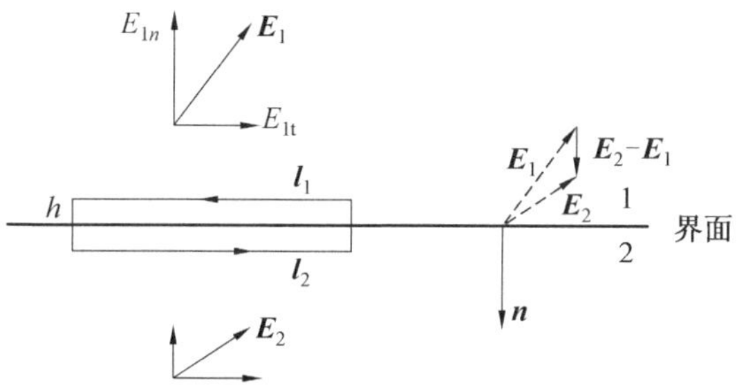

图 1.4　电场强度边界条件的推导

由于 $h \ll l$，因此上式忽略了 $\boldsymbol{E}\cdot\boldsymbol{h}$ 项，而且 l_1 和 l_2 长度均为 l，但方向相反，平行于界面，因此公式 $\oint \boldsymbol{E}\cdot \mathrm{d}\boldsymbol{l} = -\iint \frac{\partial \boldsymbol{B}}{\partial t}\cdot \mathrm{d}\boldsymbol{s}$ 右端可写为

$$-\iint \frac{\partial \boldsymbol{B}}{\partial t}\cdot \mathrm{d}\boldsymbol{s} = -\frac{\partial \boldsymbol{B}}{\partial t}\cdot \boldsymbol{A} = 0 \tag{1.24}$$

式中，$|\boldsymbol{A}| = \boldsymbol{l}\cdot\boldsymbol{h}$，因为 $h\to 0$ 为无穷小量，所以 $|\boldsymbol{A}| = 0$，于是

$$(\boldsymbol{E}_2 - \boldsymbol{E}_1)\cdot \boldsymbol{l}_2 = \boldsymbol{0} \tag{1.25}$$

由于法线 $\boldsymbol{n}$ 垂直于 $\boldsymbol{l}_2$，所以

$$\boldsymbol{n}\times(\boldsymbol{E}_2 - \boldsymbol{E}_1) = \boldsymbol{0} \tag{1.26}$$

式(1.26)的物理意义是界面两侧的电场强度的切向分量连续，即

$$E_{1t} = E_{2t} \tag{1.27}$$

根据类似方法，可以得出：在静电场中，不带电的分界面两侧，电位移矢量的法向分量是连续的，即

$$\boldsymbol{n}\cdot(\boldsymbol{D}_2 - \boldsymbol{D}_1) = 0 \tag{1.28}$$

对静磁场边界条件是：在界面两侧磁感应矢量的法向分量是连续的，即

$$\boldsymbol{n}\cdot(\boldsymbol{B}_2 - \boldsymbol{B}_1) = 0 \tag{1.29}$$

但是只有两种介质的分界面没有传导电流时，磁场强度的切向分量才连续，即

$$\boldsymbol{n}\times(\boldsymbol{H}_2 - \boldsymbol{H}_1) = \boldsymbol{0} \tag{1.30}$$

由于这里研究的光学薄膜不带电、无传导电流，因此上述边界条件均成立。但在应用上述边界条件时，应注意：

(1) 边界条件中电磁矢量都是指界面两侧的总场强，例如当介质 1 中同时存在入射光波和反射光波时，$\boldsymbol{E}_1$ 是指入射光波和反射光波各自电场强度 $\boldsymbol{E}$ 的矢量和。

(2) 电磁矢量都是时间和空间的函数，因此式(1.27)~(1.30)在任意时刻、对界面上任意位置均成立。

1.2.3　菲涅耳公式

根据电磁场的边界条件，可以得出光波在界面上入射、反射和透射振幅之间的关系。

(1) 光波垂直入射

当光波垂直入射界面时，波矢量 $\boldsymbol{k}$ 垂直于界面，所以 $\boldsymbol{E}$ 和 $\boldsymbol{H}$ 都平行于界面，因此都连续地通过界面，此时入射介质 N_0 中存在正行入射波 $\boldsymbol{E}_0^+$ 和 $\boldsymbol{H}_0^+$、逆行反射波 $\boldsymbol{E}_0^-$ 和 $\boldsymbol{H}_0^-$，而在第二介质中只有正行折射光波 $\boldsymbol{E}_1^+$ 和 $\boldsymbol{H}_1^+$，根据导纳的定义得

$$\boldsymbol{H}_0^+ = N_0(\boldsymbol{k} \times \boldsymbol{E}_0^+) \tag{1.31}$$

$$\boldsymbol{H}_0^- = N_0(-\boldsymbol{k} \times \boldsymbol{E}_0^-) \tag{1.32}$$

$$\boldsymbol{H}_1^+ = N_1(\boldsymbol{k} \times \boldsymbol{E}_1^+) \tag{1.33}$$

应用边界条件

$$\boldsymbol{E}_0^+ + \boldsymbol{E}_0^- = \boldsymbol{E}_1^+ \tag{1.34}$$

$$\boldsymbol{H}_0^+ + \boldsymbol{H}_0^- = \boldsymbol{H}_1^+ \tag{1.35}$$

将式(1.31) ~ (1.33) 代入式(1.35)，得

$$N_1(\boldsymbol{k} \times \boldsymbol{E}_1^+) = N_0(\boldsymbol{k} \times \boldsymbol{E}_0^+ - \boldsymbol{k} \times \boldsymbol{E}_0^-)$$

由于 $\boldsymbol{k} \times \boldsymbol{E}_0^+ + \boldsymbol{k} \times \boldsymbol{E}_0^- = \boldsymbol{k} \times \boldsymbol{E}_1^+$，代入上式得 $N_1(\boldsymbol{k} \times \boldsymbol{E}_0^+ + \boldsymbol{k} \times \boldsymbol{E}_0^-) = N_0(\boldsymbol{k} \times \boldsymbol{E}_0^+ - \boldsymbol{k} \times \boldsymbol{E}_0^-)$，因此可得

$$N_1(E_0^+ + E_0^-) = N_0(E_0^+ - E_0^-) \tag{1.36}$$

$$E_0^- = \frac{N_0 - N_1}{N_0 + N_1} E_0^+ \tag{1.37}$$

或者

$$r = \frac{E_0^-}{E_0^+} = \frac{N_0 - N_1}{N_0 + N_1} \tag{1.38}$$

称 r 为振幅反射系数，或菲涅耳反射系数。

如果将式(1.34) 代入式(1.36)，联立式(1.38) 可得

$$E_1^+ = \frac{2N_0}{N_0 + N_1} E_0^+ \tag{1.39}$$

$$t = \frac{E_1^+}{E_0^+} = \frac{2N_0}{N_0 + N_1} \tag{1.40}$$

称 t 为振幅透射系数，或菲涅耳透射系数。

(2) 光波斜入射

在光波斜入射到界面时，只有 $\boldsymbol{E}$ 和 $\boldsymbol{H}$ 的切向分量 E_t 和 H_t 平行于界面，定义修正光学导纳 η 满足式(1.41) 和(1.42)，对于正行光波

$$\boldsymbol{H}_t^+ = \eta(\boldsymbol{k} \times \boldsymbol{E}_t^+) \tag{1.41}$$

对于反行光波

$$\boldsymbol{H}_t^- = -\eta(\boldsymbol{k} \times \boldsymbol{E}_t^-) \tag{1.42}$$

修正光学导纳 η 不仅与入射角有关，还与 $\boldsymbol{E}$ 和 $\boldsymbol{H}$ 相对于入射面的方位有关。不失一般性，将 $\boldsymbol{E}$ 和 $\boldsymbol{H}$ 分解为垂直于入射面(S 分量，TE 波、横电波) 和平行于入射面(P 分量，TM 波、横磁波) 的分量分别加以研究。

如图 1.5 所示，当入射光波为 TM 波时，这时光波的磁矢量 $\boldsymbol{H}$ 与界面平行($\boldsymbol{H}_t = \boldsymbol{H}$)，电矢量与界面的夹角为 θ，可得 $\boldsymbol{E}_t = \boldsymbol{E}\cos\theta$，根据导纳定义及 $\boldsymbol{H}_t = \boldsymbol{H}$ 得

$$\boldsymbol{H}_t = N\left(\boldsymbol{k} \times \frac{\boldsymbol{E}_t}{\cos\theta}\right) = \frac{N}{\cos\theta}(\boldsymbol{k} \times \boldsymbol{E}_t) \tag{1.43}$$

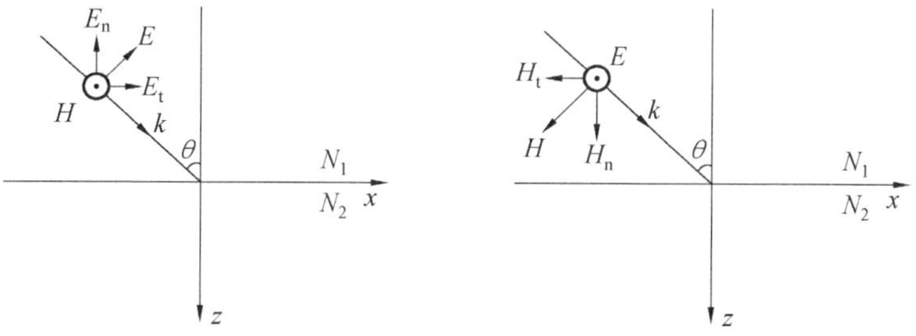

图 1.5　TM 波和 TE 波入射时的矢量图

比较式(1.43) 与式(1.41) 可得

$$\eta_P = \frac{N}{\cos\theta} \tag{1.44}$$

当入射光波为 TE 波时,这时光波的电矢量 $\boldsymbol{E}$ 与界面平行($\boldsymbol{E}_t = \boldsymbol{E}$),磁矢量与界面的夹角为 θ,因此有 $\boldsymbol{H}_t = \boldsymbol{H}\cos\theta$,根据导纳定义

$$\boldsymbol{H}_t = \boldsymbol{H}\cos\theta = N(\boldsymbol{k}\times\boldsymbol{E})\cos\theta = N\cos\theta(\boldsymbol{k}\times\boldsymbol{E}_t)$$

比较上式与式(1.41) 可得

$$\eta_S = N\cos\theta \tag{1.45}$$

于是不难沿用光波垂直入射时的公式求出斜入射时的菲涅耳反射系数,即

$$r = \frac{\eta_0 - \eta_1}{\eta_0 + \eta_1} \tag{1.46}$$

对于 P 偏振光,将式(1.44) 代入式(1.46) 可得

$$r_P = \frac{\tan(\theta_1 - \theta_2)}{\tan(\theta_1 + \theta_2)} \tag{1.47}$$

对于 S 偏振光,将式(1.45) 代入式(1.46) 可得

$$r_S = -\frac{\sin(\theta_1 - \theta_2)}{\sin(\theta_1 + \theta_2)} \tag{1.48}$$

这里 $\theta_1 = \theta$ 为入射角。

下面推导菲涅耳透射系数,对于 P 分量,根据定义

$$t_P = \left(\frac{E_1^+}{E_0^+}\right)_P$$

因为 $E_t = E\cos\theta_1$,所以

$$t_P = \left(\frac{E_{1t}^+/\cos\theta_2}{E_{0t}^+/\cos\theta_1}\right)_P = \left(\frac{E_{1t}^+}{E_{0t}^+}\right)_P \frac{\cos\theta_1}{\cos\theta_2} \tag{1.49}$$

对于切向分量,已经证明了式(1.40) 的正确性,不过此时需要把 N 换成 η,即

$$\left(\frac{E_{1t}^+}{E_{0t}^+}\right)_P = \frac{2\eta_{0P}}{\eta_{0P} + \eta_{1P}}$$

代入式(1.49) 得

$$t_P = \frac{2\eta_0}{\eta_0 + \eta_1}\frac{\cos\theta_1}{\cos\theta_2} \tag{1.50}$$

将式(1.44) 代入式(1.50) 中得

$$t_{\mathrm{P}}=\frac{2\sin\theta_2\cos\theta_1}{\sin(\theta_1+\theta_2)\cos(\theta_1-\theta_2)} \tag{1.51}$$

对于 S 分量,存在 $E_{\mathrm{t}}=E$,因此

$$t_{\mathrm{S}}=\left(\frac{E_1^+}{E_0^+}\right)_{\mathrm{S}}=\left(\frac{E_{1\mathrm{t}}^+}{E_{0\mathrm{t}}^+}\right)_{\mathrm{S}}=\frac{2\eta_{0\mathrm{S}}}{\eta_{0\mathrm{S}}+\eta_{1\mathrm{S}}} \tag{1.52}$$

将式(1.45) 代入(1.52) 中得

$$t_{\mathrm{S}}=\frac{2\sin\theta_2\cos\theta_1}{\sin(\theta_1+\theta_2)} \tag{1.53}$$

不难推出界面对 S 光和 P 光反射率分别为 $R_{\mathrm{S}}=r_{\mathrm{S}}^2$ 和 $R_{\mathrm{P}}=r_{\mathrm{P}}^2$;对 S 光和 P 光的透射率分别为 $T_{\mathrm{S}}=\frac{n_2\cos\theta_2}{n_1\cos\theta_1}t_{\mathrm{S}}^2$ 和 $T_{\mathrm{P}}=\frac{n_2\cos\theta_2}{n_1\cos\theta_1}t_{\mathrm{P}}^2$。界面的反射率 $R=(R_{\mathrm{S}}+R_{\mathrm{P}})/2$,透射率为 $T=(T_{\mathrm{S}}+T_{\mathrm{P}})/2$,当介质不存在吸收时 $R+T=1$。

菲涅耳公式描述了光波在两种介质界面上的行为,光波在薄膜中的行为实际上就是光波在分层介质各界面上菲涅耳系数相互叠加的结果,因此,菲涅耳公式是薄膜光学特性计算的基本公式之一。

第2章　光学薄膜特性计算

光在分层介质中传播的干涉效应使得光学薄膜具有一定的光学特性，该特性可用反射率和透射率来描述，光学特性计算即计算膜系的反射率与透射率的光谱特性。对均匀薄膜，光学薄膜特性计算方法有：递推法、矢量法、导纳矩阵法、干涉矩阵法、菲涅耳系数矩阵法等。本章将对前三种方法做详细介绍，此外本章还给出了一种非均匀介质薄膜特性计算方法。

2.1　递推法

对于单层膜，根据物理光学知识，光波的行为即为平行平板的多光束干涉。如图2.1所示，记膜厚为d，薄膜折射率为n，基片的折射率为n_g。光从空气进入膜层，反射系数与透射系数为r_1和t_1。光从膜层进入空气，反射系数与透射系数为r'_1和t'_1。光从膜层进入基片，反射系数与透射系数为r_2和t_2。用$A^{(i)}$表示入射光的振幅，δ表示膜层相位厚度，则从平板反射的各光束的振幅为

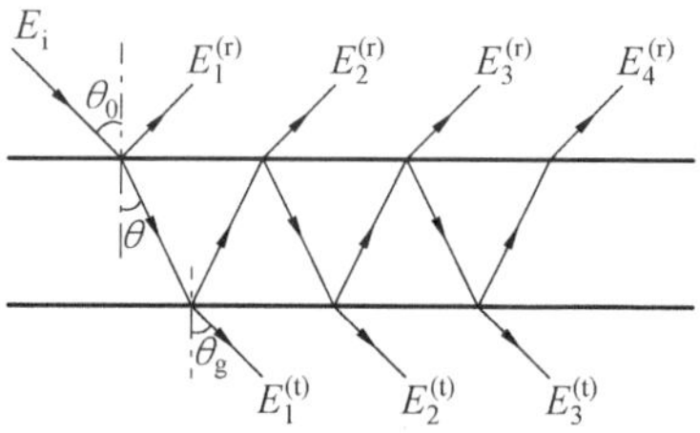

图2.1　单层介质膜反射与透射

$$r_1A^{(i)}, t_1t'_1r_2A^{(i)}, t_1t'_1r'_1r_2^2A^{(i)}, t_1t'_1r_1'^2r_2^3A^{(i)}, \cdots$$

从平板透射的各光束的振幅为

$$t_1t_2A^{(i)}, t_1t_2r'_1r_2A^{(i)}, t_1t_2\,(r'_1r_2)^2A^{(i)}, t_1t_2\,(r'_1r_2)^3A^{(i)}, \cdots$$

各反射光场复振幅依次为

$$\begin{aligned}
E_1^{(r)} &= r_1A^{(i)}\exp(-i\delta_0)\\
E_2^{(r)} &= t_1t'_1r_2A^{(i)}\exp[-i(\delta_0+2\delta)]\\
E_3^{(r)} &= t_1t'_1r'_1r_2^2A^{(i)}\exp[-i(\delta_0+4\delta)]\\
E_4^{(r)} &= t_1t'_1r_1'^2r_2^3A^{(i)}\exp[-i(\delta_0+6\delta)]\\
&\vdots
\end{aligned}$$

其中，$\delta=\dfrac{2\pi}{\lambda}nd\cos\theta$；$\delta_0$为入射光束初始相位。

考察点光场复振幅为

$$E^{(r)}=E_1^{(r)}+E_2^{(r)}+E_3^{(r)}+E_4^{(r)}+\cdots \tag{2.1}$$

不难发现式(2.1)为等比数列求和，结合$r'_1=-r_1$，$t_1t'_1=1-r_1^2$，不难求出反射光复振幅和透射光复振幅

$$E^{(r)} = \frac{r_1 + r_2 e^{-2i\delta}}{1 + r_1 r_2 e^{-2i\delta}} E^{(i)} \tag{2.2}$$

$$E^{(t)} = \frac{t_1 t_2 e^{-i\delta}}{1 + r_1 r_2 e^{-2i\delta}} E^{(i)} \tag{2.3}$$

那么,单层膜的反射系数为

$$r = \frac{r_1 + r_2 e^{-2i\delta}}{1 + r_1 r_2 e^{-2i\delta}} \tag{2.4}$$

单层膜的透射系数为

$$t = \frac{t_1 t_2 e^{-i\delta}}{1 + r_1 r_2 e^{-2i\delta}} \tag{2.5}$$

对于双层膜,膜系如图 2.2 所示。首先考察与基片相邻的第二层膜,设反射系数为 $\bar{r}$,则

$$\bar{r} = \frac{r_2 + r_3 e^{-2i\delta_2}}{1 + r_2 r_3 e^{-2i\delta_2}} \tag{2.6}$$

式中,$\delta_2 = \frac{2\pi}{\lambda} n_2 d_2 \cos\theta_2$;$\theta_2$ 是光束在第二膜层中的折射角。

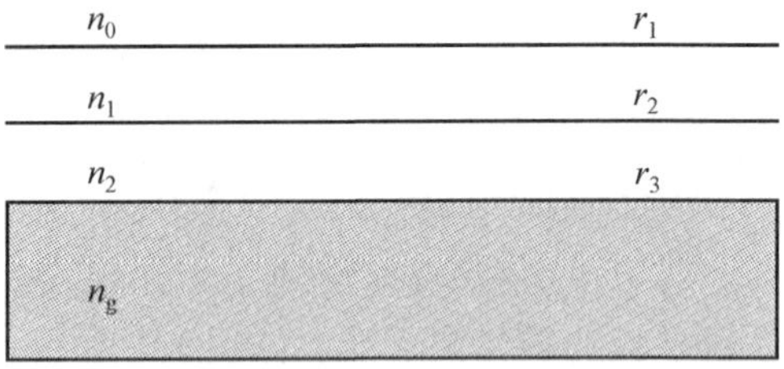

图 2.2　双层膜示意图

当光线垂直入射时,存在

$$r_2 = \frac{n_1 - n_2}{n_1 + n_2}, \quad r_3 = \frac{n_2 - n_g}{n_2 + n_g}$$

再求把第一层膜考虑进来时整个膜系的反射率,把第二层膜与基片的组合用一个反射分界面来等效,该分界面称为等效分界面。同样运用求单层膜的方法可得

$$r = \frac{r_1 + \bar{r} e^{-2i\delta_1}}{1 + r_1 \bar{r} e^{-2i\delta_1}} \tag{2.7}$$

式中,$\delta_1 = \frac{2\pi}{\lambda} n_1 d_1 \cos\theta_1$;$\bar{r}$ 由式(2.6) 求出。

运用等效界面的方法,可以将单层膜反射系数的计算推广到多层膜的场合,这种推广有两种方法:

方法 1:从多层膜与基片相邻的底层膜开始,把相邻两个界面等效成一个界面,逐次通过中间层,一直计算到膜系的顶层,计算顺序如图 2.3 所示,这种方法称为鲁阿德(Rouard) 法。

鲁阿德法的计算步骤如下:

(1) 根据菲涅耳公式,计算各界面的反射系数;

(2) 依下列公式求出各膜层的相位厚度 δ_i

$$\delta_i = \frac{2\pi}{\lambda} n_i d_i \cos\theta_i, \quad i = 1, 2, \cdots, k$$

(3) 再依下式求出底层膜的复振幅反射系数

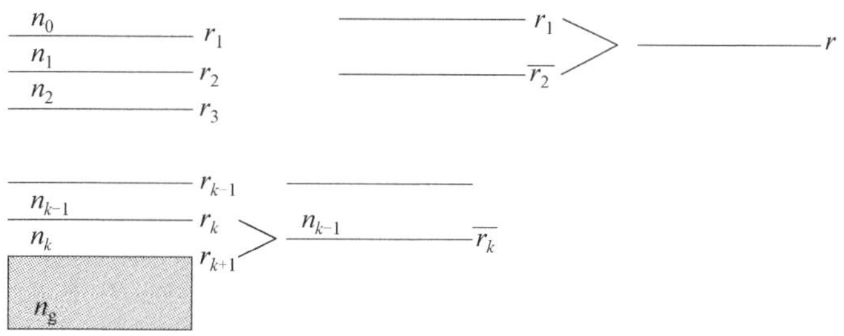

图 2.3　鲁阿德法等效计算流程图

$$\bar{r}_k = \frac{r_k + r_{k+1}\mathrm{e}^{-2\mathrm{i}\delta_k}}{1 + r_k r_{k+1}\mathrm{e}^{-2\mathrm{i}\delta_k}}$$

(4) 将底层膜等效为一个界面，再与上一层膜的上界面组成新的膜层，求出其复振幅反射系数

$$\bar{r}_{k-1} = \frac{r_{k-1} + \bar{r}_k\mathrm{e}^{-2\mathrm{i}\delta_{k-1}}}{1 + r_{k-1}\bar{r}_k\mathrm{e}^{-2\mathrm{i}\delta_{k-1}}} \tag{2.8}$$

(5) 将式(2.8)看作一个递推公式，从下到上依次递推，最后求出

$$r = \frac{r_1 + \bar{r}_2\mathrm{e}^{-2\mathrm{i}\delta_1}}{1 + r_1\bar{r}_2\mathrm{e}^{-2\mathrm{i}\delta_1}}$$

(6) 通过公式 $R = |r|^2$ 求出膜系的反射率。

方法 2：从多层膜的顶层膜开始，把相邻两个界面等效成一个界面，逐次通过中间层，一直计算到膜系的底层，这种方法称为瓦施切克法，计算顺序如图 2.4 所示，其具体步骤与鲁阿德法类似。

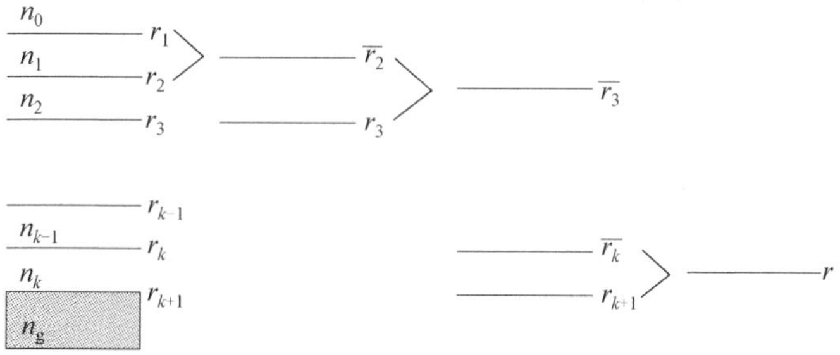

图 2.4　瓦施切克法等效计算流程图

总之，多层膜反射率的计算表达式非常复杂，手工计算容易出错，但通过计算机编程计算，则比较容易，且程序比较简单。

2.2　矢 量 法

对于层数较少的膜系，可以采用矢量法作近似计算和设计，矢量法的使用前提为：① 膜层没有吸收；② 在确定多层膜的特性时，只考虑入射波在每个界面的单次反射。对于大多数减反射膜，矢量法误差足够小。矢量法计算简便、直观，所以在减反射膜的计算与设计中有广泛应用。

矢量法的计算过程如下:

(1) 计算各个界面的振幅反射系数 r_i 与相位厚度 δ_i

不失一般性,若膜层没有吸收,反射系数为

$$r_i = \frac{\eta_{i-1} - \eta_i}{\eta_{i-1} + \eta_i} \tag{2.9}$$

相位厚度为

$$\delta_i = \frac{2\pi}{\lambda} n_i d_i \cos\theta_i \tag{2.10}$$

(2) 作矢量图

作矢量图的符号规定为:

① 矢量的模 $r_1, r_2, \cdots, r_i$,正值为指向坐标原点,负值为离开原点。

② 矢量间夹角取决于膜层的相位厚度,按逆时针方向旋转。界面上的相位跃变包含在振幅反射系数的符号中,如光从光疏媒质进入光密媒质时,$r < 0$,其相位改变 π。

(3) 求反射率

按上述规定,依据三角形法则对矢量求合,其模值为膜系的振幅反射系数,幅角为反射光的相位,膜系反射率为

$$R = r_{合} \cdot r_{合}^* = | r_{合} |^2 \tag{2.11}$$

例 $N_0 = 1.0, N_1 = 1.38, N_2 = 1.90, N_3 = 1.65, N_4 = 1.52$,入射角 $\theta_0 = 0$。各膜层厚度为:$N_1 d_1 = \frac{\lambda_0}{4}, N_2 d_2 = \frac{\lambda_0}{2}, N_3 d_3 = \frac{\lambda_0}{4}, \lambda_0 = 520\ \text{nm}$,求膜系的反射率。

解 忽略各膜层的色散,各界面的反射系数分别为

$$r_1 = \frac{N_0 - N_1}{N_0 + N_1} = \frac{1.0 - 1.38}{1.0 + 1.38} \approx -0.16$$

$$r_2 = \frac{N_1 - N_2}{N_1 + N_2} = \frac{1.38 - 1.90}{1.38 + 1.90} \approx -0.16$$

$$r_3 = \frac{N_2 - N_3}{N_2 + N_3} = \frac{1.90 - 1.65}{1.90 + 1.65} \approx 0.07$$

$$r_4 = \frac{N_3 - N_4}{N_3 + N_4} = \frac{1.65 - 1.52}{1.65 + 1.52} \approx 0.04$$

矢量夹角为

$$\delta_{12} = 2\delta_1 = \frac{4\pi}{\lambda_0} N_1 d_1 \cos\theta_1 = \pi$$

$$\delta_{23} = 2\delta_2 = \frac{4\pi}{\lambda_0} N_2 d_2 \cos\theta_2 = 2\pi$$

$$\delta_{34} = 2\delta_3 = \frac{4\pi}{\lambda_0} N_3 d_3 \cos\theta_3 = \pi$$

根据规定,作矢量图如图 2.5 所示。

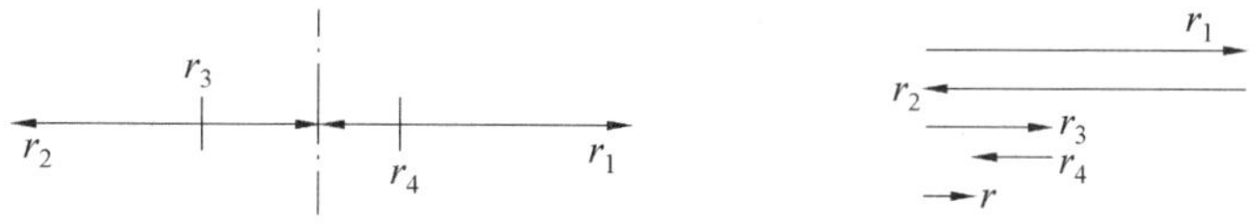

图 2.5　矢量法求解反射率

由图可得 $r = 0.03$，因此膜系反射率 $R = |r|^2 = 0.000\,9 = 0.09\%$。

注意：如果 $\theta_0 \neq 0$，则可单独求 P－分量、S－分量的矢量和，分别求出它们的反射率 R_p 和 R_s，膜系的综合反射率 $R = \dfrac{R_p + R_s}{2}$。在计算时，各膜层光线入射角由折射定律求出

$$N_0 \sin\theta_0 = N_1 \sin\theta_1 = N_2 \sin\theta_2 = \cdots\cdots$$

P－分量、S－分量的反射系数为

$$r_{ip} = \frac{\dfrac{N_{i-1}}{\cos\theta_{i-1}} - \dfrac{N_i}{\cos\theta_i}}{\dfrac{N_{i-1}}{\cos\theta_{i-1}} + \dfrac{N_i}{\cos\theta_i}} \tag{2.12}$$

$$r_{is} = \frac{N_{i-1}\cos\theta_{i-1} - N_i\cos\theta_i}{N_{i-1}\cos\theta_{i-1} + N_i\cos\theta_i} \tag{2.13}$$

相位厚度 $\delta_i = \dfrac{2\pi}{\lambda_0} N_i d_i \cos\theta_i$。

矢量法适用于膜层数不太多，无吸收，表面反射较弱的情况。矢量法简单直观，主要用于层数较少的减反射膜系的设计。

2.3　矩阵法

根据两种介质分界面上电磁场边界条件：$\boldsymbol{B}$ 和 $\boldsymbol{D}$ 法向分量连续，$\boldsymbol{E}$ 和 $\boldsymbol{H}$ 切向分量连续，可以导出单层薄膜的组合导纳。如图 2.6 所示，$\boldsymbol{E}_0^+$，$\boldsymbol{E}_0^-$ 表示入射介质中正行和逆行光波切向分量，$\boldsymbol{E}_{11}^+$，$\boldsymbol{E}_{11}^-$ 和 $\boldsymbol{E}_{12}^+$，$\boldsymbol{E}_{12}^-$ 表示膜层介质中正行和逆行光波切向分量，基片中只有正行光波记为 $\boldsymbol{E}_2$。

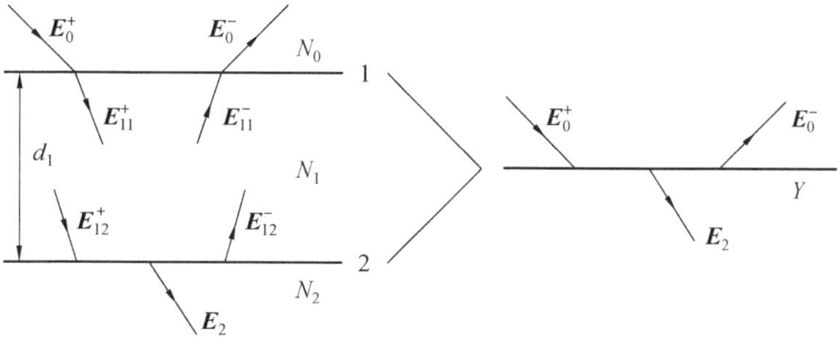

图 2.6　单层膜的组合导纳

对于界面 1，根据电磁场边界条件可得

$$\boldsymbol{E}_0=\boldsymbol{E}_0^+ +\boldsymbol{E}_0^- =\boldsymbol{E}_{11}^+ +\boldsymbol{E}_{11}^-$$

$$\boldsymbol{k}\times\boldsymbol{E}_0=\boldsymbol{k}\times\boldsymbol{E}_{11}^+ +\boldsymbol{k}\times\boldsymbol{E}_{11}^-$$

$$\boldsymbol{H}_0=\boldsymbol{H}_0^+ +\boldsymbol{H}_0^- =\boldsymbol{H}_{11}^+ +\boldsymbol{H}_{11}^-$$

$$\boldsymbol{H}_0=\eta_1(\boldsymbol{k}\times\boldsymbol{E}_{11}^+ -\boldsymbol{k}\times\boldsymbol{E}_{11}^-)$$

对于界面 2 只要改变波的相位因子，就可以确定它们在同一时刻的状况，正行光波的相位因子乘以 $e^{-i\delta_1}$，逆行光波的相位因子乘以 $e^{i\delta_1}$，其中

$$\delta_1=\frac{2\pi}{\lambda}N_1d_1\cos\theta_1$$

即

$$E_{12}^+=E_{11}^+e^{-i\delta_1},\quad E_{12}^-=E_{11}^-e^{i\delta_1}$$

所以可得

$$\boldsymbol{k}\times\boldsymbol{E}_0=(\boldsymbol{k}\times\boldsymbol{E}_{12}^+)e^{i\delta_1}+(\boldsymbol{k}\times\boldsymbol{E}_{12}^-)e^{-i\delta_1}\tag{2.14}$$

$$\boldsymbol{H}_0=(\boldsymbol{k}\times\boldsymbol{E}_{12}^+)\eta_1e^{i\delta_1}-(\boldsymbol{k}\times\boldsymbol{E}_{12}^-)\eta_1e^{-i\delta_1}\tag{2.15}$$

把式(2.14)和式(2.15)写成矩阵形式

$$\begin{bmatrix}\boldsymbol{k}\times\boldsymbol{E}_0\\ \boldsymbol{H}_0\end{bmatrix}=\begin{bmatrix}e^{i\delta_1} & e^{-i\delta_1}\\ \eta_1e^{i\delta_1} & -\eta_1e^{-i\delta_1}\end{bmatrix}\begin{bmatrix}\boldsymbol{k}\times\boldsymbol{E}_{12}^+\\ \boldsymbol{k}\times\boldsymbol{E}_{12}^-\end{bmatrix}\tag{2.16}$$

对于界面 2，由于基片中没有逆行光波，根据边界条件 $\boldsymbol{E}_{12}^+ +\boldsymbol{E}_{12}^- =\boldsymbol{E}_2$，$\boldsymbol{H}_{12}^+ +\boldsymbol{H}_{12}^- =\boldsymbol{H}_2$ 可得

$$\boldsymbol{k}\times\boldsymbol{E}_{12}^+ +\boldsymbol{k}\times\boldsymbol{E}_{12}^- =\boldsymbol{k}\times\boldsymbol{E}_2$$

$$\eta_1(\boldsymbol{k}\times\boldsymbol{E}_{12}^+ -\boldsymbol{k}\times\boldsymbol{E}_{12}^-)=\boldsymbol{H}_2$$

由以上两式可求出

$$\boldsymbol{k}\times\boldsymbol{E}_{12}^+=\frac{1}{2}(\boldsymbol{k}\times\boldsymbol{E}_2)+\frac{1}{2\eta_1}\boldsymbol{H}_2\tag{2.17}$$

$$\boldsymbol{k}\times\boldsymbol{E}_{12}^-=\frac{1}{2}(\boldsymbol{k}\times\boldsymbol{E}_2)-\frac{1}{2\eta_1}\boldsymbol{H}_2\tag{2.18}$$

把式(2.17)和式(2.18)写成矩阵形式

$$\begin{bmatrix}\boldsymbol{k}\times\boldsymbol{E}_{12}^+\\ \boldsymbol{k}\times\boldsymbol{E}_{12}^-\end{bmatrix}=\begin{bmatrix}\frac{1}{2} & \frac{1}{2\eta_1}\\ \frac{1}{2} & -\frac{1}{2\eta_1}\end{bmatrix}\begin{bmatrix}\boldsymbol{k}\times\boldsymbol{E}_2\\ \boldsymbol{H}_2\end{bmatrix}\tag{2.19}$$

将式(2.19)代入式(2.16)得

$$\begin{bmatrix}\boldsymbol{k}\times\boldsymbol{E}_0\\ \boldsymbol{H}_0\end{bmatrix}=\begin{bmatrix}e^{i\delta_1} & e^{-i\delta_1}\\ \eta_1e^{i\delta_1} & -\eta_1e^{-i\delta_1}\end{bmatrix}\begin{bmatrix}\frac{1}{2} & \frac{1}{2\eta_1}\\ \frac{1}{2} & -\frac{1}{2\eta_1}\end{bmatrix}\begin{bmatrix}\boldsymbol{k}\times\boldsymbol{E}_2\\ \boldsymbol{H}_2\end{bmatrix}=$$

$$\begin{bmatrix}\cos\delta_1 & \frac{i}{\eta_1}\sin\delta_1\\ i\eta_1\sin\delta_1 & \cos\delta_1\end{bmatrix}\begin{bmatrix}\boldsymbol{k}\times\boldsymbol{E}_2\\ \boldsymbol{H}_2\end{bmatrix}\tag{2.20}$$

因为 E 和 H 的切向分量在界面上连续，而且基片中仅有正行光波，所以式(2.20)就

把入射界面 E 和 H 的切向分量与透过最后界面 E 和 H 的切向分量联系起来，又因为

$$\boldsymbol{H}_0 = Y(\boldsymbol{k} \times \boldsymbol{E}_0)$$

$$\boldsymbol{H}_2 = \eta_2(\boldsymbol{k} \times \boldsymbol{E}_2)$$

因此，式(2.20) 可写为

$$(\boldsymbol{k} \times \boldsymbol{E}_0)\begin{bmatrix}1\\Y\end{bmatrix} = \begin{bmatrix}\cos\delta_1 & \dfrac{\mathrm{i}}{\eta_1}\sin\delta_1 \\ \mathrm{i}\eta_1\sin\delta_1 & \cos\delta_1\end{bmatrix}\begin{bmatrix}1\\\eta_2\end{bmatrix}(\boldsymbol{k} \times \boldsymbol{E}_2) \tag{2.21}$$

令

$$\begin{bmatrix}B\\C\end{bmatrix} = \begin{bmatrix}\cos\delta_1 & \dfrac{\mathrm{i}}{\eta_1}\sin\delta_1 \\ \mathrm{i}\eta_1\sin\delta_1 & \cos\delta_1\end{bmatrix}\begin{bmatrix}1\\\eta_2\end{bmatrix} \tag{2.22}$$

矩阵$\begin{bmatrix}\cos\delta_1 & \dfrac{\mathrm{i}}{\eta_1}\sin\delta_1 \\ \mathrm{i}\eta_1\sin\delta_1 & \cos\delta_1\end{bmatrix}$称为薄膜的特征矩阵，它包含了薄膜的全部有用参数，其中，对 P - 分量 $\eta_1 = \dfrac{N_1}{\cos\theta_1}$，对 S - 分量 $\eta_1 = N_1\cos\theta_1$。

$Y = \dfrac{C}{B}$ 称为薄膜的组合导纳，应用薄膜的组合导纳可以计算薄膜反射率 R、透射率 T 和吸收率 A，计算公式如下

$$R = \left|\frac{\eta_0 B - C}{\eta_0 B + C}\right|^2 \tag{2.23}$$

$$T = \frac{4\eta_0 \mathrm{Re}(\eta_g)}{(\eta_0 B + C)(\eta_0 B + C)^*} \tag{2.24}$$

$$A = \frac{4\eta_0 \mathrm{Re}(BC^* - \eta_g)}{(\eta_0 B + C)(\eta_0 B + C)^*} \tag{2.25}$$

其中，η_0 对应入射介质的光学导纳；η_g 对应基片的光学导纳，Re 表示取实部，* 表示取共轭。通过简单的计算，可以验证

$$R + T + A = 1$$

关于薄膜特征矩阵的讨论：

(1) 特征矩阵行列式等于 1。

(2) 当 $nd = k\dfrac{\lambda_0}{4}$，$k = 2n + 1$，$n = 0,1,2,\cdots$ 时，在 λ_0 处 $\sin\delta_i = \pm 1$，$\cos\delta_i = 0$，因此

$$\begin{bmatrix}B\\C\end{bmatrix} = \begin{bmatrix}0 & \pm\mathrm{i}/\eta_1 \\ \pm\mathrm{i}\eta_1 & 0\end{bmatrix}\begin{bmatrix}1\\\eta_2\end{bmatrix} = \begin{bmatrix}\pm\mathrm{i}\eta_2/\eta_1 \\ \pm\mathrm{i}\eta_1\end{bmatrix}$$

组合导纳 $Y = \dfrac{\eta_1^2}{\eta_2}$，对于介质膜 $Y = \dfrac{n_1^2}{n_2}$，膜层反射率 $R = \left(\dfrac{n_0 - Y}{n_0 + Y}\right)^2 = \left(\dfrac{n_0 n_2 - n_1^2}{n_0 n_2 + n_1^2}\right)^2$。

(3) 当 $nd = k\dfrac{\lambda_0}{4}$，$k = 2m$，$m = 1,2,3,\cdots$ 时，在 λ_0 处 $\sin\delta_i = 0$，$\cos\delta_i = \pm 1$，因此

$$\begin{bmatrix} B \\ C \end{bmatrix} = \begin{bmatrix} \pm 1 & 0 \\ 0 & \pm 1 \end{bmatrix} \begin{bmatrix} 1 \\ \eta_2 \end{bmatrix} = \begin{bmatrix} \pm 1 \\ \pm \eta_2 \end{bmatrix}$$

组合导纳 $Y = \eta_2$，膜层反射率 $R = \left(\frac{n_0 - n_2}{n_0 + n_2}\right)^2$，即 R 与薄膜折射率 n 无关，薄膜对波长 λ_0 的反射率没有影响，称这样的膜层为"虚设层"。

(4) 图 2.7 给出了单层介质膜光学特性与膜层厚度的关系。对于单层介质膜 $\delta_1 = \frac{2\pi}{\lambda} n_1 d_1 \cos\theta_1$，因此膜层反射率随膜层相位厚度的周期性变化，也有可能是波长的变化所致，因此，单层膜反射率的周期性具有双重性。由图 2.7 可知，当 $n < n_g$ 时，膜层的作用降低了反射率，当 $n > n_g$ 时，膜层的作用提高了反射率。

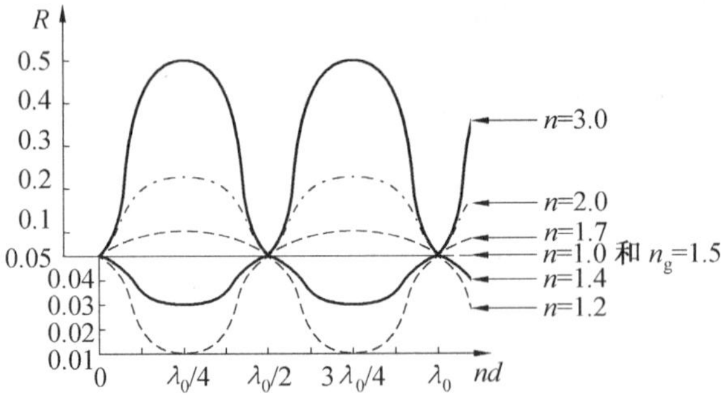

图 2.7　单层介质膜光学特性与膜层厚度的关系

(5) 对于 m 层膜，应用等效界面的思想，可以推出膜系特性表达式

$$\begin{bmatrix} B \\ C \end{bmatrix} = \prod_{i=1}^{m} \begin{bmatrix} \cos\delta & \frac{\mathrm{i}}{\eta_i}\sin\delta_i \\ \mathrm{i}\eta_i \sin\delta_i & \cos\delta_i \end{bmatrix} \begin{bmatrix} 1 \\ \eta_g \end{bmatrix} \tag{2.26}$$

由上式可以得出，对于膜厚 $\frac{\lambda_0}{4}$ 的双层膜组合导纳 $Y = \frac{n_1^2 n_g}{n_2^2}$，三层膜组合导纳 $Y = \frac{n_1^2 n_3^2}{n_2^2 n_g}$。

2.4　非均匀介质膜特性计算

一般情况下，可以假定膜层是各向同性且均匀的，但事实上，由于制备条件的限制会使膜层的折射率很不均匀且各向异性，其中各向异性会使薄膜呈现双折射效应，这里暂不作讨论。膜层不均匀主要是随膜层生长而在组织结构上有了改变，一个最简单的模型就是折射率随膜厚的增加而下降或上升，如图 2.8 所示，其相位厚度改变为

$$\delta = \frac{2\pi}{\lambda}\int_0^d n(z)\,\mathrm{d}z \tag{2.27}$$

而反射系数为

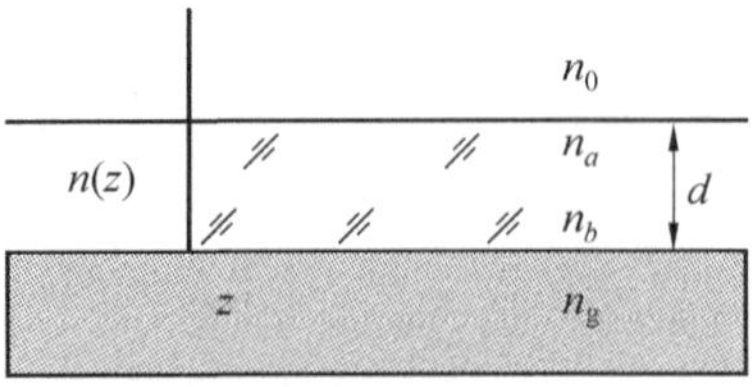

图 2.8　非均匀膜层

$$r = \frac{r_a + r_b e^{-i2\delta}}{1 + r_a r_b e^{-i2\delta}} \tag{2.28}$$

在非均匀性不严重时,膜系的特征矩阵和反射率可表示为

$$M = \begin{bmatrix} \sqrt{\frac{n_b}{n_a}}\cos\delta & \frac{i}{\sqrt{n_a n_b}}\sin\delta \\ i\sqrt{n_a n_b}\sin\delta & \sqrt{\frac{n_a}{n_b}}\cos\delta \end{bmatrix} \tag{2.29}$$

$$R = \frac{\left(n_0\sqrt{\frac{n_b}{n_a}} - n_g\sqrt{\frac{n_a}{n_b}}\right)^2 + \left(\frac{n_0 n_g}{\sqrt{n_a n_b}} - \sqrt{n_a n_b}\right)^2 \tan^2\delta}{\left(n_0\sqrt{\frac{n_b}{n_a}} + n_g\sqrt{\frac{n_a}{n_b}}\right)^2 + \left(\frac{n_0 n_g}{\sqrt{n_a n_b}} + \sqrt{n_a n_b}\right)^2 \tan^2\delta} \tag{2.30}$$

当$\delta = m \cdot \frac{\pi}{2}, m = 2n, n = 1,2,3,\cdots$时

$$R_0 = \left(\frac{n_0 - \frac{n_a n_g}{n_b}}{n_0 + \frac{n_a n_g}{n_b}}\right)^2 \tag{2.31}$$

当$\delta = m \cdot \frac{\pi}{2}, m = 2n + 1, n = 1,2,3,\cdots$时

$$R_m = \left(\frac{n_0 - \frac{n_a n_b}{n_g}}{n_0 + \frac{n_a n_b}{n_g}}\right)^2 \tag{2.32}$$

如果$n_a = n_0, n_b = n_g$,则由式(2.31)和式(2.32)可得$R_0 = R_m = 0$,这时的非均匀膜层为理想的增透膜。

第3章　光学薄膜的普遍定理

薄膜光学中有两个基本问题:第一是膜系分析问题,已知膜系中各层膜光学常数、厚度,如何计算各层膜光学特性,该问题已在第2章中得到解决;第二是膜系设计问题,根据特定光谱特性要求(根据应用情况,一般由用户提出),选择相应膜系,确定膜系中各膜层光学常数及厚度,是膜系的合成问题,它比膜系分析问题复杂得多。本章叙述的一些普遍定理是膜系合成设计的理论依据。

3.1　透射定理

膜系的透射定理为:膜系的透射率与光的传播方向无关。不管膜层有无吸收,该定理均成立。透射定理如图3.1所示。透射定理的数学表达式为 $T_L \equiv T_R$,T_L 表示光从左侧入射时的透过率,T_R 表示光从右侧入射时的透过率。

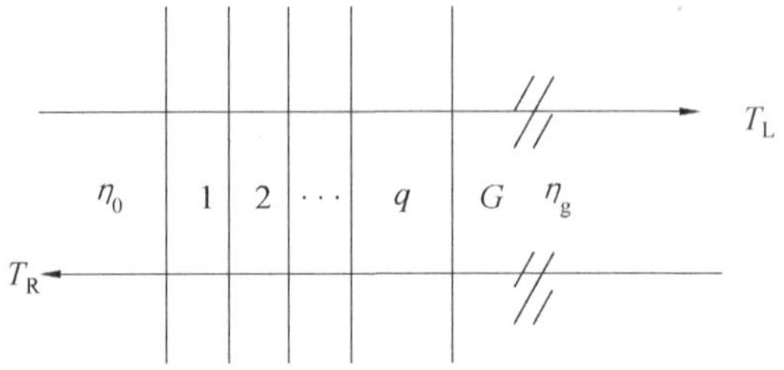

图3.1　透射定理示意图

下面对透射定理进行证明。如图3.1所示,将膜系中的各层膜的特征矩阵分别记为

$$\boldsymbol{M}_1, \boldsymbol{M}_2, \boldsymbol{M}_3, \cdots, \boldsymbol{M}_q$$

并设膜系两边的介质都是透明介质,则对应于两个光入射方向的膜系导纳矩阵可分别写为:

光从左侧入射时

$$\boldsymbol{M} = \boldsymbol{M}_1\boldsymbol{M}_2\boldsymbol{M}_3 \cdot \cdots \cdot \boldsymbol{M}_q = [a_{ij}]$$

光从右侧入射时

$$\boldsymbol{M}' = \boldsymbol{M}_q\boldsymbol{M}_{q-1} \cdot \cdots \cdot \boldsymbol{M}_2\boldsymbol{M}_1 = [a'_{ij}]$$

经过简单的推导可以得出

$$a_{ij} = a'_{ij}(i \neq j), a_{11} = a'_{22} \text{以及 } a_{22} = a'_{11}$$

设膜系两边的介质导纳分别为 η_0 和 η_g,则光从左侧入射时有(参见式(2.22))

$$\begin{bmatrix} B \\ C \end{bmatrix} = \boldsymbol{M}\begin{bmatrix} 1 \\ \eta_g \end{bmatrix}$$

且有

$$B = a_{11} + a_{12}\eta_g, \quad C = a_{21} + a_{22}\eta_g$$

类似可得,光从右侧入射时

$$B' = a'_{11} + a'_{12}\eta_0 = a_{22} + a_{12}\eta_0$$
$$C' = a'_{21} + a'_{22}\eta_0 = a_{21} + a_{11}\eta_0$$

则根据第 2 章中的透射率公式(2.24) 可以得出

$$T_L = \frac{4\eta_0\eta_g}{|\eta_0(a_{11} + a_{12}\eta_g) + a_{21} + a_{22}\eta_g|^2}$$
$$T_R = \frac{4\eta_g\eta_0}{|\eta_g(a_{22} + a_{12}\eta_0) + a_{21} + a_{11}\eta_0|^2}$$

可以看出,$T_L = T_R$,得证。

透射定理说明光学薄膜元件在作透射元件使用时,透过率与放置方向无关,不存在只让光线从一个方向通过而不让光线从另一方向通过的用薄膜制作的单向镜。

此外还可以证明,膜系的反射特性不具有上述透射定理的性质,膜系反射率可能与光线的入射方向有关。只有当膜系中所有膜层都不存在吸收时,膜系的反射率才与光的传播方向无关。对于含有吸收膜层的膜系,其两侧的反射率不相等。在一定光谱范围,两种方向反射光谱成分不同,吸收较严重时,人眼可以观察到反射光颜色的不同。当把存在吸收膜层的膜系作为反射元件使用时,薄膜元件安置不当,可能导致膜系吸收率成倍增加。

对于几何厚度小于 10 nm 的单层金属膜,可用式(3.1) 估计光从两边入射时吸收率比值(基片在最右侧)。

$$\frac{A_L}{A_R} = \frac{n_0}{n_g} \tag{3.1}$$

式中,A_L 表示光从左侧入射时的吸收率;A_R 表示光从右侧入射时的吸收率。

3.2　普遍等效定理

普遍等效定理为:一个任意的多层膜系可等效于一个双层膜,但一般来说,不能等效为一个单层膜。该定理的证明需利用鲍利(Pauli) 矩阵,比较复杂,这里仅对定理加以说明,以帮助读者理解这个定理。

对于单层膜,特征矩阵为

$$\boldsymbol{M}_1 = \begin{bmatrix} \cos\delta & \frac{\mathrm{i}}{\eta}\sin\delta \\ \mathrm{i}\eta\sin\delta & \cos\delta \end{bmatrix}$$

式中,η 为膜层修正导纳;$\delta = \frac{2\pi}{\lambda}nd\cos\theta$。记矩阵元素为 $m_{11}, m_{12}, m_{21}, m_{22}$,则

$$\boldsymbol{M}_1 = \begin{bmatrix} m_{11} & m_{12} \\ m_{21} & m_{22} \end{bmatrix}$$

对于无吸收介质膜,单层膜特征矩阵存在下列特征:

(1) m_{11}, m_{22} 为纯实数;

(2) m_{12}, m_{21} 为纯虚数;

(3) $m_{11}=m_{22}$；

(4)矩阵行列式 $m_{11}m_{22}-m_{21}m_{12}=1$。

最简单的多层膜为双层膜：

$$\boldsymbol{M}=\boldsymbol{M}_1\times\boldsymbol{M}_2=\begin{bmatrix}\cos\delta_1 & \frac{\mathrm{i}}{\eta_1}\sin\delta_1\\ \mathrm{i}\eta_1\sin\delta_1 & \cos\delta_1\end{bmatrix}\begin{bmatrix}\cos\delta_2 & \frac{\mathrm{i}}{\eta_2}\sin\delta_2\\ \mathrm{i}\eta_2\sin\delta_2 & \cos\delta_2\end{bmatrix}=\begin{bmatrix}m_{11} & m_{12}\\ m_{21} & m_{22}\end{bmatrix}=$$

$$\begin{bmatrix}\cos\delta_1\cos\delta_2-\frac{\eta_2}{\eta_1}\sin\delta_1\sin\delta_2 & \mathrm{i}\left(\frac{1}{\eta_2}\cos\delta_1\sin\delta_2+\frac{1}{\eta_1}\sin\delta_1\cos\delta_2\right)\\ \mathrm{i}(\eta_1\sin\delta_1\cos\delta_2+\eta_2\cos\delta_1\sin\delta_2) & \cos\delta_1\cos\delta_2-\frac{\eta_1}{\eta_2}\sin\delta_1\sin\delta_2\end{bmatrix}$$

此时 $m_{11}\neq m_{22}$，双层膜的特征矩阵与单层膜的特征矩阵已经不同，不能引入等效单层膜的概念。当膜层很薄时，$\delta_1\to 0$ 与 $\delta_2\to 0$，$m_{11}\approx m_{22}$，只有此时双层膜才可以近似看作一个单层膜。对于任意多层膜，由于 $m_{11}\neq m_{22}$，因此，只能等效为一个双层膜。

注意：用双层膜等效多层膜，不是实际上的等效，对于不同波长、不同入射角（相位角）等效双层膜的折射率 N_{1e}、N_{2e} 和相位角 δ_{1e}、δ_{2e} 都不同，必须分别计算，这给简化分析带来不便，限制了普遍等效定理在实际设计中的应用。

3.3 对称膜等效定理

3.3.1 等效定理总定理

定理：一个对称的多层膜系等效于一个单层膜。也就是说以中间一层为中心，两边对称布局的对称膜系在数学上可以等效为一个单层膜。

下面以最简单的对称膜（pqp）为例，证明其可以等效为单层膜。

对称膜系（pqp）特征矩阵为

$$\boldsymbol{M}_{pqp}=\begin{bmatrix}\cos\delta_p & \mathrm{i}\sin\delta_p/\eta_p\\ \mathrm{i}\eta_p\sin\delta_p & \cos\delta_p\end{bmatrix}\begin{bmatrix}\cos\delta_q & \mathrm{i}\sin\delta_q/\eta_q\\ \mathrm{i}\eta_q\sin\delta_q & \cos\delta_q\end{bmatrix}\begin{bmatrix}\cos\delta_p & \mathrm{i}\sin\delta_p/\eta_p\\ \mathrm{i}\eta_p\sin\delta_p & \cos\delta_p\end{bmatrix}=\begin{bmatrix}m_{11} & m_{12}\\ m_{21} & m_{22}\end{bmatrix}$$

式中

$$m_{11}=\cos 2\delta_p\cos\delta_q-\frac{1}{2}\left(\frac{\eta_q}{\eta_p}+\frac{\eta_p}{\eta_q}\right)\sin 2\delta_p\sin\delta_q$$

$$m_{12}=\frac{\mathrm{i}}{\eta_p}\left[\sin 2\delta_p\cos\delta_q+\frac{1}{2}\left(\frac{\eta_q}{\eta_p}+\frac{\eta_p}{\eta_q}\right)\cos 2\delta_p\sin\delta_q+\frac{1}{2}\left(\frac{\eta_p}{\eta_q}-\frac{\eta_q}{\eta_p}\right)\sin\delta_q\right]$$

$$m_{21}=\mathrm{i}\eta_p\left[\sin 2\delta_p\cos\delta_q+\frac{1}{2}\left(\frac{\eta_q}{\eta_p}+\frac{\eta_p}{\eta_q}\right)\cos 2\delta_p\sin\delta_q-\frac{1}{2}\left(\frac{\eta_p}{\eta_q}-\frac{\eta_q}{\eta_p}\right)\sin\delta_q\right]$$

$$m_{22}=\cos 2\delta_p\cos\delta_q-\frac{1}{2}\left(\frac{\eta_q}{\eta_p}+\frac{\eta_p}{\eta_q}\right)\sin 2\delta_p\sin\delta_q$$

由上述公式不难看出 m_{11}，m_{22} 为纯实数，且 $m_{11}=m_{22}$，m_{12}，m_{21} 为纯虚数，与单层膜特

征矩阵有相同特征，因此，可将对称膜(pqp) 等效为如下单层膜

$$\boldsymbol{M}_{pqp}=\begin{bmatrix}m_{11} & m_{12}\\ m_{21} & m_{22}\end{bmatrix}=\begin{bmatrix}\cos\Gamma & \mathrm{i}\sin\Gamma/E\\ \mathrm{i}E\sin\Gamma & \cos\Gamma\end{bmatrix}\tag{3.2}$$

式中，Γ 称为等效相位厚度；E 称为等效光学导纳，或赫平折射率。

于是存在

$$m_{11}=m_{22}=\cos\Gamma\tag{3.3}$$

$$m_{21}=\mathrm{i}E\sin\Gamma\tag{3.4}$$

$$m_{12}=\mathrm{i}\sin\Gamma/E\tag{3.5}$$

由式(3.4) 除以式(3.5) 再开平方得

$$E=\sqrt{\frac{m_{21}}{m_{12}}}=\sqrt{\frac{\eta_p{}^2\left[\sin 2\delta_p\cos\delta_q+\frac{1}{2}\left(\frac{\eta_p}{\eta_q}+\frac{\eta_q}{\eta_p}\right)\cos 2\delta_p\sin\delta_q-\frac{1}{2}\left(\frac{\eta_p}{\eta_q}-\frac{\eta_q}{\eta_p}\right)\sin\delta_q\right]}{\sin 2\delta_p\cos\delta_q+\frac{1}{2}\left(\frac{\eta_p}{\eta_q}+\frac{\eta_q}{\eta_p}\right)\cos 2\delta_p\sin\delta_q+\frac{1}{2}\left(\frac{\eta_p}{\eta_q}-\frac{\eta_q}{\eta_p}\right)\sin\delta_q}}\tag{3.6}$$

由式(3.3) 可得

$$\Gamma=\arccos\left[\cos 2\delta_p\cos\delta_q-\frac{1}{2}\left(\frac{\eta_p}{\eta_q}+\frac{\eta_q}{\eta_p}\right)\sin 2\delta_p\sin\delta_q\right]\tag{3.7}$$

显然式(3.7) 的解不唯一，通常取最接近实际相位厚度的解。

容易证明，三层对称膜系的推导结果可推广到由任意多层膜组成的对称膜系。首先划定膜系的中心三层，形成一个对称组合，用一个单层膜来代替这个三层对称组合。然后，这个等效层与它相邻的两层膜又可看作三层对称组合，再用一个等效层代替，重复这个过程，直到整个膜系被替换，得到整个膜系的等效层。

注意：等效单层膜不能在每个方面都严格地替代对称多层膜系，因为这不是真正的物理等效，它只不过是多个矩阵的数学等效。此外，等效光学导纳和等效相位厚度都强烈地依赖于波长。

定理的有关讨论：

(1) $|m_{11}|=|m_{22}|=|\cos\Gamma|<1$，这时等效光学导纳和等效相位厚度都是实数，对应膜系通带。

这是因为 $\Gamma=\arccos m_{11}$，在 $|m_{11}|<1$ 时，Γ 是实数，同时

$$E=\sqrt{\frac{m_{21}}{m_{12}}}=\sqrt{\frac{(m_{11}^2-1)/m_{12}}{m_{12}}}=\frac{\sqrt{m_{11}^2-1}}{m_{12}}$$

在单层膜中，m_{12} 是虚数，所以 E 是实数。

(2) $|m_{11}|=|m_{22}|=|\cos\Gamma|=1$，与此相对应的波长称为截止波长，在此波长处，因为

$$E=\sqrt{\frac{m_{21}}{m_{12}}}=\sqrt{\frac{(m_{11}^2-1)/m_{12}}{m_{12}}}=\frac{\sqrt{(m_{11}^2-1)}}{m_{12}}=\frac{m_{21}}{\sqrt{m_{11}^2-1}}$$

所以等效光学导纳 E 趋于零或无穷大，等效相位厚度 Γ 趋于 π 或其奇数倍。

(3) $|m_{11}|=|m_{22}|=|\cos\Gamma|>1$，等效光学导纳 E 是虚数，等效相位厚度 Γ 是复数，

对应膜系的截止带，即膜系的高反射区。

3.3.2 等效定理子定理

根据等效定理我们可以推出下列子定理，子定理的证明读者可以自己完成。

子定理1：折射率分布为 $n_1 = Af(z)$ 的对称多层膜系的等效光学导纳 E_1 是折射率分布为 $n_2 = f(z)$ 的对称多层膜系的等效光学导纳 E_2 的 A 倍，即 $E_1 = AE_2$。

如果一个对称膜系中高折射率材料用 Ge，$n_H = 4$，低折射率材料用 ZnS，$n_L = 2.2$，其等效光学导纳为 E_1，若膜系中高折射率材料 Ge 被 TiO_2 代替，低折射率材料 ZnS 被 CaF_2 代替，此时 $n_H = 2.3$，$n_L = 1.26$，由于第一个膜系折射率分布是第二个膜系的 1.74 倍，于是 $E_1 = 1.74E_2$。

子定理2：折射率分布为 $n_1 = Af(z)$ 的对称多层膜系的等效相位厚度 Γ_1 与折射率分布为 $n_2 = f(z)$ 的对称多层膜系的等效相位厚度 Γ_2 相等，即 $\Gamma_1 = \Gamma_2$。

子定理3：折射率分布为 $n_1 = f(z)$ 的对称多层膜系的等效光学导纳 E_1 等于折射率分布为 $n_2 = 1/f(z)$ 的对称多层膜系的等效光学导纳 E_2 的倒数，即 $E_1 = 1/E_2$。

子定理4：折射率分布为 $n_1 = f(z)$ 的对称多层膜系的等效相位厚度 Γ_1 与折射率分布为 $n_2 = 1/f(z)$ 的对称多层膜系的等效相位厚度 Γ_2 相等，即 $\Gamma_1 = \Gamma_2$。

子定理5：当波长趋于无穷大时，三层对称膜系的等效光学导纳 E 为

$$E = \eta_p \sqrt{\frac{\psi + \eta_q/\eta_p}{\psi + \eta_p/\eta_q}}$$

式中，$\psi = 2\delta_p/\delta_q$。

例如，当对称膜系基本周期为$\frac{L}{2}H\frac{L}{2}$时，$\psi = 1$，这时 $E = \sqrt{\eta_H \eta_L}$。

子定理5 的实际意义是当对称膜系各膜层的厚度很小时，等效折射率几乎是一个常数，数值界于 n_p 和 n_q 之间，大小与膜层厚度比值 ψ 有关。

3.4 周期性多层膜理论

3.4.1 周期性对称多层膜

若一个周期性对称膜系基本周期的特征矩阵为

$$\boldsymbol{M} = \begin{bmatrix} \cos\Gamma & \mathrm{i}\sin\Gamma/E \\ \mathrm{i}E\sin\Gamma & \cos\Gamma \end{bmatrix}$$

那么整个周期对称膜系的特征矩阵为各个基本周期特征矩阵的乘积，即

$$\boldsymbol{M}^s = \begin{bmatrix} \cos\Gamma & \mathrm{i}\sin\Gamma/E \\ \mathrm{i}E\sin\Gamma & \cos\Gamma \end{bmatrix}^s \tag{3.8}$$

可以证明，式(3.8) 可化为

$$\boldsymbol{M}^s = \begin{bmatrix} \cos s\Gamma & \mathrm{i}\sin s\Gamma/E \\ \mathrm{i}E\sin s\Gamma & \cos s\Gamma \end{bmatrix} \tag{3.9}$$

式(3.9) 就是周期对称膜系的等效定理,它说明一个周期对称膜系仍然存在一个等效膜层,且该等效膜层的等效光学导纳与其基本周期的等效光学导纳相同,它的等效相位厚度为基本周期等效相位厚度 Γ 的 s 倍。

等效理论使周期性膜系透射带中折射率分析问题得以简化,这时只要考虑基本周期的性质就够了,特别是当基本周期等效折射率 E 与基片和入射介质折射率匹配良好时,即使周期数 s 变大也只能引起相位厚度增加,增加透射带波纹数目,但对薄膜光谱特性影响不大。此外,通过改变基本周期膜层的折射率或相对厚度,均可改变其等效折射率,修正膜系的光谱特性。

3.4.2 周期性非对称多层膜

最简单的周期结构基本单元是两层膜,若其特征矩阵为

$$\boldsymbol{M} = \boldsymbol{M}_1 \cdot \boldsymbol{M}_2 = \begin{bmatrix} m_{11} & m_{12} \\ m_{21} & m_{22} \end{bmatrix} \tag{3.10}$$

周期数为 s,则膜系特征矩阵为 $\boldsymbol{M}^s$,利用矩阵理论与切比雪夫多项式对此矩阵进行处理,我们可以找出 $\boldsymbol{M}^s$ 的解析表达式,并得到如下结论:

(1) 满足条件 $\left|\frac{1}{2}(m_{11} + m_{22})\right| > 1$ 的波长,位于膜系反射带,其反射率随着膜层周期数的增加而稳定地提高;

(2) 满足条件 $\left|\frac{1}{2}(m_{11} + m_{22})\right| < 1$ 的波长,位于膜系透射带,其反射率随着膜层周期数的增加而振荡;

(3) 满足条件 $\left|\frac{1}{2}(m_{11} + m_{22})\right| = 1$ 的波长,位于反射带、透射带的边界,称为截止波长。

对于$\frac{1}{4}$膜系$\left(n_1 d_1 = n_2 d_2 = \frac{\lambda_0}{4}\right)$,垂直入射时,中心波长 λ_0 处 $\delta = \frac{\pi}{2}$,则

$$\boldsymbol{M} = \boldsymbol{M}_1 \cdot \boldsymbol{M}_2 = \begin{bmatrix} -\frac{n_2}{n_1} & 0 \\ 0 & -\frac{n_1}{n_2} \end{bmatrix} \tag{3.11}$$

因为 $\left|\frac{1}{2}\left(\frac{n_2}{n_1} + \frac{n_1}{n_2}\right)\right| \geqslant 1$,所以 λ_0 位于反射带内。以这个双层膜为基本周期的多层膜系的特征矩阵为

$$\boldsymbol{M} = (\boldsymbol{M}_1 \cdot \boldsymbol{M}_2)^s = \begin{bmatrix} \left(-\frac{n_2}{n_1}\right)^s & 0 \\ 0 & \left(-\frac{n_1}{n_2}\right)^s \end{bmatrix} \tag{3.12}$$

膜系的光学导纳为

$$Y = \frac{C}{B} = \left(\frac{n_1}{n_2}\right)^{2s} n_g$$

膜系反射率为

$$R = \left(\frac{n_0 - Y}{n_0 + Y}\right)^2 = \left(\frac{1 - \frac{n_g}{n_0}\left(\frac{n_1}{n_2}\right)^{2s}}{1 + \frac{n_g}{n_0}\left(\frac{n_1}{n_2}\right)^{2s}}\right)^2$$

由此可见,膜系反射率 R 随着$\frac{n_1}{n_2}$ 和周期数 s 的增加而增加。

3.5 诱导透射定理

金属膜的折射率为一个复数:$N = n - \mathrm{i}k$,其中 n 为复折射率实部,k 为复折射率虚部,称为消光系数。金属膜存在吸收,本节讨论金属膜的吸收与透射率问题。

图 3.2 给出了金属膜透射率的示意图,界面 a 的左边为入射介质,界面 b 的右边为出射介质。定义势透射率为透过界面 b 的光能 T 与透过界面 a 的光能$(1 - R)$ 之比,即

$$\psi = \frac{T}{1 - R} \tag{3.13}$$

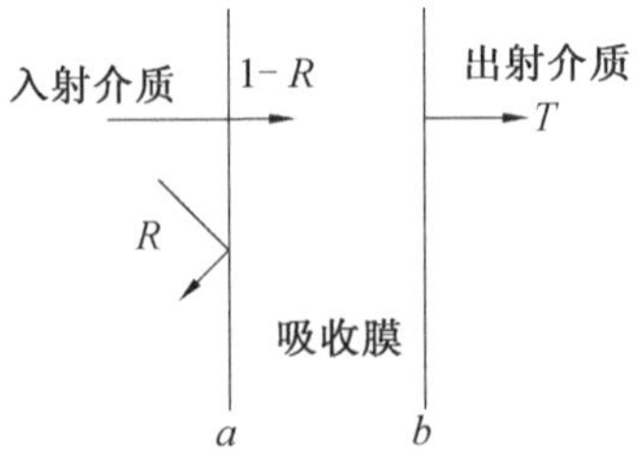

图 3.2　金属膜透射率的示意图

式中,T、R 与吸收率 A 的关系为

$$R + T + A = 1 \tag{3.14}$$

因此,可得

$$A = 1 - R - T = (1 - R)(1 - \psi) \tag{3.15}$$

由式(3.13)和式(3.15)可知:对于给定反射率 R,若膜层势透射率 ψ 越大,则膜系的实际透射率 T 越大,吸收越小。

下面对吸收膜层的势透射率性质及其与膜系透射率的关系作结论性说明,略去严格的理论证明。

(1) 吸收膜系(如金属膜)的最大势透射率仅决定于吸收膜层的光学常数。设吸收膜特征矩阵为

$$\begin{bmatrix} \cos\delta & \frac{\mathrm{i}}{N}\sin\delta \\ \mathrm{i}N\sin\delta & \cos\delta \end{bmatrix} = \begin{bmatrix} \bar{a}_1 & \bar{a}_3 \\ \bar{a}_2 & \bar{a}_4 \end{bmatrix} \tag{3.16}$$

由于 $N = n - \mathrm{j}k$ 为复数,因此 $\delta = \frac{2\pi}{\lambda} N d\cos\theta$ 亦为复数,矩阵中各项均为复数,令

$$\bar{a}_1 = a_1 + \mathrm{i}b_1,\quad \bar{a}_3 = a_3 + \mathrm{i}b_3,\quad \bar{a}_2 = a_2 + \mathrm{i}b_2,\quad \bar{a}_4 = a_4 + \mathrm{i}b_4$$

其中 a_i,b_i 均为实数,又令

$$c_0 = a_1 a_2 + b_1 b_2$$
$$c_1 = a_2 a_3 + a_1 a_4 + b_2 b_3 + b_1 b_4$$

$$c_2 = b_1 a_4 + a_3 b_2 - a_1 b_4 - b_3 b_2$$
$$c_3 = a_3 a_4 + b_3 b_4$$

则膜层的最大势透射率为

$$\psi_{\max} = \frac{1}{c_1 + 2\sqrt{c_0 c_3 - 0.25 c_2^2}} \tag{3.17}$$

$\psi_{\max}$ 只与膜层参数有关,膜层材料确定后,$\psi_{\max}$ 只由膜厚决定,随膜厚增加而下降。

(2) 势透射率只决定于吸收膜的光学常数和出射介质的导纳,与入射介质无关。

若式(3.16)表示的膜层镀制在导纳为 $y = x + \mathrm{i}z$ 的出射介质上,则膜系的势透射率可以表示为

$$\psi = \frac{x}{c_0 + c_1 x + c_2 z + c_3 (x^2 + z^2)} \tag{3.18}$$

(3) 膜系的实际透射率不仅与势透射率有关,还与入射介质有关,即与膜系的反射率有关,其值为 $(1 - R)\psi$,当 $R = 0$ 时,$T_{\max} = \psi = \psi_{\max}$,实际透射率达到最大势透射率,吸收膜的潜在最大透射效率诱导出来了。

(4) 对于无吸收光学薄膜,其势透射率为 1。

对于无吸收膜,消光系数 $k = 0$,$b_1 = b_4 = 0$,$a_2 = a_3 = 0$,因此

$$\begin{cases} c_0 = c_2 = c_3 = 0 \\ c_1 = a_1 a_4 + b_2 b_3 = 1 \end{cases}$$

将上式代入式(3.18)可得 $\psi = 1$。

(5) 膜系的势透射率 ψ 等于所有膜层势透射率 ψ_i 的乘积,即

$$\psi = \prod_{i=1}^{k} \psi_i \tag{3.19}$$

对于无吸收的膜层,其势透射率为 1,因此含有吸收膜层的吸收膜系的势透射率 ψ 等于吸收层势透射率的乘积。

从图 3.2 可以对吸收膜的性质得到一些直观认识。若界面 a 和 b 与周围环境折射率匹配不好,在界面上就会存在反射,此时进入到膜层中的光线会在两个界面之间来回反射,光线传播的路程变长,对光能吸收变大,膜层透射率降低。若界面 a 和 b 没有反射,光线一次性通过膜层,则膜层对光的吸收仅取决于膜层光学常数与厚度,此时膜层所表现出来的透射率就是最大势透射率。

此外,有时我们观察到金属膜有很大吸收,就认为其吸收很大是不对的,如果金属膜与环境匹配好,也可以有很高的透射率,这一思想对膜系设计具有重要意义。

第 4 章　膜系设计方法

膜系设计就是根据所要求的光学特性,寻找满足这些特性的膜系结构,并确定膜系结构参数的过程。膜系设计与光学设计不同:

首先,光学设计的理论基础是几何光学,认为光线波长趋于零,而膜系设计的理论基础是光的干涉理论,膜系设计中各个量之间的关系要复杂得多,只有比较简单的膜系才有明确的数学关系式,在更多情况下很难用直观的公式表示膜系各量之间的关系。因此,膜系设计是一个困难的课题,经过了长期的探索历程。膜系设计最早使用的方法是试探法和图解法,以后逐步出现了解析法、网络设计理论、自动设计方法等。

其次,膜系设计不仅要求设计者有丰富的薄膜光学理论知识,而且要求设计者有丰富的实践经验,因为膜系的光学参数 n 和厚度 d 都与制备条件有关,在一些复杂膜系的制备过程中,还需要实时测量已制备膜系的光学参数,修改未镀制膜层的参数。因此,膜系设计一定要考虑到具体的生产工艺。

最后,一般膜系设计要求是满足一定光谱响应的多层膜结构,根据光谱响应的不同,主要有增透膜、反射膜、带通滤光片、截止滤光片、分光膜五大类薄膜光学元件,在设计时它们的设计方法差别较大。

本章主要介绍图解法、解析法和自动设计法。

4.1　图 解 法

运用图解法进行膜系设计具有直观简捷的特点,主要用于较简单膜系的设计。膜系设计的图解法主要有两种:矢量法和导纳轨迹法。矢量法根据各界面反射系数模的大小及矢量夹角的关系,提示对膜系的修改方向,直观易懂,但层数较多时累积误差较大;导纳轨迹法由麦克劳德提出,可以方便地分析膜厚度变化时膜系导纳的变化、膜系反射率的变化、相位变化以及电场强度的分布。导纳轨迹法不但适用于无吸收介质膜,还适用于吸收膜,既直观又简单。

4.1.1　矢量法

一般情况下,光波在薄膜界面上的反射系数是一个复数,和薄膜光学特性计算时的处理一样,可把光波在每个界面上的反射系数看作矢量,只考虑单次反射(即忽略二次及二次以上反射)时,膜系的反射系数可以看作是各个界面上反射系数的矢量和。对于图 4.1 所示的双层膜,反射系数为

$$r = r_1 + r_2 e^{-i2\delta_{12}} + r_3 e^{-i2(\delta_{12}+\delta_{23})} \tag{4.1}$$

关于作图符号的规定与薄膜光学特性计算时的规定相同。在设计增透膜时,我们的

目标是各矢量求和时构成封闭的多边形，即矢量和为零，界面的反射系数为零。下面我们以低折射率基片上双层增透膜的设计为例进行说明。

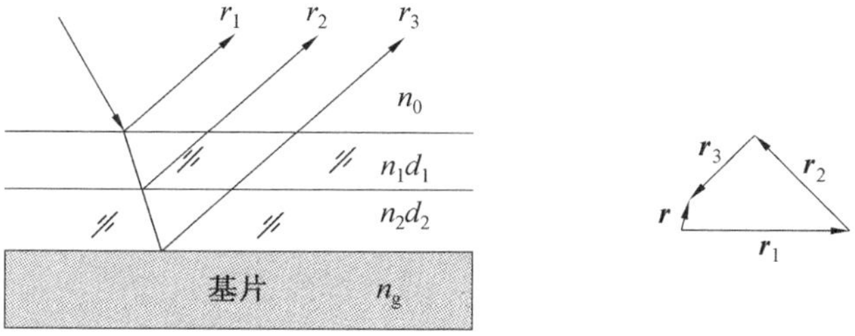

图 4.1　双层膜示意图

设双层膜的折射率已知，分别为 n_1 和 n_2，此双层膜与基片、入射介质构成三个界面，有三个反射向量（可参考图 4.1），若能使这三个矢量构成一个封闭三角形，则膜系的反射率就为零。因此，以 $\boldsymbol{r}_1$ 的起点和终点为圆心，再分别以 $\boldsymbol{r}_2$ 和 $\boldsymbol{r}_3$ 为半径画两个圆，则这两个圆的交点就是 $\boldsymbol{r}_2$ 和 $\boldsymbol{r}_3$ 的接连点，如图 4.2 所示，图中 $\boldsymbol{r}_2$ 和 $\boldsymbol{r}_3$、$\boldsymbol{r}'_2$ 和 $\boldsymbol{r}'_3$ 为两组解，而这两组解又分别有两种可能。若考虑到 $n_0 < n_1 < n_g < n_2$，则 $\boldsymbol{r}_1$ 和 $\boldsymbol{r}_2$ 为负值，而 $\boldsymbol{r}_3$ 为正值，在此情况下，解的可能性只有图 4.3 所示的两种，考虑到膜层应力问题，一般选取膜层厚度较小的解，如图 4.3(b) 所示。

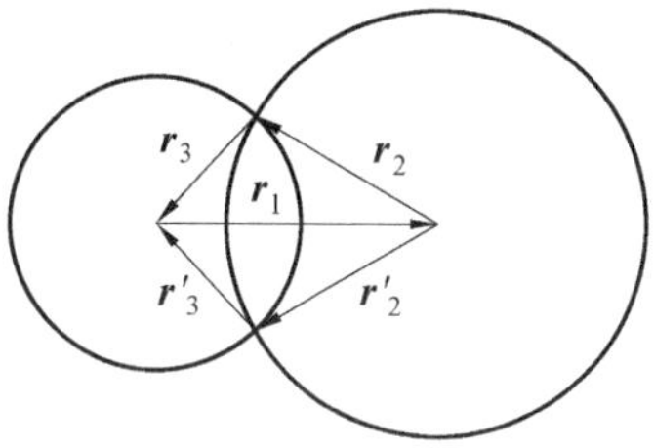

图 4.2　双层膜的设计

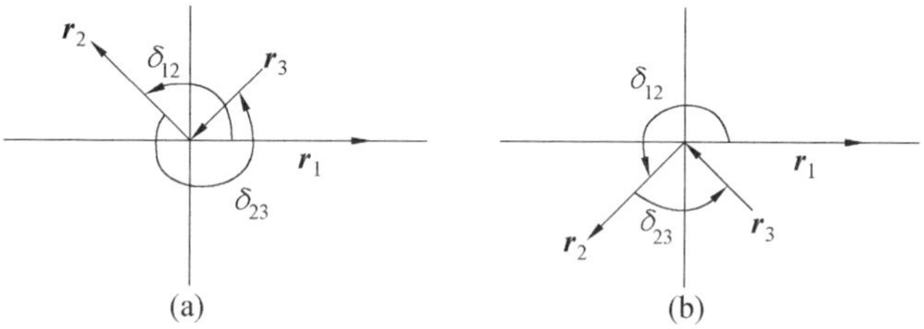

图 4.3　双层膜的求解

以上分析是给定折射率求膜层厚度 δ_{12} 和 δ_{23}，由图 4.3 可知，δ_{12} 和 δ_{23} 都不是 $\pi/2$，即都不是 $\frac{1}{4}$ 膜厚。若 $n_1 = 1.38$，$n_2 = 2.066$，则 $\delta_{12} = 115.6°$，$\delta_{23} = 23.4°$。

若给定膜厚 $n_1 d_1 = n_2 d_2 = \lambda_0/4$，即 $2\delta_{12} = 2\delta_{23} = \pi$，则可求出所需膜层的折射率，在这种情况下，图 4.2 中的两圆相切，其解为 $r_1 = r_2 + r_3$，若外层膜 $n_1 = 1.38$，基片 $n_g = 1.517$，则

$$\left|\frac{1-1.38}{1+1.38}\right| = \left|\frac{1.38-n_2}{1.38+n_2}\right| + \left|\frac{n_2-1.517}{n_2+1.517}\right| \tag{4.2}$$

解得
$$n_2 = 1.689$$

运用类似的方法可以进行多层膜的设计。

4.1.2 导纳轨迹法

前面我们提到过等效导纳的概念,也就是在基片上每增加一层薄膜,整个膜系都可用一个新的等效导纳来表示,这种特性在膜系设计时非常有用。

如果入射介质的导纳为 Y_0,膜系的等效导纳为 Y,则膜系的反射率为

$$R = \left|\frac{Y_0 - Y}{Y_0 + Y}\right|^2 \tag{4.3}$$

(1) 等反射率曲线。当光线由导纳为 Y_0 的入射介质进入介质 Y,令 $Y=\alpha+\mathrm{i}\beta$,则反射率

$$R = \left|\frac{Y_0 - (\alpha + \mathrm{i}\beta)}{Y_0 + (\alpha + \mathrm{i}\beta)}\right|^2 = \frac{(Y_0 - \alpha)^2 + \beta^2}{(Y_0 + \alpha)^2 + \beta^2}$$

展开整理可得

$$\alpha^2 + \beta^2 - 2\left(\frac{1+R}{1-R}Y_0\right)\alpha + Y_0^2 = 0 \tag{4.4}$$

比较圆曲线

$$(\alpha - C_r)^2 + \beta^2 = A_r^2 \tag{4.5}$$

式中

$$C_r = \frac{1+R}{1-R}Y_0 \tag{4.6}$$

$$A_r = \frac{2\sqrt{R}}{1-R}Y_0 = \sqrt{C_r^2 - Y_0^2} \tag{4.7}$$

可知对于给定的反射率 R,可以得到 R 等值的圆曲线,其圆心坐标为$(C_r,0)$,半径为 A_r。

于是给出不同 R 即可在导纳复数坐标中画出一组等反射率曲线,其圆心都在实数轴上,当 $R=0$ 时,圆缩成一点$(Y_0,0)$。这些圆圈相当于参考曲线,若一膜系的等效导纳落在某一圆圈,则该膜系的反射率就是该圆曲线的 R 值,图4.4是等反射率圆与等相位曲线图。

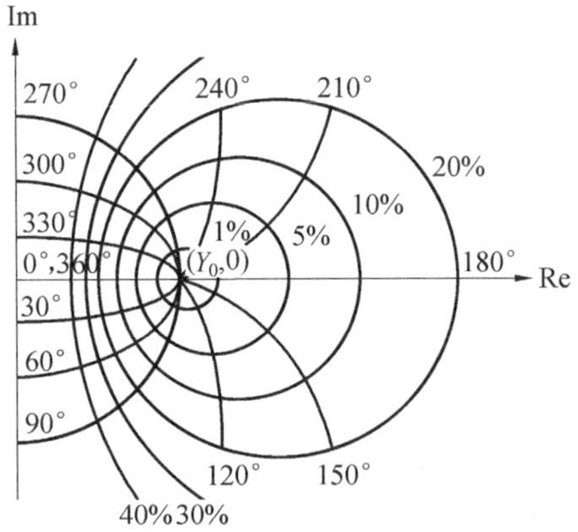

图 4.4 等反射率圆与等相位曲线图

(2) 等相位曲线。设 φ 代表因反射引起的相位位移,则反射系数为

$$r = \frac{Y_0 - (\alpha + \mathrm{i}\beta)}{Y_0 + (\alpha + \mathrm{i}\beta)} = |r|\,\mathrm{e}^{\mathrm{i}\varphi}$$

展开此式,令实部和虚部分别相等,可得

$$Y_0 - \alpha = |r|\,[(Y_0 + \alpha)\cos\varphi - \beta\sin\varphi] \tag{4.8}$$

$$-\beta = |r|\,[(Y_0 + \alpha)\sin\varphi + \beta\cos\varphi] \tag{4.9}$$

两式相除消去 $|r|$ 可得

$$\tan\varphi = \frac{2\beta Y_0}{\alpha^2 + \beta^2 - Y_0^2}$$

或

$$\alpha^2 + \beta^2 - 2\beta Y_0 \cot\varphi = Y_0^2 \tag{4.10}$$

比较圆曲线

$$(\beta - C_\varphi)^2 + \alpha^2 = A_\varphi^2 \tag{4.11}$$

式中

$$C_\varphi = Y_0 \cot\varphi \tag{4.12}$$

$$A_\varphi = \left|\frac{Y_0}{\sin\varphi}\right| = \sqrt{C_\varphi^2 + {Y_0}^2} \tag{4.13}$$

于是可得到不同 Y 值的 φ 等值曲线，如图4.4所示，其圆心 $(0, Y_0\cot\varphi)$ 在虚轴上，半径为 A_φ，由图可知：

① 等相位曲线通过 $(Y_0, 0)$ 点，因为存在 $A_\varphi^2 - C_\varphi^2 = Y_0^2$；

② φ 为0、$\pi/2$、π 和 $3\pi/2$ 的等相位曲线将复数坐标化成四个象限。

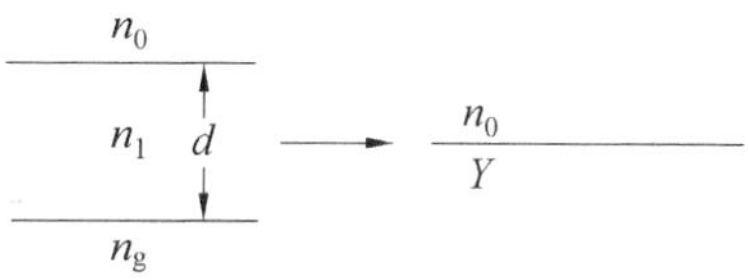

图4.5　单层膜所构成的两界面可以等效成单一界面

(3) 单层膜导纳轨迹。如图4.5所示，设入射介质为 n_0，基片为 n_g，膜层为 n_1，厚度为 d，则此单层膜可用导纳为 Y 的界面来等效。于是有

$$\begin{bmatrix} B \\ C \end{bmatrix} = \begin{bmatrix} \cos\delta & \dfrac{i}{n_1}\sin\delta \\ in_1\sin\delta & \cos\delta \end{bmatrix} \begin{bmatrix} 1 \\ n_g \end{bmatrix}$$

$$\delta = \frac{2\pi}{\lambda} n_1 d\cos\theta$$

$$Y = \frac{C}{B} = \alpha + i\beta$$

由上式可得

$$\alpha + i\beta = \frac{n_g\cos\delta + in_1\sin\delta}{\cos\delta + i\dfrac{n_g}{n_1}\sin\delta} \tag{4.14}$$

展开式(4.14)，分别取实部和虚部相等，可得

$$(\alpha - n_g)\cos\delta = \frac{\beta n_g}{n_1}\sin\delta \tag{4.15}$$

$$\beta\cos\delta = \left(n_1 - \frac{n_g}{n_1}\alpha\right)\sin\delta \tag{4.16}$$

以上两式消去相位 δ 得

$$\alpha^2 + \beta^2 - 2\frac{n_1^2 + n_g^2}{2n_g}\alpha + n_1^2 = 0 \tag{4.17}$$

比较圆曲线 $(\alpha - C_f)^2 + \beta^2 = A_f^2$ 可知等效导纳轨迹为以 $(C_f, 0)$ 为圆心，以 A_f 为半径的圆，

即随着膜厚的增加，等效导纳沿圆轨迹变化，中心与半径分别为

$$C_f = \frac{n_1^2 + n_g^2}{2n_g} \tag{4.18}$$

$$A_f = \left| \frac{n_1^2 - n_g^2}{2n_g} \right| \tag{4.19}$$

由式(4.17)、(4.18)和(4.19)可知等效导纳轨迹沿顺时针方向移动，当膜厚为0时，$Y = n_g$，即轨迹的起点为$(n_g,0)$。随着膜厚的变大，轨迹沿顺时针移动，当膜厚为1/4波长时，轨迹与实数轴交于n_1^2/n_g。膜厚增加至1/2波长时，轨迹回到$(n_g,0)$。轨迹上任意点的坐标值就是膜系的光学导纳，结合图4.4，就可得出膜系的反射率和反射相位。图4.6给出了在基片上镀1/4高折射率、低折射率膜层的导纳轨迹。

由式(4.15)和式(4.16)消去n_g，可得等相位厚度的轨迹

$$\alpha^2 + \beta^2 + 2\beta n_1 \cot 2\delta = n_1^2 \tag{4.20}$$

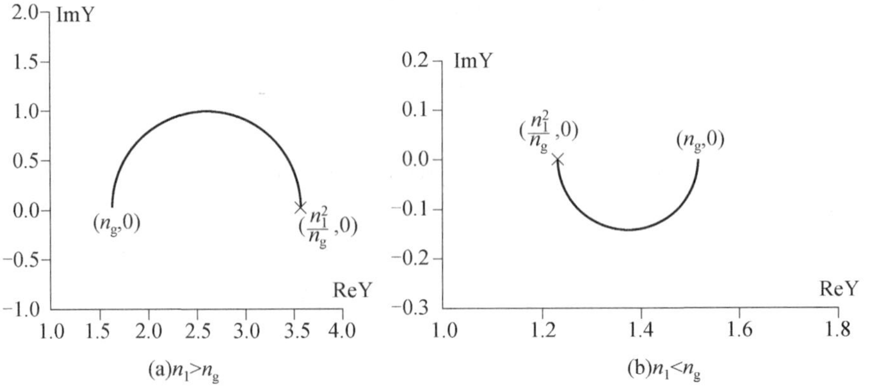

图4.6　在基片n_g上镀1/4单层膜

比较圆曲线

$$(\beta - C_\delta)^2 + \alpha^2 = A_\delta^2 \tag{4.21}$$

式中

$$C_\delta = - n_1 \cot 2\delta \tag{4.22}$$

$$A_\delta = \left| \frac{n_1}{\sin 2\delta} \right| \tag{4.23}$$

于是可知等相位厚度轨迹是以$(0,C_\delta)$为圆心，半径为A_δ的圆。由于$A_\delta^2 - C_\delta^2 = n_1^2$，轨迹通过点$(n_1,0)$，如图4.7所示。

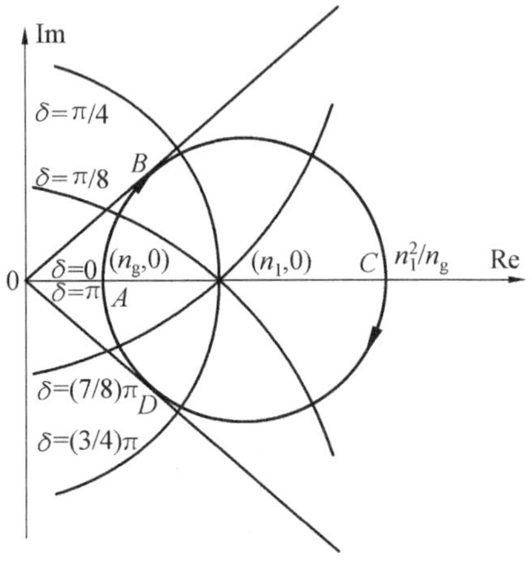

图4.7　在基片n_g上镀1/4单层膜等相位曲线

图4.7中，AC代表1/4波厚的膜层，点B是$\delta = \pi/4$等相位轨迹，因此AB代表1/8波厚的膜层，直线OB和OD与薄膜轨迹图相切于点B和点D，因此$OA \cdot OC = (OB)^2$。

(4) 多层膜导纳轨迹。多层膜的处理可以重

复图 4.5 等效导纳的技巧。以两层膜为例，如图 4.8 所示，先求出等效基片的导纳 $Y'_g = a + ib$，然后再求出膜系的最后等效导纳 Y，上述结论中导纳轨迹的特性仍然成立。只是等效基片变为复数，需做如下修正

$$C_f = \frac{n_1^2 + a^2 + b^2}{2a} \tag{4.24}$$

$$A_f = \frac{\sqrt{(n_1^2 + a^2 + b^2)^2 - 4a^2 n_1^2}}{2a} \tag{4.25}$$

1/4 波厚膜的导纳轨迹终点在 n_1^2/Y。

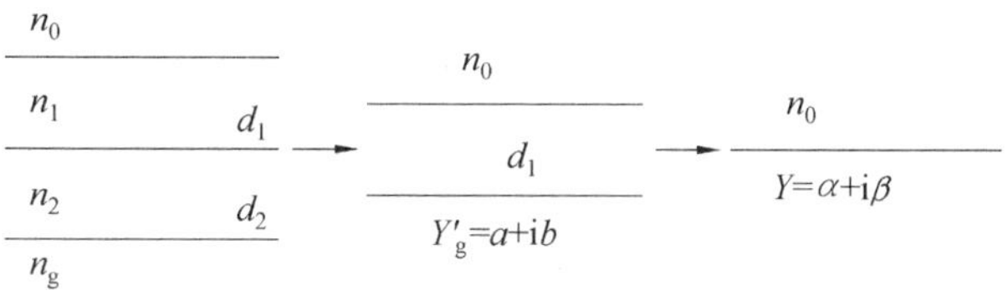

图 4.8　在基片上镀双层膜的等效导纳

图 4.9 表示在基片 $n_g = 1.517$ 上镀两层 1/4 膜厚，折射率为 $n_H = 2.3$ 和 $n_L = 1.46$ 的双层膜的导纳轨迹圆。

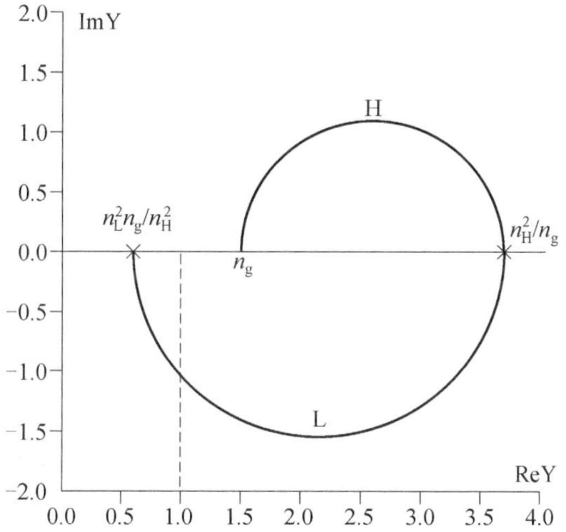

图 4.9　在基片 n_g 上镀 1/4 单层膜等相位曲线

综上所述，导纳轨迹圆在描述光学薄膜特性时，没做任何近似，只要作图精确，就可以快速精确地确定膜系的光学特性，结合 $R = \left|\frac{Y_0 - Y}{Y_0 + Y}\right|^2$ 和计算机的快速计算就可以进行膜系的设计，如设计在空气中应用的增透膜，由于 $Y_0 = 1.0$，因此要实现零反射，必须使最终的等效导纳趋近于 1.0，从而 $R \approx 0$。

4.2 解析法

解析法能够用于复杂膜系的设计。目前较为常用的解析法有:导纳匹配技术、等效折射率法和有效界面法。导纳匹配技术主要用于降低膜系的通带波纹起伏效应;等效折射率法主要用于设计在实际中不存在的折射率;有效界面法主要用于设计特定类型的滤光片。

4.2.1 导纳匹配技术

光从一种介质进入另一种介质,因为折射率失配会引起反射;而光从膜系进入基片,因导纳失配会引起通带波纹起伏,或者在金属介质组合膜系情况下引起吸收损失,因此导纳匹配技术在增透膜、截止滤光片和诱导滤光片等设计中具有重要应用。

1. 单层膜匹配

根据第 2 章关于单层膜的讨论,可以推导出垂直入射时,单层膜在波长 λ_0 处具有零反射的条件是:

(1) 膜层的光学厚度是 $\lambda_0/4$,或其奇数倍,即

$$n_1 d_1 = k\lambda_0/4, \quad k = 2m+1, \quad m = 0,1,2,\cdots \tag{4.26}$$

(2) 膜层的折射率需满足

$$n_1 = \sqrt{n_0 n_g} \tag{4.27}$$

满足以上条件,我们说膜层在波长 λ_0 处与周围介质匹配。

2. 双层膜匹配

设基片折射率为 n_g,入射介质折射率为 n_0,双层膜的干涉矩阵为

$$\begin{bmatrix} B \\ C \end{bmatrix} = \begin{bmatrix} \cos\delta_1 & \dfrac{\mathrm{i}}{\eta_1}\sin\delta_1 \\ \mathrm{i}\eta_1\sin\delta_1 & \cos\delta_1 \end{bmatrix} \begin{bmatrix} \cos\delta_2 & \dfrac{\mathrm{i}}{\eta_2}\sin\delta_2 \\ \mathrm{i}\eta_2\sin\delta_2 & \cos\delta_2 \end{bmatrix} \begin{bmatrix} 1 \\ \eta_g \end{bmatrix} =$$

$$\begin{bmatrix} \cos\delta_1\cos\delta_2 - \dfrac{\eta_2}{\eta_1}\sin\delta_1\sin\delta_2 & \mathrm{i}\left(\dfrac{1}{\eta_2}\cos\delta_1\sin\delta_2 + \dfrac{1}{\eta_1}\sin\delta_1\cos\delta_2\right) \\ \mathrm{i}(\eta_1\sin\delta_1\cos\delta_2 + \eta_2\cos\delta_1\sin\delta_2) & \cos\delta_1\cos\delta_2 - \dfrac{\eta_1}{\eta_2}\sin\delta_1\sin\delta_2 \end{bmatrix} \begin{bmatrix} 1 \\ \eta_g \end{bmatrix} =$$

$$\begin{bmatrix} \cos\delta_1\left[\cos\delta_2 + \mathrm{i}\dfrac{\eta_g}{\eta_2}\sin\delta_2\right] + \dfrac{\mathrm{i}}{\eta_1}\sin\delta_1(\eta_g\cos\delta_2 + \mathrm{i}\eta 2\sin\delta_2) \\ \mathrm{i}\eta_1\sin\delta_1\left(\cos\delta_2 + \mathrm{i}\dfrac{\eta_g}{\eta_2}\sin\delta_2\right) + \cos\delta_1(\eta_g\cos\delta_2 + \mathrm{i}\eta_2\sin\delta_2) \end{bmatrix}$$

如果 $Y = C/B = \eta_0$,则反射率为零,即

$$\mathrm{i}\eta_1\sin\delta_1\left(\cos\delta_2 + \mathrm{i}\frac{\eta_g}{\eta_2}\sin\delta_2\right) + \cos\delta_1(\eta_g\cos\delta_2 + \mathrm{i}\eta_2\sin\delta_2) =$$

$$\eta_0\left[\cos\delta_1\left(\cos\delta_2 + \mathrm{i}\frac{\eta_g}{\eta_2}\sin\delta_2\right) + \frac{\mathrm{i}}{\eta_1}\sin\delta_1(\eta_g\cos\delta_2 + \mathrm{i}\eta 2\sin\delta_2)\right] \tag{4.28}$$

取实部与虚部分别相等,可求得

$$\tan\delta_1\tan\delta_2=\frac{\eta_1\eta_2(\eta_g-\eta_0)}{\eta_1^2\eta_g-\eta_0\eta_2^2} \tag{4.29}$$

$$\frac{\tan\delta_2}{\tan\delta_1}=\frac{\eta_2(\eta_0\eta_g-\eta_1^2)}{\eta_1(\eta_2^2-\eta_0\eta_g)} \tag{4.30}$$

由以上两式可得

$$\tan^2\delta_1=\frac{\eta_1^2(\eta_g-\eta_0)(\eta_2^2-\eta_0\eta_g)}{(\eta_1^2\eta_g-\eta_0\eta_2^2)(\eta_0\eta_g-\eta_1^2)} \tag{4.31}$$

$$\tan^2\delta_2=\frac{\eta_2^2(\eta_g-\eta_0)(\eta_0\eta_g-\eta_1^2)}{(\eta_1^2\eta_g-\eta_0\eta_2^2)(\eta_2^2-\eta_0\eta_g)} \tag{4.32}$$

双层膜的设计一般分以下三种情况:

① 双层膜的光学厚度均为 $\lambda_0/4$,根据基片折射率选定 n_2,求解 n_1;

② 选定 n_1 和 n_2,根据式(4.31) 和式(4.32) 求解 δ_1 和 δ_2,即求解膜厚;

以上两种情况,膜系在 λ_0 处反射率为零,反射率曲线呈 V 形。

③ 选择 $\delta_1=\pi/2$ 和 $\delta_2=\pi$,这时波长 λ_0 处的反射率与第二层的存在无关,即第二层为虚设层,但它对 λ_0 附近波长的反射率具有降低作用,膜系反射率曲线呈 W 形。若 n_1 和 n_2 取值适当,在一定波长处存在零反射。

3. 多层膜匹配

对于多层膜匹配而言,可以首先对膜系进行等效,根据第 3 章中的膜系等效定理,一个膜系可以等效为两层膜(若膜系为周期对称型,则可以等效为一层);然后再根据前述的两层膜匹配技术(对周期对称型,用单层膜匹配技术) 进行匹配,从而得到多层膜系的匹配设计。

4.2.2 等效折射率法

等效折射率法是膜系等效理论在膜系设计中的应用。实际膜系制备中,可选的膜料比较有限,设计的折射率常常不存在相应的实际膜料,解决的方法是设计一个三层对称膜系,使其等效折射率等于要求的折射率。

对于 *pqp* 三层对称膜,其等效折射率为

$$E=\sqrt{\frac{\eta_p^2\left[\sin 2\delta_p\cos\delta_q+\frac{1}{2}\left(\frac{\eta_p}{n_q}+\frac{\eta_q}{n_p}\right)\cos 2\delta_p\sin\delta_q-\frac{1}{2}\left(\frac{\eta_p}{\eta_q}-\frac{\eta_q}{\eta_p}\right)\sin\delta_q\right]}{\sin 2\delta_p\cos\delta_q+\frac{1}{2}\left(\frac{\eta_p}{\eta_q}+\frac{\eta_q}{\eta_p}\right)\cos 2\delta_p\sin\delta_q+\frac{1}{2}\left(\frac{\eta_p}{\eta_q}-\frac{\eta_q}{\eta_p}\right)\sin\delta_q}} \tag{4.33}$$

等效相位厚度为

$$\Gamma=\arccos\left[\cos 2\delta_p\cos\delta_q-\frac{1}{2}\left(\frac{\eta_p}{\eta_q}+\frac{\eta_q}{\eta_p}\right)\sin 2\delta_p\sin\delta_q\right] \tag{4.34}$$

当对称膜系的膜层厚度很小时,可以得出

$$E = \eta_p \sqrt{\frac{2\delta_p + \delta_q \eta_q / \eta_p}{2\delta_p + \delta_q \eta_p / \eta_q}} = \eta_p \sqrt{\frac{\psi + \eta_q / \eta_p}{\psi + \eta_p / \eta_q}} \tag{4.35}$$

$$\Gamma = \sigma \left[\frac{(\eta_p^2 + \eta_q^2)\psi}{\eta_p \eta_q (1 + \psi)^2} \right]^{1/2} \tag{4.36}$$

式中，$\psi = 2\delta_p / \delta_q$，$\sigma = 2\delta_p + \delta_q$。可见当对称膜系的膜层非常薄时，等效膜的折射率几乎为一常数，数值界于 n_p 和 n_q 之间，其大小与膜层厚度比值 ψ 有关。

注意：当 $\psi = 1$ 时，也就是膜系为$\frac{L}{2}H\frac{L}{2}$或$\frac{H}{2}L\frac{H}{2}$时，$E = \sqrt{\eta_H \eta_L}$。

4.2.3 有效界面法

1958 年史密斯（Smith）指出，根据单层膜的多光束干涉的透射系数公式（见式(2.5)）可以得出一种有用的设计方法，即有效界面法，又称史密斯方法。这种方法的基本思想为：将选定的膜层从膜系中分离出来，整个膜系组合可以用两个有效界面表示，如图4.10 所示。只考虑选定膜层中的多次反射，则对多层膜的特性就可以进行分析，全部要求在于求出选定膜层两侧子膜系的反射系数和透射系数，反射系数和透射系数可以根据第 2 章中的递推法得出。根据式(2.5) 可知

$$t = \frac{t_1^+ t_2^+ e^{-i\delta}}{1 - r_1^- r_2^+ e^{-2i\delta}}$$

其中，δ 为选定膜层的有效相位厚度，$\delta = \frac{2\pi}{\lambda} nd\cos\theta$。

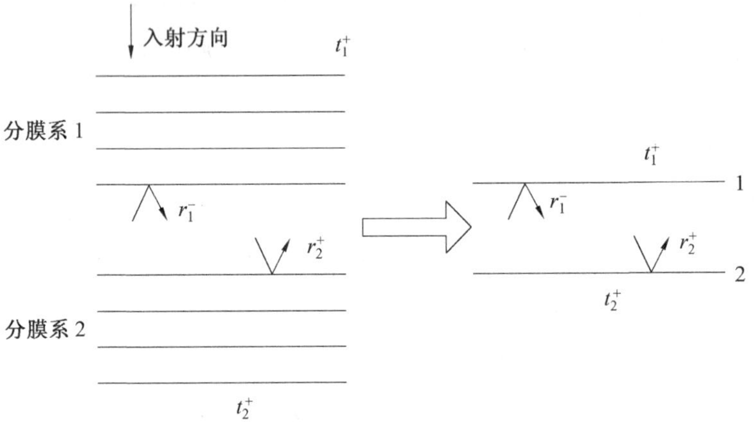

图 4.10 有效界面法

假设膜系两侧介质的光学导纳相同，并且没有吸收，则膜系的透射率 T 为

$$T = |t|^2 = \frac{|t_1^+ t_2^+|^2}{|1 - r_1^- r_2^+ e^{-2i\delta}|^2}$$

设
$$r_1^- = |r_1^-| e^{i\varphi_1}, \quad r_2^+ = |r_2^+| e^{i\varphi_2}$$

则

$$T=\frac{|t_1^+t_2^+|^2}{|1-|r_1^-||r_2^+|e^{-i(\varphi_1+\varphi_2-2\delta)}|^2}=$$

$$\frac{|t_1^+|^2|t_2^+|^2}{1+|r_1^-|^2|r_2^+|^2-2|r_1^-||r_2^+|\cos(\varphi_1+\varphi_2-2\delta)} \tag{4.37}$$

用 $1-2\sin^2\frac{1}{2}(\varphi_1+\varphi_2-2\delta)$ 代替 $\cos(\varphi_1+\varphi_2-2\delta)$，稍加整理后即得

$$T=\frac{|t_1^+|^2|t_2^+|^2}{(1-|r_1^-||r_2^+|)^2}\times\frac{1}{1+\frac{4|r_1^-||r_2^+|}{(1-|r_1^-||r_2^+|)^2}\times\sin^2\frac{1}{2}(\varphi_1+\varphi_2-2\delta)}$$

若已知 $|r_1^-|,|r_2^+|,|t_1^+|,|t_2^+|$ 以及 $\varphi_1,\varphi_2,\delta$，就可完全确定多层膜的透射率。

有时把透射率的表达式写成如下形式更为方便

$$T=\frac{T_1T_2}{(1-\sqrt{R_1R_2})^2}\times\frac{1}{1+\frac{4\sqrt{R_1R_2}}{(1-\sqrt{R_1R_2})^2}\times\sin^2\frac{1}{2}(\varphi_1+\varphi_2-2\delta)} \tag{4.38}$$

显然，即使膜系两侧的介质有不同的导纳，上式也是成立的。若令

$$\bar{R}=\sqrt{R_1R_2},\quad T_0=\frac{T_1T_2}{(1-\bar{R})^2},\quad F=\frac{4\bar{R}}{(1-\bar{R})^2},\theta=\frac{1}{2}(\varphi_1+\varphi_2-2\delta)$$

则

$$T=\frac{T_0}{1+F\sin^2\theta} \tag{4.39}$$

此式的重要特点在于相位关系和振幅关系可分别研究。$T_0(\lambda)$ 和 $F(\lambda)$ 只取决于两分膜系的反射率，而因子 $\sin^2\theta$ 仅取决于两分膜系的反射相移以及中间层的膜层厚度。当 $T_0\approx1(R_1\approx R_2)$ 和 $\sin^2\theta\approx0(\frac{1}{2}(\varphi_1+\varphi_2-2\delta)\approx m\pi,m=0,1,2,\cdots)$ 同时满足时，整个膜系在该波长处的透射率接近于1。

这种方法主要用来分析特定类型滤光片的特性，在设计中是很有价值的。

此外，解析法设计还有消色设计技术、起偏设计技术等，感兴趣的读者可查阅相关文献进行了解。

4.3 自动设计法

计算机的发展与普遍使用，及光学薄膜制备技术，尤其是对薄膜折射率的控制技术和膜厚控制技术的发展，促进了光学薄膜自动设计方法的发展，使其成为人们设计膜系的主要手段。

自动设计方法在膜系设计中的优点是明显的。由于薄膜设计工作的复杂性，传统的解析方法必须作一定程度的简化或者只考虑在个别波长点处达到某种要求；或者只能用一些特殊结构的组合方法去试凑，看是否满足设计要求。然而自动设计可以在整个波段上全面地考虑设计要求，得出“最优”设计，其结果一般比解析设计要好（层数少），并有可能得到新结构，为理论分析提供依据。

4.3.1 自动设计法的分类与评价函数

自动设计可以分为半自动设计和全自动设计。半自动设计是对给定的多层膜的初始结构进行自动校正,使膜系的光谱特性接近于理想特性。全自动设计不需要初始结构,自动搜寻满足光谱特性要求的膜系结构。自动设计的基本思想是不断地比较给定结构参数下薄膜系统光谱特性与所期望的理想光谱特性之间的偏差,通过某种数学手段,使这种偏差尽可能小。选取结构参数使偏差达到最小在数学上就是多元函数的极小值问题,即所谓的优化问题。为此,必须构造和所有的膜系结构参数有关的评价函数,为了数学处理,要求评价函数是连续的、可微的。

对于一个 k 层膜系,可以把它的反射率写为

$$R(\lambda) = R_k(N_0, N_1, N_2, \cdots, N_k, N_{k+1}, d_1, d_2, \cdots, d_k, \lambda, \theta_0) \tag{4.40}$$

式中,θ_0 为光线入射角;N_0 为入射介质折射率;N_{k+1} 为基片折射率;N_k 和 d_k 分别为各膜层的折射率与厚度。

希望得到的光谱特性为 $R^* = R^*(\lambda)$,可构造出评价函数

$$F = \sum_{\lambda} W_{\lambda} \| R(\lambda) - R^*(\lambda) \| \tag{4.41}$$

式中,W_{λ} 为各个波长点处所取权重。

常用的评价函数有:

① 平方型

$$F(x) = \sum_{\lambda} W_{\lambda} [R(\lambda) - R^*(\lambda)]^2 \tag{4.42}$$

② 绝对值型

$$F(x) = \sum_{\lambda} W_{\lambda} | R(\lambda) - R^*(\lambda) | \tag{4.43}$$

③ 平坦型

$$F(x) = \sum_{\lambda} W_{\lambda} [R(\lambda) - M]^2 \tag{4.44}$$

式中,M 为各波长点处反射率的平均值,$M = \frac{1}{\Delta\lambda} \sum_{\lambda} [R(\lambda)]$。

④ 容差型

$$F(x) = \frac{1}{\Delta\lambda} \sum_{\lambda} \left[\frac{R_C(\lambda)^2}{\Delta R} \right]^2 \tag{4.45}$$

式中,$R_C(\lambda) = \max[| R(\lambda) - R^*(\lambda) | - \Delta R]$;$\Delta R$ 为容差。

⑤ 消偏振型

$$F(x) = \sum W_{\lambda} \{ [R_p(\lambda) - R_p^*(\lambda)]^2 + [R_s(\lambda) - R_s^*(\lambda)]^2 \} \tag{4.46}$$

式中,$R_p(\lambda)$ 和 $R_s(\lambda)$ 分别表示 p 波和 s 波的反射率。

理想情况下,我们希望 $F = 0$,而在进行实际膜系设计时,由于膜系的反射率与膜厚、折射率、入射角等变量之间的关系非常复杂,不论采取何种评价函数,评价函数都是十分复杂的非线性函数,所以在进行膜系设计时,我们希望采用高效的全局优化算法来寻找最优解,膜系设计流程如图 4.11 所示。

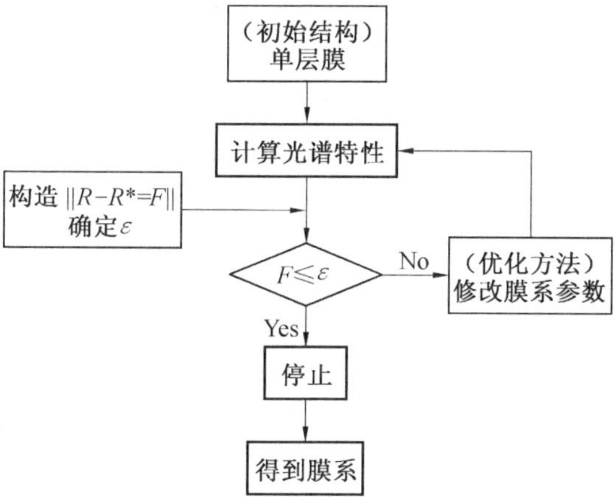

图 4.11　膜系自动设计流程

4.3.2　自动设计优化算法

目前，膜系自动设计中应用的优化算法很多，但公认的最新最有效的算法是俄罗斯的 Tkhonravov 在 20 世纪 90 年代提出的薄膜自动合成设计方法，它通过计算等效导纳的倒数进行优化设计，称为 Needle（针）法。该方法的最大优点是从一个单层膜开始，在最佳位置插入一薄层，从而使膜系的评价函数大幅下降，持续这一过程，膜系的层数将不断增加，获得评价函数不断下降的膜系结构，在这个过程中不但可以优化膜层的 n 和 d，同时还可以优化膜层数，使我们有可能从单层膜开始设计任意光学性能的最优膜系。该方法的缺点是有可能陷入局部值（极小值），现在已经有了改进方法，改进的方法可以将评价函数从一个局部极值改变到另一个更优的极值，称为 Needle-Tunneling 法。

另外一种常用的算法是遗传算法，它是一种宏观意义下的仿生算法，其机制是一切生命与智能的产生与进化过程，主要思想及特点有：

① 遗传算法把优化问题的可行解从实数空间转到编码空间，实数空间的可行解称为生物个体，编码空间的可行解称为染色体，染色体上的每位编码解释为基因，评价函数解释为未知环境，评价函数值解释为编码个体（可行解）的适应度。

② 采用群体搜索技术，通过对当前群体施以选择、交叉、变异等一系列遗传操作，从而产生具有高度适应值的新一代群体，使群体逐步进化到最优解状态。

③ 遗传算法只利用评价函数取值信息，而不利用梯度等高阶信息，从而可以避免膜系设计中评价函数的高度非线性和高度多峰性问题。

④ 遗传算法是一种通用算法框架，对于大型、复杂的非线性系统表现出独特的优势。隐含并行性和全面搜索性两大显著特征，使我们可以在有限计算时间内，从几乎无穷多的膜系组合中找到满足要求的最优膜系。

此外，改进的统计实验法对光学薄膜自动设计的实际应用，其结果也令人满意，下面对统计实验法在膜系设计中的应用进行说明。对于简单的单层膜，假定除了光学厚度以外参数均已知，用统计实验法求使某一光谱区反射率最小的最佳厚度。

设 $F(x)$ 是统计实验法评价函数,取 $x=nd$ 的一个大概取值范围。x 在这个范围随机取一定数量的点,分别计算各点的 $F(x)$,投点足够多时,我们可以得到以膜厚为横坐标、以 $F(x)$ 为纵坐标的曲线,如图4.12 所示。

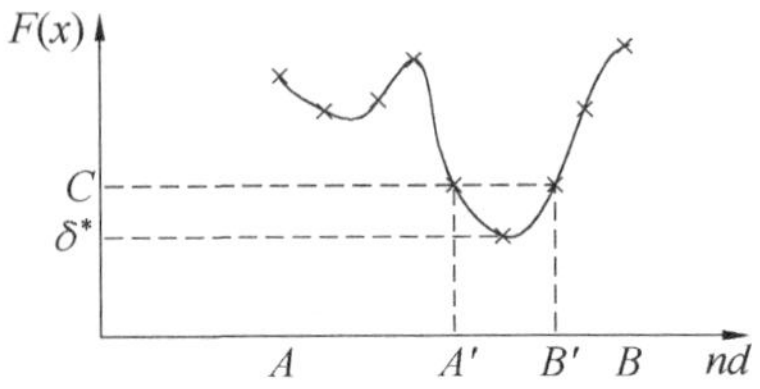

图 4.12　统计实验法评价函数曲线

将所得 $F(x)$ 进行排队,只保留一批数值小的结果(如20个),并记录这些评价函数所对应的膜厚,其余抛弃。然后对保留的评价函数做统计分析,首先求出保留评价函数 $F(x)$ 的平均值 C,用 C 去切割评价函数 $F(x)$。由于 C 是平均值,它一定大于保留评价函数 $F(x)$ 的最小值,切割 $F(x)$ 不会得到空集。经过比较保留下来评价函数所对应的膜厚,取最大值 B' 和最小值 A',作为一个中间解集,取代初始给出的投点区间,这时计算保留下来的评价函数的均方根。当其小于某一设定精度时,我们认为保留的评价函数已经压缩在一个很小范围了,可停止优化。否则重复上述过程,由于不断地用单调下降的 C 去切割 $F(x)$ 曲线,每一次切割都不会是空集,最后会找到一个 δ^*,使所有 $F(x)$ 均在 δ^* 上,δ^* 所对应的膜厚就是最优解。在实际进行膜系设计时,应注意投点数的选择,投点数越多,结果越好,但计算速度下降,运算量大。

此外,在膜系自动设计中还常用到最小二乘法、最速下降法、变尺度法等。

4.4　其他设计法

除了前面介绍的作图法、解析法和自动设计法,还存在一些其他的膜系设计方法,如试探法、电气滤波器设计技术法、级数展开法等。

1. 试探法

根据需求提出的光学薄膜性能要求,并结合经验或简单的解析分析,选定膜系的设计参数,然后利用计算机程序进行设计计算,如果光谱性能不能满足性能要求,根据经验来修改参数,重复进行膜系性能计算,如果光谱性能满足要求,则停止计算,记录膜系的设计参数,完成设计工作。试探法膜系设计流程如图 4.13 所示。试探法是薄膜工作者最常用的设计方法之一。

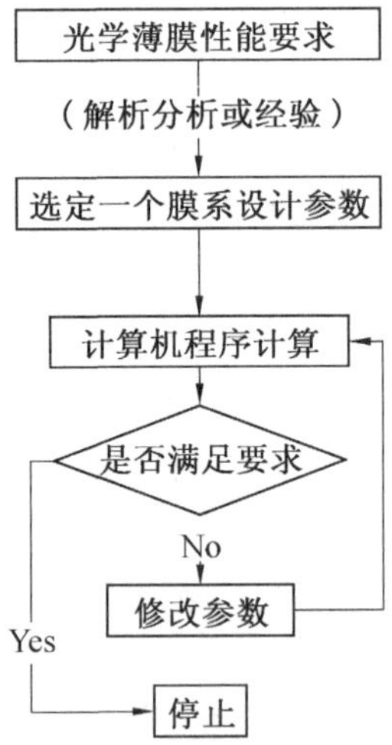

图 4.13　试探法膜系设计流程

2. 电气滤波器设计技术法

在光学薄膜设计中,有一个特别有趣的现象,k 层多层膜在数学表达上与电学上四端子回路串接的回路网相对应,可以用按膜层次序的 k 个四端子行列的积表示。过去的几十年,在线性电路和微波 1/4 波长变换器理论中,滤波器的设计理论有了很大进展,其中主要是滤波器合成,多年来的研究结果及其相当复杂的理论,完全不像通常在光学滤波片设计中所用的方法,但我们可以把某些结果借鉴到光学薄膜设计中来,特别是输送线滤波器的结果能够直接应用于光学多层膜的设计。光学多层膜本质上就是光学传输线，它相当于一个电传输线或电路网络。

3. 级数展开法

通常把k层等厚度的透明多层膜透射率T的倒数对$\delta = \frac{2\pi}{\lambda}nd$展开成有限项傅里叶余弦级数

$$\frac{1}{T} = c_0 + c_1\cos(2\delta_1) + c_2\cos(2\delta_2) + \cdots + c_k\cos(2\delta_k) \tag{4.47}$$

来考察给定分光特性的薄膜折射率分布，级数展开法是一种近似的设计方法。

利用级数展开法可以对任何特殊要求光谱曲线，在不需要假定膜层厚度、折射率及膜系层数的情况下，得到一个无限非均匀膜的折射率轮廓，然后用一个有限均匀分层膜系来近似。该方法得出的解就目前光学薄膜的技术水平而言，其实用价值有限。它还不适合设计包含吸收膜层的滤光片，也无法解决需要对几个入射角有特殊响应的问题，或涉及偏振特性的问题。尽管如此，级数展开法仍然是当前最有效的膜系自动合成方法之一。

第 5 章　常用膜系分析与设计

本章在第 2 章和第 3 章的基础上，对减反射膜、反射膜、分光膜、滤光片进行分析与设计，使读者对这些常用的膜系有更深入的认识。

5.1　减反射膜（增透膜）

20 世纪 30 年代发现的减反射膜促进了薄膜光学的早期发展，对于光学技术的推动来说，在所有的光学薄膜中，减反射膜起着最重要的作用。直到今天，减反射膜仍是最常用的光学薄膜。根据前面的知识，光垂直入射时，在界面上的反射率为

$$R=\left(\frac{n_0-n_1}{n_0+n_1}\right)^2$$

对于 $n=1.52$ 的冕牌玻璃，每个表面的反射率约为 4.2%，折射率更高的火石玻璃，则表面反射更显著，这种表面反射将产生两种严重的后果：① 光能量损失，使像的亮度降低；② 表面反射光的多次反射或散射，其中一部分形成杂散光，到达像面，降低像的衬度，影响系统成像质量。对于电视、摄影镜头等复杂的光学系统，存在很多个与空气接触的界面，若没有减反射膜，系统基本不能应用。

减反射膜的性能指标主要包括以下三方面：

(1) 中心波长 λ_0 处的的反射率 R_0；

(2) 膜系工作波段 $\Delta\lambda$ 内的平均反射率 $\bar{R}$；

(3) 膜系工作波段 $\Delta\lambda$ 内反射率的最大值 $R_{\max}$ 与最小值 $R_{\min}$。

目前，人们在减反射膜设计方面已经积累了大量经验，有很多类型的减反射膜可以选用，满足了光学领域的绝大数需求。随着新型光学仪器的出现，对减反射膜提出了新要求，如高效率、超宽光谱、大角度入射、耐强激光照射等。

5.1.1　单层减反射膜

为了减小表面反射，最简单的方法就是在玻璃表面镀一层低折射率的薄膜，根据第 2 章的介绍，单层膜的特征矩阵为

$$\begin{bmatrix}B\\C\end{bmatrix}=\begin{bmatrix}\cos\delta_1 & \frac{\mathrm{i}}{n_1}\sin\delta_1\\ \mathrm{i}n_1\sin\delta_1 & \cos\delta_1\end{bmatrix}\begin{bmatrix}1\\n_g\end{bmatrix}=\begin{bmatrix}\cos\delta_1+\mathrm{i}\frac{n_g}{n_1}\sin\delta_1\\ n_g\cos\delta_1+\mathrm{i}n_1\sin\delta_1\end{bmatrix}$$

其光学导纳为

$$Y = \frac{C}{B} = \frac{n_g \cos \delta_1 + i n_1 \sin \delta_1}{\cos \delta_1 + i \frac{n_g}{n_1} \sin \delta_1}$$

反射率为

$$R = \frac{n_1^2 (n_0 - n_g)^2 - (n_0^2 - n_1^2)(n_1^2 - n_g^2) \sin^2\delta_1}{n_1^2 (n_0 + n_g)^2 - (n_0^2 - n_1^2)(n_1^2 - n_g^2) \sin^2\delta_1} \tag{5.1}$$

式中，n_1 为膜层的折射率；n_g 为基片的折射率；n_0 为入射介质的折射率；δ_1 为膜层的相位厚度。

垂直入射时

$$\delta_1 = \frac{2\pi}{\lambda} n_1 d_1$$

式中，d_1 为膜层的几何厚度；λ 为波长。

由于 $\sin \delta_1$ 是周期函数，因此反射率 R 也是周期函数，如果 $n_1 < n_g$，则存在：

（1）当 $\delta_1 = \frac{1}{2}\pi, \frac{3}{2}\pi, \frac{5}{2}\pi, \cdots$ 时，$\sin^2\delta_1 = 1$，则

$$R = R_{\min} = \left(\frac{n_0 - n_1^2/n_g}{n_0 + n_1^2/n_g}\right)^2 \tag{5.2}$$

（2）当 $\delta_1 = 0, \pi, 2\pi, 3\pi, \cdots$ 时，$\sin^2\delta_1 = 0$，则

$$R = R_{\max} = \left(\frac{n_0 - n_g}{n_0 + n_g}\right)^2 \tag{5.3}$$

即当 $\delta_1 = k(\pi/2), k = 1,3,5,\cdots$ 时，R 为极小值；当 $\delta_1 = k(\pi/2), k = 0,2,4,6,\cdots$ 时，R 为极大值。图 5.1 给出了一个单层膜的 $R - \delta_1$ 曲线。

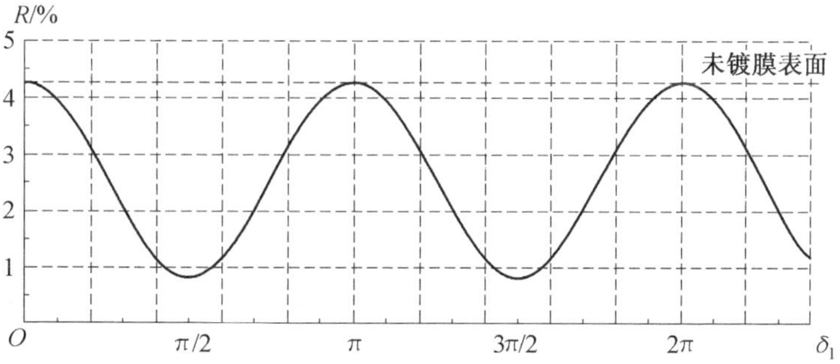

图 5.1　反射率与相位厚度关系曲线

由于 $\delta_1 = \frac{2\pi}{\lambda} n_1 d_1$，当 $n_1 d_1$ 固定时，δ_1 坐标可转化为波长 λ 坐标，此时，反射率 R 随波长出现极值（图 5.2），这就是利用分光光度法测量膜厚时的情况。

此外，如果波长 λ 固定，δ_1 坐标可转化为 nd 的坐标，反射率 R 随膜厚增加出现极值（图 5.3），这就是我们对膜层进行光电法监控时出现的情况。

对单层膜反射率计算式（5.1）作进一步分析，可得到如下一些结论：

（1）当 $n_1 < n_g$ 时，$R \leqslant R_0$（R_0 为未镀膜时的反射率），也就是说当镀上的单层膜的折射率低于基片的折射率时，其反射率总是低于未镀膜表面的反射率。

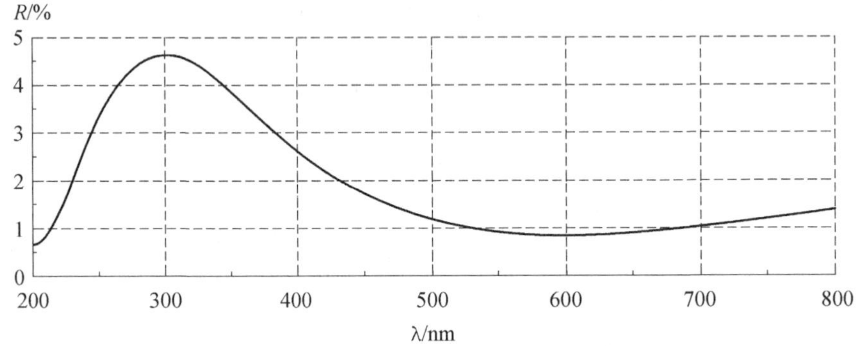

图 5.2　反射率与波长的关系曲线

（2）当 $n_1 = \sqrt{n_0 n_g}$，且 $n_1 d_1 = k\dfrac{\lambda_0}{4}, k = 1,3,5,\cdots$ 时，对于波长 λ_0 来说，单层减反射膜的反射率 $R = 0$，我们称为完全匹配。

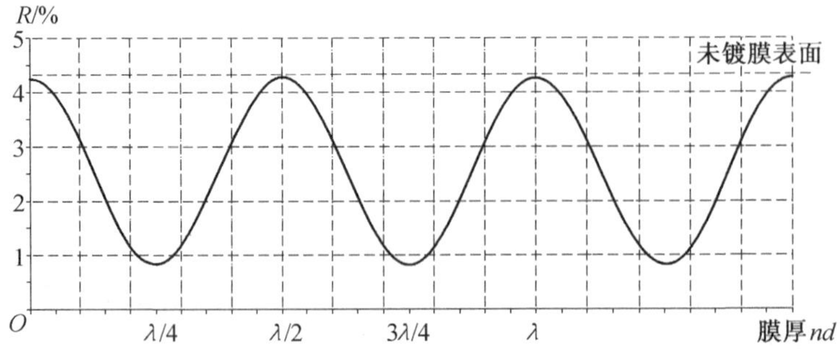

图 5.3　反射率与膜厚关系曲线

（3）当 $n_1 d_1 = k\dfrac{\lambda_0}{4}, k = 2,4,6,\cdots$ 时，对于波长 λ_0 来说，单层的反射率等于未镀膜的反射率，膜层是虚设层。

（4）膜层厚度 $n_1 d_1 = \dfrac{\lambda_0}{4}$，当基片折射率固定时，单层减反射膜的最小反射率随膜层折射率的降低而降低，如图 5.4 所示；当膜层折射率固定时，单层减反射膜的最小反射率随

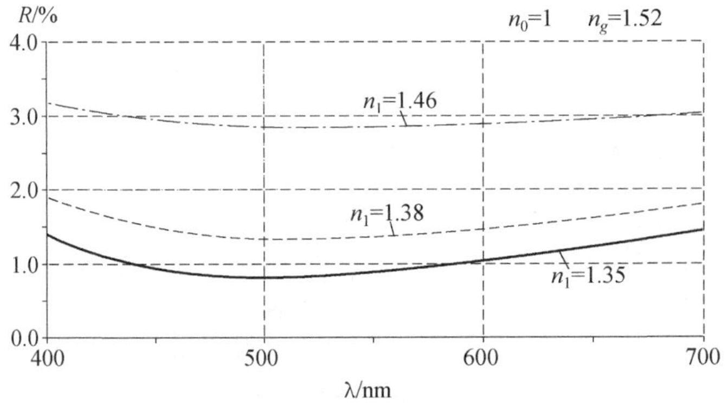

图 5.4　基片折射率为 1.52 时不同膜层的反射率曲线

基片折射率的增大而降低,如图 5.5 所示。

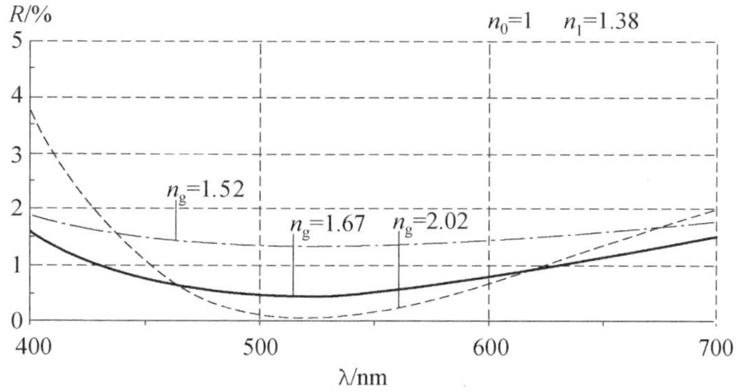

图 5.5 膜层折射率为 1.38 时不同基片的反射率曲线

(5) 当光线倾斜入射时,$\delta_1 = \dfrac{2\pi}{\lambda} n_1 d_1 \cos\theta_1$,因此随着入射角的增大,反射率最小值向短波方向移动,且 S 波和 P 波的反射率光谱曲线分离,如图 5.6 所示。

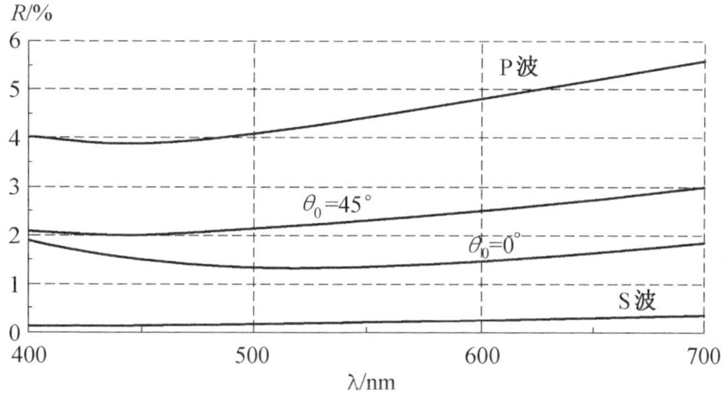

图 5.6 垂直与倾斜入射时反射率曲线

单层减反射膜最多只能实现单一波长的零反射,色中性差,而且满足完全匹配的膜料一般不存在,难以实现零反射,为了克服单层膜的不足,有必要研究双层膜和多层膜。

5.1.2 双层减反射膜

由单层膜分析可知,对于可实用的单层 MgF_2 膜,冕牌玻璃(K9) 的折射率太低,不能使单层膜达到完全的减反射,为此我们可以设想,紧贴基片先镀一层高折射率材料,使基片具有更高的等效折射率,以满足低折射率膜层完全减反的需要,实践证明这一推论是完全可行的。例如在玻璃上先镀一层 $\lambda_0/4$ 厚的折射率为 n_2 的薄膜,对于中心波长来说,镀层 n_2 与基片 n_g 的组合系统可以用一个 $Y = n_2^2/n_g$ 的等效导纳来等价它,当 $n_2 = 1.70$,$n_g = 1.52$,$Y = 1.9$ 时,正好满足 MgF_2($n_1 = 1.38$) 完全减反射的条件,使中心波长处的反射率 $R = 0$,由此分析我们推出,在限定两层膜的厚度均为 $\lambda_0/4$ 时,欲使 λ_0 处反射光为零,则两层膜的折射率应满足

$$\frac{n_1}{n_2}=\sqrt{\frac{n_0}{n_g}} \tag{5.4}$$

根据式(5.4),表5.1给出了在不同折射率基片上镀双层减反射膜时,选定折射率 n_1 后,折射率 n_2 的取值情况。

表5.1　不同折射率基片上双层减反射膜折射率取值

n_g \ n_2 \ n_1	1.38(MgF_2)	1.45(SiO_2)
1.52	1.701	1.788
1.62	1.756	1.846
1.70	1.799	1.890

图5.7给出了 $n_0=1.0, n_1=1.38, n_2=1.70, n_g=1.52$,光线垂直入射时的双层膜($\lambda_0/4 \sim \lambda_0/4$)反射率曲线。由图5.7可知,膜系只一个波长出现零反射,而且膜系的光谱反射曲线呈"V"型,故我们通常称这种膜系为V型膜。

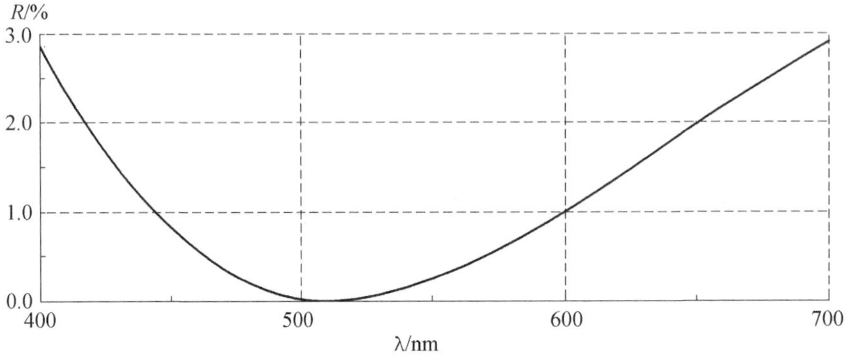

图5.7　双层膜反射率曲线

自然界中可作减反射膜的材料十分有限,即使有接近所要求折射率值的膜料,由于工艺过程的影响,要将其控制到我们刚好要求的折射率值也是非常困难的。为此可以采用另一种方法设计具有零反射的双层减反射膜,即先确定能够实现的两层膜折射率,然后通过调整膜厚实现零反射,根据4.2.1小节的推导,双层膜相位厚度应分别满足

$$\tan^2\delta_1=\frac{\eta_1^2(\eta_g-\eta_0)(\eta_2^2-\eta_0\eta_g)}{(\eta_1^2\eta_g-\eta_0\eta_2^2)(\eta_0\eta_g-\eta_1^2)}$$

$$\tan^2\delta_2=\frac{\eta_2^2(\eta_g-\eta_0)(\eta_0\eta_g-\eta_1^2)}{(\eta_1^2\eta_g-\eta_0\eta_2^2)(\eta_2^2-\eta_0\eta_g)}$$

由于以上两式中的 $\tan\delta_1$ 和 $\tan\delta_2$ 要对右侧数据开平方得到,所以在取值时要正确地选择。当 $\tan\delta_1$ 取"-"时,$\tan\delta_2$ 取"+";反之当 $\tan\delta_1$ 取"+"时,$\tan\delta_2$ 取"-"。由此解出的膜厚总是一层膜大于 $\lambda_0/4$,另一层膜小于 $\lambda_0/4$。当选取 n_2 膜层的厚度大于 $\lambda_0/4$ 时,我们称之为厚解。

5.1.3 宽带减反射膜

人们把为宽光谱区域设计的减反射膜,称为宽带减反射膜,宽带减反射膜一般由多层组成。如果用 $\lambda_1 \sim \lambda_2$ 表示膜系低反射率区域,那么对于宽带减反射膜 $\lambda_2/\lambda_1 \approx 1.5$,但对于一些应用场合,要求减反射膜覆盖更宽广的光谱区域,即 $\lambda_2/\lambda_1 > 2$,此时常称它们为超宽带减反射膜。宽带减反射膜设计中最重要的是引入膜厚为 $\lambda_0/2$ 的虚设层。在单层减反射膜与基片中间插入一层折射率为 n_2 的虚设层($n_2d_2 = \lambda_0/2$),虚设层不改变中心波长 λ_0 处的反射率,但它可以改变中心波长两侧的反射率,适当地选择 n_2 值,可以在中心波长的两侧得到两个反射率为零的点,这时折射率 n_2 应该满足的条件是

$$n_2^3 - \frac{n_2 n_g}{2n_1 n_0}(n_0^2 + n_1^2)(n_1 + n_2) + n_1 n_g^2 = 0 \tag{5.5}$$

当 $n_0 = 1.0, n_g = 1.52, n_1 = 1.38$ 时,$n_2 = 1.85$。调整 n_2 的值可以改变 $\lambda_0/4 \sim \lambda_0/2$ 膜系的反射率使之平坦化,具有好的光谱中性,图 5.8 是这种双层减反射膜的理论设计曲线,由于反射率曲线呈现"W"形状,所以有时也称这种宽带减反射膜为 W 型膜。

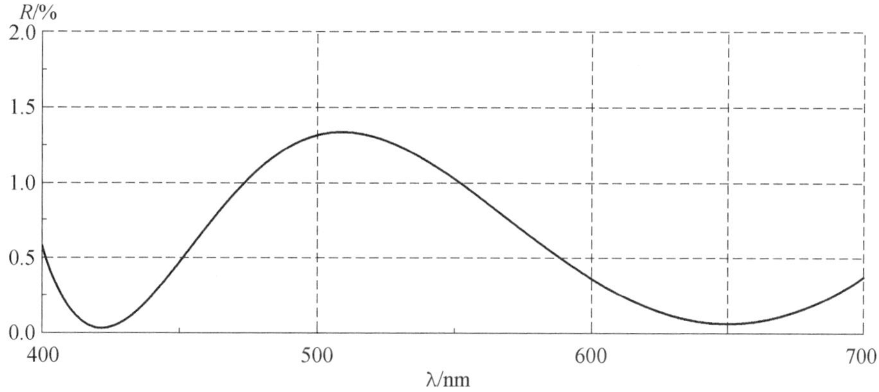

AL2HG, $n_0 = 1.0, n_g = 1.52, n_L = 1.38, n_H = 1.8, \lambda_0 = 510$ nm, $\theta_0 = 0°$

图 5.8 $\lambda_0/4 \sim \lambda_0/2$ 膜系的反射率曲线

$\lambda_0/4 \sim \lambda_0/2$ 双层 W 型膜,在低反射区域内有一个反射凸峰,若将 $n_2d_2 = \lambda_0/2$ 的虚设层分成折射率稍有不同的两个 $\lambda_0/4$ 层,即 n_2,n_3 层,则 λ_0 处的反射率可以降低,当折射率满足

$$n_1 n_3 = n_2\sqrt{n_0 n_g} \tag{5.6}$$

时,波长 λ_0 处的反射率为零,典型的 $\lambda_0/4 \sim \lambda_0/4 \sim \lambda_0/4$ 膜系光谱反射率曲线如图 5.9 所示。

在 $\lambda_0/4 \sim \lambda_0/4$ 的 V 型膜中间插入一层 $n_2d_2 = \lambda_0/2$ 的虚设层,我们可以得到一个典型 $\lambda_0/4 \sim \lambda_0/2 \sim \lambda_0/4$ 三层宽带减反射膜。与双层 $\lambda_0/4 \sim \lambda_0/4$ 膜系一样,当折射率满足 $n_1^2 n_g = n_0 n_3^2$ 时,在 λ_0 处可以获得零的反射。即使不满足上述条件,适当地选择 n_3(通常低折射率的外层膜 n_1 是已确定的)也可以有效降低 λ_0 处及其附近波长的反射率。与 $\lambda_0/4 \sim \lambda_0/2$ 膜系一样,虚设层 n_2 同样具有展宽减反射带的作用。

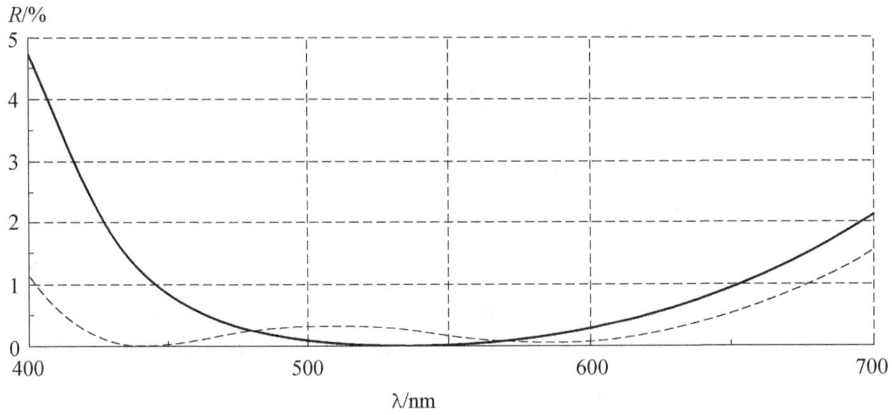

实线：$n_0 = 1.0, n_g = 1.52, n_1 = 1.38, n_2 = 2.03, n_3 = 1.80, \lambda_0 = 510\ \text{nm}, \theta_0 = 0°$

虚线：$n_0 = 1.0, n_g = 1.52, n_1 = 1.38, n_2 = 1.91, n_3 = 1.80, \lambda_0 = 510\ \text{nm}, \theta_0 = 0°$

图 5.9　$\lambda_0/4 \sim \lambda_0/4 \sim \lambda_0/4$ 膜系的反射率曲线

采用 $\lambda_0/4 \sim \lambda_0/2 \sim \lambda_0/4$ 膜系结构，适当地选择膜层的折射率 n_1、n_2 和 n_3，可以获得具有低反射的宽带减反射膜。这种膜系常用于 $n_g \leqslant 1.63$ 的基片，而当 $n_g \geqslant 1.63$ 时，采用 $\lambda_0/4 \sim \lambda_0/2 \sim \lambda_0/2$ 膜系结构具有更好的性能，图 5.10、图 5.11 给出了典型三层宽带减反射膜的特性。

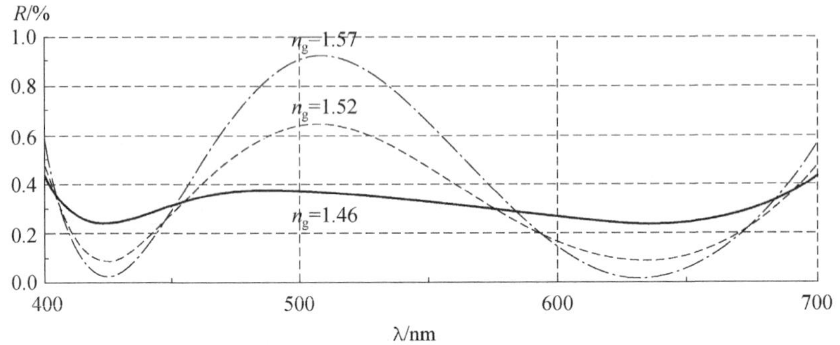

$n_0 = 1.0, n_1 = 1.38, n_2 = 1.89, n_3 = 1.58, \lambda_0 = 510\ \text{nm}, \theta_0 = 0°$

图 5.10　$\lambda_0/4 \sim \lambda_0/2 \sim \lambda_0/4$ 膜系的反射率曲线

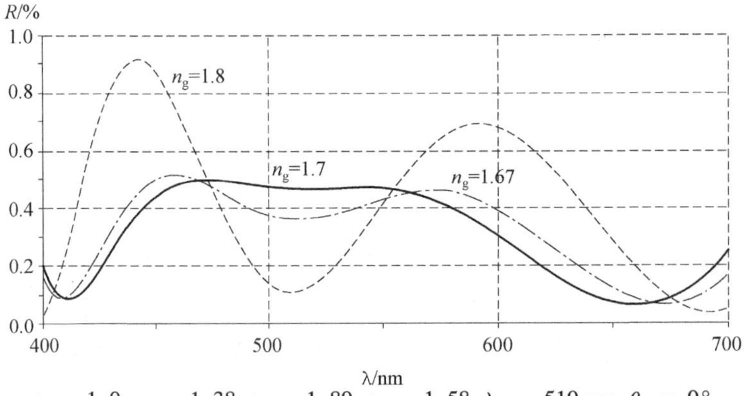

$n_0 = 1.0, n_1 = 1.38, n_2 = 1.89, n_3 = 1.58, \lambda_0 = 510\ \text{nm}, \theta_0 = 0°$

图 5.11　$\lambda_0/4 \sim \lambda_0/2 \sim \lambda_0/2$ 膜系的反射率曲线

为了增加低反射区的宽度，可以在 $\lambda_0/4 \sim \lambda_0/4 \sim \lambda_0/4$ 膜系的基底上再附加一层低折射率的膜厚为半波长的虚设层，如图5.12所示。也可以在 $\lambda_0/4 \sim \lambda_0/2 \sim \lambda_0/4$ 膜系靠近基片一侧加入一层膜厚为 $\lambda_0/4$ 的低折射率膜层，如图5.13所示，此时，折射率应满足

$$n_1 n_4 = n_3 \sqrt{n_0 n_g} \tag{5.7}$$

当超宽带膜系涉及较多种折射率材料时，膜系的设计实现起来比较困难，这是因为可利用的减反射膜层膜料非常有限，为了解决这类问题，可以选取常用的两种高、低折射率材料，用 *pqp* 三层对称结构替代那些不易实现的膜层，使得整个宽带减反射膜都由这两种材料组成，这时的膜系结构不再是 $\lambda_0/4$ 膜系。经过 *pqp* 结构等效的多层宽带减反射膜，或多或少地会破坏原始设计的光谱特性，这时可以采用光学薄膜自动优化设计程序进一步优化所有膜层的厚度，以期获得更好的光谱特性，表5.2体现了这一设计思路，图5.14给出了设计的结果。

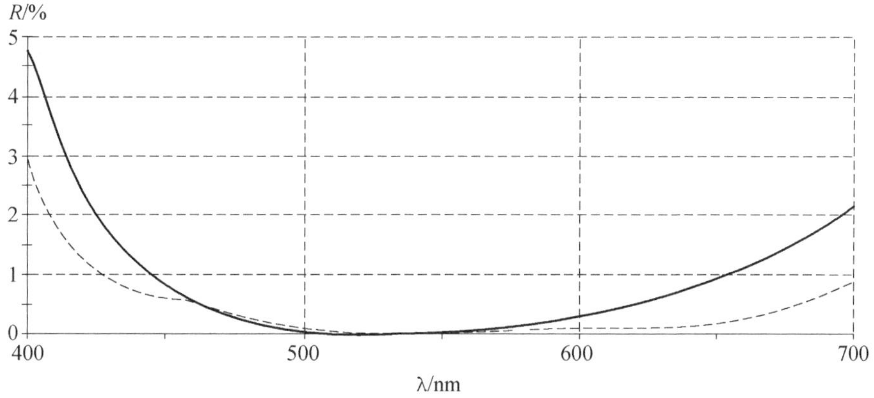

实线：$n_0 = 1.0, n_g = 1.52, n_1 = 1.38, n_2 = 2.03, n_3 = 1.80, \lambda_0 = 510\ \text{nm}, \theta_0 = 0°$

虚线：$\lambda_0/4 \sim \lambda_0/4 \sim \lambda_0/4 \sim \lambda_0/2, n_4 = 1.38, \lambda_0 = 510\ \text{nm}, \theta_0 = 0°$

图5.12　$\lambda_0/4 \sim \lambda_0/4 \sim \lambda_0/4$ 膜系低反射区的拓宽

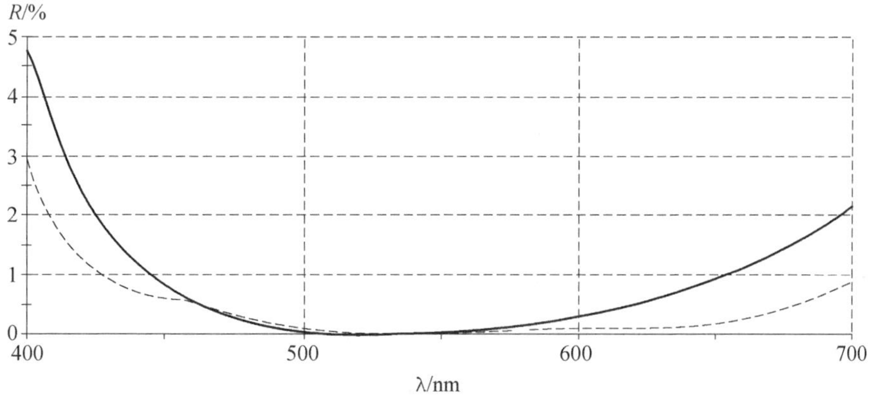

实线：$n_0 = 1.0, n_g = 1.52, n_1 = 1.38, n_2 = 2.14, n_3 = 1.64, \lambda_0 = 510\ \text{nm}, \theta_0 = 0°$

虚线：$\lambda_0/4 \sim \lambda_0/2 \sim \lambda_0/4 \sim \lambda_0/4, n_4 = 1.46, \lambda_0 = 510\ \text{nm}, \theta_0 = 0°$

图5.13　$\lambda_0/4 \sim \lambda_0/2 \sim \lambda_0/4$ 膜系低反射区的拓宽

表 5.2　超宽带膜系折射率合成

<table>
<tr><th colspan="2">$\lambda_0/4$ 膜系</th><th colspan="2">等效合成膜系</th></tr>
<tr><th>n</th><th>厚度</th><th>n</th><th>厚度/$(\lambda_0 \cdot 4^{-1})$</th></tr>
<tr><td>1.00</td><td>—</td><td>1.00</td><td>—</td></tr>
<tr><td>1.38</td><td>1</td><td>1.38</td><td rowspan="2">1.288</td></tr>
<tr><td rowspan="3">1.87</td><td rowspan="3">1</td><td>1.38</td></tr>
<tr><td>2.35</td><td>0.385</td></tr>
<tr><td>1.38</td><td>0.288</td></tr>
<tr><td>2.35</td><td>2</td><td>2.35</td><td rowspan="2">2.379</td></tr>
<tr><td rowspan="3">1.94</td><td rowspan="3">1</td><td>2.35</td></tr>
<tr><td>1.38</td><td>0.215</td></tr>
<tr><td>2.35</td><td>0.379</td></tr>
<tr><td>1.64</td><td>1</td><td>1.64</td><td>1.000</td></tr>
<tr><td>1.52</td><td>—</td><td>1.52</td><td>—</td></tr>
</table>

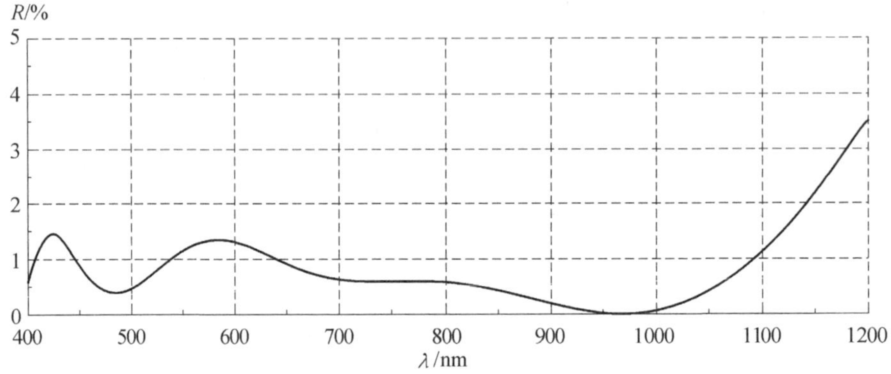

图 5.14　超宽带膜系反射率曲线

宽波段减反射膜的设计思路可以归纳为:① 通过计算优化出达到指标的最少层数的膜系结构;② 对于折射率特殊的膜层,可用三层对称膜系进行合成,并通过计算优化膜层厚度。

5.1.4　基片对减反射膜的影响

前面主要讨论了在折射率为 1.52 的基片上镀减反射膜的情况,对于折射率更高或更低的基片材料,上述的设计原则和方法仍然适用,只不过要重新匹配各层膜的折射率和厚度。对于三层减反射膜,当 n_1 和 n_2 不变时,随着基片折射率的升高,要求第三层膜的折射率 n_3 相应地变大,这是因为三层 $\lambda/4$ 的减反射条件要求

$$n_3 = \frac{n_2}{n_1}\sqrt{n_0 n_g} \tag{5.8}$$

(1) 高折射率基片

对于折射率特别高的基片，如红外高折射率材料 Ge($n_g = 4.0$)，Si($n_g = 3.5$)，表面的反射损失特别严重，对于 Ge 表面，反射率为 36%；对于 Si 表面，反射率为 31%，因此在实际应用中必须进行减反射处理。由于红外系统的光学结构相对简单，所以单个元件表面反射百分之几的损失是允许的。前面所述关于单层减反射膜的考虑也同样适用于高折射率基片，像锗、硅、砷化镓、砷化铟以及锑化铟，基片可以用单层硫化锌膜($n = 2.35$)，二氧化铈膜($n = 2.1$)、一氧化硅膜($n = 1.9$)有效地减反射。V 型膜的设计理论也可以用于高折射率基片。采用 pqp 三层对称结构合成所需特定折射率的单层膜，不但可以获得零反射效果，还可使每层膜的厚度都不太厚，以解决由于材料内部内应力而引起的膜层剥落等一系列问题。

为了获得波段更宽的减反射膜，可以采用多层减反射膜系，红外光谱区多层减反射膜一般采用所谓的递减法设计，即设计折射率呈梯形递减的多层膜，其设计方法的规则为：

① 选取膜厚均为 $\lambda_0/4$；

② 规定各层膜的折射率满足

$$n_g > n_k > n_{k-1} > \cdots > n_0$$

其中 k 为膜系的层数，由于膜层折射率从基片向入射介质逐步递减，这就是这种设计方法名称的由来。

③ 可以证明，膜层的折射率若满足

$$\frac{n_1}{n_0} = \frac{n_2}{n_1} = \cdots = \frac{n_k}{n_{k-1}} = \frac{n_g}{n_k}$$

则可在 k 个波长上实现零反射，k 个零反射点的位置分别为

$$\frac{k+1}{2k}\lambda_0, \frac{k+1}{2(k-1)}\lambda_0, \cdots, \frac{k+1}{4}\lambda_0, \frac{k+1}{2}\lambda_0$$

在上述膜系基础上通过优化设计得到的 $\lambda_0/4$ 膜系，性能优良。

(2) 金属基片

对于金属基片，具有复折射率 $N_2 = n_2 - \mathrm{j}k_2$，若在其上镀一层折射率为 n_1，厚度为 d_1 的单层介质膜，则获得零反射的条件为

$$n_1 = \sqrt{n_2 + \frac{k_2}{n_2 - 1}} \tag{5.9}$$

$$n_1 d_1 = \frac{\lambda_0}{2}(m+1) - \frac{1}{2\pi}\arctan\left(\frac{-2n_1k_2}{n_1^2 - n_2^2 - k_2^2}\right) \tag{5.10}$$

式中，$m = 0, 1, 2, \cdots$。

对于 $n_2 < 1$ 的贵金属(如 Au，Ag，Cu)和 Al，实际上不能用单层透明膜实现零反射。由于可见区介质膜的折射率均小于 3，所以对于 Ti，Ni，Co 等金属，单层介质膜不可能将反射率降到零，只有 Mo，W，Fe 等金属才可能采用单层介质膜实现零反射。基片 Cr 在不镀膜时的反射率为 67.7%，图 5.15 给出了在基片 Cr 上镀一层 38 nm ZnS 膜层的光谱反射率曲线。

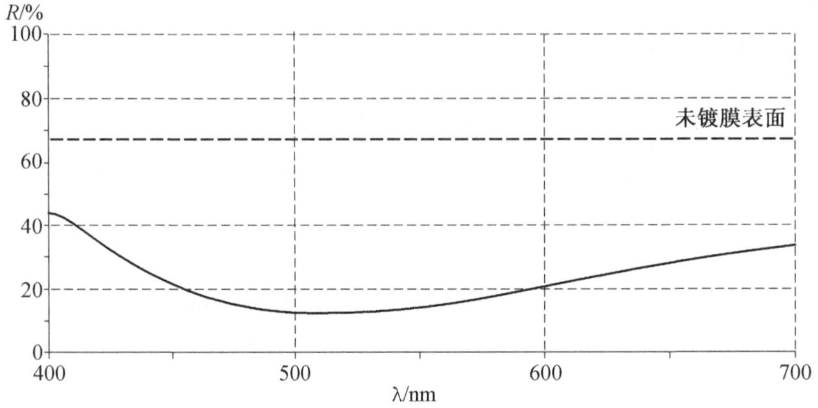

图 5.15　金属 Cr 及其镀单层介质膜后的反射率曲线

5.2　反射膜

反射膜是把入射光能大部分或几乎全部反射的光学元件，与减反射膜一样在光电系统中有广泛的应用。反射膜的性能指标主要包括以下三方面：

① 膜系反射波段宽度 $\Delta\lambda$；

② 中心波长 λ_0 处的反射率 R_0；

③ 膜系波段 $\Delta\lambda$ 内平均反射率 $\bar{R}$、反射率的最大值 R_{max} 与最小值 R_{min}。

反射膜主要分为金属反射膜和介质反射膜。对于一般光学仪器中的反射镜，金属反射膜的特性通常能够满足要求，在一些反射率要求相对较高的场合，可以在金属反射膜上加镀介质膜或直接采用全介质反射膜。

5.2.1　金属反射膜

金属薄膜的折射率为复数 $N = n - \mathrm{i}k$，为了提高薄膜的反射率，通常金属膜层都比较厚，其特性接近大块金属，光在空气中垂直入射时，金属反射膜的反射率为

$$R = \left|\frac{1-(n-\mathrm{i}k)}{1+(n-\mathrm{i}k)}\right|^2 = \frac{(1-n)^2+k^2}{(1+n)^2+k^2} \tag{5.11}$$

表 5.3 和表 5.4 分别给出了常用金属的折射率与反射率。金属膜的反射率曲线可通过计算机精确计算给出，图5.16 和图5.17 给出了常用金属在不同波段的反射率曲线。由图可知，铝膜在紫外、可见光和红外波段都有很高的反射率，在可见光波段新鲜铝膜的反射率在 91% 左右，铝膜与大多数基片材料都有很好的附着性，可以直接在基片上镀制，新鲜的铝膜在空气中容易被氧化，在表面生成一层很薄的 Al_2O_3 膜，氧化膜有一定的保护作用，但反射效果较差。在可见光波段应用的铝膜通常用一氧化硅作保护膜，根据上一节的知识，如果保护膜的厚度为 1/4 波长，保护膜会起到减反射的作用，降低金属膜的反射率，所以膜厚应选择在 1/2 波长附近。此外，在紫外波段，通常选用 MgF_2 作为防止氧化的保护膜。

表 5.3　常用金属的折射率

波长/μm	铝		银		金		铜	
	n	k	n	k	n	k	n	k
0.40	0.40	3.92	0.075	1.93	1.45	—	0.85	—
0.45	0.49	4.32	0.055	2.42	1.40	1.88	0.87	2.20
0.50	0.62	4.80	0.050	2.87	0.84	—	0.88	2.42
0.55	0.76	5.32	0.055	3.32	0.34	2.37	0.72	2.42
0.60	0.97	6.00	0.060	3.75	0.23	2.97	0.17	3.07
0.65	1.24	6.60	0.070	4.20	0.19	3.50	0.13	3.65
0.70	1.55	7.00	0.075	4.62	0.17	3.97	0.12	4.17
0.75	1.80	7.12	0.080	5.05	0.16	4.42	0.12	4.62
0.80	1.99	7.05	0.090	5.45	0.16	4.84	0.12	6.07
0.85	2.08	7.15	0.100	5.85	0.17	5.30	0.12	5.47
0.90	1.96	7.70	0.103	6.22	0.18	5.72	0.13	5.86
0.95	1.75	8.50	0.110	6.56	0.18	6.10	0.13	6.22

表 5.4　常用金属的反射率

波长/μm	铝	银	金	铜	铑	铬
0.20	92.8	25.3	22.5	35.8	52.3	44.6
0.30	92.1	17.0	29.5	34.5	72.9	64.5
0.40	92.6	93.9	36.4	47.5	75.9	68.7
0.45	92.5	96.8	39.7	56.7	74.4	70.3
0.50	92.1	97.9	50.4	66.2	75.0	68.2
0.55	91.6	98.2	81.5	75.6	76.8	65.9
0.60	91.2	98.4	91.9	84.3	78.3	64.6
0.65	90.7	98.5	95.5	89.0	79.7	64.1
0.70	88.8	98.7	96.7	92.2	80.7	63.9
0.75	87.7	98.8	97.1	94.5	81.5	63.6
0.80	86.4	98.8	97.4	96.2	82.0	63.4
0.90	88.5	98.9	97.8	96.6	82.7	63.1
1.0	91.8	98.9	98.1	97.1	83.1	62.9
2.0	96.8	99.1	98.9	97.8	92.2	75.3
4.0	97.5	99.1	99.0	97.9	96.6	93.9
6.0	97.8	99.1	98.5	98.1	97.6	95.3
8.0	97.9	99.1	99.0	98.2	98.1	94.2
10.0	98.0	99.1	99.0	98.2	98.4	94.3
12.0	98.2	99.2	99.1	98.2	98.5	95.3

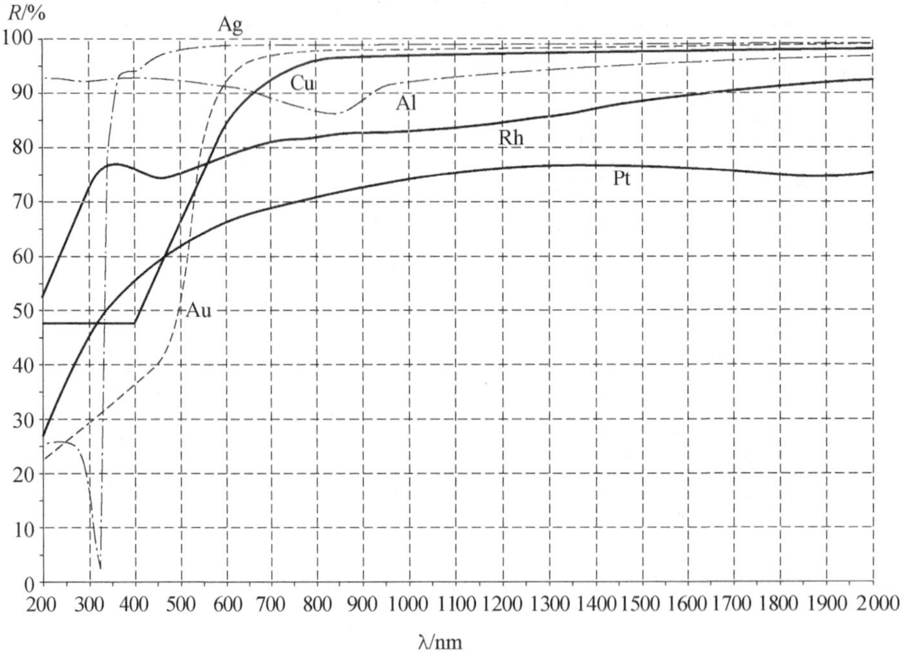

图 5.16　常用金属的反射率曲线(可见光与近红外波段)

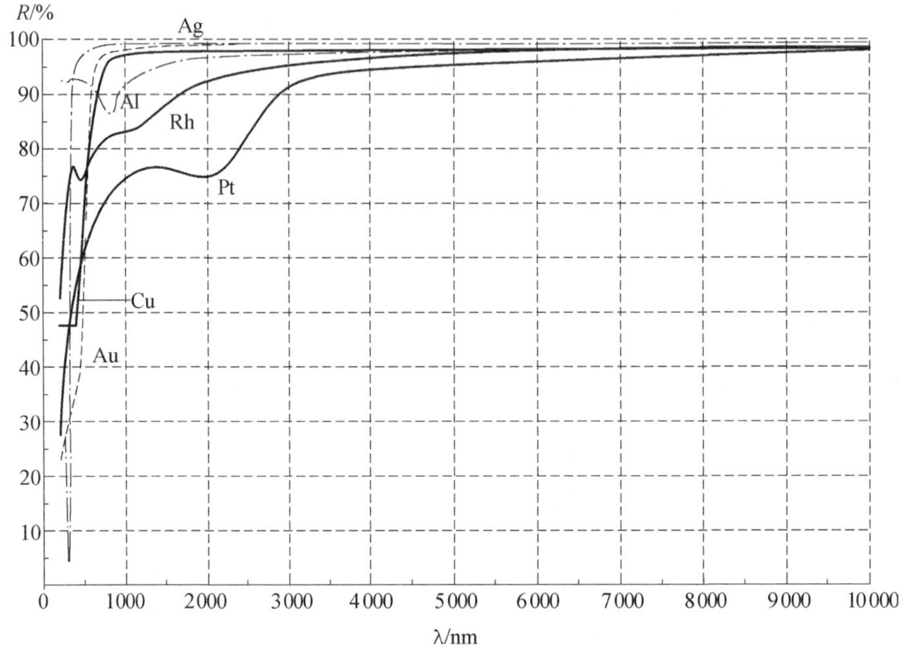

图 5.17　常用金属的反射率曲线(长波)

银膜从可见光到远红外波段都有很高的反射率,但在波长小于 340 nm 的紫外区,其反射率急剧下降。银膜在倾斜使用时,偏振效应最小。但由于以下原因很少把银膜用作玻璃前表面镀层：

① 银膜与玻璃的附着性较差，膜层不牢固；

② 银膜在空气中容易氧化变黑或硫化变质。

在应用银膜时通常需要镀制过渡层和保护层，例如银膜作外反射层时，用 Al_2O_3 作过渡层，然后用 SiO 作保护层；当银膜作内反射层时，在膜层外面镀一层铜和铬，然后刷保护漆。

金膜在红外区有很高的反射率，其强度比银膜好，它的一个突出优点是具有很好的环境稳定性，常用来作红外反射镜。金膜与基片的附着性也很差，因此，常用铬膜作为过渡层。

铬膜的反射率约只有 60%，和铁、镍、锰和钛差不多，一般不应作反射镜用，但由于其机械强度和化学稳定性好，所以常被用来作分光镜、强光衰减片或过渡膜层。太阳眼镜亦常以铬膜遮挡强光，并在铬膜上加镀其他介电质膜以显示各种颜色增加美观。

铑和铂的反射率在可见光区只有 70% ~ 80%，但它的抗腐蚀性很强，在特殊环境下可能被利用。为了提高膜层的附着性，镀膜时可在玻璃上先镀上厚约 2 nm 厚的镍膜作过渡层。

常见金属膜的特性比较见表 5.5。

表 5.5　常用金属的性能比较

材料	反射波段	蒸发难易	与玻璃附着性	硬度	稳定性
铝	紫外 ~ 红外	容易	较好	软	较差
银	可见 ~ 红外	容易	较差	软	很差
金	红外	—	较差	软	很好
铑	可见 ~ 红外 （反射率较差）	—	一般	—	较好 （耐腐蚀）

如果在金属膜上镀折射率为 n_1 和 n_2 的两层介质膜，取 $n_2 < n_1$，外层膜厚度为 $\lambda_0/4$，内层膜厚度略小于 $\lambda_0/4$，这是考虑到金属界面反射光有一个附加的反射相位。此时，金属介质膜的导纳和在 λ_0 处的反射率分别为

$$Y = \left(\frac{n_1}{n_2}\right)^2 (n - \mathrm{i}k) \tag{5.12}$$

$$R = \frac{\left[1 - \left(\frac{n_1}{n_2}\right)^2 n\right]^2 + \left(\frac{n_1}{n_2}\right)^4 k^2}{\left[1 + \left(\frac{n_1}{n_2}\right)^2 n\right]^2 + \left(\frac{n_1}{n_2}\right)^4 k^2} \tag{5.13}$$

由上式可知，比值 n_1/n_2 越大，膜系反射率越高。例如在 550 nm 处，铝膜的反射率约为 92%，如果在铝膜上镀制一层 SiO_2（$n_2 = 1.46$）和一层 TiO_2（$n_1 = 2.35$），则反射率提高到 96.6%；如果再增加一个周期（四层介质膜），则膜系的反射率可进一步提高到 98.6%，这种反射率的增加是靠减少金属膜的吸收获得的，如图 5.18 所示。

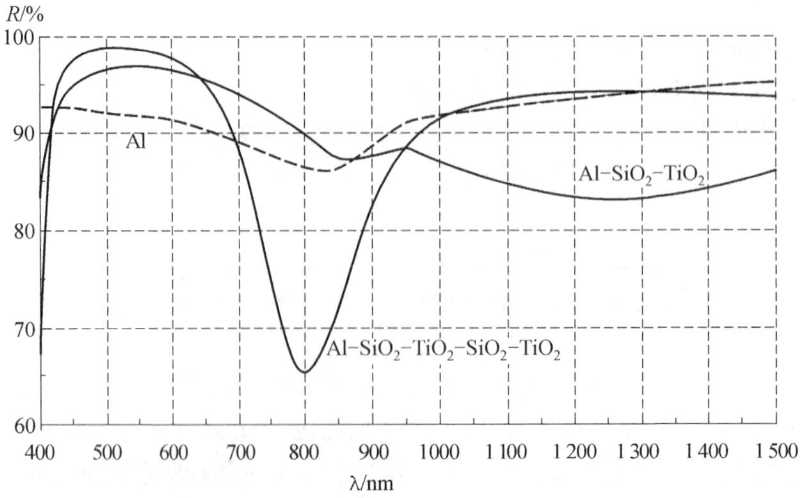

图 5.18　Al 及其镀膜后的反射率曲线

原则上讲,增镀的介质膜层数越多,膜系的反射率越高,但是增加介质膜在提高反射率的同时,也增加了膜系的光谱选择性,即增加介质膜层所能提高反射率的光谱区域是有限的,在这个区域外,膜系的反射率低于单纯的金属膜,因此,金属膜上的介质层一般不超过四层。

5.2.2　介质反射膜

由于金属反射膜存在吸收损失,对于高性能多光束干涉仪中的反射膜以及激光器谐振腔的反射镜,要求更高的反射率和尽可能小的吸收损失,此时,金属膜难以满足使用要求,应采用全介质反射膜。

根据膜系特性计算的矩阵法,我们可以得出光垂直入射时,膜系 $AH(LH)^SG$ 的光学导纳为

$$Y = \left(\frac{n_H}{n_L}\right)^{2S} \frac{n_H^2}{n_g} \tag{5.14}$$

$$R = \left[\frac{1 - \left(\frac{n_H}{n_L}\right)^{2S} \frac{n_H^2}{n_g}}{1 + \left(\frac{n_H}{n_L}\right)^{2S} \frac{n_H^2}{n_g}}\right]^2 \tag{5.15}$$

n_H/n_L 比值越大,或层数越多,则反射率越高。

如果存在

$$\left(\frac{n_H}{n_L}\right)^{2S} \frac{n_H^2}{n_g} \gg 1$$

则

$$R \approx 1 - 4\left(\frac{n_L}{n_H}\right)^{2S} \frac{n_g}{n_H^2} \tag{5.16}$$

$$T = 1 - R \approx 4\left(\frac{n_L}{n_H}\right)^{2S}\frac{n_g}{n_H^2} \tag{5.17}$$

当膜系的反射率很高时，额外加镀两层膜可使膜系透过率减为原来的$(n_L/n_H)^2$。理论上只要增加膜系的层数，反射率可以无限地接近100%。实际上由于膜层中的吸收和散射损失(可以非常小，但实际膜系一般不能严格为零)，当膜系达到一定层数时，反射率不会随膜层数增加而进一步提高。

图5.19给出了典型1/4波长介质反射膜系的光谱曲线，可以看出存在一个随着膜层数增多，反射率稳定增加的高反射带，在高反射带两侧，反射率快速下降，并开始振荡，存在多个极值点。膜层数目增加，不影响高反射带宽度，但增加了反射带内的反射率和带外的振荡频率。

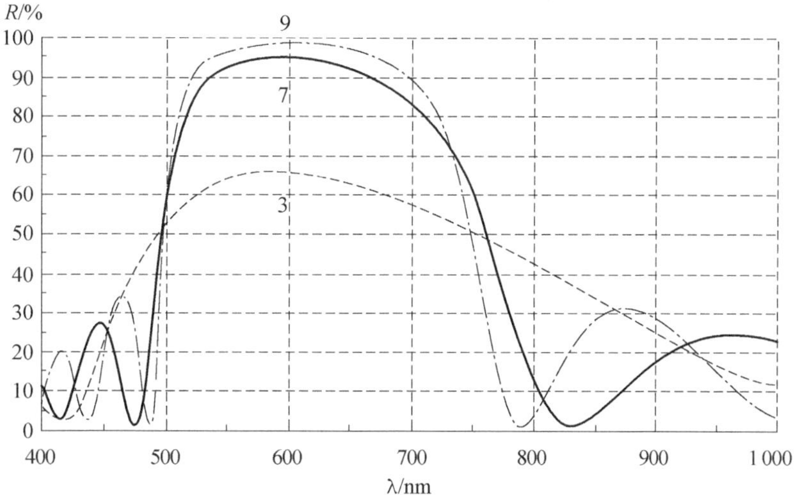

图5.19　介质反射膜系的光谱曲线

根据周期性多层膜理论，该多层膜系特征矩阵为

$$\boldsymbol{M}^S = \begin{bmatrix} m_{11} & m_{12} \\ m_{21} & m_{22} \end{bmatrix}^S$$

根据3.4.2节的讨论，及矩阵理论与切比雪夫多项式的性质，我们可以根据$\left|\frac{m_{11}+m_{22}}{2}\right|$确定膜系的反射带与透射带：

(1) 满足条件$\left|\frac{1}{2}(m_{11}+m_{22})\right| > 1$的波长，位于膜系反射带，其反射率随着膜层周期数的增加而稳定地提高；

(2) 满足条件$\left|\frac{1}{2}(m_{11}+m_{22})\right| < 1$的波长，位于膜系透射带，其反射率随着膜层周期数的增加而振荡；

反射带和透射带的边界可通过条件$\left|\frac{1}{2}(m_{11}+m_{22})\right| = 1$来确定。由于考察的膜系是

由许多个二层膜周期加一层高反射率外膜层构成,每个周期的特征矩阵为

$$M=\begin{bmatrix}\cos\delta & \dfrac{i}{n_L}\sin\delta\\ in_L\sin\delta & \cos\delta\end{bmatrix}\begin{bmatrix}\cos\delta & \dfrac{i}{n_H}\sin\delta\\ in_H\sin\delta & \cos\delta\end{bmatrix}=$$

$$\begin{bmatrix}\cos^2\delta-\dfrac{n_H}{n_L}\sin^2\delta & i\left(\dfrac{1}{n_H}\cos\delta\sin\delta+\dfrac{1}{n_L}\sin\delta\cos\delta\right)\\ i(n_L\sin\delta\cos\delta+n_H\cos\delta\sin\delta) & \cos^2\delta-\dfrac{n_L}{n_H}\sin^2\delta\end{bmatrix}\tag{5.18}$$

由于二层膜的光学厚度相等,所以相位厚度不加任何下标。

$$\frac{1}{2}(m_{11}+m_{22})=\cos^2\delta-\frac{1}{2}\left(\frac{n_H}{n_L}+\frac{n_L}{n_H}\right)\sin^2\delta\tag{5.19}$$

由于式(5.19)右端不可能等于1,因此取

$$\frac{1}{2}(m_{11}+m_{22})=\cos^2\delta_e-\frac{1}{2}\left(\frac{n_H}{n_L}+\frac{n_L}{n_H}\right)\sin^2\delta_e=-1\tag{5.20}$$

对上式进行整理可得

$$\cos^2\delta_e=\left(\frac{n_H-n_L}{n_H+n_L}\right)^2\tag{5.21}$$

由于

$$\delta=\frac{2\pi}{\lambda}\cdot\frac{\lambda_0}{4}=\frac{\pi}{2}\frac{\lambda_0}{\lambda}=\frac{\pi}{2}g$$

式中,$g=\lambda_0/\lambda$,称为相对波数。

令高反射带边界值为

$$\delta_e=\frac{\pi}{2}g_e=\frac{\pi}{2}(1\pm\Delta g)$$

因此

$$\cos^2\delta_e=\sin^2\left(\pm\frac{\pi\Delta g}{2}\right)=\left(\frac{n_H-n_L}{n_H+n_L}\right)^2\tag{5.22}$$

$$\Delta g=\frac{2}{\pi}\sin^{-1}\left(\frac{n_H-n_L}{n_H+n_L}\right)\tag{5.23}$$

式(5.23)表明高反射带的宽度 Δg 仅与膜料的折射率 n_H,n_L 有关,折射率比值 n_H/n_L 越大,反射带越宽,其关系如图5.20所示。

用相对波数表示的高反射区域为 $1+\Delta g\sim1-\Delta g$,称为主反射带,相应的波长为

$$\lambda_1=\frac{\lambda_0}{1+\Delta g},\quad \lambda_2=\frac{\lambda_0}{1-\Delta g}$$

高反射带的波长范围为

$$\Delta\lambda=\lambda_2-\lambda_1=\lambda_0\left(\frac{1}{1-\Delta g}-\frac{1}{1+\Delta g}\right)=\frac{2\lambda_0\Delta g}{1-\Delta g^2}\approx2\lambda_0\Delta g\tag{5.24}$$

上面的讨论主要是针对中心波长 λ_0 展开的,膜厚为 $\lambda_0/4$,显然在所有那些使膜厚为其1/4的奇数倍的波长,也存在高反射带,即以 $\lambda_0/3$、$\lambda_0/5$、$\lambda_0/7$、… 为中心,存在高反射

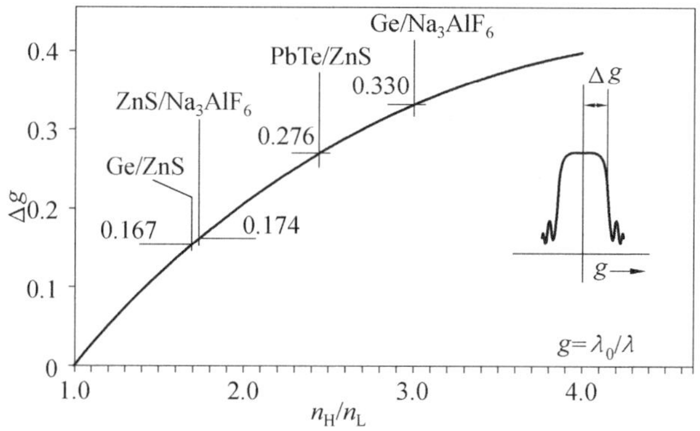

图 5.20　$\lambda/4$ 介质膜高反射带的宽度 Δg 与 n_H/n_L 的关系

带，这些反射带称为高级次反射带。确定主反射带宽度的分析，同样适用于高级次反射带，它们的边界值为 $3\pm\Delta g, 5\pm\Delta g,\cdots$，高级次反射带如图 5.21 所示。

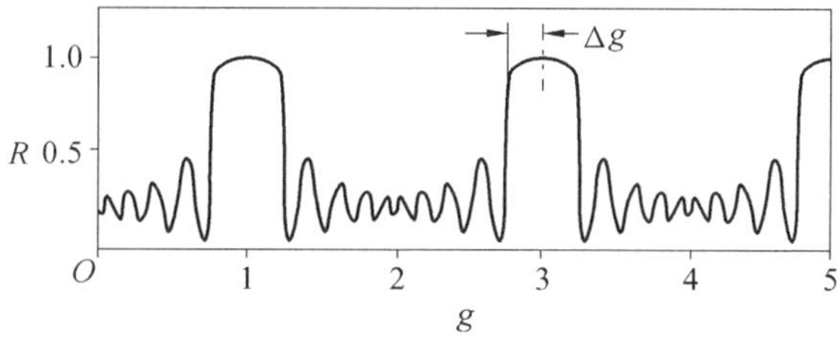

图 5.21　介质反射膜系的主反射带与高级次反射带图示

可以看出，各高级次反射带的波数宽度相同，但它们的波长宽度不同，级次越高，波长宽度越窄。三级反射带波长宽度为

$$\Delta\lambda=\frac{\lambda_0}{3-\Delta g}-\frac{\lambda_0}{3+\Delta g}\approx\frac{2}{9}\Delta g\lambda_0$$

五级反射带波长宽度为

$$\Delta\lambda=\frac{\lambda_0}{5-\Delta g}-\frac{\lambda_0}{5+\Delta g}\approx\frac{2}{25}\Delta g\lambda_0$$

因此，对于介质反射膜，除了在中心波长 λ_0 处存在主反射带，还在 $\lambda_0/3, \lambda_0/5,\cdots$，波长处存在高级次反射带，各反射带相对波数宽度相同，但波长宽度按 1/9，1/25，…，的比例减小。

此外，对于波长 λ_0，厚度均为 $\lambda_0/4$ 的高反射膜和厚度均为 $3\lambda_0/4$ 的高反射膜，在膜层折射率比值相同的情况下，在波长 λ_0 处，后者的高反射区波长宽度约为前者的 1/3，这是因为

$$\Delta\lambda_1=\lambda_0\left(\frac{1}{1-\Delta g}-\frac{1}{1+\Delta g}\right)=\frac{2\lambda_0\Delta g}{1-\Delta g^2}\approx 2\lambda_0\Delta g$$

$$\Delta\lambda_2=3\lambda_0\left(\frac{1}{3-\Delta g}-\frac{1}{3+\Delta g}\right)\approx\frac{2}{3}\lambda_0\Delta g$$

根据金属膜与介质膜的分析，现将它们的性能比较列于表 5.6。

表 5.6　金属反射膜与介质反射膜的性能比较

名称	金属膜	介质膜
波段宽度	非常宽，紫外到红外， 波段范围在微米量级	比较窄，波段范围一般在数纳米 到几百纳米量级
反射率	膜层存在吸收， 反射率一般为 70% ～95%	膜层无吸收，反射率很高， 可以达到 99.99%
相位变化	反射相位变化几乎与波长无关	反射相位随波长变化
制备复杂程度	简单	多层膜时较复杂

5.2.3　介质反射膜反射带的压缩与展宽

1. 反射带的压缩

根据前面章节的介绍，介质反射膜反射带的压缩主要有以下三种方法：

(1) 利用主反射带，降低高低折射率膜层的 n_H/n_L 值。由式(5.23) 可以看出，n_H/n_L 很小时，反射带的宽度可以压缩得很窄。但是 n_H/n_L 很小时，两层膜的折射率很接近，由式(5.15) 可知膜系反射率将降低，如果不降低膜系的反射率要求，则需要更多的膜层。例如用 Al_2O_3(n_H = 1.6) 和 MgF_2(n_L = 1.38) 制备 $\lambda/4$ 高反射膜，对于中心波长为 632.8 nm 的情况，波长带宽为 59.3 nm，但要获得 99.9% 的反射率，需要的膜层数超过 50 层。

(2) 利用膜系的高级次反射带。当膜层厚度取 $3\lambda_0/4$ 和 $5\lambda_0/4$ 时，对于波长 λ_0 而言，就相当于分别用了膜系的三级和五级反射带，此时反射带宽度是 $\lambda_0/4$ 膜系主反射带宽度的 1/3 和 1/5。这种方法有两种缺点：一是膜厚增加会增大膜层内应力；二是随反射级次增加，可能出现不需要的次峰。例如，对 λ_0 = 700 nm 于高反射膜，如果利用五级反射带，那么会在 λ = 500 nm 和 λ = 388.9 nm 处出现七级反射带和九级反射带，如图 5.22 所示。

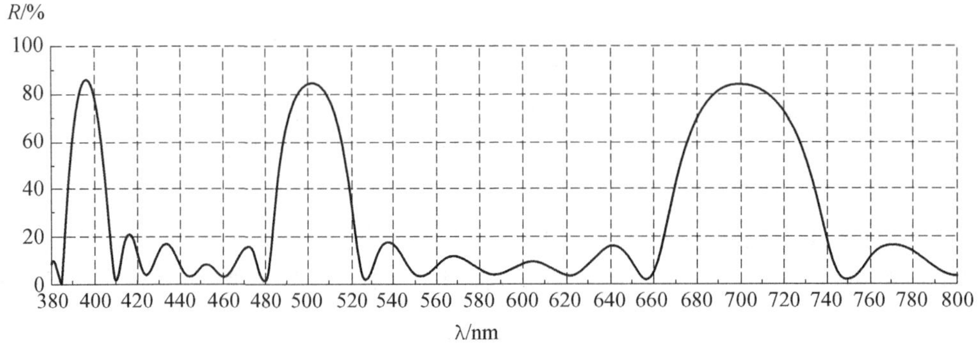

图 5.22　利用膜系的高级次反射带时其他高级次反射带的影响

(3) 提高高低折射率交替周期两基层膜厚的调谐比。在垂直入射时，取 λ_0 = 550 nm，n_H = 2.35，n_L = 1.38，n_g = 1.50，膜系 G | (LH)^6 | A 的光谱曲线如图 5.23 所示，反射带宽为 230 nm，如果膜系变为 G | (3LH)^6 | A，其光谱曲线如图 5.24 所示，反射带宽变为 115 nm，反射带宽被压缩为原来的一半。

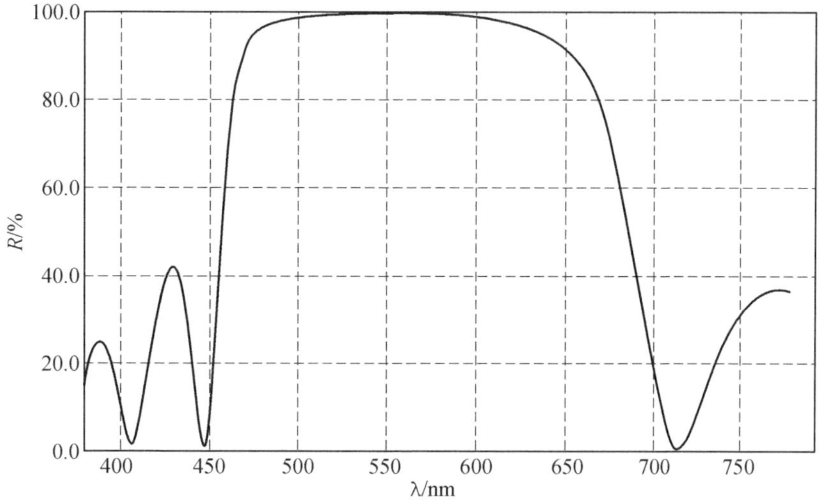

图 5.23　膜系 G | (LH)^6 | A 的光谱曲线

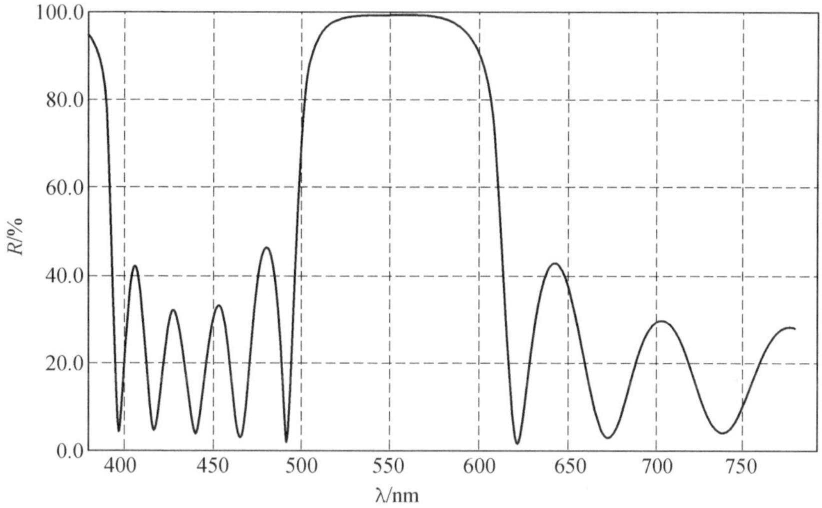

图 5.24　膜系 G | (3LH)^6 | A 的光谱曲线

为了获得尽可能好的结果,可以把上述几种压缩反射带的方法联合使用,使得膜层的实际厚度既不太厚,层数又不太多。

2. 反射带的展宽

在某些应用中,介质高反射膜的反射带宽不能满足要求,为了获得更宽的介质高反射膜系,可以采用以下三种方法:

(1) 采用膜系叠加,使几个不同中心波长的 $\lambda/4$ 膜系的高反射带搭接起来,得到宽反射带。这种方法的缺点是要避免在搭接处出现透射峰。一般情况下,透射峰总会出现,其原因是膜系的组合结构与法布里 - 珀珞滤光片结构相似,光谱曲线如图 5.25 所示,图中虚线分别表示膜系 G | 1.2[(HL)^{3}H] | A(长虚线表示) 和 G | 0.8[(HL)^{3}H] | A(点画线表示),实线表示合成膜系 G | 0.8[(HL)^{3}H]1.2[(HL)^{3}H] | A,其中 n_H = 2.13,n_L = 1.35。

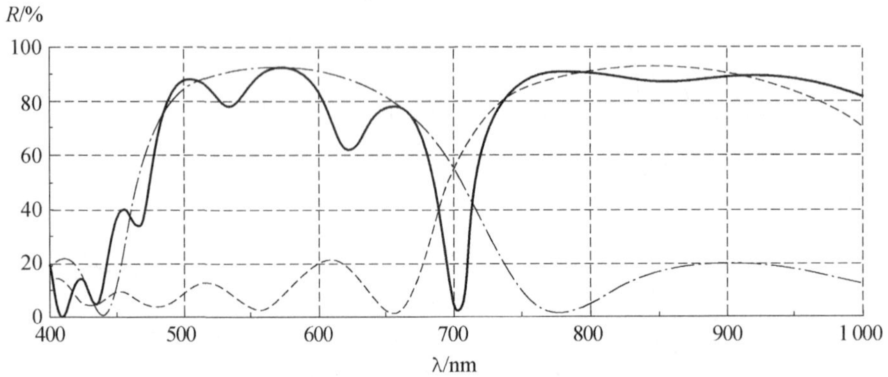

图 5.25　两膜系叠加的光谱曲线

为了消除透射峰，常用的办法是在两膜系中间插入耦合层，耦合层厚度为两个膜系中心波长之间某个波长的1/4，消除透射峰的膜系为G | 0.8[(HL)^{3}H]L1.2[(HL)^{3}H] | A，其光谱曲线如图5.26中的实线所示。

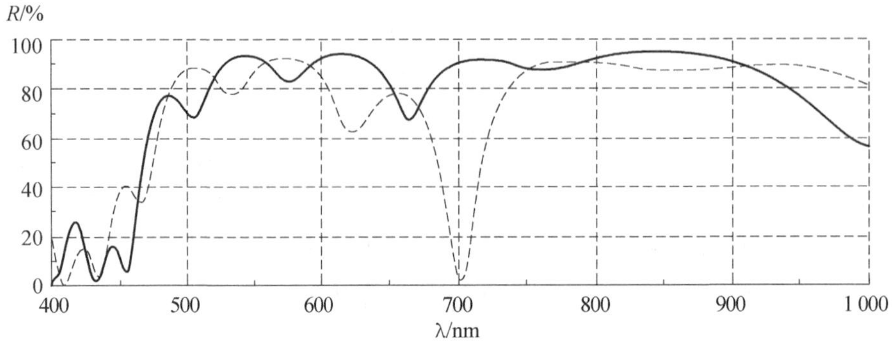

图 5.26　膜系叠加后透射峰的消除

(2) 设计膜层厚度按一定方式递变，其目的是构成一个中心波长不断变化的 $\lambda/4$ 膜系，各膜层的厚度可以按几何级数或算术级数递变。图5.27给出了一个26层，厚度按几何级数递增的反射膜系的光谱曲线，其中 $n_H = 2.13$，$n_L = 1.35$，设计时中心波长为700 nm，膜厚从 0.20λ 增加到 0.32λ。

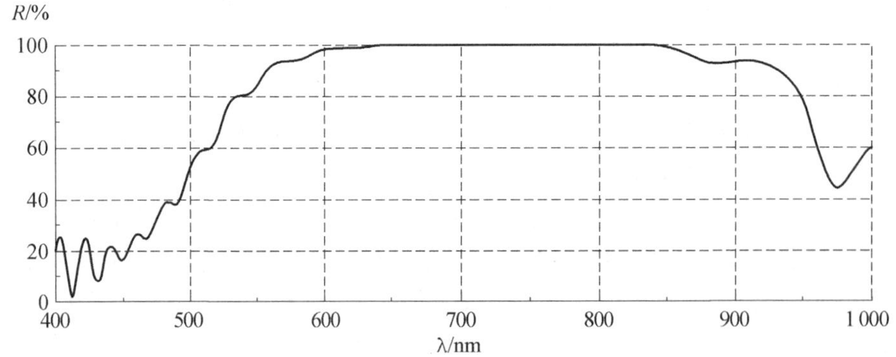

图 5.27　厚度按几何级数递增的26层反射膜系光谱曲线

(3) 用自动设计程序优化那些稍微偏离要求特性的现有膜系，可以得到用最少层数达到反射带最宽和反射率最高的设计结果。

5.3 分光膜

根据能量分布要求，把入射光的能量分成反射光和透射光两部分的薄膜元件称为分光膜。膜层的透射率与反射率之比 T/R 称为分光膜的分光比。根据使用要求的不同，分光比有不同的数值。分光膜的透射率和反射率的乘积称为分光膜的分光效率，分光比为 50∶50 的无吸收介质分光膜具有最大的分光效率。

根据光谱特性，分光分为中性分光和双色分光，所谓中性分光就是将一束光分成光谱成分相同的两束光，而双色分光则要求光谱的某部分反射而其他部分透射；依据光的偏振特性，将光束分成 S 波和 P 波的分光膜称为偏振分光膜；此外还可以根据膜料的不同，将分光膜分为金属分光膜和介质分光膜。

5.3.1 中性分光膜

理想的中性分光膜具有以下特点：

① 色散小，即反射率和透射率因波长不同引起的改变很小；

② 反射率和透射率因入射角不同引起的改变很小；

③ 偏振小，S 波和 P 波的反射率与透射率差异小；

④ 不存在吸收或吸收很小。

由于实际材料总存在色散和吸收，且入射角不为零时，S 波和 P 波的反射率与透射率不能严格相等，因此不可能做出完全中性的分光膜，只能在有限角度和光谱范围做出接近理想的中性分光膜。以下介绍三种常用的中性分光膜。

1. 金属分光膜与金属介质分光膜

常用的金属分光膜是合金金属膜（镍80% - 铬20%）、Chromel（镍90% - 铬10%）或 Inconel（镍 80% - 铬 14% - 铁 6%），它们能够满足理想中性分光膜的前三条要求，而且机械性能和化学稳定性非常好。铬膜虽然有类似于镍铬铁合金膜的性能，但光谱的中性稍差，在可见光波段，铬膜长波端的反射率比短波端高 10% 。图 5.28 给出了常见金属分光膜元件的结构形式。平板分光膜的缺点是不仅金属膜容易磨损或起化学变化，如果基片另一侧没有作减反射处理，光线在基片内的多次反射还会形成重影而降低像面清晰度，

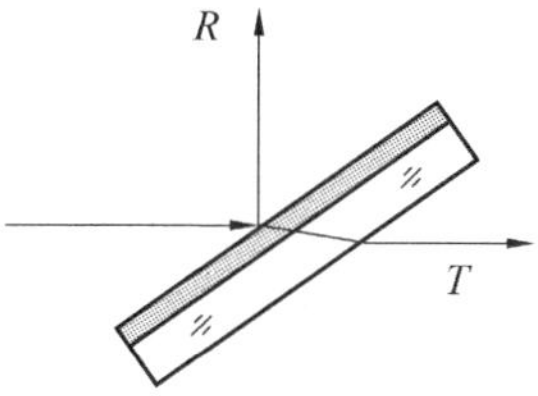

(a) 平板分光膜

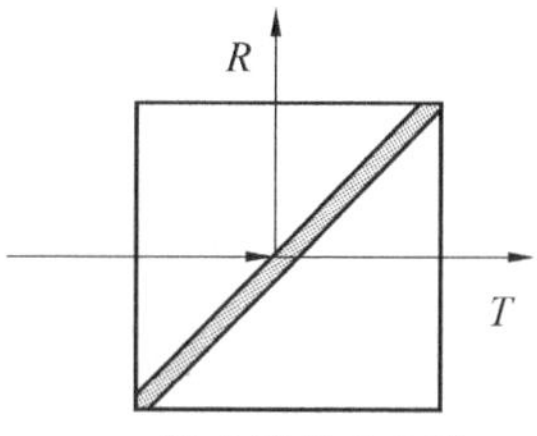

(b) 胶合棱镜分光膜

图 5.28 平板分光膜元件与胶合棱镜分光膜元件

此外，光束经过平板分光膜元件会产生横移，因此在高性能要求场合，不采用平板分光膜元件。采用胶合棱镜分光膜元件，其优点是膜层得到了保护、消除了光线横移、且装调方便，缺点是体积、质量较大。

金属膜的折射率是一个复数，膜层存在吸收。根据透射定律，分光膜的透射率与光线的入射方向无关，但是分光膜的反射率与入射光的方向有关。图 5.29 中给出了铂分光膜的光学特性，从图中可以看到，光线从空气侧入射到膜上时，分光镜的反射率高，因此在使用分光镜时一定要注意正确的使用方向。

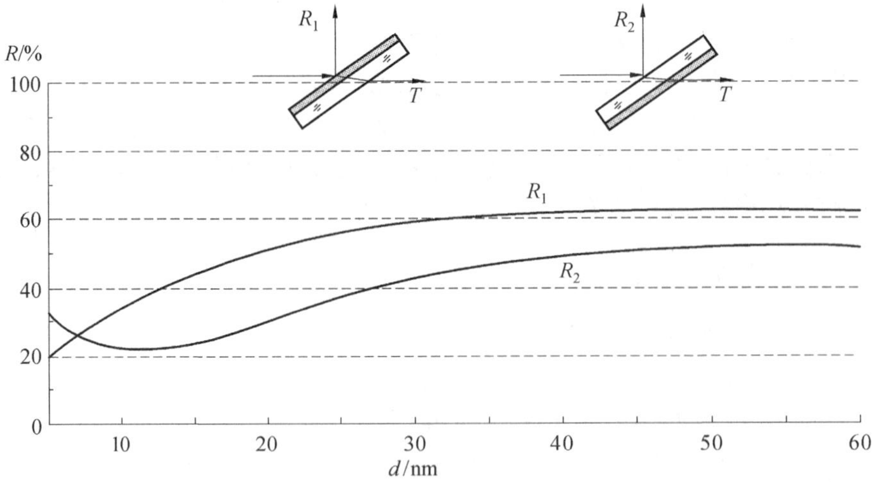

图 5.29　玻璃上铂分光膜的反射率

有时金属分光膜的吸收是严重的，一般来说，可能有接近 1/3 的入射光能被吸收，平板分光膜可以通过改善金属膜与入射介质的匹配状态来减少吸收。表 5.7 给出了单层铬膜性能，及在 Cr 膜和玻璃之间插入一层 $\lambda_0/4$ 厚的 ZnS 膜的膜系性能。

表 5.7　Cr 膜与 Cr + $\lambda/4$(ZnS) 膜性能比较

R/T	膜系	d/Å	R	T	A	A/T
1 : 2	Cr	72	0.22	0.44	0.34	0.77
	Cr + $\frac{\lambda}{4}$ZnS	2.5	0.33	0.66	0.02	0.03
1 : 1	Cr	124	0.31	0.31	0.38	1.22
	Cr + $\frac{\lambda}{4}$(ZnS)	74	0.435	0.435	0.130	0.247
2 : 1	Cr	183	0.405	0.202	0.393	1.94
	Cr + $\frac{\lambda}{4}$(ZnS)	162	0.530	0.265	0.205	0.773

一般来讲，金属分光膜引起光的偏振效应比较小，特别是银膜，有最小的偏振效应。

有时由于膜厚不易控制，要在适当角度达到适当 T/R 比较困难，这时可用图 5.30 所示的马赛克分光膜，图中阴影区为高反射金属膜，即反射区，白区为透光区。通过控制阴影区的面积比来控制 T/R 值，这种方法分光效率较高，缺点是需要考虑衍射效应对系统的影响，应尽量把黑白间隔数值取得大些。

2. 介质分光膜

由于介质膜几乎没有吸收，所以介质分光膜的分光效率特别高，但是它能完成中性分光的波段没有金属膜宽，并且偏振效应比金属分光膜大。

图 5.30　马赛克分光膜

若在基片 n_g 上镀一层 $\lambda_0/4$ 厚的高折射率膜 n_1，则能够提高基片的反射率 R，降低透射率 T。在中心波长 λ_0 附近一个相当宽范围内，反射率 R 随波长 λ 变化非常缓慢，λ_0 处的反射率极大值为

$$R_{max} = \left(\frac{\eta_0 - \frac{\eta_1^2}{\eta_g}}{\eta_0 + \frac{\eta_1^2}{\eta_g}} \right)^2$$

对于 P 分量有

$$\eta_0 = n_0/\cos\theta_0, \quad \eta_1 = n_1/\cos\theta_1, \quad \eta_g = n_g/\cos\theta_g$$

对于 S 分量有

$$\eta_0 = n_0\cos\theta_0, \quad \eta_1 = n_1\cos\theta_1, \quad \eta_g = n_g\cos\theta_g$$

式中，θ_0 为入射角；θ_1 为膜系中折射角；θ_g 为基片中的折射角。

当 $n_0 = 1.0$，$n_g = 1.52$，$\theta_0 = 45°$，$n_1 = 2.35$（镀 ZnS 膜层），$\lambda_0 = 550$ nm 时，膜系的光谱曲线如图 5.31 所示。当 $n_0 = 1.0$，$n_g = 1.52$，$\theta_0 = 45°$，$R = 50\%$ 时，根据式(5.24) 求出 $n_1 \approx 2.5$，因为可见光区介质膜折射率一般小于 2.5，因此单层介质膜实现 50∶50 分光比较困难。

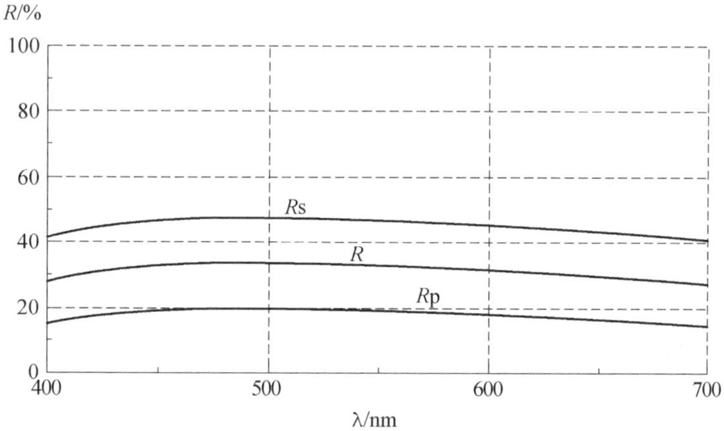

图 5.31　光线 45° 入射时单层 ZnS 膜的光谱曲线

为了在可见光波段得到 50∶50 分光比的介质分光膜，必须采用多层膜系，通常采用 G | HLHL | A 或 G | 2LHLHL | A 膜系，其中基片 $n_g = 1.52$，$n_H = 2.37$，$n_L = 1.38$，膜层有效厚度（$nd\cos\theta$）为 $\lambda_0/4$，膜层的实际厚度为有效厚度除以该膜层折射角的余弦。因此在用垂直入射光控制膜层厚度时（膜厚光电极值法测量），控制波长为

$$\lambda_H = \lambda_0/\cos\theta_H, \lambda_L = \lambda_0/\cos\theta_L$$

例如,光线以 45° 角入射时,$\lambda_0 = 520$ nm 时,存在 $\lambda_H = 544.8$ nm,$\lambda_L = 605.5$ nm,膜系 G | HLHL | A 和 G | 2LHLHL | A 光谱曲线如图 5.32 所示, 其中虚线代表膜系 G | 2LHLHL | A。

如果打破 $\lambda_0/4$ 膜厚的限制,使用更多折射率材料,应用计算机的自动化设计,可以得到分光波段更宽、中性更好的介质分光膜系。

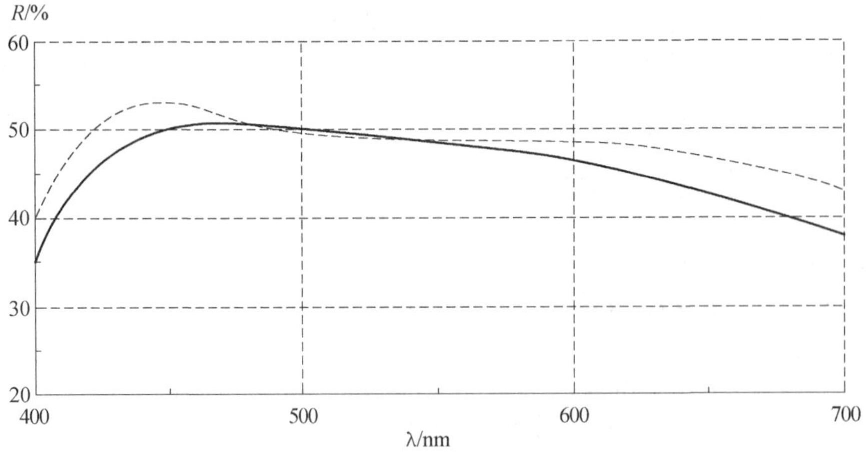

图 5.32　光线 45° 入射时两种典型膜系的光谱曲线

5.3.2　偏振分光膜

1. 平板型偏振分光膜

当一个镀在平板基片上的由两种不同折射率材料交替组成的反射膜系倾斜置于平行光路中时,膜层对于 P 波和 S 波的有效折射率分别为

$$\eta_P = n/\cos\theta_P, \eta_S = n\cos\theta_S$$

由于在膜层中的折射角 $\theta_H < \theta_L$,即有 $\cos\theta_H > \cos\theta_L$,不难推出

$$\left(\frac{\eta_H}{\eta_L}\right)_S > \left(\frac{\eta_H}{\eta_L}\right) > \left(\frac{\eta_H}{\eta_L}\right)_P$$

根据 5.2.2 节的讨论,反射带的宽度仅取决于膜层有效折射率的比值,所以 S 波的反射带宽度大于 P 波的反射带宽度。在反射带的过渡区,膜系对于 P 波高透射的同时,对 S 波高反射率,从而达到偏振分光的目的,典型的平板型偏振分光膜的光谱曲线如图 5.33 所示。图中虚线表示 S 波透过率,实线表示 P 波透过率,膜系 G $\left|\left(\frac{H}{2}L\frac{H}{2}\right)^{10}\right|$ A 由 21 层折射率为 1.46 和 2.29 膜料合成,$\lambda_0 = 600$ nm,$n_g = 1.52$,光线以 50° 角入射。

由于平板型偏振分光膜的工作波段较窄,因此它常用于大功率激光器。在某些情况下,可以通过增加有效折射率的差值和加大入射光线对膜系的入射角来增加膜系的工作波段宽度。

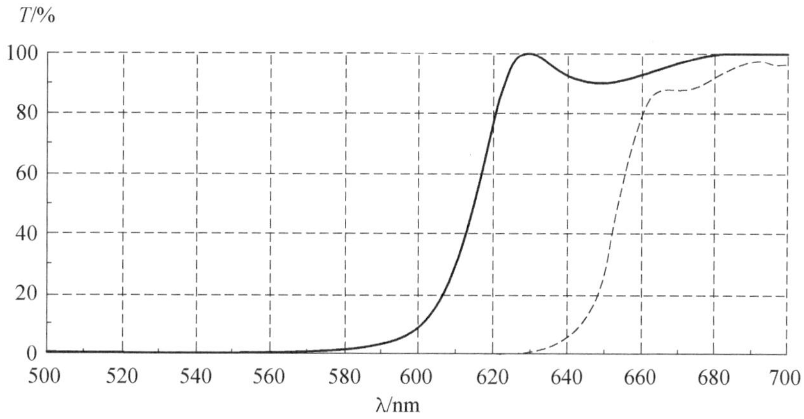

图 5.33　典型的平板型偏振分光膜的光谱曲线

2. 胶合棱镜型偏振分光膜

胶合棱镜偏振光分光膜的原理是光线在布儒斯特角 θ_B 入射时，P 波的反射为零。对一个 $\lambda/4$ 膜系而言，当 $(\eta_H)_P = (\eta_L)_P$ 时，对 P 波而言，膜系的各个界面形同不存在，亦即 $R_P = 0$，因此只要膜系的层数够多，就可得到 S 波的高反射率 R_S，而仍然保持 $R_P = 0$，从而形成一个很好的偏振光分光镜，如图 5.34 所示。因为 $(\eta_H)_P = (\eta_L)_P$，所以

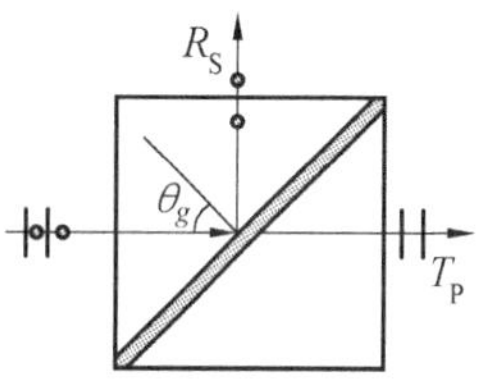

图 5.34　胶合棱镜型偏振分光膜

$$(\eta_H)_P = \frac{n_H}{\cos\theta_H} = (\eta_L)_P = \frac{n_L}{\cos\theta_L} \tag{5.25}$$

布儒斯特条件为

$$\tan\theta_H = \frac{n_L}{n_H}$$

即

$$\sin^2\theta_H = \frac{n_L^2}{(n_H^2 + n_L^2)}$$

根据菲涅耳定律 $n_H \sin\theta_H = n_L \sin\theta_L$，于是薄膜与棱镜基板的折射率的要求可分为以下几种情况来讨论：

（1）当棱镜内的入射角 θ_g 固定为 45° 时

$$\sin\theta_H = \frac{n_g \sin 45°}{n_H} = \frac{n_g}{\sqrt{2}\,n_H}$$

$$n_g^2 = \frac{2n_H^2 n_L^2}{(n_H^2 + n_L^2)} \tag{5.26}$$

例 1：以 ZnS（$n_H = 2.35$）配冰晶石（$n_L = 1.35$）为例，所需棱镜的折射率 $n_g = 1.66$。

例 2：ZrO_2（$n_H = 2.05$）配 MgF_2（$n_L = 1.38$）为例，得 $n_g = 1.619$。镀 17 层 1/4 膜堆，其光谱图如图 5.35 所示，虚线表示 S 波透过率，实线表示 P 波透过率。由图中可见胶合棱镜偏振光分光镜的偏振效果所涵盖的波段比平板型偏振分光镜宽广许多。

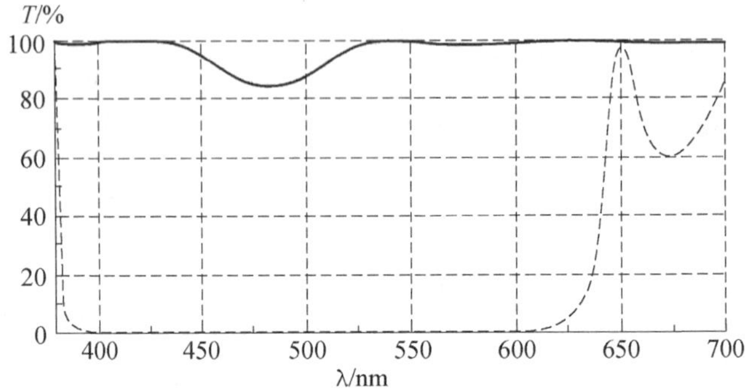

图 5.35　典型的胶合棱镜偏振分光膜的光谱曲线

（2）当棱镜材质固定时

$$\sin^2\theta_g = \frac{n_H^2 \sin^2\theta_H}{n_g^2} = \frac{n_H^2 n_L^2}{n_g^2(n_H^2 + n_L^2)} \tag{5.27}$$

例 1：以 $n_g = 1.517$(BK7)，$n_H = 2.35$(ZnS) 及 $n_L = 1.35$(冰晶石) 为例，得 $\theta_g = 50.5°$。

例 2：以 $n_g = 1.52$，$n_H = 2.3(TiO_2)$ 及 $n_L = 1.45(SiO_2)$ 为例，得 $\theta_g = 53.8°$。

（3）当 θ_g 固定为 45° 且棱镜材质固定为 BK7 时，$n_g = 1.517$

$$n_H^2 = \frac{1.15 n_L^2}{(n_L^2 - 1.15)} \tag{5.28}$$

例：$n_g = 1.517 n_L = 1.38(MgF_2)$，则 $n_H = 1.705$。设计膜系为 G | $(HL)^2H$ | G，可得 $T_P \approx 99\%$，$R_S \approx 98\%$，可用波宽 $\Delta\lambda = 100$ nm。

在有些仪器上要求视场较宽，例如投影电视的偏振分光镜要求入射角在 45° ± 4° 时仍有良好的偏振分光效果。此时，棱镜的材料、薄膜的材料都会受到较大的限制，有时两种薄膜材料的设计达不到规格要求，这时需要用到三种以上的薄膜材料，且膜层数也要增加很多。

5.3.3　消偏振分光膜

为了描述光线倾斜入射时，膜系中 S 波与 P 波的分离情况，这里引入偏振分离的概念，令

$$\Delta n = \frac{\eta_P}{\eta_S} = \frac{\eta/\cos\theta}{\eta \cdot \cos\theta} = \frac{1}{\cos^2\theta} = \frac{1}{\left(1 - \dfrac{n_0^2 \sin^2\theta_0}{n^2}\right)} \tag{5.29}$$

称 Δn 为偏振分离，它是一个恒大于 1 的量，因此，单层膜必然有偏振分离，其中 η_P 大于 η_S，对于一个确定的入射角 θ_0，入射介质的折射率越高，偏振分离 Δn 也越大，因此，在封闭胶合棱镜中膜层的偏振效应更显著。

对于一个结构为 G | $\eta_1\eta_2\eta_3\cdots\eta_{2k+1}$ | G 的膜系，其每层膜的厚度都是对 λ_0 波长进行 45° 匹配的，其等效导纳可以写为

$$Y = \frac{C}{B} = \frac{\eta_1^2\eta_3^2\cdots\eta_{2k+1}^2}{\eta_2^2\eta_4^2\cdots\eta_{2k}^2\eta_g}$$

如果令

$$x = \sqrt{\eta_0 \eta_g} \cdot \frac{\eta_2 \eta_4 \cdots \eta_{2k}}{\eta_1 \eta_3 \cdots \eta_{2k+1}}$$

则有

$$R = \left(\frac{\eta_0 - Y}{\eta_0 + Y}\right)^2 = \left(\frac{1 - x^2}{1 + x^2}\right)^2 \tag{5.30}$$

$$T = 1 - R = \frac{4}{2 + x^2 + x^{-2}} \tag{5.31}$$

对于偶数层膜系,其反射率和透射率具有与奇数层膜系相同的表达式,只是 x 表达式为

$$x = \sqrt{\frac{\eta_0}{\eta_g}} \cdot \frac{\eta_2 \eta_4 \cdots \eta_{2k}}{\eta_1 \eta_3 \cdots \eta_{2k-1}} \tag{5.32}$$

若要使整个组合膜系无偏振效应,必须使 P 波和 S 波的 x 项相等,即 $x^{(P)} = x^{(S)}$,从而使 $R^{(P)} = R^{(S)}$,$T^{(P)} = T^{(S)}$。

对于偶数层膜系,为使式(5.32)表达的 $x^{(P)} = x^{(S)}$,即

$$\sqrt{\frac{\eta_0^{(P)}}{\eta_g^{(P)}}} \cdot \frac{\eta_2^{(P)} \eta_4^{(P)} \cdots \eta_{2k}^{(P)}}{\eta_1^{(P)} \eta_3^{(P)} \cdots \eta_{2k-1}^{(P)}} = \sqrt{\frac{\eta_0^{(S)}}{\eta_g^{(S)}}} \cdot \frac{\eta_2^{(S)} \eta_4^{(S)} \cdots \eta_{2k}^{(S)}}{\eta_1^{(S)} \eta_3^{(S)} \cdots \eta_{2k-1}^{(S)}} \tag{5.33}$$

各介质的偏振分离之间必须满足如下关系

$$\sqrt{\frac{\Delta n_0}{\Delta n_g}} \cdot \frac{\Delta n_2 \Delta n_4 \cdots \Delta n_{2k}}{\Delta n_1 \Delta n_3 \cdots \Delta n_{2k-1}} = 1 \tag{5.34}$$

同样对于奇数层膜系,可以推导出

$$\sqrt{\Delta n_0 \Delta n_g} \cdot \frac{\Delta n_2 \Delta n_4 \cdots \Delta n_{2k}}{\Delta n_1 \Delta n_3 \cdots \Delta n_{2k+1}} = 1 \tag{5.35}$$

式(5.34),(5.35)是 $\lambda/4$ 膜系在中心波长处无偏振效应的必要充分条件。通常入射角 θ_0 和透射率 T 由设计要求确定,设计时,我们先根据实际情况选定 n_0,n_g。如果使用三种膜料,可以选定两种(如 n_1,n_3),层数可以试探地给出(如 $2k+1$ 层)。这样就可以根据 n_0,n_g,θ_0,n_1,n_3 及 k,由式(5.34)或(5.35)求出 n_2,这样的 n_2 可以满足消偏振的要求,但这时得到膜系的反射率值不一定满足设计要求,这时通常使用试探法反复计算,最终找出接近要求或满足要求的解。看一个例子,取 $n_0 = n_g = 1.52$,即膜层是封闭在棱镜中,$\theta_0 = 45°$,$\lambda_0 = 540$ nm,根据反射率的要求预先选定一个 $k = 8$ 的 17 层膜。根据式(5.35)可以写出

$$\sqrt{\Delta n_0 \Delta n_g} \cdot \Delta n_2 \Delta n_4 \Delta n_6 \Delta n_8 \Delta n_{10} \Delta n_{12} \Delta n_{14} \Delta n_{16} = \Delta n_1 \Delta n_3 \Delta n_5 \Delta n_7 \Delta n_9 \Delta n_{11} \Delta n_{13} \Delta n_{15} \Delta n_{17} \tag{5.36}$$

为了简化问题,令 Δn_2,Δn_4,$\cdots$,Δn_{16} 均为折射率为 n_2 的膜层,而在式(5.36)右侧的膜层中令:$n_1 = n_5 = n_9 = n_{13} = n_{17}$,$n_3 = n_7 = n_{11} \doteq n_{15}$,从而使式(5.36)简化为

$$\Delta n_g (\Delta n_2)^8 = (\Delta n_1)^5 (\Delta n_3)^4 \tag{5.37}$$

任意选定两种材料都可求出另一种材料的折射率。选取 $n_1 = 2.32$,$n_3 = 1.38$,$n_g = 1.52$,

根据式(5.37)和(5.29),求得 $n_2 = 1.67$。然后运用计算机进行膜厚优化,该膜系优化的光谱曲线如图 5.36 所示,虚线代表 P 波,实线代表 S 波。

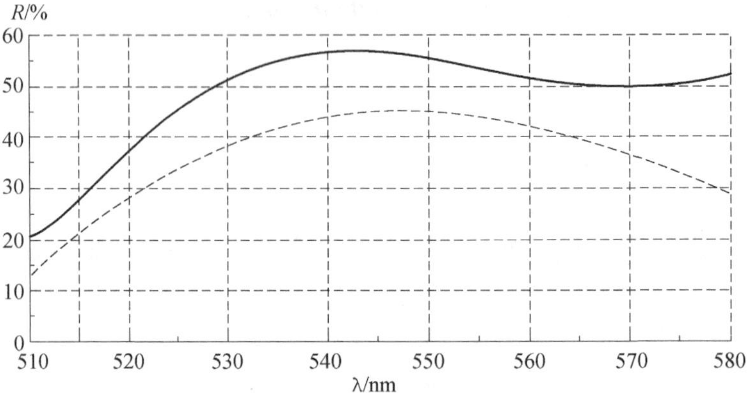

图 5.36　17 层消偏振分光膜的光谱曲线

根据式(5.34),(5.35)还可发现,如果把上面设计膜系中的某些奇数位置上的膜层互换,消偏振条件仍然满足,中心波长的反射率也不变,但离开中心波长就会有变化,可利用这一事实来选择消偏振区或拓宽膜系消偏振波段。图 5.37 给出了 37 层消偏振分光膜的光谱曲线,虚线代表 P 波,实现代表 S 波。

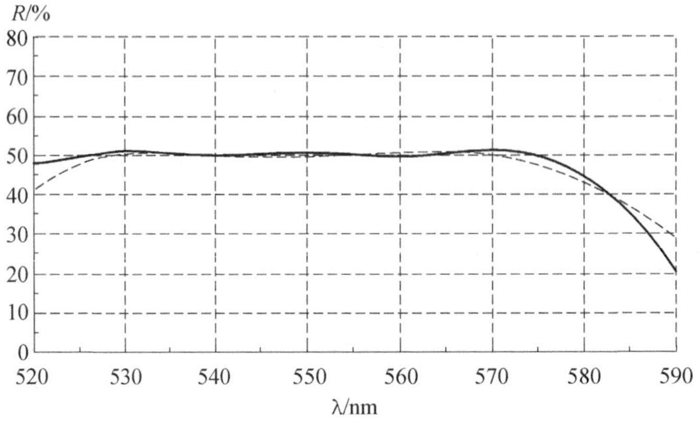

图 5.37　37 层消偏振分光膜的光谱曲线

5.3.4　双色分光膜

与光颜色有关的仪器,如显示器、投影电视器、扫描器、彩色印刷等,常常需要将光的三原色(红、绿、蓝)分离,这就是常用双色分光镜的例子。由于红光、绿光及蓝光的波长依序渐渐变短,因此,这种双色滤光片可由长波通滤光片和短波通滤光片的组合来实现,如图 5.38 所示。

关于长波通滤光片与短波通滤光片的分析与设计在下一节说明。

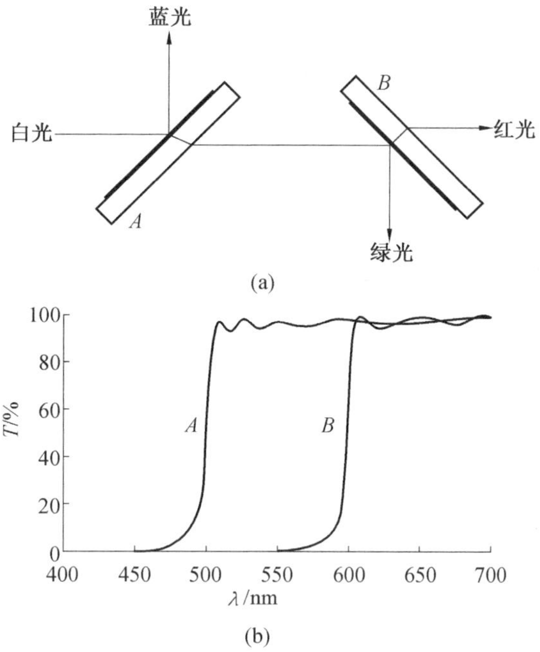

图 5. 38　利用长波通滤光片分离光的三原色

5.4　截止滤光片

我们把根据波长不同而进行分光的光学元件称为滤光片,滤光片根据光谱特性的不同可分为截止滤光片和带通滤光片,本节介绍截止滤光片,带通滤光片留在下一节介绍。

(1) 截止滤光片的定义

能使某一波长范围的光束高透射,而偏离这一波长的光束迅速地变为高反射的光学元件,称为截止滤光片。以某一特定波长 λ_c 为界,反射 $\lambda > \lambda_c$ 波段的光束,透射 $\lambda < \lambda_c$ 波段的光束的光学元件称为短波通滤光片,而反射 $\lambda < \lambda_c$ 波段的光束,透射 $\lambda > \lambda_c$ 波段的光束的光学元件称为长波通滤光片。

(2) 截止滤光片的主要参数(图5. 39)

① 截止区的波长范围($\lambda_1 \sim \lambda_0$)和透射区的波长范围($\lambda_0 \sim \lambda_2$);

② 截止波长 λ_0;

③T_1:截止区的平均透射率;

④T_2:截止区中所允许的最大透射率;

⑤T_3:透射区中的平均透射率;

⑥T_4:透射区中所允许的最小透射率;

⑦ 陡度 S:表征滤光片从抑制区到透射区的过渡特性。

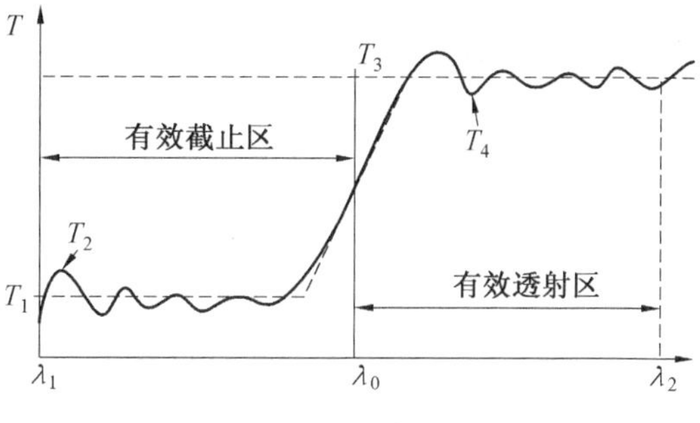

图 5. 39　截止滤光片的典型光谱曲线

$$S = \frac{\lambda(80\%) - \lambda(5\%)}{\lambda(5\%)} \times 100\% \tag{5.38}$$

式中，$\lambda(x\%)$ 表示透射率为 $x\%$ 处的波长值。

截止滤光片可以有吸收型、干涉型、吸收干涉混合型。吸收型截止滤光片应用最广泛，它可以由颜色玻璃、晶体、多孔明胶、吸收薄膜等制成，其主要优点是使用简单，对入射角不敏感，造价相对便宜，缺点是截止波长不能随便移动。这里重点介绍干涉截止滤光片。

5.4.1 干涉截止滤光片设计

根据介质高反射膜系的光谱曲线，如图 5.40 所示，可以看出它既可以用作截止长波的短波通滤光片，也可以用作截止短波的长波通滤光片，改变中心波长的大小，截止波长的位置可以随意移动。

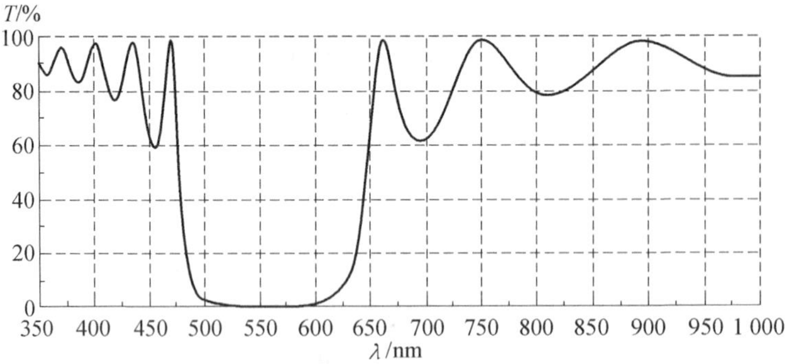

图 5.40 截止滤光片的典型光谱曲线

由于 $\lambda/4$ 介质膜系的通带中存在明显的波纹，当波纹较大时会严重损害透射带性能。为修正膜系压缩或消除这些波纹，可在膜系两侧加一个 H/2 或 L/2 层，这样我们就得到了两种基本的对称周期结构：$\left(\frac{H}{2}L\frac{H}{2}\right)$ 和 $\left(\frac{L}{2}H\frac{L}{2}\right)$。对于结构 $\left(\frac{H}{2}L\frac{H}{2}\right)$，当 $n_H = 2.08$，$n_L = 1.38$ 时，在玻璃基片上可以产生一个良好的长波通滤光片，而结构 $\left(\frac{L}{2}H\frac{L}{2}\right)$ 可以产生一个良好的短波通滤光片。图 5.41 给出了膜系 $G\left(\frac{H}{2}L\frac{H}{2}\right)^7A$，$\lambda_0 = 450$ nm，$n_g = 1.52$，

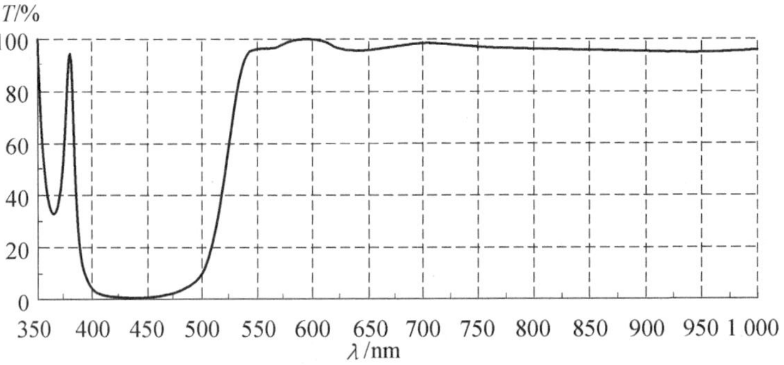

图 5.41 15 层膜长波通滤光片的透过率曲线

光线垂直入射时的透过率曲线；图 5.42 给出了膜系 $G\left(\frac{L}{2}H\frac{L}{2}\right)^7 A$，$\lambda_0 = 750$ nm，$n_g = 1.52$，光线垂直入射时的透过率曲线。

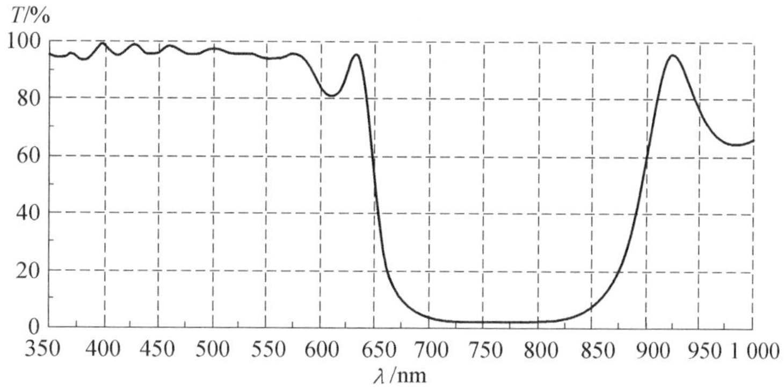

图 5.42　15 层膜短波通滤光片的透过率曲线

为了进一步消除截止滤光片通带内的波纹，我们需要对波纹的形成原因进行简单的说明，根据对称膜系等效定理，对于 pqp 对称三层膜，其等效折射率和等效相位厚度分别为

$$E = \sqrt{\frac{\eta_p^2\left[\sin 2\delta_p \cos\delta_q + \frac{1}{2}\left(\frac{\eta_p}{\eta_q}+\frac{\eta_q}{\eta_p}\right)\cos 2\delta_p \sin\delta_q - \frac{1}{2}\left(\frac{\eta_p}{\eta_q}-\frac{\eta_q}{\eta_p}\right)\sin\delta_q\right]}{\sin 2\delta_p \cos\delta_q + \frac{1}{2}\left(\frac{\eta_p}{\eta_q}+\frac{\eta_q}{\eta_p}\right)\cos 2\delta_p \sin\delta_q + \frac{1}{2}\left(\frac{\eta_p}{\eta_q}-\frac{\eta_q}{\eta_p}\right)\sin\delta_q}}$$

$$\Gamma = \cos^{-1}\left[\cos 2\delta_p \cos\delta_q - \frac{1}{2}\left(\frac{\eta_p}{\eta_q}+\frac{\eta_q}{\eta_p}\right)\sin 2\delta_p \sin\delta_q\right]$$

对于$\left(\frac{H}{2}L\frac{H}{2}\right)$和$\left(\frac{L}{2}H\frac{L}{2}\right)$结构，由于 $2\delta_p = \delta_q$，因此可得

$$E = \eta_p\left\{\frac{\cos\delta_q\,(\eta_p+\eta_q)^2 - (\eta_p^2-\eta_q^2)}{\cos\delta_q\,(\eta_p+\eta_q)^2 + (\eta_p^2-\eta_q^2)}\right\}^{\frac{1}{2}} \tag{5.39}$$

$$\Gamma = \cos^{-1}\left[\cos^2\delta_q - \frac{1}{2}\left(\frac{\eta_p}{\eta_q}+\frac{\eta_q}{\eta_p}\right)\sin^2\delta_q\right] \tag{5.40}$$

即三层对称膜可等效为一个等效膜层。根据周期对称膜系的等效定理，一个周期对称膜系仍然存在一个等效膜层，且该等效膜层的等效折射率与其基本周期的等效折射率相同，它的等效相位厚度为基本周期等效相位厚度 Γ 的 s 倍。因此，对于膜系 $G\left(\frac{H}{2}L\frac{H}{2}\right)^s A$ 或 $G\left(\frac{L}{2}H\frac{L}{2}\right)^s A$，其等效折射率仍为 E，等效相位厚度为 $s\Gamma$。因此膜系的反射率应该在下列包络线之间

$$R_{\max} = \left(\frac{n_0 - E^2/n_g}{n_0 + E^2/n_g}\right)^2 \tag{5.41}$$

$$R_{\min} = \left(\frac{n_0 - n_g}{n_0 + n_g}\right)^2 \tag{5.42}$$

当等效相位厚度为 $s\Gamma = m\pi/2, m = 1,3,5,\cdots$ 时，反射率取极大值；当 $s\Gamma = m\pi/2, m = 2,4,6,\cdots$ 时，反射率取极小值，如图 5.43 所示。因此，我们可以认为通带波纹幅度的大小是由等效折射率与基片和入射介质的匹配程度决定的，而波纹的密度是由周期数的多少决定的，因为周期数越多，这个等效膜层的相位厚度越大，高级次干涉峰就会靠得越近，波纹就越密。

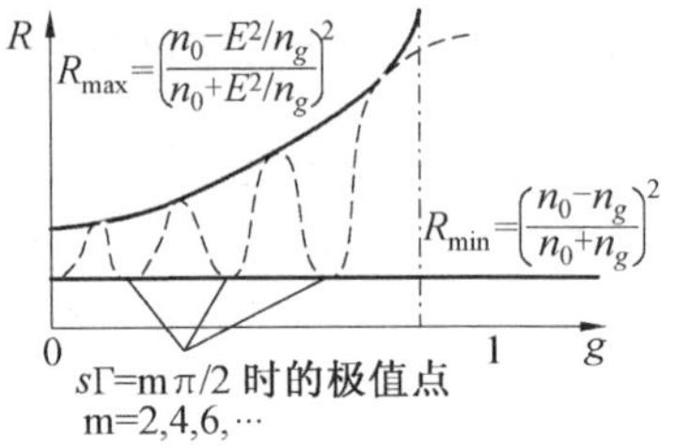

图 5.43　截止滤光片通带的波纹

根据膜系通带波纹的成因，压缩波纹的方法主要有：

(1) 适当选取 n_H 和 n_L，使通带等效折射率与基片折射率相近，这样式(5.41)与(5.42)的值近似相等，波纹可以得到压缩。例如当 $n_H = 2.08, n_L = 1.38$ 时，$\left(\frac{H}{2}L\frac{H}{2}\right)$ 和 $\left(\frac{L}{2}H\frac{L}{2}\right)$ 分别是比较理想的长波通和短波通滤光片。

(2) 改变基本周期内膜层的厚度，使其等效折射率接近预期值。要使这种方法有成效，要求基片有较低的折射率，在可见光区，玻璃是十分理想的基片材料，但由于红外材料的折射率较大，因此，这种方法在红外区的应用受到限制。

(3) 在多层膜的每一侧加入匹配层，使它同基片和入射介质匹配。如果在多层膜与基片之间插入一个导纳为 η_3 的 $\lambda/4$ 层，而在多层膜与入射介质之间插入一个导纳为 η_1 的 $\lambda/4$ 层，则只要

$$\eta_3 = \sqrt{\eta_g E}, \quad \eta_1 = \sqrt{\eta_0 E} \tag{5.43}$$

得到满足，就可以把插入层当作多层膜的减反射膜。如果多层膜的等效相位为 $\lambda/4$ 的奇数倍，则膜系反射率为

$$R = \left(\frac{\eta_0 - \dfrac{\eta_1^2\eta_3^2}{E^2\eta_g}}{\eta_0 + \dfrac{\eta_1^2\eta_3^2}{E^2\eta_g}}\right)^2 \tag{5.44}$$

当

$$\eta_1^2\eta_3^2 = E^2\eta_0\eta_g \tag{5.45}$$

膜系的反射率为零。

如果多层膜的等效相位为 $\lambda/4$ 的偶数倍，则膜系反射率为

$$R = \left(\frac{\eta_0 - \dfrac{\eta_1^2\eta_g}{\eta_3^2}}{\eta_0 + \dfrac{\eta_1^2\eta_g}{\eta_3^2}}\right)^2 \tag{5.46}$$

当

$$\eta_1^2/\eta_3^2 = \eta_0/\eta_g \tag{5.47}$$

膜系的反射率为零。解式(5.45)和(5.47)，得到匹配层预期的导纳值。由于等效折射率的色散，对一个波长的任何最佳处理只能在较窄的波段成立，因此，采用多层减反射膜可

以改善匹配层的效果。

(4) 采用非均匀膜层或调整周期膜系外层周期的厚度也可以改善膜系的波纹。例如将图 5.42 表示的膜系 G $\left(\frac{L}{2}H\frac{L}{2}\right)^7$A 用 G $\left(\frac{L}{2}H\frac{L}{2}\right)^6 1.1\left(\frac{L}{2}H\frac{L}{2}\right)$ A 膜系代替,改进后膜系的光谱曲线如图 5.44 中的实线所示。

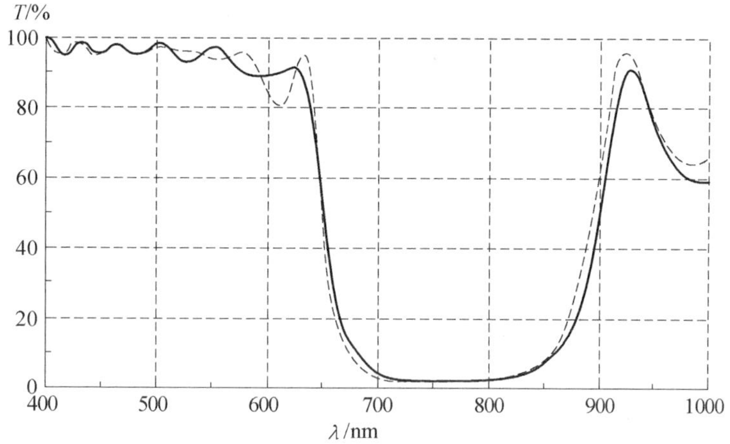

图 5.44　改进短波通截止滤光片光谱曲线

5.4.2　干涉截止滤光片通带的压缩与展宽

1. 通带压缩

假如一个膜系或一个膜系中的基本周期由若干介质层组成,其特征矩阵的最后乘积可以表达为

$$\boldsymbol{M}=\begin{bmatrix}M_{11} & M_{12}\\ M_{21} & M_{22}\end{bmatrix}$$

如果把它们看成浸没在一种导纳为 η 的介质中,它们的组合导纳可以表达为

$$\begin{bmatrix}B\\ C\end{bmatrix}=\begin{bmatrix}M_{11} & M_{12}\\ M_{21} & M_{22}\end{bmatrix}\begin{bmatrix}1\\ \eta\end{bmatrix}=\boldsymbol{M}=\begin{bmatrix}M_{11}+\eta M_{12}\\ \eta M_{22}+M_{21}\end{bmatrix}\tag{5.48}$$

膜系等效导纳为 $Y=C/B$,膜系反射率为

$$R=\left|\frac{\eta-Y}{\eta+Y}\right|^2$$

膜系透射率为

$$T=1-R=t^2$$

则膜系透射系数

$$t=\frac{2}{(M_{11}+M_{22})+(\eta M_{12}+M_{21}/\eta)}\tag{5.49}$$

令透射率 $t=|t|\mathrm{e}^{\mathrm{i}\tau}$($\tau$ 即为透射光的相位变化),则有

$$\frac{\mathrm{e}^{-\mathrm{i}\tau}}{|t|}=\frac{1}{2}(M_{11}+M_{22})+\frac{1}{2}(\eta M_{12}+M_{21}/\eta)$$

应用欧拉公式

$$\frac{e^{-i\tau}}{|t|}=\frac{\cos\tau-i\sin\tau}{|t|}=\frac{1}{2}(M_{11}+M_{22})+\frac{1}{2}(\eta M_{12}+M_{21}/\eta) \tag{5.50}$$

对于无吸收介质:M_{11}、M_{22} 为纯实数,M_{12}、M_{21} 为纯虚数,令式(5.50)的左右实部相等,则有

$$\frac{\cos\tau}{|t|}=\frac{1}{2}(M_{11}+M_{22}) \tag{5.51}$$

如果略去膜层内两次以上的反射光束,那么透射相位等于各层膜(或基本周期中各层膜)的相位厚度之和,即

$$\tau=\sum\delta \tag{5.52}$$

根据切比雪夫多项式的性质,可根据$\frac{1}{2}(M_{11}+M_{22})$的数值确定透射带和反射带,即满足条件$\left|\frac{1}{2}(M_{11}+M_{22})\right|>1$的波长,位于膜系的反射带内,而满足$\left|\frac{1}{2}(M_{11}+M_{22})\right|<1$的波长,位于膜系的透射带内。

现在讨论通带压缩问题,对于式(5.51)的左侧,当$\tau=\sum\delta=m\pi$时,$\cos\tau=\pm1$,且透射系数的模$|t|<1$时,式(5.51)的右侧$\left|\frac{1}{2}(M_{11}+M_{22})\right|>1$总是成立的,结果可能出现高反射带。但对于某些情况,比如$|t|=1$时,$\left|\frac{1}{2}(M_{11}+M_{22})\right|=1$,这时,高反射带将被抑制,而出现透射带,应该把这些点从可能出现高反射带的那些点中去除。根据虚设层的概念,膜系中每一层膜都是某一波长的$\lambda/2$整数倍时$|t|=1$成立,这些点也应去除。下面给出具体的计算方法。

设一个膜系(或基本周期)为$(\alpha_1A_1,\alpha_2A_2,\alpha_3A_3\cdots\alpha_nA_n)$,这里的$\alpha_1,\alpha_2,\alpha_3\cdots\alpha_n$可以是整数也可以是小数,令

$$\tau=\sum\delta=\frac{2\pi}{\lambda}\left(\alpha_1\frac{\lambda_0}{4}+\alpha_2\frac{\lambda_0}{4}+\alpha_3\frac{\lambda_0}{4}+\cdots+\alpha_n\frac{\lambda_0}{4}\right)=m\pi$$

即

$$g=\frac{2m}{\alpha_1+\alpha_2+\alpha_3+\cdots+\alpha_n} \tag{5.53}$$

($g=\lambda_0/\lambda$为相对波长)可能出现高反射带。但是应从中去除每一层膜都是$\lambda/2$整数倍的那些点,此时的m应为

$$\tau=\sum\delta=\frac{2\pi}{\lambda}(k\cdot\alpha_1\frac{\lambda}{2}+k\cdot\alpha_2\frac{\lambda}{2}+k\cdot\alpha_3\frac{\lambda}{2}+\cdots+k\cdot\alpha_n\frac{\lambda}{2})=m\pi$$

$$m=k(\alpha_1+\alpha_2+\alpha_3+\cdots+\alpha_n) \tag{5.54}$$

当α_i为小数时,应先求出

$$\alpha_1:\alpha_2:\alpha_3:\cdots:\alpha_n=\alpha_1':\alpha_2':\alpha_3':\cdots:\alpha_n' \tag{5.55}$$

其中α_i'为最小整数。

例如,对于膜系$G(HL)^sA$,此时$\alpha_1=1,\alpha_2=1$,可能出现高反射带的相对波数

$$g=\frac{2m}{\alpha_1+\alpha_2}=\frac{2m}{1+1}=m$$

需去除的 m 取值点为 $m=k(1+1)=2k$，即 $m=2,4,6,\cdots$，则余下的 $g=1,3,5,7\cdots$ 为出现高反射带的相对波数点。

再例如，对于膜系 $G(0.5H1.5L)^sA$，$\alpha_1=0.5$，$\alpha_2=1.5$，存在

$$\alpha_1:\alpha_2=0.5:1.5=1:3=\alpha_1':\alpha_2'$$

可能出现高反射带的点为

$$g=\frac{2m}{\alpha_1+\alpha_2}=\frac{2m}{0.5+1.5}=m$$

需去除的 m 取值点为 $m=k(\alpha_1'+\alpha')=4k$，即 $m=4,8,12,\cdots$，余下的 $g=1,2,3,5,6,7,9,\cdots$ 为出现高反射带的相对波数点。

设计实践表明，基本周期(α_1H,α_2L)或(α_1L,α_2H)中 $\alpha_1+\alpha_2$ 越大，反射带间隔就越近，适当地选择 $\alpha_1+\alpha_2$ 值，可以在任意两个波长间产生反射峰，这样就实现了通带的压缩。图 5.45 给出了膜系 $G|(LH)^4|A$ 和 $G|(1.5L0.5H)^4|A$ 光谱曲线，其中 $n_H=2.1$，$n_L=1.35$，$\lambda_0=1\,500$ nm，$n_g=1.52$。膜系 $G|(1.5L0.5H)^4|A$ 在 $\lambda_0/2=750$ nm 处出现反射峰，滤光片通带得到了压缩。

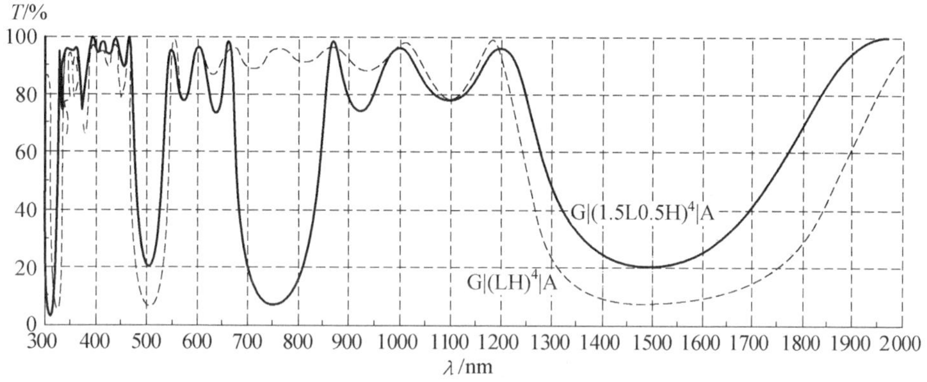

图 5.45　膜系 $G|(LH)^4|A$ 和 $G|(1.5L0.5H)^4|A$ 的光谱曲线

2. 通带展宽

以(HL)为基本周期的膜系，当 $\alpha_1=1$，$\alpha_2=1$ 时两个反射峰的间距在两层膜基本周期膜系中最远，即 $g=1,3,5,\cdots$，如果要求产生反射峰的间距更大，那么就要采用多层膜的组合，使 $|t|=1$ 成立，从而去除不需要的反射峰。假定对称周期是一个包含三种膜料的五层结构 ABCBA，如果 A、B 膜层是 C 介质的减反射膜，那么 $|t|=1$ 就实现了。减反射膜的特性矩阵是

$$\begin{bmatrix}B\\C\end{bmatrix}=\begin{bmatrix}\cos\delta_A & \mathrm{i}\sin\delta_A/\eta_A\\ \mathrm{i}\eta_A\sin\delta_A & \cos\delta_A\end{bmatrix}\begin{bmatrix}\cos\delta_B & \mathrm{i}\sin\delta_B/\eta_B\\ \mathrm{i}\eta_B\sin\delta_B & \cos\delta_B\end{bmatrix}\begin{bmatrix}1\\ \eta_C\end{bmatrix}$$

假定 A、B 膜层的厚度相同，即 $\delta_A=\delta_B$，由反射率为零的条件可推得

$$\tan^2\delta_A=\frac{\eta_A\eta_B-\eta_C^2}{\eta_B^2-(\eta_A\eta_C^2/\eta_B)}\tag{5.56}$$

方程(5.56) 给出的两个解 δ_A 和($\pi-\delta_A$) 都是可能的,指定 δ_A 相应于 λ_1,而($\pi-\delta_A$) 相应于 λ_2,这里的 λ_1 和 λ_2 是欲抑制高反射峰的两个波长。

$$\delta_A=\frac{2\pi}{\lambda_1}(n_A d_A\cos\theta_A) \tag{5.57}$$

$$\pi-\delta_A=\frac{2\pi}{\lambda_2}(n_A d_A\cos\theta_A) \tag{5.58}$$

由此得出

$$\delta_A=\frac{\pi}{1+\lambda_1/\lambda_2} \tag{5.59}$$

代入式(5.56) 可得

$$\tan^2\frac{\pi}{1+\lambda_1/\lambda_2}=\frac{\eta_A\eta_B-\eta_C^2}{\eta_B^2-\eta_A\eta_C^2/\eta_B} \tag{5.60}$$

式(5.60) 表征 A、B、C 膜层折射率之间的函数关系,给定两种膜料的折射率可以求出第三种膜料的折射率。基本周期中还有 C 层膜的厚度没有确定。由式(5.59) 可知 A、B 膜的有效光学厚度为

$$\frac{\lambda_1\lambda_2}{2(\lambda_1+\lambda_2)} \tag{5.61}$$

同时应注意到,基本周期的总光学厚应为 $\lambda_0/2$,λ_0 为第一级次高反射带的中心波长。据此 C 层膜的有效厚度应为

$$\frac{\lambda_0}{2}-\frac{2\lambda_1\lambda_2}{\lambda_1+\lambda_2} \tag{5.62}$$

例如:希望 λ_0 处出现高反射峰,而在 $\lambda_0/2$、$\lambda_0/3$ 处抑制高反射带,则 $\lambda_1=\lambda_0/2$,$\lambda_2=\lambda_0/3$,由式(5.61)、(5.62) 得

$$n_A d_A=n_B d_B=\frac{\lambda_0}{10},\quad n_C d_C=\frac{\lambda_0}{10}$$

选取 $\eta_A=1.38$,$\eta_B=1.90$,则根据式(5.60) 可以求得 $\eta_C\approx2.32$。当 $\lambda_0=1.06\ \mu m$ 时,膜系 G | $(ABCBA)^7$ | A_0 的光谱曲线如图 5.46 所示,图中可看到高级次反射带出现在 0.265 μm 处。

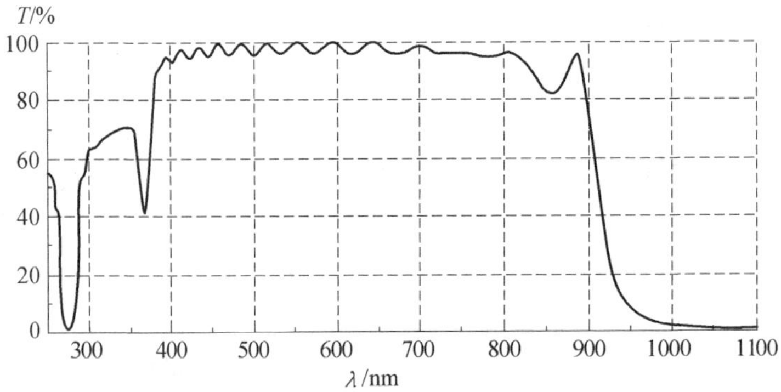

图 5.46　膜系 G | $(ABCBA)^7$ | A_0 的光谱曲线

此外，当滤光片截止宽度不能满足使用要求时，可以把两个或多个干涉截止滤光片的截止带连接起来，以获得宽的截止区域。

5.5 带通滤光片

光谱特性曲线的透射带两侧为截止区的滤光片称为带通滤光片。带通滤光片是一类重要的光学薄膜元件，它在化学、光谱学、激光、天文物理、光纤通信、生物学等领域得到了广泛应用。用光波干涉原理制备的带通滤光片的光谱曲线如图 5.47 所示，图中波长 λ_0 附近光谱透射区称为滤光片的通带，通常两侧是截止区，而且截止区的周围可能存在旁通带，通常需要用有色玻璃、吸收膜或截止滤光片来消除旁通带。

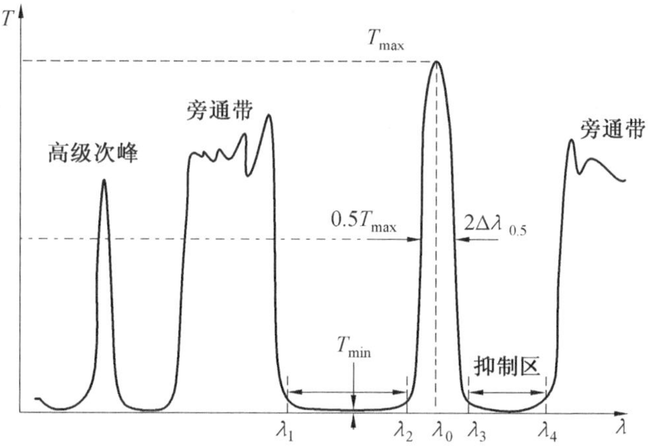

图 5.47　干涉滤光片的光谱特性

带通滤光片的主要特性参数有：

①λ_0：中心波长，也称为峰值波长；

②T_{max}：λ_0 处透射率；

③$2\Delta\lambda_{0.5}$：半宽度，它是透射峰为峰值一半处通带的波长宽度；

④$2\Delta\lambda_{0.1}$：十进宽度，它是透射峰为峰值 10% 处通带的波长宽度；

⑤$2\Delta\lambda_{0.1}/2\Delta\lambda_{0.5}$：波形系数，它表征了通带矩形化程度；

⑥$2\Delta\lambda_{0.5}/\lambda_0$：相对半宽度，有时记为 HW；

⑦T_{min}：抑制带最小透射率，即背景透射率；

⑧T_{min}/T_{max}：抑制率；

⑨$\lambda_3 \sim \lambda_4$：长波截止范围；

⑩$\lambda_1 \sim \lambda_2$：短波截止范围。

根据光谱特性可以将带通滤光片分为：窄带滤光片和宽带滤光片，但这种划分没有明确的界限，通常把相对半宽度不小于 20% 的滤光片称为宽带滤光片。

5.5.1 宽带滤光片

宽带滤光片通常可以用短波通和长波通滤光片组合而成。考虑到膜层吸收特性，某些短波通或长波通滤光片其本身就可以当作宽带滤光片。截止滤光片膜系可以镀在不同的基片上，若干不同截止波长的截止滤光片可组成一套具有不同半宽度和峰值波长的宽带滤光片，一般情况下，这样组成的宽带滤光片，不适用于成像系统，因为膜系之间的多次反射可能会造成鬼像。为了消除鬼像，必须把整个薄膜滤光片都镀在基底的同一侧，最有效的设计方法仍然是采用对称周期膜系。

采用对称周期膜系时，可用等效单层膜来表示短波通膜系和长波通膜系，这样有三个需要匹配的界面，假如用 A 和 B 表示两个等效膜，其中 B 靠近基片，则在基片和 B，B 和 A 以及 A 和入射介质之间都需要考虑匹配膜层，用简单的 $\lambda/4$ 膜层来匹配，一般能满足要求。

某些多半波滤光片膜系（即含有多个半波层的膜系）也可以构成宽带滤光片，例如全介质四半波滤光片：1.0 | H2LHLH2LHLH2LHLH2LHLH | 1.52，其中 $n_H = 2.35$，$n_L = 1.38$，$\lambda_0 = 500$ nm，其相对半宽度 $2\Delta\lambda_{0.5}/\lambda_0 = 0.20$，光谱曲线如图 5.48 所示。

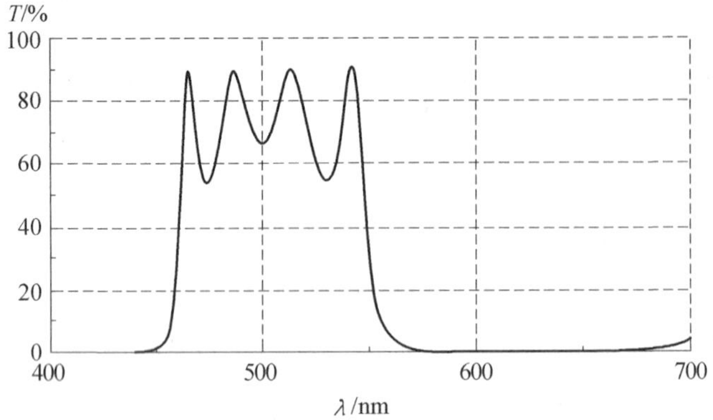

图 5.48　介质四半波滤光片光谱曲线

此外，把按势透过率原理设计的多重诱导滤光片当作宽通带滤光片时，长波段内无次峰。图 5.49 中给出了两个设计实例的光谱曲线。图中曲线 a 的膜系是：1.52 | H 1.75LAg 1.5LAg1.75LH | 1.52，$\lambda_0 = 500$ nm。曲线 b 的膜系是：1.52 | H1.775LAg 1.55LAg 1.775LH | 1.52，$\lambda_0 = 600$ nm。曲线 a 和 b 中银膜厚度为 30 nm，膜层折射率均为 $n_H = 2.38$，$n_L = 1.35$。

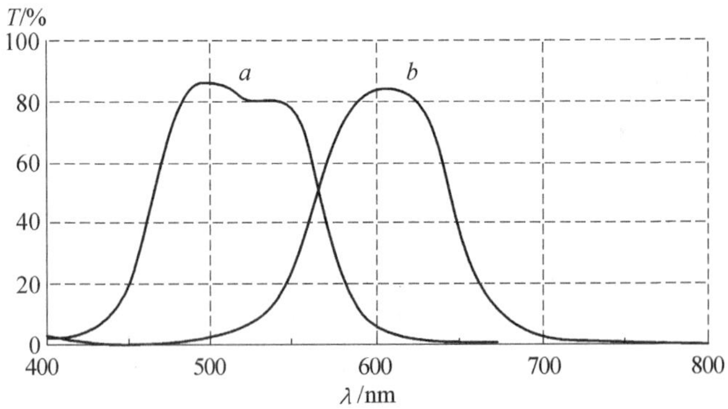

图 5.49　双重诱导透过率滤光片的光谱曲线

5.5.2 窄带滤光片

以长波通与短波通滤光片来合成窄带滤光片在工艺上非常困难,因为制膜时截止波长、中心波长和半宽度都很难控制,所以通常以法布里 - 珀珞干涉仪(简称F - P干涉仪或F - P 标准具) 来设计窄带滤光片,其设计原理与其他膜系完全不同。

根据物理光学的有关知识,F - P 干涉仪由两块高反射率,间隔为 d 的平行反射板组成,如图 5. 50 所示,如果用介质层来代替平行反射板之间的空气层,在介质层两侧镀制高反射膜层,就可得到具有 F - P 干涉仪光谱性质的膜系。

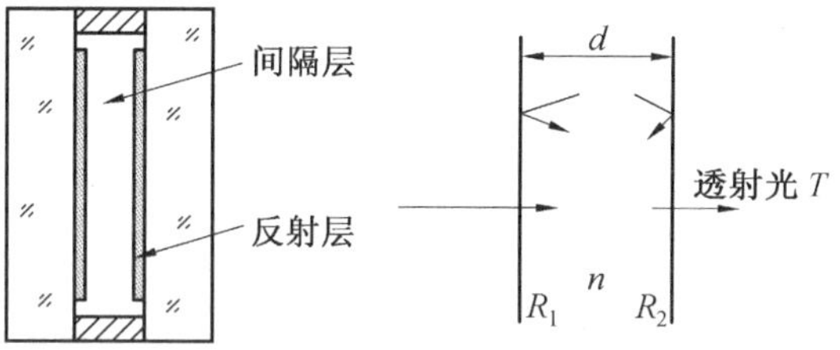

图 5. 50 法布里 - 珀珞干涉仪原理图

根据多光束干涉理论,通过 F - P 标准具的透过率为

$$T = \frac{(1 - R_1)(1 - R_2)}{(1 - \sqrt{R_1 R_2})^2} \frac{1}{1 + \frac{4\sqrt{R_1 R_2}}{(1 - \sqrt{R_1 R_2})^2} \sin^2 \frac{1}{2}(\varphi_1 + \varphi_2 - 2\delta)} \tag{5.63}$$

式中,R_1 和 R_2 为两反射膜的反射率;φ_1 和 φ_2 为反射膜的反射相移;$\delta = 2\pi nd/\lambda$ 为间隔层相位厚度。

令 $T_0 = \frac{(1 - R_1)(1 - R_2)}{(1 - \sqrt{R_1 R_2})^2}, \theta = \frac{1}{2}(\varphi_1 + \varphi_2 - 2\delta), F = \frac{4\sqrt{R_1 R_2}}{(1 - \sqrt{R_1 R_2})^2}$,可得

$$T = \frac{T_0}{1 + F \sin^2\theta} \tag{5.64}$$

式(5. 64) 的特点是相位关系和振幅关系可以分别研究,$T_0(\lambda)$ 和 $F(\lambda)$ 只决定于两个反射膜系的反射率,而因子$\sin^2\theta$ 仅取决于两个反射膜系的反射相移和间隔层厚度。

1. 基于 F - P 干涉仪的带通滤光片的基本性质

(1) 中心波长的位置

透射率极大值的位置,即中心波长由下式确定

$$\theta_0 = \frac{1}{2}\left(\varphi_1 + \varphi_2 - 2\frac{2\pi}{\lambda_0}nd\right) = -k\pi \quad (k = 0,1,2,\cdots)$$

求解上式可得

$$\lambda_0 = \frac{2nd}{k + \left[\frac{(\varphi_1 + \varphi_2)}{2\pi}\right]} = \frac{2nd}{m} \tag{5.65}$$

式中,$m = k + (\varphi_1 + \varphi_2)/2\pi$。

由式(5. 65) 不难看出,随着 m 值的增加,在短波方向可能出现多个峰值透过率波长,

称它们为高级次峰,称 m 为干涉级次。由于高级次透射峰出现在短波方向,在多数应用情况下需要采用长波通滤光片对其进行抑制或消除。

(2) 滤光片的半宽度 $2\Delta\lambda$

窄带滤光片的半宽度是在峰值透射率 1/2 处测得的通带宽度,根据式(5.65) 有

$$\frac{1}{2}T_0 = T_0/[1 + F\sin^2(\theta_0 + \Delta\theta)]$$

$$\sin(\theta_0 + \Delta\theta) = 1/\sqrt{F}$$

由于在峰值透射率处

$$\theta_0 = -k\pi$$

因而

$$\sin\Delta\theta = 1/\sqrt{F}$$

$$\Delta\theta = \sin^{-1}(1/\sqrt{F}) \tag{5.66}$$

又因为

$$\Delta\theta = \left.\frac{\partial\theta}{\partial\lambda}\right|_{\lambda=\lambda_0} \cdot \Delta\lambda = \left.\frac{\partial\left[\frac{1}{2}\left(\varphi_1 + \varphi_2 - 2\frac{2\pi}{\lambda}nd\right)\right]}{\partial\lambda}\right|_{\lambda=\lambda_0} \cdot \Delta\lambda \tag{5.67}$$

由于考虑的是窄带滤光片,所以可以假定 φ_1、φ_2 在通带波长范围内是常数,则

$$\Delta\theta \approx \frac{\delta_0}{\lambda_0}\Delta\lambda = \frac{m\pi}{\lambda_0} \cdot \Delta\lambda \tag{5.68}$$

根据式(5.68) 与式(5.66) 可得

$$2\Delta\lambda \approx \frac{2\lambda_0}{m\pi}\sin^{-1}\frac{1}{\sqrt{F}} = \frac{2\lambda_0}{m\pi}\sin^{-1}\left(\frac{1-\bar{R}}{2\sqrt{\bar{R}}}\right) \tag{5.69}$$

式中,$\bar{R} = \sqrt{R_1R_2}$,将式(5.69) 写成相对半宽度的表达式为

$$\frac{2\Delta\lambda}{\lambda_0} = \frac{2}{m\pi}\sin^{-1}\left(\frac{1-\bar{R}}{2\sqrt{\bar{R}}}\right) \tag{5.70}$$

由式(5.70) 可知窄带滤光片的通带相对半宽度决定于干涉级次和反射膜的反射率。反射率越高,干涉级次越高,半宽度越小,透射光的单色性越好。

在把式(5.67) 变为式(5.68) 时所忽略的 $\partial\varphi/\partial\lambda$ 称为滤光片反射板的相位色散,一般来讲它不是一个常数,而是与组成反射板材料的折射率有关,同时还与间隔层的折射率和干涉级次有关,它的具体表达式可以由矩阵法求出。由于 $\partial\varphi/\partial\lambda$ 所处的位置与 m 是一致的,所以它与干涉级次一样,都可以起到压缩带宽的作用。

(3) 截止深度

由式(5.64) 可知,当满足 $\sin^2\theta = 1$ 时,T 获得最小透射率,也即截止深度

$$T_{\min} = T_0/(1 + F)$$

不难看出,随着 R_1 与 R_2 的提高,F 值迅速提高,$T_{\min}$ 的值进一步减小,说明截止深度变深。

(4) 膜层吸收与散射损耗对窄带滤光片峰值透射率的影响

窄带滤光片中心波长的峰值透射率为

$$T_{max} = T_0 = \frac{T_1 T_2}{(1 - \sqrt{R_1 R_2})^2} \tag{5.71}$$

当膜层忽略了吸收、散射损失，而且反射膜是对称时，即 $R_1 = R_2$，$T_1 = T_2 = 1 - R_1 = 1 - R_2$，$T_{max} = 1$。说明滤光片的峰值透射率与基片自身的透射率一样高，如果认为反射膜是有吸收和散射损失的，假定反射膜仍是完全对称的，用 R_{12}、T_{12} 和 A_{12} 分别表示两反射膜的反射率、透射率和吸收散射损失。由于 $R_{12} + T_{12} + A_{12} = 1$，故峰值透射率可以写成

$$T_{max} = \frac{T_{12}^2}{(1 - R_{12})^2} = \frac{T_{12}^2}{(T_{12} + A_{12})^2} = \frac{1}{(1 + A_{12}/T_{12})^2} \tag{5.72}$$

分析式(5.72)可知，当存在吸收、散射时，反射膜的透射率越低，吸收散射越大，A_{12}/T_{12} 因子越大，则峰值透射率 T_{max} 就越低。

例如，对于 F－P 滤光片，若 $T_{12} = 0.012$，$A_{12} = 0.005$，则 $T_{max} = 50\%$，如果 $A_{12} = 0.01$，则 T_{max} 降至 30% 左右，这说明 F－P 滤光片性能对膜层的吸收和散射极其敏感。

膜层的吸收和散射对滤光片性能的影响是全面的，它不但会降低峰值透射率，还会增加滤光片的半宽度，影响峰值波长的位置。如果需要进一步考虑膜层(包含间隔层)吸收和散射对滤光片的影响，进一步分析每一层膜中吸收和散射的分布，最直接的方法是通过计算机的数值计算给出定量的分析。

2. 常见的 F－P 型窄带滤光片

(1) 金属介质型 F－P 窄带滤光片

金属介质型 F－P 窄带滤光片的制备通常是在基片上镀一层金属反射膜，再镀一层介质间隔层，接着再镀一层金属反射膜。对于金属膜由于 φ_1 和 φ_2 不能忽略，因此

$$\delta = m\pi - \frac{\varphi_1 + \varphi_2}{2} = \frac{2\pi}{\lambda_0} nd \tag{5.73}$$

$$nd = \frac{m\lambda_0}{2} - \frac{\lambda_0}{4\pi}(\varphi_1 + \varphi_2) \tag{5.74}$$

可见金属介质滤光片间隔层的厚度不是 $\lambda_0/2$ 的整数倍，而是要减去去除量，该去除量由金属膜的复折射率所造成的反射相移决定。

由于金属膜一般都有较强的吸收，由式(5.72)可知，吸收会使滤光片的峰值透射率下降，所以金属介质的 F－P 型干涉滤光片不可能有较高的透射率，一般在 30%～40% 之间。图 5.51 给出了一个典型的金属介质型的 F－P 窄带干涉滤光片的设计及光谱特性，图中膜系为 G | 50Ag1.43L50Ag | G，$n_g = 1.52$，$\lambda_0 = 500$ nm，$n_L = 1.35$。

为了提高透射率可以在金属层的外侧设计一定厚度的介质膜层。在图 5.51 中可以看到对于 $m = 1$ 的一级次金属介质 F－P 型干涉滤光片，其长波端没有次峰，其截止限可以延伸到远红外或者更远。提高干涉级次可以减小通带宽度，但主峰的长波侧会出现低级次的透射峰，如取 $m = 3$，$\lambda_0 = 500$ nm，则会在 $\lambda = 750$ nm 和 $\lambda = 1\,520$ nm 处出现 $m = 2$，$m = 1$ 时的透射峰，长波次峰的截止较困难，主要是缺少截止长波区的吸收型短波通滤光片。

提高反射膜的反射率也可以压缩带宽，增加金属膜的反射率可以通过在其上加镀介质膜来实现，此时膜系可以写成 G | MLH2LHLM | G，但对于这种吸收较大的金属介质滤

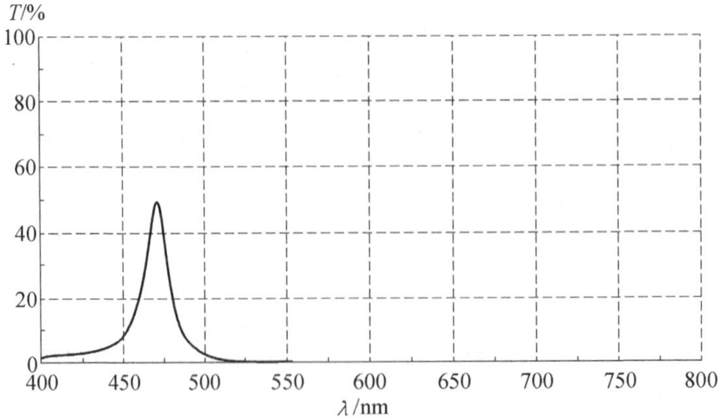

G | 50Ag1.43L50Ag | G, n_g = 1.52, λ_0 = 500 nm, n_L = 1.35

图 5.51 金属介质型滤光片的光谱特性

光片而言，这一措施会受到较大的限制，这是由于此种滤光片的峰值透射率 T_{max} 与半宽度 $2\Delta\lambda$ 是相互制约的，T_{max} 反比于 A/T，提高金属膜的反射率，也就降低了其透射率，引起 A/T 增加，从而导致 T_{max} 降低，也就是说，此法压缩带宽是以牺牲峰值透射率为代价的。同时如果把两个金属膜之间的介质膜都看成滤光片的间隔层，其总光学厚度 $\sum nd = 3 \times \lambda_0/2$，那么在 λ_0 的长波侧会出现低级次的次峰，图 5.52 给出一种典型的窄带金属介质型滤光片的光谱曲线。

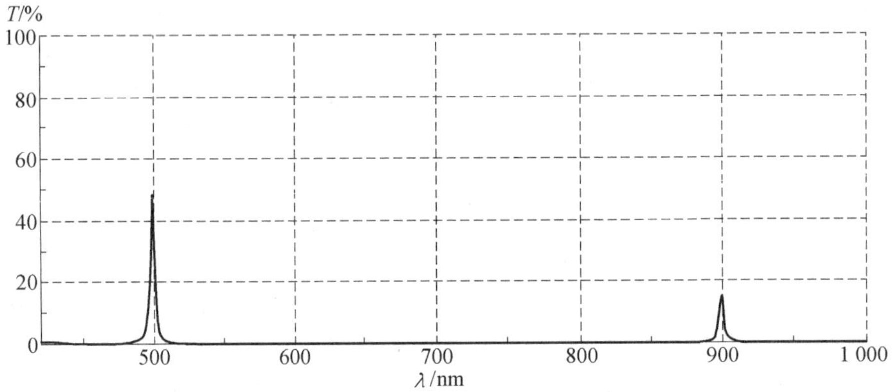

G | 50AgLH1.8LHL50Ag | G, n_g = 1.52, λ_0 = 500 nm, n_H = 2.38, n_L = 1.35

图 5.52 窄带金属介质型滤光片的光谱特性

膜料选取上，在可见区和近红外区银和冰晶石可能是最好的组合；在紫外区，最好的组合则是铝和氟化镁或冰晶石。在制备技术上也不算困难，需要较快的沉积速度，基片不需加热，而且镀制后应尽快用玻璃胶合给以保护。

(2) 全介质 F－P 窄带滤光片

金属膜的吸收限制了滤光片性能的提高，若用介质高反射膜系代替金属膜层就可制成全介质的 F－P 窄带干涉滤光片，可大大提高滤光片的性能。介质反射膜系常用的结构

可表示为

$$G \mid (HL)^s 2H (LH)^s \mid G, \quad G \mid (HL)^s H2LH (LH)^s \mid G$$

对于全介质膜系结构,可以忽略吸收,滤光片的半宽度可用式(5.69)计算。但是这种计算很不直观,当两个反射膜对称,而且反射膜的反射率足够高时,经过适当的近似,计算全介质滤光片半宽度的公式可以用膜系结构参数直接表达,对高折射率间隔层

$$2\Delta\lambda = \frac{4\lambda_0 n_L^{2x} n_g}{m\pi n_H^{2x+1}} \cdot \frac{n_H - n_L}{n_H - n_L + \frac{n_L}{m}} \tag{5.75}$$

对低折射率间隔层

$$2\Delta\lambda = \frac{4\lambda_0 n_L^{2x-1} n_g}{m\pi n_H^{2x}} \cdot \frac{n_H - n_L}{n_H - n_L + \frac{n_L}{m}} \tag{5.76}$$

其中,x 为膜系中不包括间隔层在内的每个反射膜的高反射率膜层的总数;m 为干涉级次。分析式(5.75)和式(5.76)可以得出以下结论:

① 提高干涉级次可以压缩滤光片的半宽度,对应于 $m = 1,2,3,\cdots$,半宽度分别是 $2\Delta\lambda, \Delta\lambda, 2/3\Delta\lambda\cdots$。

② 因为$(n_L/n_H) < 1$,所以在同样层数的情况下采用折射率差值大的组合,可以压缩带宽。

③ 全介质滤光片的反射膜系,每增一个基本周期(加一对 n_H, n_L 膜),可压缩带宽$(n_L/n_H)^2$,当 $n_L = 1.35, n_H = 2.35$ 时,$(n_L/n_H)^2 = 0.33$,也就是说反射膜系每增加一个基本周期,可以使半宽度压缩到原来的1/3。

④ 式(5.75)和式(5.76)中的$(n_H - n_L)/(n_H - n_L + n_L/m)$称为半宽度的相位压缩因子。对于常用的 $n_L = 1.35$(冰晶石),$n_H = 2.35$(硫化锌)组合,这个压缩因子大约为0.43($m = 1$)。对于更高级次滤光片,这个影响可能会小一些。两种膜料的折射率越接近,相位色散压缩带宽的作用就越大。因此可在窄带滤光片间隔层的两侧用折射率相近的两种膜料设计相位色散层压缩带宽,制备相位色散超窄带滤光片。虽然相位色散可以起到压缩带宽的作用,但过于强烈的相位色散会带来伪透射率峰值,当 φ_1 和 φ_2 在反射镜的截止带中变化 $\pm\pi$,或 $\pm\pi$ 的整数倍时,就会出现一些伪透射率峰值。

⑤ 为描述 F-P 窄带干涉滤光片通带的形状,有时除了半宽度以外还引入其他的带宽参数,如90%峰值透射率处的带宽,10%峰值透射率的带宽以及1%峰值透射率的带宽。对于 F-P 滤光片,如果认为在通带内来自反射膜堆的相位变化是常数,那么上述带宽分别是$(1/3) \times 2\Delta\lambda$、$3 \times 2\Delta\lambda$ 以及 $10 \times 2\Delta\lambda$,这说明这种滤光片的通带形状不好,呈三角形,通带内有接近一半的能量在半宽度区域之外。

⑥F-P 窄带干涉滤光片的半宽度与截止深度相关,根据本节前面的论述,其截止深度和半宽度分别为

$$T_{min} = T_0/(1 + F), 2\Delta\lambda = \frac{2\lambda_0}{m\pi}\sin^{-1}\frac{1}{\sqrt{F}} \approx \frac{2\lambda_0}{m\pi}\frac{1}{\sqrt{F}} (F\text{ 值很大时})$$

不难看出,当 F 值很大时,抑制深度 T_{min} 和 $2\Delta\lambda$ 都很小;减小 F 值,$2\Delta\lambda$ 变宽了,抑制深度

也随之变大了，正是由于这种滤光片的半宽度和抑制深度的不可独立调整性，使得不可能应用单个 F－P 结构制备出宽带宽、深抑制的矩形通带滤光片。

图 5.53 给出了一个典型的全介质 F－P 窄带干涉滤光片的光谱特性曲线，膜系为 $G|(HL)^4 2H(LH)^4|G$，$n_g=1.52$，$\lambda_0=510\ nm$，$n_H=2.38$，$n_L=1.35$。由于 $\lambda/4$ 介质反射膜系的带宽有限，在膜系主峰的两侧会出现旁通带，为了消除旁通带，需要附加修饰滤光片。某些修饰滤光片会降低主峰的透射率，特别是对于红外和紫外波段的滤光片，加修饰滤光片以后，峰值透射率损失 30%～40% 是常见的现象。

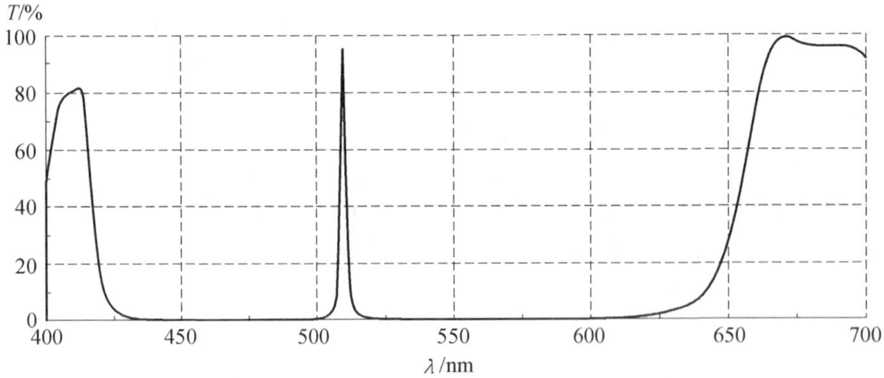

$G|(HL)^4 2H(LH)^4|G$，$n_g=1.52$，$\lambda_0=510\ nm$，$n_H=2.38$，$n_L=1.35$

图 5.53　全介质滤光片的光谱特性

根据前面的论述，现将金属介质型和全介质型 F－P 滤光片的特性比较列于表 5.8。

表 5.8　金属介质型和全介质型 F－P 滤光片的特性比较

窄带滤光片类型	金属介质型	全介质型
中心透射率	较低	很高
半宽度	较宽（一般 $2\Delta\lambda/\lambda>0.02$），且难以和中心透射率同时改善	很窄，且不影响中心透射率
旁通带	很少存在	存在，需加修饰滤光片
制备工艺	较简单	相对复杂

5.5.3　矩形多半波带通滤光片

根据 5.5.2 节对简单 F－P 滤光片的研究，不难发现它存在以下三方面的缺点：

(1) F－P 滤光片的通带呈三角形，此类型滤光片透射能量的一半左右在半宽度波带外面，而理想窄带滤光片的通带形状是矩形或接近于矩形。

(2) 峰值透射率对于间隔层两侧反射膜系的吸收、散射损耗非常敏感，在膜层吸收一定时，压缩通带宽度是以降低峰值透射率为代价。

(3) 滤光片的背景抑制不深，滤光片的背景抑制用最小透射率 T_{min} 来度量，当 $\sin^2\theta=1$，$R_1=R_2$ 时，由式(5.64)可得

$$T_{min}=1/(1+F) \tag{5.77}$$

式(5.77)表明,只有F很大时才能将背景抑制得深,而F数值大意味着反射膜的反射率R很大,透过率T很小,根据5.5.2节的分析可知,由于膜层吸收和散射的限制,反射膜的透过率T不可能很小,这样吸收、散射损耗同样也限制了T_{min}不可能很小。因此,F－P型干涉滤光片不可能制备出窄带宽、高透射并且深抑制的滤光片。

人们从耦合多个调谐电路那里受到启发,发现耦合电路的合成曲线比单个电路曲线更加接近于矩形(理想的滤波波形)。对滤光片的研究也有类似的结论,如果把两个或更多的滤光片串置起来,中间用耦合层连接,也可以得到通带接近矩形的滤光片。这样构成的滤光片包含多个半波层(或称为“腔”),习惯上根据滤光片膜系中有几个半波层,相应称为几半波滤光片。图5.54表示双半波滤光片的光谱曲线,它是由两个简单的F－P滤光片串起来组成,中间插入一个$\lambda/4$层作为耦合层。两个F－P滤光片可以由不同层数的膜系构成。

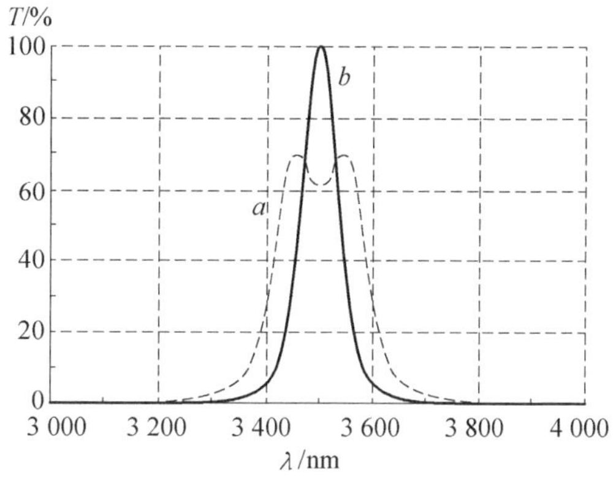

图5.54　双半波滤光片的光谱特性

如果滤光片两层介质不对称,例如一侧是基片,另一侧是空气,那么滤光片的结构还应考虑与两侧介质的匹配问题,对于高折射率基片(如锗$n_g=4.38$,硅$n_g=3.5$),介质匹配是必须进行的,例如一个锗基片上的双半波滤光片,膜系为

$$G\mid LHLLHLHLHLLHLH\mid A$$

膜系中,$n_g=4.38$,$n_A=1.0$,$n_H=4.38$,$n_L=2.2$,$\lambda_0=3.5\ \mu m$。应用半波层是虚设层的概念,对λ_0波长消去所有的虚设层后,上述膜系的光学性能与膜系GA相同,因此$T_{max}=70\%$,这是锗基片没有匹配减反膜的透射率,其光谱曲线如图5.54中的曲线a所示。考虑到基片在空气中的匹配问题,膜系改成

$$G\mid LHLLHLHLHLHLLHLH\mid A$$

再应用半波层是虚设层,对λ_0波长消去所有的虚设层,膜系的光学性能与G｜HL｜A相同,由于H层的材料与基板相同,所以上述膜系可简化为G｜L｜A,L层是$\lambda_0/4$厚的ZnS膜($n_L=2.2$),它是锗基片的减反膜,所以在λ_0处将有很高的透射率,$T_{max}=99\%$,其光谱曲线如图5.54中的曲线b所示。

当然串置的F－P滤光片不一定是一样的,选择的间隔层也不一定相同,这时的多半波滤光片称为混合多半波滤光片,通过调整单个F－P的形式,可以改变混合多半波滤光片的半宽度和通带波纹。在半波数较多且通带宽度较宽时,通带波纹是一个不容忽视的问题,需要复杂的设计来消除。

5.6　光波斜入射对膜系的影响

当入射光为斜入射时,前面讨论的各种膜系的中心波长会向短波方向漂移,甚至会出现膜系光谱特性曲线变形的现象。这是因为在入射角θ_0不是很大时,可以忽略膜层导纳

的变化，只考虑膜层光学厚度的变化，即膜厚由 Nd 变为 $Nd\cos\theta$，亦即膜系的光学特性向短波方向偏移。但当 θ_0 大一些时，膜层的导纳也要发生变化，导致S偏振光和P偏振光的光学特性有所差异，于是整个滤光片光谱曲线的形状发生了变化。本节将讨论斜入射时薄膜导纳的变化特性及其应用。

5.6.1 斜入射时薄膜导纳修正

在第1.2节中，在光波斜入射到界面时，对S偏振光和P偏振光分别定义了相应的修正光学导纳，对纯介电质膜

$$\delta = 2\pi nd\cos\theta/\lambda$$

$$\eta_S = n\cos\theta$$

$$\eta_P = \frac{n}{\cos\theta}$$

其中，n 为相应膜层的折射率；θ 则为相应膜层中光线的折射角。对于入射介质与基板的导纳而言，也要用上述公式做修正。

对吸收膜

$$\delta = 2\pi d\,(n^2 - k^2 - n_0{}^2\sin^2\theta_0 - \mathrm{i}2nk)^{1/2}/\lambda$$

$$\eta_S = (n^2 - k^2 - n_0{}^2\sin^2\theta_0 - \mathrm{i}2nk)^{1/2}$$

$$\eta_P = N^2/\eta_S$$

式中，θ_0 为光线入射角；n_0 为入射介质导纳；$N = n - \mathrm{i}k$ 为吸收膜导纳。注意，当吸收膜系为良好金属时，有：$k \gg n$，则 $\eta_S \approx \eta_P \approx n - \mathrm{i}k$，亦即与正入射时一样。

为分析方便起见，将入射面的折射率保持和正向入射时一样，即不论S偏振光或P偏振光都是 n_0，如此导纳图中的等反射率曲线及等相位曲线可以不用更改。故将上述导纳公式分别修正为

纯介电质膜

$$\eta_S = n\cos\theta/\cos\theta_0$$

$$\eta_P = n\cos\theta_0/\cos\theta$$

吸收膜

$$\eta_S = \frac{\sqrt{n^2 - k^2 - n_0^2\sin^2\theta_0 - \mathrm{i}2nk}}{\cos\theta_0}$$

将上述结论整理，见表5.9。

表5.9　光斜入射时的修正导纳

$\theta_0 = 0$	$\theta_0 \neq 0$，纯介电质		$\theta_0 \neq 0$，良好金属	
	S－偏振光	P－偏振光	S－偏振光	P－偏振光
入射面 n_0	n_0	n_0	n_0	n_0
膜 n	$n\cos\theta/\cos\theta_0$	$n\cos\theta_0/\cos\theta$	$(n-\mathrm{i}k)/\cos\theta_0$	$(n-\mathrm{i}k)\cos\theta_0$
基板 n_g	$n_g\cos\theta_g/\cos\theta_0$	$n_g\cos\theta_0/\cos\theta_g$	$n_g\cos\theta_g/\cos\theta_0$	$n_g\cos\theta_0/\cos\theta_g$

下面以介质膜为例，分入射介质为低折射率和高折射率两种情况，对膜层导纳随入射角变化的情形做简要分析。

5.6.2 斜入射时薄膜导纳特性及其应用讨论

（1）入射介质为低折射率

设入射面为空气，即 $n_0 = 1$，则依表5.9可画出膜层导纳随入射角变化的情形，如图5.55所示。由图我们可以看出几点特性：

①S偏振光的光学导纳随入射角的增大而增大，P偏振光的光学导纳随入射角的增大而减小。S偏振光的反射率随入射角的增大而上升；P偏振光的反射率首先随入射角的增大而下降，当其光学导纳减小到与 $n_0 = 1$ 相交时，$R_P = 0$，此时 $\theta = \theta_B$（Brewster角），当 $\theta > \theta_B$ 后，反射率随入射角的增大而上升。

②S偏振光的（η_H/η_L）比值随入射角的增大而增大，P偏振光的（η_H/η_L）比值随入射角的增大而减小。S偏振光的 $\lambda_0/4$ 膜系的高反射区增宽了，而P偏振光的高反射区变窄了，这正是平板偏振分光镜的原理。

③ 由于 η_P 与 η_S 随 θ 的增大而不同，这表示两偏振光的反射相位不同。因此可利用这一特点来作相位片。

（2）入射介质为高折射率

设入射介质的折射率为 $n_0 = 1.52$，则依表5.9可画出光学导纳随入射角变化的情形，如图5.56所示。有以下几点需要注意：

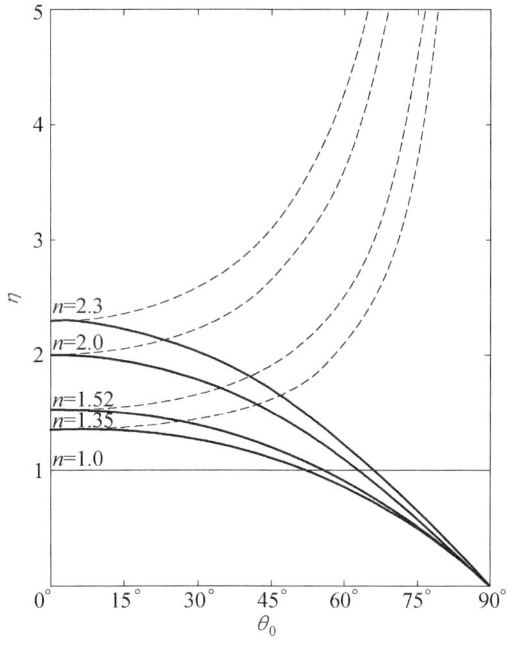

图5.55 $n_0 = 1$ 的修正后的光学导纳（实线为 η_P，虚线为 η_S）

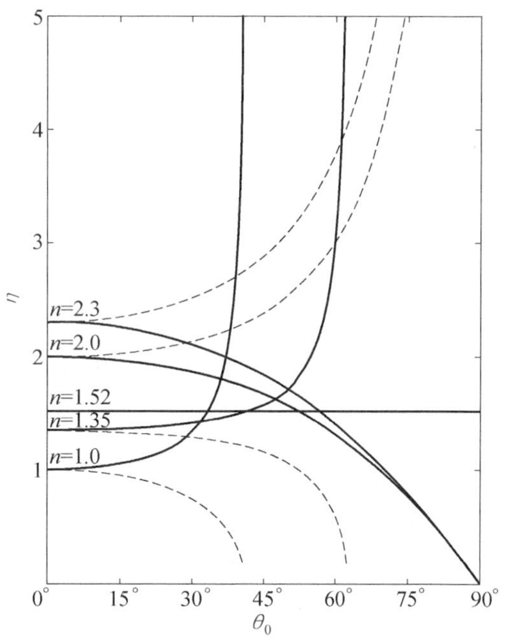

图5.56 $n_0 = 1.52$ 的修正后的光学导纳（实线为 η_P，虚线为 η_S）

① 当 n 小于 $n_0 = 1.52$ 时，有临界角（θ_c）现象，此时S偏振光的光学导纳为零，而P偏振光的光学导纳趋近于无穷大，二者的反射率皆为100%。

② 对P偏振光，$\eta_P > 1.52$ 时随 θ 增大而下降，而 $\eta_P < 1.52$ 时随 θ 增大而上升，两者都有可能与 $n_0 = 1.52$ 相交，反射率为零，$\theta_0 = \theta_B$，而S偏振光没有这种现象。

③ 对P偏振光来说，在某一角度 $\eta_H = \eta_L$，若取此二高低折射率膜层组成的 $\lambda_0/4$ 膜系，则对P偏振光来说反射率不会很大，甚至可为零($\theta_0 = \theta_B$ 时)。而S偏振光其 η_H/η_L 很大，所以反射率很高。这种特性可以用来做棱镜偏振分光镜，此种偏振分光镜的可用波段范围比平板偏振分光镜的要宽很多。

5.7　光学薄膜设计范例

利用两种以上的光学薄膜材料可以设计各式各样的光学薄膜。本节举例说明设计过程中应当注意哪些方面，原则上使用两种材料最好，不得已才用三种或四种材料来设计光学薄膜。

当收到用户的光学技术指标要求和非光学技术指标要求(如环境测试要求)时，即可着手选用所需的基板、膜层材料和薄膜的层数与厚度设计。薄膜的设计一般可以从标准膜系开始着手，例如高反射镜不管波带宽度大小，一定以1/4波长膜系为基础去设计；若是截止滤光片，则以等效膜系为基础去设计；其他如减反膜、带通滤光片等都可由本书前面所述的理论做初始设计。当初始设计无法满足用户的技术要求时，可以利用薄膜设计软件来优化或合成。

下面是一种冷光镜的设计过程。

1. 技术指标和参数

(1) 半功率点波长允差：截止波长：750 nm ±30 nm。

(2) 平均透过率：波长在770 ~ 1 200 nm，$T_{ave} > 95\%$。

(3) 平均反射率：波长在400 ~ 700 nm，$R_{ave} > 98\%$

(4) 透射带波纹深度：$0.1T_p$(T_p 为峰值透过率)。

2. 选定初始膜系

根据5.4节中的讨论，选定$\left(\frac{H}{2}L\frac{H}{2}\right)$膜系结构，中心波长选为450 nm，基片为K9玻璃，高低折射率材料分别为：TiO_2(折射率2.35)和SiO_2(折射率1.46)。得到初始膜系为

$$G \mid (0.5HL0.5H)^8 (0.6H1.2L0.6H)^8 (0.73H1.46L0.73H)^9 \mid A$$

该膜系的透射率曲线如图5.57中细线所示。

3. 改进膜系以使其满足用户要求达到的技术指标

由图5.57看出，在950 nm以后的透射率较低，且膜系透射区域波动较大，于是利用优化方法得到改进后的膜系为

$$G \mid (0.5HL0.5H)^8 (0.6H1.2L0.6H)^8 (0.73H1.46L0.73H)^8 1.0288H3.035L \mid A$$

该膜系的透射率曲线如图5.57中粗线所示。优化后膜系性能达到了用户的要求。

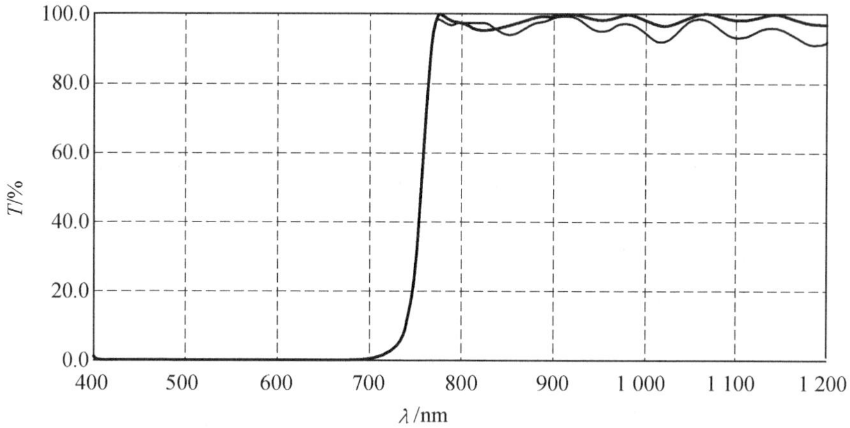

图 5.57　冷光镜设计光谱图

第 6 章　光学薄膜应用举例

光学薄膜的用途极其广泛,从日常生活中经常看到的太阳镜、照相机镜头等到激光测距仪、干涉仪、太空望远镜、对地侦察相机等先进的科学仪器,处处离不开光学薄膜。本节主要介绍光学薄膜的一些典型应用。

6.1　光学薄膜在导引头半实物仿真系统中的应用

早期,评估导弹的制导精度和毁伤效果,往往都要由靶场的飞行试验来确定。但是,飞行试验有很大的局限性。首先,飞行试验的规模大、时间长、技术复杂、成本高,限制了导弹打靶的次数,不可能以足够的试验次数来收集导弹的性能参数;另外,飞行试验也不能考核战术技术指标所要求的多种复杂的作战环境和条件。为了克服以上缺点,世界各强国都先后建立了仿真实验室,用仿真试验代替导弹的实弹射击,仿真试验贯穿于导弹研制的全过程。据国外资料的不完全统计,采用仿真技术可以使导弹飞行实验的次数减少30% ~ 60%,研制经费节省 10% ~ 40%,研制周期缩短 30% ~ 40%。

导弹的仿真可分数学仿真和半实物仿真两大类。数学仿真就是利用系统的数学模型,在计算机上进行系统动态行为仿真。半实物仿真是用部分数学模型和部分物理模型(如导引头、舵机等)同时在系统中进行的仿真试验。由于导弹制导系统和引战系统非常复杂,许多部分不可能完全、准确地用数学模型描述,因此较多采用的是半实物仿真。在半实物仿真中,部分实物直接参与仿真试验,避免了建模的困难和建模误差带来的仿真误差。半实物仿真系统主要分为三部分:计算机、飞行转台和目标/背景模拟器,其中目标/背景模拟器主要用来仿真目标(如飞机、导弹等)、背景(如天空云雾、地形、地物及海浪等)、干扰(各种人工诱饵干扰源)以及大气传输特性,典型半实物仿真系统如图 6.1 所示。

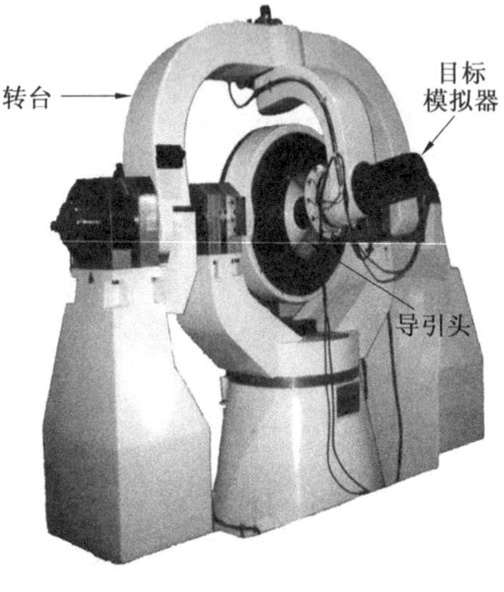

图 6.1　典型半实物仿真系统示意图

这里着重介绍各种薄膜元件在目标/背景模拟器中的应用,图6.2给出了一种带干扰的光学目标模拟装置,该装置用来模拟空中目标(主要是各种飞机)及其释放的干扰弹,根据目标和干扰弹的光谱特征,要求系统的工作波段为 3 ~ 5 μm,图中 1 - 2 - 3 - 4 - 5 -6 - 9 - 10 为干扰光路,1 - 2 - 3 - 4 - 7 - 8 - 9 - 10 为目标光路。从图中可以看出模拟器只使用了一套黑体光源和视场光阑机构来模拟目标和干扰,因此必须通过一个分光镜从目标光路中分离出干扰光路,为了模拟目标和干扰的能量比,还要在目标光路中加入能量衰减片。干扰弹分离运动通过反射镜 6 的摆动来实现,光闸用来模拟干扰弹的点燃及燃烧持续时间,目标光路和干扰光路最后通过一个中性分光镜将两束光复合,经投影物镜 10 投影给导弹导引头。

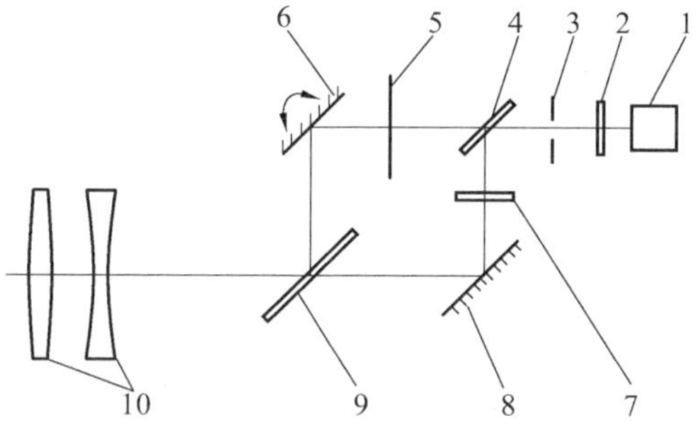

图 6.2　红外目标模拟器原理示意图

1— 黑体;2— 滤光片;3— 视场光阑;4— 分光镜 Ⅰ;5— 光闸;6— 反射镜 Ⅰ;
7— 衰减片组;8— 反射镜 Ⅱ;9— 分光镜 Ⅱ;10— 投影物镜组

下面分析薄膜元件在该目标模拟器中的应用:

(1) 减反射膜:由于系统工作在红外波段,红外透镜材料的折射率非常高,如果不在元件表面镀减反射膜,系统的能量利用率会很低,在该系统中投影物镜组 10 的全部表面、分光镜 4 和 9 的单个表面,以及滤光片 2 的单个表面都需要镀减反射膜。

(2) 反射膜:为了达到折转光路、减小目标模拟器的尺寸等目的,需要在6 和8 的表面镀反射膜。

(3) 分光膜:在该系统中分光膜有两种,它们是中性分光膜和中性衰减膜,其中为了分离和耦合光束,需要在元件 4 和 9 的表面上镀中性分光膜,而在元件 7 的表面镀中性衰减膜,它只用来降低入射光的强度。

(4) 滤光片:为了模拟出系统的工作波段,从黑体的连续辐射中选取 3 ~ 5 μm 的能量,需要在元件 2 的一个表面镀宽带滤光膜,将其放在离黑体最近的位置,还可以实现热隔离的功能。

目标模拟器对薄膜元件的主要指标要求见表 6.1。注意平板分光镜会引起重像问题,为了避免重像应在分光元件的一侧镀高性能减反射膜。在不影响像质的情况下,分光元件 9 可选用图 5.30 所示的马赛克分光膜。

表 6.1　目标模拟器中薄膜元件主要指标要求

<table>
<tr><th>类　别</th><th>中心波长</th><th>波段宽度</th><th>反射率或透过率</th></tr>
<tr><td>减反射膜</td><td rowspan="4">4.0 μm</td><td rowspan="4">3 ~ 5 μm</td><td>$T > 92\%$</td></tr>
<tr><td>反射膜</td><td>$R > 94\%$</td></tr>
<tr><td>分光膜</td><td>$T/R = 1:1$</td></tr>
<tr><td>滤光片</td><td>$T > 85\%$</td></tr>
</table>

6.2 光学薄膜在眼镜行业中的应用

眼镜是最常见、应用最广泛的光学仪器之一，它的主要用途可以归纳为：矫正视力、装饰、防护及特殊用途等。光学薄膜在眼镜行业中有着广泛的应用，这里只作简要的介绍。

1. 减反射膜

根据前面的介绍和物理光学的相关知识，未镀减反射膜的眼镜片表面存在一定的反射，当基片材料为低折射率材料 $n_g = 1.52$ 时，其表面反射率

$$R = \left(\frac{n_0 - n_g}{n_0 + n_g}\right)^2 = \left(\frac{1 - 1.52}{1 + 1.52}\right)^2 \approx 4.26\%$$

一个眼镜片有两个表面，则其透射率为 $T = (1 - 4.26\%)^2 \approx 91.7\%$。当采用高折射率基片 $n_g = 1.7$ 时，$R \approx 6.27\%$，$T \approx 86.6\%$。也就是说，此时眼镜镜片反射大约 15% 的入射光能，因此当人背后有强光源的时候，眼镜片表面的反射光会进入人的眼睛。夜间开车时就会遇到这种情况，此时前方的光线很暗，后方汽车大灯的反射光就足以淹没前方观察的目标，造成交通安全隐患。

眼睛在人的脸部是比较凹陷的，前面加上一副镜片，会使眼睛局部的照明比较暗。此时眼镜向前反射光又会淹没眼睛的细节，使人看不清你的眼睛。因此，在光源比较强烈的地方照相，往往只会拍到两片亮的镜片。

在眼镜表面加镀减反射膜可以很好地解决戴眼镜所带来的这些弊病，原则上一般的宽带减反射膜都可以用于眼镜镀膜，品质优良的减反射膜，在可见区可使平均减反射率 $\bar{R} < 0.5\%$，镜片平均透射率 $\bar{T} > 99\%$。眼镜表面加镀减反射膜后，其反射光对于波长来说有光谱选择性，对反射率相对比较高或者人眼特别敏感的那些波长，人们看到了眼镜镀膜后表面的色彩，比如反射曲线为 W 型的宽带减反射膜，在可见光区 520 ~ 540 nm 绿色波段，反射较高，此时眼镜表面呈绿色；对于反射曲线为 U 型的宽带减反射膜，在可见区的短波紫蓝色段和长波红色波段反射率比较高，此时的膜层呈粉红色。当这种减反射膜的反射曲线向长波移动，红色波段的反射也变得比较低时，膜层将呈现蓝色。图 6.3 给出了

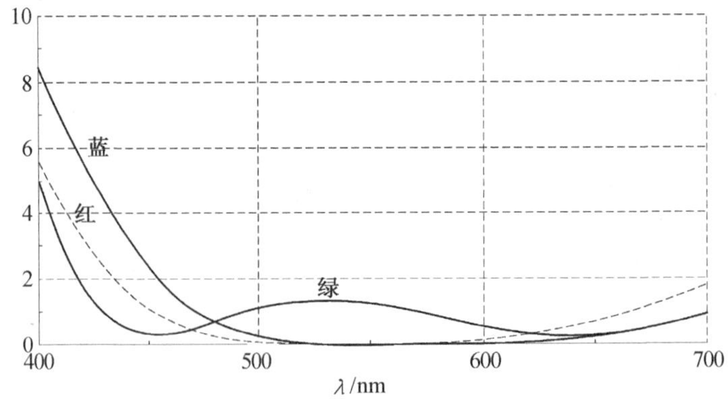

图 6.3 眼镜表面的"绿"膜、"红"膜、"蓝"膜光谱曲线

眼镜表面镀“绿”膜、“红”膜、“蓝”膜的典型设计。眼镜表面的反射色对眼镜具有一定的装饰作用,对于反射色的选择多取决于个人爱好。工厂成千上万地加工加膜镜片,从商业的角度来说,要求镜片表面的反射色都一致,这样才能使任意两片组合成一副眼镜时表面色是一致的。这一要求对于膜层工艺来说是比较困难的,需要从设备的配置、膜系设计、操作人员培养、膜系监控方法等方面有全面的考虑。

目前眼镜行业所用的镀膜基片材料几乎都是塑料眼镜基片(树脂镜片),这种材料具有质量轻、不易碎、透光好等优点,但其表面比较软,抗机械摩擦性能弱。在其上镀制减反射膜不但可以减小反射,而且可以起到加硬表面的作用。塑料眼镜基片不耐高温,所以在镀膜过程中不能像玻璃眼镜那样将基片加热升温(玻璃基片一般升温到350°)。需要用离子镀膜设备及工艺,低温镀膜。在使用的材料方面也要选用机械强度好的高温氧化物材料,比如:Al_2O_3、S_iO_2、ZrO_2、T_iO_2、Ta_2O_5 等。为了进一步加强塑料镜片的表面硬度,有时需在基片表面用化学或真空镀膜的方法镀一层加硬膜,膜厚可以从几微米到十几微米。镜片表面膜层上加镀一层极薄的憎水层,可以起到防水的作用,如果加镀一层亲水层,可以起到防雾的作用。

2. 太阳镜

在光照特别强烈的场合,人们为了防止强光刺眼需要配戴太阳镜。太阳镜可以用对光线有吸收的材料制造,也可以在透明的基片上镀制对光线有强烈吸收的金属膜来制造。最常用的材料是铬(Cr)和镍铬铁合金。它们的光谱吸收中性好,又与各种基片有良好的粘接性,同时膜层的机械强度也好,不易划伤。随着膜厚的不同,透射率可以从90%逐渐衰减到零。

金属膜的表面具有很高的反射率,这种反射尤其在有强光背后照明情况下是有害的。可以通过在基片与膜层之间加镀一层高折射率的匹配层(比如 TiO_2、Ta_2O_5 等),制成具有低反射特性的黑铬。当铬膜表面加镀较厚的介质膜时,会出现光干涉效应,出现强烈的色彩。介质膜厚不均匀时,膜的表面会变得五颜六色,极具装饰性。图6.4 给出了一个镀制黑铬及彩铬的光谱特性,图中虚线为黑铬膜系 A | HkCr | G,$n_H = 2.15$,$n_g = 1.52$,$n_A = 1.0$,$\lambda_0 = 500$ nm,$k = 50$ nm,实线为黑铬膜系 A | 3HkCr | G,其余参数同黑铬膜系。

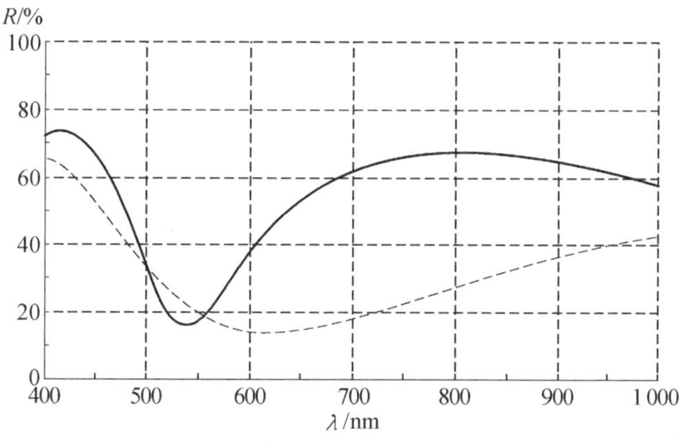

图 6.4　黑铬与彩铬的光谱特性

3. 色盲校正镜

眼睛色盲的病人，分不清绿色和红色。在可见光谱区绿色大概对应540 nm及其附近的波长，红色大概对应大于620 nm的波长。红色和绿色的物体混杂在一起，同时又具有差不多相同亮度时，色盲病人不能将它们加以区分。如图6.5所示，我们在眼镜上镀制一个短波通干涉截止滤光片，使绿色光通过，而把红色光抑制掉，使红、绿物体在亮度上有所区别，从而把它们区分出来。这种膜层可以镀在眼镜片的一个区域，留下另外区域作为平常观察用。有时人们认为一个镜片颜色有明显的分界线，不够美观，这时可以通过工艺遮挡的方法，产生一个膜层渐薄的过渡区。

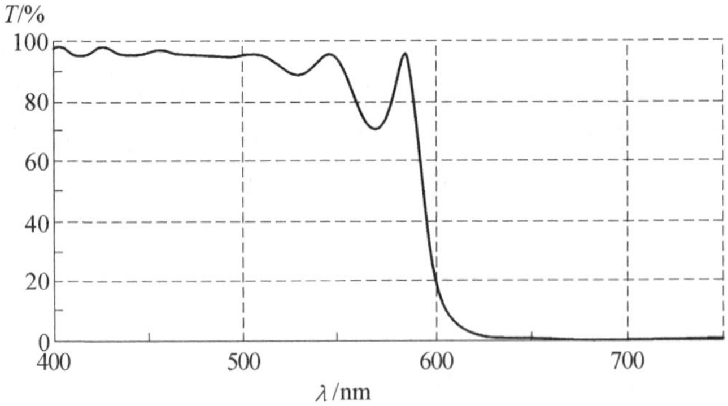

图6.5　色盲校正镜的光谱曲线示意图

4. 防护镜

人们配戴防护镜的目的主要是防止有害的光线对人眼的伤害，由于用途不同，防护镜分很多种，下面介绍几种常用的防护镜。

（1）紫外光防护镜

紫外线对人眼是有害的。采用截止波长在400 nm的长波通干涉截止滤光片可以有效地抑制长波紫外光线，如图6.6所示，膜系为G｜(0.5HL0.5H)11｜A，$n_H = 2.1$，$n_L = 1.38$，$n_A = 1.0$，$\lambda_0 = 345$ nm。对于更短的紫外光一般依靠基片或膜层的吸收来解决。干涉膜层制备的紫外防护镜表面会有较强的反射光，有时会带来不便。

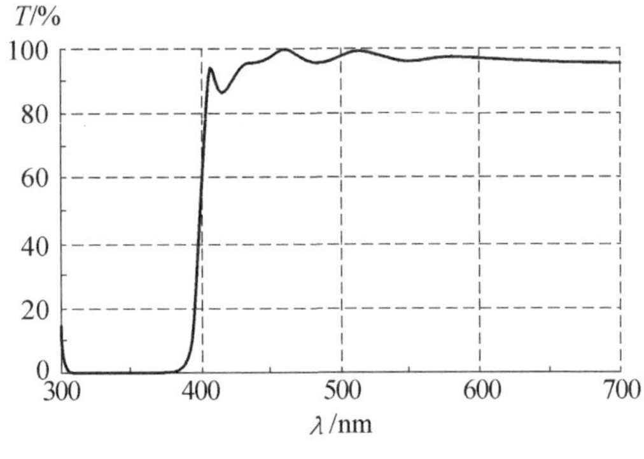

图6.6　干涉型紫外滤光膜光谱曲线

（2）热防护镜

宇航员暴露于太空时，会受到太阳光的强烈照射，消防员在大火中脸部也会接受到强烈的热辐射，这些场合就需要戴热防护镜或热防护面罩。热辐射的能量大多由近红外和远红外光所携带，热防护最好的方法是把红外光反射回去，厚度为30 nm的金膜，在可见光区保留有一些透过，$T \approx 30\%$，但在红外区却已有很高的反射率，$R > 99\%$。

还有一种透明导电材料（ITO），主要是氧化铟InO_2与氧化锡SnO_2的混合物沉积的薄膜,在可见光区呈现介质特性,具有很好的透明度。而在红外区呈现金属特性,具有较高的反射率,把这种薄膜镀在眼镜上也可以起到热防护的作用。

(3) 激光防护镜

强激光对人眼是极有伤害的,激光功率比较大时,会烧坏眼睛的视网膜,使人失明。有些国家利用这一原理制造了激光致盲武器。激光防护镜可以采用吸收型的基片制造,也可以用薄膜干涉原理制造。原理上长波通膜系、短波通膜系和高反射膜系都可用于激光防护镜的制造。具体采用哪种膜系,要依靠激光波长和对可见光透射要求决定。所以激光防护镜有特定的工作波长,不能通用,一般对激光波长的截止深度要达到 10^{-4} 以下。

激光防护镜特别需要注意的一点是光学薄膜的角度效应。我们知道,当光线倾斜入射到镜片上时,激光防护膜的光谱特性会向短波方向移动,如果角度比较大而截止带宽又比较窄时,截止波长很可能进入通带,这时对佩戴者来说是很危险的。

对于倍频激光器,可以发出0.53 μm和1.06 μm两个波长的激光,这种倍频激光防护镜可以采用在吸收基片上镀制干涉膜层完成,比如有一吸热玻璃,它对1.06 μm光波有很强的吸收作用(当基片厚度达到3 mm时,$T < 0.01\%$),而对可见光波有很好的透过($T > 80\%$)。这样我们就可以在波长0.53 μm 处镀制一个激光防护膜,即可实现对倍频激光的防护。在不允许使用基片时,可以考虑采用全介质膜系来完成,通过改变周期结构中两种材料的调谐比,使0.53 μm 与1.06 μm 处同时出现反射带。

此外,激光防护镜应采取全封闭式设计,以防止激光从防护镜以外的地方入射,伤害眼睛。

(4) 汽车驾驶员夜间用镜

夜间对面驶来的汽车灯光很刺眼,对驾驶员来说很不舒服,容易造成交通事故。虽然现在市场上已有多种汽车夜视镜出售,但一直没有找到一个很好的解决方案,只是对某些条件下的情况有所改善。

汽车大灯亮度很高,在短波光谱区域400 ~ 450 nm 能量也很高,使人感觉很刺眼,这就是所谓的眩光。而城市中很多照明灯(比如钠灯),在长波区域(500 nm 以上) 能量很大。可以利用这一特点,采用吸收型或干涉截止型长波通滤光片制造夜间驾驶员防护镜,截止波长选择在500 nm 附近。这样既把对面来的车大灯刺眼的眩光抑制掉,又最大限度地保留了路面照明光。当然这种防护镜同时也降低了自己车灯的照明,所以使用起来有一定的局限性。

在驾驶员防护镜上还可以局部镀减反射膜,减反射膜安排在镜片的上端,利用对面光束与自己汽车照明光角度差异,达到防止对面汽车眩光的目的,也能取得一定的使用效果。

此外,还有电焊防护镜等,由于电弧光中存在很强的紫外光与红外光,所以电焊镜薄膜在要求可见光具有一定透射率的同时还要求截止紫外与红外光,可以采用宽带滤光片来实现。

6.3　截止滤光片的应用

从数量上讲，干涉截止滤光片是应用最广泛的薄膜元件之一，仅次于减反射膜；从种类上讲，干涉截止滤光片的应用类型是薄膜元件中最多的。下面我们主要介绍干涉截止滤光片在彩色分光膜和反热镜等元件中的应用。

6.3.1　彩色分光膜

在各种彩色光学仪器中，常用截止滤光片作双色分光元件，其典型的光谱特性已在5.3.4节介绍，这里介绍它们在彩色电视机中的具体应用。图6.7是利用X－棱镜做成的投影电视的双色滤光镜的光路示意图，图中的A、B、C、D代表的元件功能与图5.38中相同，M代表高反射镜，LCLV代表液晶光阀。

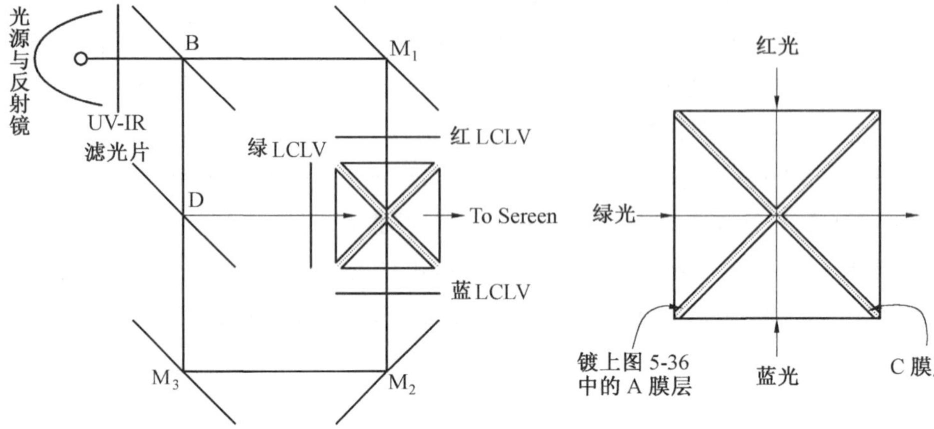

图6.7　投影电视器所用的X－棱镜组

图6.8是利用Philips棱镜组的投影电视的双色滤光镜的光路示意图，图中PBS代表偏振棱镜，LCLV代表液晶光阀。

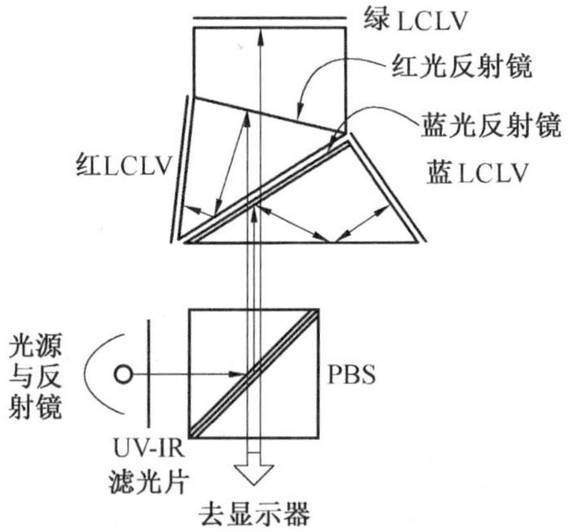

图6.8　带有Philips棱镜组的投影电视光路图

6.3.2 反热镜和冷光镜

反热镜和冷光镜是截止滤光片应用中最典型的两个例子。在电影放映机、舞台、摄影棚和某些光学仪器中常用到大功率照明光源,它们发出的光中红外辐射占大部分能量。比如,碳弧灯发出的可见光仅仅是总辐射能量的39%,而钨丝灯发出的可见光仅占总辐射能量的百分之十几;剩下的大部分能量是红外辐射,它们一般转化为热吸收,引起烧毁胶片,被照明人物受热出汗等不良后果。反热镜和冷光镜能使这些无用的能量得到控制。

反热镜是一种特殊的短波通滤光片,它抑制红外光,透射可见光,截止波长在0.7 μm。透射光不影响彩色平衡。反热镜常常用吸热玻璃加镀膜系制造。图6.9中给出了两种常用吸热玻璃的透射率曲线。需要加镀的膜系基本上是短波通结构,具体膜系按使用光源、基板材料和具体技术要求而定。

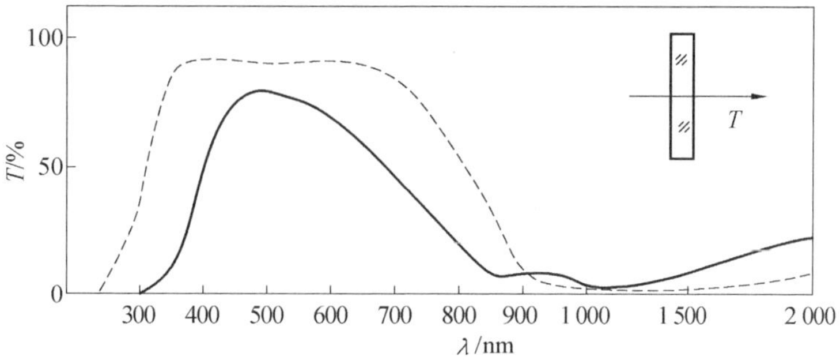

图6.9 两种常用吸热玻璃的透射率曲线

不使用吸热玻璃的全介质型反热镜,一般需要很多层数,工艺复杂,成本较高。图6.10给出了一些设计实例:其中曲线1的膜系是

$$G\left|\frac{L}{2}\left[1.125\left(\frac{L}{2}H\frac{L}{2}\right)\right]\left(\frac{L}{2}H\frac{L}{2}\right)^5\left[1.1\left(\frac{L}{2}H\frac{L}{2}\right)\right]\right|A$$

膜系中 $n_g = 1.52, n_A = 1.0, n_L = 1.38, n_H = 2.28, \lambda_0 = 860\ \text{nm}$。

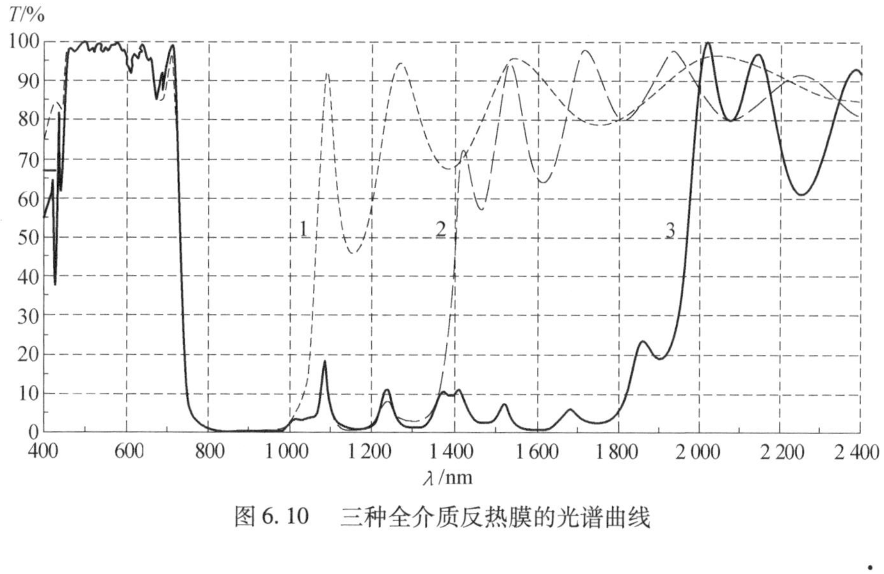

图6.10 三种全介质反热膜的光谱曲线

曲线 2 的膜系是

$$G\left|\frac{L}{2}[0.57(LMHML)]^6\left[1.125\left(\frac{L}{2}H\frac{L}{2}\right)\right]\left(\frac{L}{2}H\frac{L}{2}\right)^5\times\left[1.1\left(\frac{L}{2}H\frac{L}{2}\right)\right]\right|A$$

膜系中 $n_g=1.52$，$n_A=1.0$，$n_L=1.38$，$n_M=1.89$，$n_H=2.28$，$\lambda_0=860\ \text{nm}$。

曲线 3 的膜系是

$$G\left|\frac{L}{2}[0.642(LD2HDL)]^6[0.57(LMHML)]^6\left[1.25\left(\frac{L}{2}H\frac{L}{2}\right)\right]\left(\frac{L}{2}H\frac{L}{2}\right)^5\left[1.1\left(\frac{L}{2}H\frac{L}{2}\right)\right]\right|A$$

膜系中 $n_g=1.52$，$n_A=1.0$，$n_L=1.38$，$n_M=1.89$，$n_H=2.28$，$n_D=1.78$，$\lambda_0=860\ \text{nm}$。

这些膜系是全介质的，虽然计算光学特性很好，但由于层数很多，实际制造工艺非常繁杂。如果用金属膜来制造反热镜，采用诱导透射滤光片的设计原理，膜层层数将大为减少。一种 $TiO_2/Ag/TiO_2$ 的组合薄膜就是很好的导电反热膜，图6.11 给出了这种结构宽带截止滤光片的光谱特性，其膜系为

$$G\left|\begin{matrix}TiO_2 & Ag & TiO_2\\ 32\ \text{nm} & 12\ \text{nm} & 33.6\ \text{nm}\end{matrix}\right|A(\lambda_0=500\ \text{nm})$$

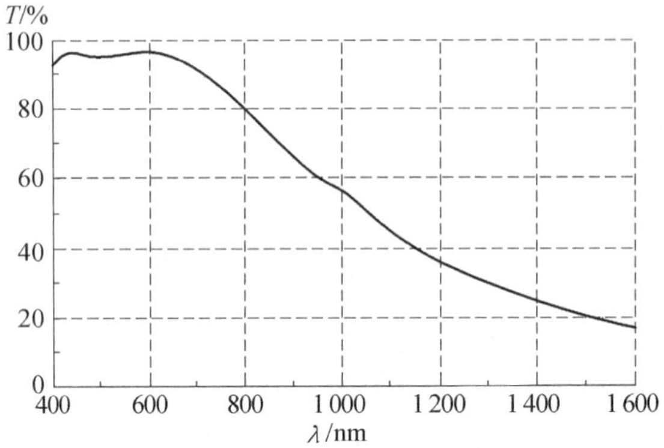

图 6.11　金属介质反热膜的光谱曲线

与反热镜相反，冷光镜是尽可能多地反射入射到它上面的可见光，透射近红外光。因此冷光镜实际上是一种长波通截止滤波片。图 6.12 给出了一个冷光镜所用膜系的光谱特性，其膜系由两个不同中心波长的长波通滤光片耦合而成，即

$$G\left|\left(\frac{H}{2}L\frac{H}{2}\right)^6\left(\frac{H'}{2}L'\frac{H'}{2}\right)^6\right|A$$

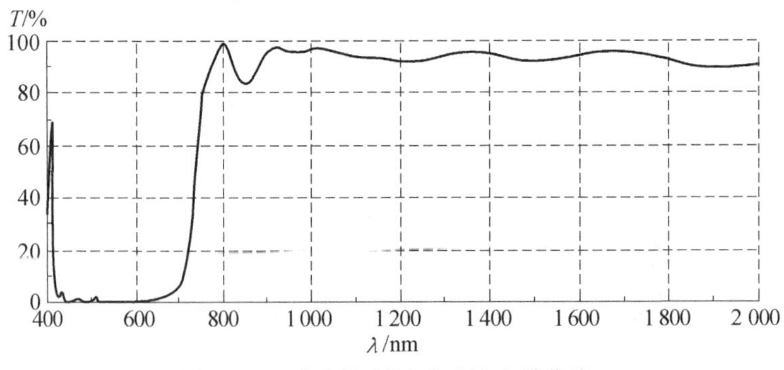

图 6.12　冷光镜所用膜系的光谱曲线

膜系中 $n_g = 1.52, n_A = 1.0, n_H = n'_H = 2.37, n_L = n'_L = 1.38, \lambda_0 = 630\ \text{nm}, \lambda'_0 = 490\ \text{nm}$。

太阳能电池覆盖膜要求消除对电池电力输出没有贡献的入射太阳能量，而且要保护电池免受紫外辐射的损害，最早的蓝太阳电池覆盖膜仅仅考虑电池不受紫外辐射的不良影响，它是由一个长波通截止滤光片构成。而现在多用蓝－红太阳电池覆盖膜。图6.13给出了这种蓝－红太阳能电池覆盖膜的光谱特性，其膜系是

$$G\left|\left[0.565\left(\frac{H}{2}L\frac{H}{2}\right)\right]^2\left[0.628\left(\frac{H}{2}L\frac{H}{2}\right)\right]^6 1.55L[1.15\,(LMHML)^6[1.05(LMHML)]]\right|A$$

膜系中 $n_g = 1.52, n_A = 1.0, n_H = 2.37, n_L = 1.38, n_M = 1.89, \lambda_0 = 525\ \text{nm}$。

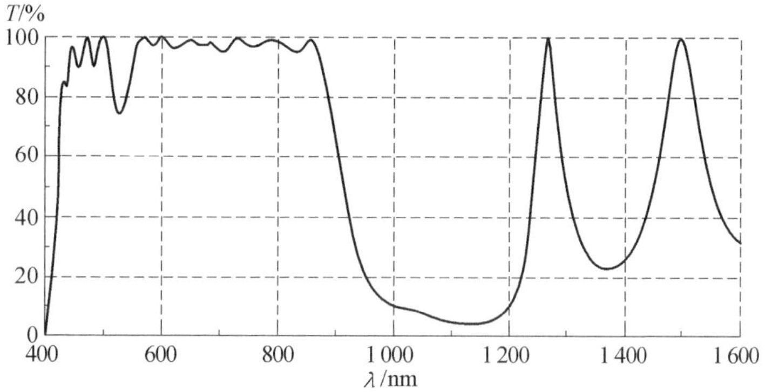

图6.13　蓝－红太阳能薄膜的光谱曲线

随着人类对可再生能源的开发利用，太阳能薄膜在今后会取得更快的发展和更广泛的应用。

6.4　带通滤光片的应用

6.4.1　宽带滤光片的应用

在光学工程实际应用中，并不是所有需要带通滤光片的地方都希望通带越窄越好，还有一部分需要是宽带滤光片。例如用于电焊防护的自动变光面罩，要求使用一块对可见光透明，而对紫外和红外深度截止的带通滤光片，其应用特点如下：

(1) 强光防护滤光片的性能要求

① 紫外线、红外线隔离性：对波长200 ~ 380 nm波段的紫外线和大于700 nm的红外线的透过率小于 3×10^{-4}。

② 可见光透明度：在480 ~ 600 nm之间任意波长、带宽为50 ~ 120 nm、中心透过率不小于50% 的彩色可见光透明带（透过色可以是蓝绿、墨绿、翠绿、黄绿、黄色、橙色）。

(2) 诱导滤光片膜系

由于需要截止的紫外和红外波段很宽，截止度又很深，只有金属诱导滤光膜系有可能实现。在设计中主要采取的措施有：

① 这里并不需要窄通带，可选用三层金属膜层，既可以增加通带的宽度，又能够加深截止度。

② 使用高折射率层做金属层之间的间隔层，有利于抑制紫外区的短波透射次峰。

③ 调整金属层厚度的比例，可以调整通带波形。

图6.14给出了实际设计膜系 G| $HLHM_1 1.24HM_2 1.24HM_1 HLH$| A 的透射率曲线，其中 $n_g = 1.52$，$n_A = 1.0$，$n_H = 2.38$，$n_L = 1.38$，$\lambda_0 = 550$ nm，M_1 和 M_2 是厚度不同的银膜，曲线 a 表示 M_1 和 M_2 银膜的厚度是45 nm和90 nm，曲线 b 表示 M_1 和 M_2 银膜的厚度是35 nm和75 nm。由图可知，改变金属膜层总厚度，可以改变通带透射率和截止带深度；调整金属膜的厚度，通带波形将被改变。

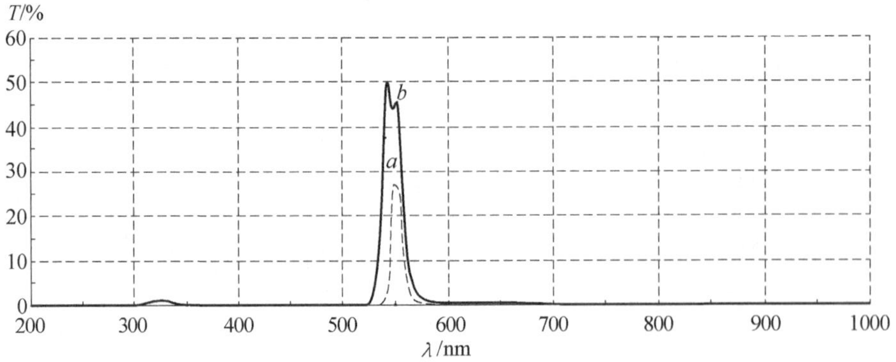

图6.14　双半波滤光片的光谱特性

6.4.2　窄带滤光片的应用

长期以来，F－P干涉型膜系作为获得窄带通滤光片的唯一途径，在光学波段得到了广泛的应用。特别是近几年在光纤通信 DWDM（Dense Wavelength-Division Multiplexing，密集波分复用器）技术中，采用F－P干涉型光学超窄带滤光片扩展单根光纤的信道容量，使光学超窄带滤光片的应用和制造技术水平上升到一个新的高度。

（1）应用于光纤通信 DWDM 系统的超窄带滤光片

应用于光纤通信 DWDM 系统的超窄带滤光片，除了必须具备热稳定性好、插入损耗小、偏振相关损耗小的特征之外，为了能够在传输光线终端正确地将每个载波从包含有多个波长的一束光中提取出来而不存在串扰，还必须具有矩形通带、较小的通带波纹和较高的抑制比。

①DWDM 超窄带滤光片的设计要求。在光通信中，各个波长的透射率用损耗 τ(dB)给出，它和透射比 T 的关系是 $\tau = -10\lg T$，为了满足 DWDM 系统中的各项性能指标，超窄带滤光片必须具有如下的设计指标：

a. 中心波长和峰值插入损耗。光通信中用的各通路的中心波长是由国际通信联盟（ITU）规定的。根据ITU－T的G692建议，DWDM系统的频率间隔为100 GHz的整数倍，参考频率为193.1 THz，标称中心频率范围为从192.1 THz（相当于中心波长为1 560.1 nm）起，至196.1 THz（相当于中心波长为1 528.77 nm）。

目前，对200 GHz的滤光片，其峰值插入损耗要求 $|\tau| \leq 0.3$ dB；对100 GHz的滤光片，其峰值插入损耗要求 $|\tau| \leq 0.5$ dB。它们对应的滤光片的中心波长的透射率分别为98% 和93%。

b. 通带宽度。在光纤通信中，要求窄带滤光片的通带波形为矩形。为了评价这个矩形滤光片的光学性质，采用矩形滤光片的顶宽和底宽评价该滤光片的性质的好坏。顶宽称为通带宽度，底宽称为截止带宽，要求通带宽度越宽越好，截止带宽越窄越好。对于200 GHz的滤光片，要求在0.5 dB处通带宽度不小于0.8 nm，在25 dB处截止带带宽不大于2.2 nm；对于100 GHz的滤光片，要求在0.5 dB处通带宽度不小于0.4 nm，在25 dB处截止带带宽不大于1.2 nm。

c. 通带波纹系数。最理想情况下，通带内的波纹系数 $\xi=0$，表示通带为平顶，一般要求 $\xi\leqslant 0.3$ dB。

d. 偏振相关损耗(简称PDL)。PDL是指对于所有的偏振状态，在整个输入波长范围内，由于偏振状态的改变造成的插入损耗的最大变化量。理论上，薄膜滤光片的PDL为零。

②DWDM超窄带滤光片。根据DWDM系统中的要求，按照F－P干涉滤光片的特点，用于DWDM系统的F－P干涉滤光片大多数采用四腔型结构。在四腔滤光片的设计中，只有将两个反射率较低的单腔滤光片排列在外侧，将两个反射率较高的单腔滤光片排列在内侧，才能得到最理想的DWDM滤光片的设计。

图6.15给出了四腔200 GHz滤光片的透射率曲线，其膜系结构为

$$G|(HL)^6H2LH(LH)^6L(HL)^7H2LH(LH)^7L(HL)^7H2LH(LH)^7L(HL)^6H2LH(LH)^6|A$$

其中，$n_H=2.1$，$n_L=1.44$，$n_A=1.0$，$n_g=1.52$，$\lambda_0=1\,552.5$ nm，最终得到的性能指标是：中心波长的峰值插入损耗为－0.11 dB，通带带宽为1.2 nm，截止带带宽为2.3 nm，通带波纹系数近似为1 dB。

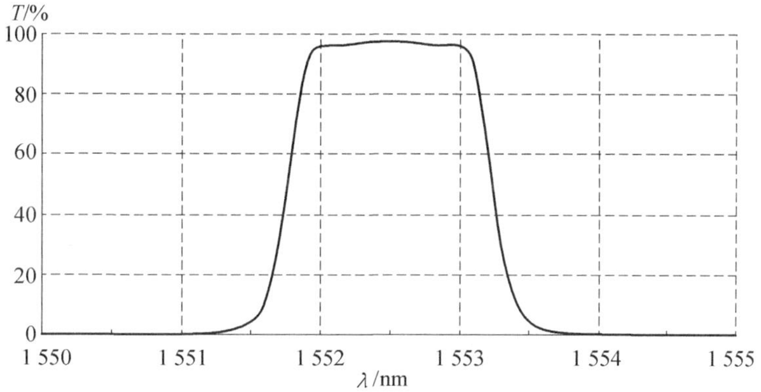

图6.15　四腔200 GHz滤光片的透射率曲线

(2) 光学梳状滤波器(Interleaver)

光学梳状滤波技术是一种把一列频率间隔为 Δf 的光信号分成两列频率间隔为 $2\Delta f$ 的光信号，并分别从两个信道输出的光滤波技术。图6.16给出了用三个Interleaver器件实现解复用的原理，Interleaver将一路波长间隔为50 GHz的光信号变成了四路波长间隔为200 GHz的信号。

中国专利ZL01240367.9采用间隔层为熔融石英的薄膜F－P腔作为基本单元进行多腔叠加设计了梳状滤波器。选用熔融石英为间隔层玻璃，依据F－P干涉原理设计F－P型Interleaver，并将三个完全相同的以石英玻璃为间隔的F－P干涉型Interleaver无间隙串置，形成实用的Interleaver。按照F－P干涉原理，如果石英玻璃的光学厚度为 nd，K 是

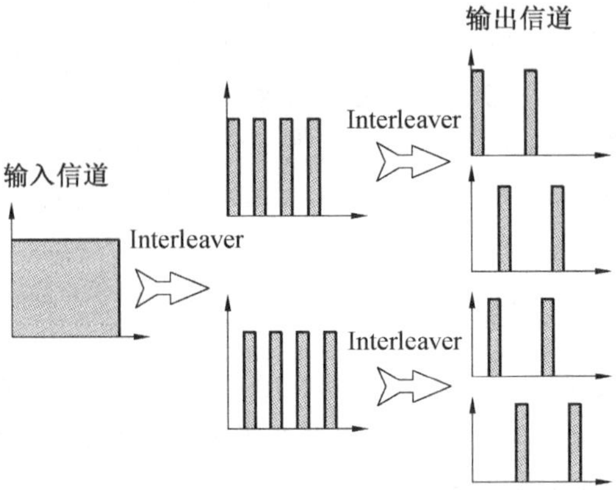

图 6.16　用三个 Interleaver 实现解复用的示意图

其两侧膜层反射率决定的系数,则存在:

① 通带是一系列对应整数序列 $M = 1,2,\cdots$,中心频率为 $v_M = Mc/2nd$,通带宽度为 $2\Delta v = Kc/2nd$,通带间隔为 $v_{M+1} - v_M = c/2nd$ 的高透射率带簇,c 为真空中的光速。

② 反射带是一系列中心频率、通带带宽、通带间隔与高透射率带簇互补的高反射率带簇,即 F－P 干涉型梳状滤波器的通带和反射带就像梳状镜子一样将整个频段一分为二。

单个上述结构的 Interleaver 的信道波形是三角形,不能在温度、湿度变化较大的实际环境中使用。采用三个完全相同的单腔 Interleaver 无间隙串置,有效地提高了信道波形的矩形度,改善了器件的环境适应性能。

图 6.17 给出了三腔无间隙串置结构的 F－P 型 Interleaver 的设计光谱特性,该三腔膜系为 A | LHLH195LHLHLHLH195LHLHLHLH195LHLHL | A,$n_H = 2.1$,$n_L = 1.44$,$n_A = 1.0$,$\lambda_0 = 1\ 555$ nm,它在 1 525 ~ 1 565 nm 波段有 10 个透射通道。它所能达到的性能指标是在 1 525 ~ 1 565 nm 波段有 10 个反射通道和 10 个透射通道,相邻通道的间隔是 4 nm,相邻通道的隔离度是 29 dB,峰值插入损耗小于 0.5 dB。

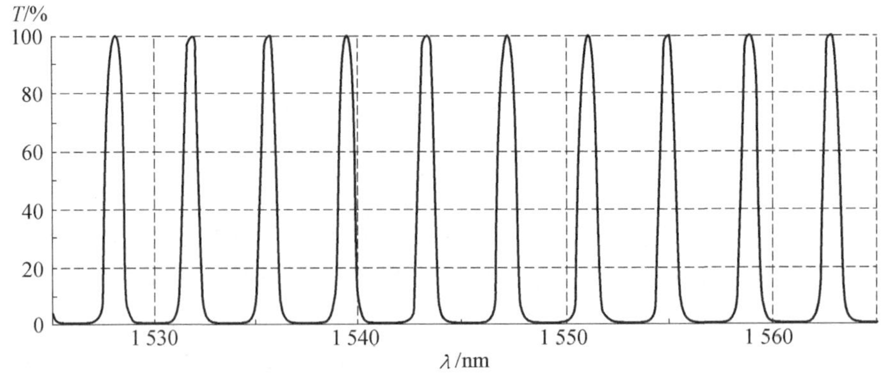

图 6.17　三腔无间隙串置 F－P 型 Interleaver 的设计光谱特性

下　篇

概　述

从1817年夫琅禾费用酸蚀法制成了世界上第一批单层减反射膜，到目前利用溅射镀膜技术制造超级镜片来测量宇宙重力波；从利用人眼观察颜色变化监控膜厚到反应快速的自动膜厚监控系统。光学薄膜的制备技术在最近的两百年间得到快速发展，并逐步成熟。目前，光学薄膜可采用物理气相沉积（PVD）和化学液相沉积（CLD）工艺获得，其中CLD工艺简单，制造成本低，但膜层厚度不能精确控制，膜层强度较差，获得多层膜系非常困难。常用CLD工艺的方法主要有：酸蚀法、电镀法、溶液沉积法、阳极氧化法等。

物理气相沉积法是指利用物理方法将固体材料变成气体而沉积在基片上，有时将此法简称为物理镀膜法，其成膜过程可分为三个阶段，在这三个阶段中都可能有化学变化或物理碰撞而影响薄膜的特性、纯度与均匀性：

① 将薄膜材料由固体变为气态；

② 薄膜气态原子、分子或离子穿过真空到达基片表面；

③ 薄膜材料沉积在基片上逐渐形成薄膜。

根据薄膜材料从固态变为气态方式的不同，物理气相沉积法可分为热蒸发镀膜、溅射镀膜和离子镀膜。第二个阶段必须在真空条件下进行，如果在大气中进行，大气中的各种气体分子就会产生以下不良影响：

① 空气中的活性分子与薄膜蒸发材料、蒸发用的加热器等发生反应，形成化合物；

② 空气分子直接进入薄膜形成杂质；

③ 气体分子妨碍蒸发物质的原子、分子直线前进，分子自由程减小，使得不少蒸气分子不能到达基片；

④ 蒸发物质在真空中达到饱和蒸气压所需的温度低于空气中要求的温度，例如，铝在一个标准大气压下加热到2 400 ℃时才能气化蒸发，而在10^{-3} Pa真空条件下，加热到841 ℃时就可气化蒸发。

因此，排除气体分子，在真空条件下进行薄膜的制备是十分必要的。

第 7 章　真空镀膜设备

7.1　真空基础知识

所谓“真空”是指在给定空间内，压强低于 1 标准大气压的气体状态。压强越低，单位体积内的气体分子数目就越少，即气体越稀薄。表征真空状态下气体的稀薄程度的量称为真空度。真空度的高低一般用气体的压强来表示，压强高则真空度低，反之则真空度高。在地球上，随着海拔高度的升高，真空度升高。真空度的国际单位是帕斯卡，简称帕(Pa)，历史上还常用毫米汞柱、托、毫巴(mb)作为真空度的单位，它们之间的关系可通过下列公式获得：

$$1\ \text{Pa} = 1\ \text{N/m}^2$$

$$1\ 标准大气压 = 101\ 325\ 帕$$

$$1\ 标准大气压 = 760\ 毫米汞柱$$

$$1\ 托 \approx 1\ 毫米汞柱$$

$$1\ 毫巴 = 100\ \text{N/m}^2$$

表 7.1 为压强单位的换算表。

表 7.1　压强单位换算表

类别	标准大气压	托	帕	毫巴
1 标准大气压	1	760	1.013×10^5	1.013×10^3
1 托	1.316×10^{-3}	1	133.3	1.333
1 帕	9.87×10^{-6}	7.5×10^{-3}	1	0.01
1 毫巴	9.87×10^{-4}	0.75	100	1

薄膜的不同制备工艺对真空度有不同的要求，为便于真空获得设备与真空检测仪表有效地标明适用范围，以及考虑到真空的物理特性等因素，需将真空区域进行划分，但目前国际上尚无统一规定，最常见的真空划分为：

粗真空：$10^3 \sim 1$ 标准大气压

低真空：$10^{-1} \sim 10^3$ Pa

高真空：$10^{-5} \sim 10^{-1}$ Pa

超高真空：$10^{-10} \sim 10^{-5}$ Pa

极高真空：$< 10^{-11}$ Pa

真空中气体分子稀少，相互间的碰撞概率非常低，所以气体分子直线运动的距离远大

于自身的直径，基本满足理想气体的条件，在真空条件下气体的状态可用理想气体状态方程来描述，即

$$pV = \frac{M}{\mu}RT \tag{7.1}$$

式中，p 为气体压强；T 为绝对温度；μ 为气体相对分子质量；R 为气体常数，$R = 8.314\ \mathrm{J \cdot mol^{-4} \cdot K^{-1}}$；$V$ 为气体体积；M 为气体质量。

由式(7.1)可知，一定质量的气体，它的压强与体积的乘积和绝对温度成正比，若绝对温度不变，则压强与体积成反比。这是机械泵周期性地改变工作室的体积来获得真空的理论依据。

由于真空系统中存在的气体一般为混合物，根据道尔顿分压定律，混合气体的总压强等于各个成分气体压强 $p_i(i = 1,2,3,\cdots,k)$ 之和，即

$$p = \sum_{i=1}^{k} p_i \tag{7.2}$$

气体分子总是在不停地运动，相互之间不断地发生碰撞，碰撞改变了分子的运动方向，也改变了分子的速度。稳定状态下，分子运动速度服从麦克斯韦 - 玻耳兹曼分布，理论上气体分子的平均速度为

$$\bar{v} = \sqrt{\frac{8KT}{\pi m}} \tag{7.3}$$

式中，m 为分子量；K 为玻耳兹曼常数，数值为 1.38×10^{-23} J/K。

由式(7.3)可知，气体的平均速度与气体温度和分子量有关。在室温下，空气分子的平均速度为466.8 m/s。我们把气体不同导致其运动平均速度各异的现象称为选择作用，选择作用对真空技术及其应用具有重要意义。

单位时间内轰击单位面积的气体分子数称为碰撞频率，数学表示式为

$$\gamma = \frac{1}{4}n\bar{v} \tag{7.4}$$

式中，n 为气体分子密度。

由式(7.4)可知，分子的平均速度越大，碰撞频率的数值也越大。在300 K、真空度为 10^{-4} Pa 的条件下，每秒碰撞在1 $\mathrm{cm^2}$ 面积上的空气分子有 3.7×10^{14} 个。碰撞频率对于研究表面沉积、表面沾污、扩散泵抽气速度等有重要意义。

在气体中，单个分子在连续碰撞之间所经过的路程称为自由程，而所有分子彼此连续碰撞自由程的平均值称为平均自由程，其数学表示式为

$$\lambda = \frac{1}{\sqrt{2}\pi\sigma^2 n} \tag{7.5}$$

式中，n 为单位体积内的分子数；σ 为分子直径。

注意这里定义的平均自由程仅指气体分子间的碰撞，分子与容器壁之间的碰撞所形成的自由程属于另一概念范畴，不能用式(7.5)计算。

物理气相沉积所需真空度的基本确定原则是气体分子的平均自由程大于蒸发源到被镀工件之间的距离。按照气体分子运动理论，可将式(7.5)中分子平均自由程与气体压

强的关系记为

$$\lambda = \frac{1}{\sqrt{2}\pi\sigma^2 n} \approx \frac{2}{3p}(\text{cm}) \tag{7.6}$$

如果假定蒸发源到被镀工件之间的距离为 100 cm，根据式(7.6)，所需的真空度为 7×10^{-3} Pa。由于要使膜料蒸气的每个分子都无碰撞到达工件表面是不可能的，因此还必须研究在所需的真空度条件下，分子的碰撞概率问题。按照真空工程的研究结论，我们知道分子碰撞概率 P 与分子平均自由程 λ、蒸发源到被镀工件之间距离 d 的关系为

$$P = 1 - e^{-\frac{d}{\lambda}} \approx 1 - e^{-\frac{3dp}{2}} \tag{7.7}$$

将 $p=7\times10^{-3}$ Pa，代入式(7.7)可得 $P=63\%$。如果取 $P=10\%$，$d=50$ cm，可以得到 $p\approx 1.4\times10^{-3}$ Pa。对于大多数光学镀膜设备而言，蒸发源到被镀工件之间的距离都在50 cm左右，所以光学镀膜设备制造商将真空度指标设定为 $p < 1.3\times10^{-3}$ Pa。

7.2 真空的获得

7.2.1 镀膜用真空系统

真空镀膜设备主要包括真空室、蒸发或溅射靶源、工件架、充气布气系统、真空系统、加热系统、电源与电气控制系统等。

镀膜用的真空系统由镀膜室(真空容器)、真空泵、真空测量仪器、连接管道与阀门等组成。目前工业生产所用的真空镀膜机主要采用机械泵与扩散泵组合的高真空系统，其示意图如图7.1所示。

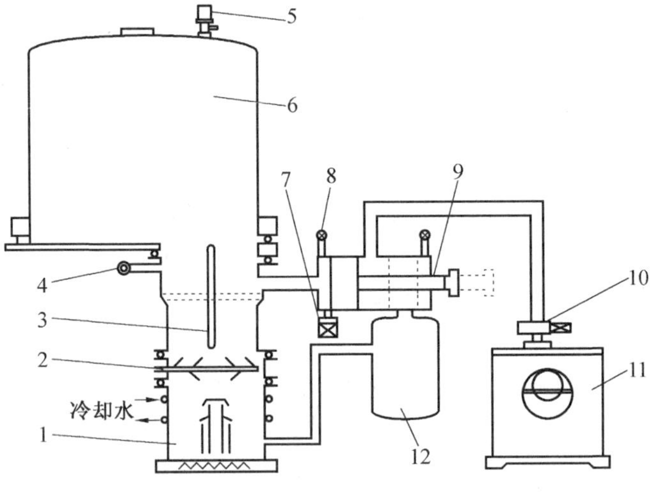

图7.1 镀膜用真空系统示意图

1—油扩散泵；2—挡油器；3—高真空蝶阀；4—电离真空计；5—针型阀；6—镀膜室；7—磁力充气阀；8—热偶真空计；9—低真空三通阀；10—低真空磁力阀；11—机械泵；12—储气桶

真空镀膜室是真空镀膜设备的核心部件，各种真空镀膜工艺都必须在真空室进行。真空室高真空的获取依靠真空泵抽气，一般二者由阀门隔开。

7.2.2 机械泵

机械泵是应用最广泛的一种低真空泵，它常常被作为真空系统中的粗抽泵和前级泵。它用油来保持密封并依靠机械方法不断地改变泵内吸气空腔的体积，使被抽容器内的气体体积不断膨胀从而获得真空。机械泵可以分为滑阀式、活塞往复式、定片式和旋片式四种类型。第一种主要用于大型设备，第二、三种由于性能较差，现在已很少使用，目前在真空工业中应用最多的是旋片式机械泵。

机械泵常被用来抽除干燥的空气。一般不适用于含氧过高、有爆炸性、对金属有腐蚀性的气体（或蒸气），另外对泵油起化学反应的气体以及含有颗粒尘埃的气体，也不宜应用。

1. 机械泵工作原理

旋片式机械泵的主要结构如图 7.2 所示，起主要作用的部件有定子（泵壳）、转子（泵轴）、旋片等。转子位于泵壳里面，它与定子不同轴，实际好像两个内切圆。转子槽内装有两块旋片（也称刮板），两旋片中间装有弹簧，由于弹簧的作用，使刮板永远紧贴在泵壳内壁。

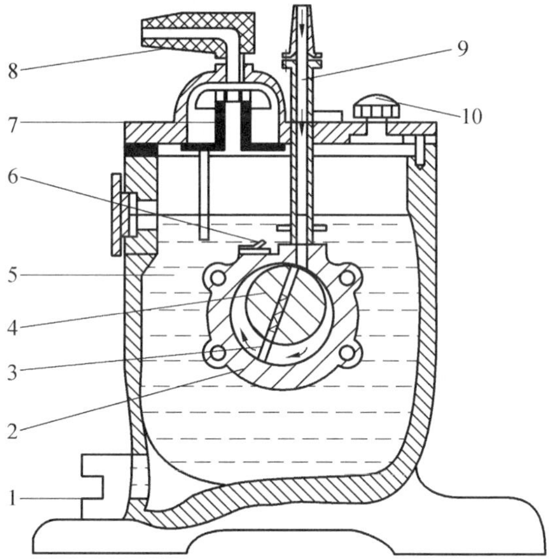

图 7.2　旋片式机械泵的结构图

1— 油塞；2— 定子；3— 旋片；4— 转子；5— 原油；6— 排气阀门；
7— 油分离器；8— 排气口；9— 进气口；10— 加油塞

可用图 7.3 来说明旋片式机械泵的抽气过程。在位置（Ⅰ）时，工作室被分为两个互不通气的空间，旋片 1 后的空间体积为零，吸气还未开始；在位置（Ⅱ）时，旋片 1 后的空间体积由零变大，其压强小于进气口处的压强，于是气体通过进气口吸进气体；在位置（Ⅲ）时，旋片 1 继续运动，这时旋片 2 将旋片 1 后的空间和进气管隔开，吸气刚刚结束；在位置

（Ⅳ）时，旋片1后空间开始压缩，压强增高，当压强高于1个大气压时，气体推开排气阀门排出气体；在位置（Ⅴ）时，排气结束。紧接着又是下一个排气循环的开始。

两个旋片交替地起着两方面作用，一方面从进气口吸进气体，另一方面压缩已吸进的气体，将它排出泵体。所以转子每旋转一周，泵完成两次吸气和两次排气。当泵连续顺时针转动时，旋片泵不断地通过进气口吸入气体，又将吸入的气体不断地排出泵外，实现了对容器抽气的目的。

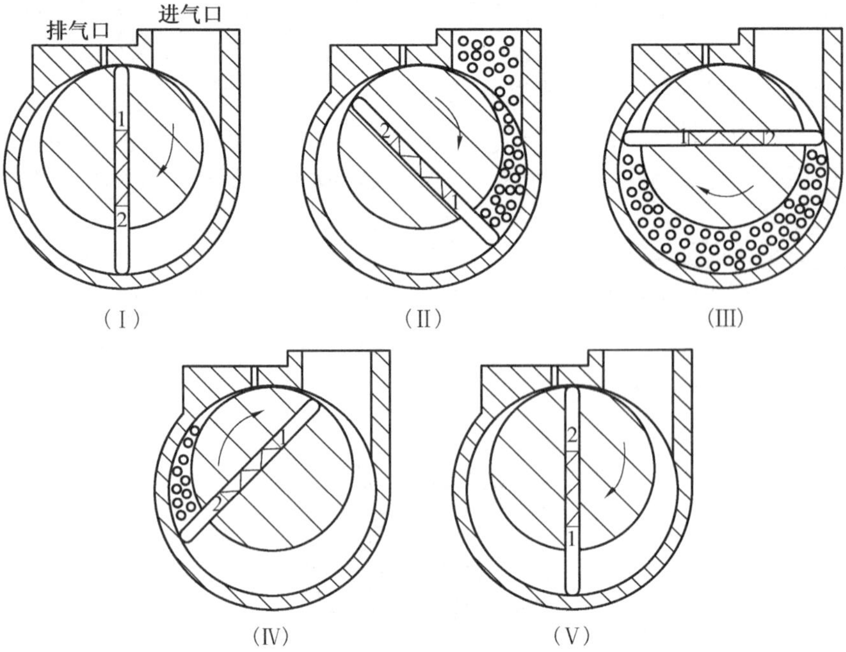

图7.3　旋片式机械泵的工作原理

2. 机械泵的性能

旋片式机械泵是从1个大气压条件下开始工作的，它的性能参数主要有极限真空和抽气速率，它们是设计与选用泵时的主要依据。

（1）极限真空

极限真空 p_u 是真空泵在一定条件下，经充分抽气，泵进气口所能达到的最低压强。提高极限真空度的措施如下：

① 密封油的选用

机械泵油对极限真空有着重要影响，对油的基本要求是：a. 饱和蒸气压低。在低压空间不允许油中挥发出大量的油蒸气，以致影响泵的极限真空，一般泵油在常温下的饱和蒸气压小于 1×10^{-2} Pa，最好小于 5×10^{-3} Pa。b. 具有一定黏度。若油太稀，就不能在必要的地方形成油膜，不能起到密封作用；若油过黏，会使转子转动困难，造成泵体过热。

② 采用双级泵

油密封固然使有害空间和缝隙的影响减下，但要使气体一点不通过有害空间和缝隙反流回去是不可能的，为进一步提高极限真空度，可采用双级结构，如图7.4所示。双级泵是把两个单级泵的工作缸(定子)串联起来,后级缸出气口安在前级缸的进气口,这样可使极限真空度大大提高。我国目前生产的2X系列旋片式机械泵就是双级泵,极限真空达到6.7×10^{-2} Pa。

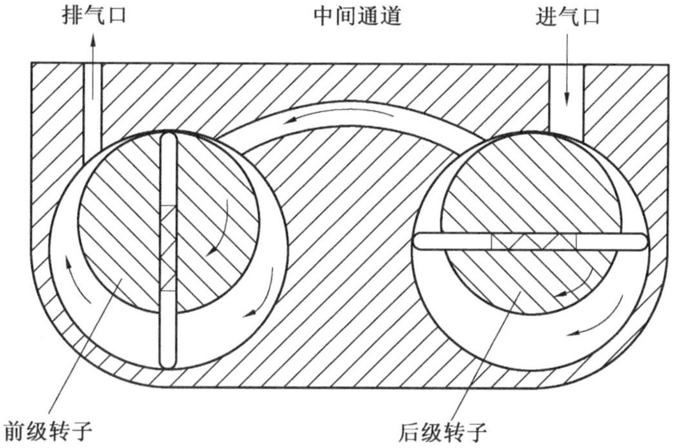

图7.4　双级旋片式机械泵结构图

(2) 抽气速率

旋片式机械泵按额定转数运转时,单位时间内所能排除气体的体积称为理论速度(也称几何抽速),记为S_{th}。如图7.3中(Ⅲ)所示,当转子处于水平位置时,吸气结束,此时空腔内的体积最大(V_s),泵轴转速为n,即有

$$S_{th}=2n\cdot V_s=2n\cdot f_s\cdot L \tag{7.8}$$

式中,f_s为吸气结束时空腔截面积;L为空腔长度,系数2表示转子每旋转一周有两次排气过程。

由于从泵入口到空腔之间流阻以及气体的返流等多种因素的影响,使泵口处的实际抽速(S)小于理论速度(S_{th}),两者的关系一般为

$$S=S_{th}\cdot\left(1-\frac{p_u}{p}\right) \tag{7.9}$$

由此可见,抽速S随容器压强降低而降低,当$p\to p_u$(极限真空)时,$S\to0$,图7.5给出了两种形式旋片式机械泵的$S-p$关系,在压强较高区域,也就是进气导管及有害空间,通过缝隙的返流的影响不大时,单级泵和双级泵抽速一样;当在压强比较低时,上述影响越

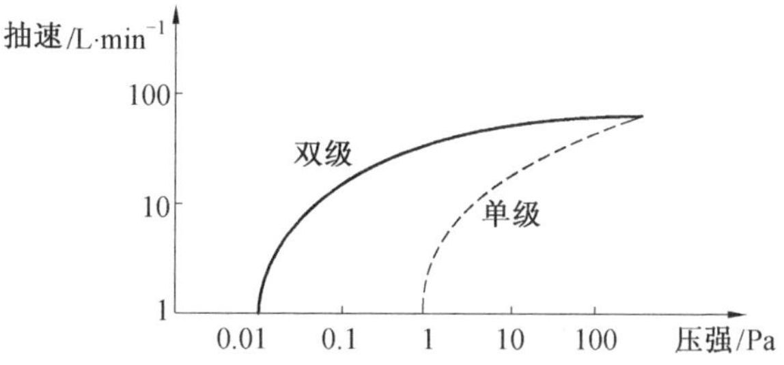

图7.5　两种旋片式机械泵抽速与压强关系

来越严重，双级泵抽速要比单级泵大得多。尤其在单级泵达到极限压强时，抽速已趋于零，此时，双级泵仍有较大的抽速，这充分显示了双级泵的优越性。

7.2.3 扩散泵

机械泵的极限真空只有 10^{-2} Pa，当达到 10^{-1} Pa 时，实际抽速只有理论抽速的1/10，压强再降低，抽速急剧下降。因此，要获得小于 10^{-1} Pa 的高真空，通常采用扩散泵和机械泵组合使用。在历史上，扩散泵是最早用来获得高真空的泵，目前仍有广泛的应用。扩散泵的应用压强范围为 10^{-1} ~ 10^{-7} Pa，它是利用气体的扩散现象来排气的，具有结构简单、操作方便、抽速大（最高可达 10^5 L/s）等特点。

1. 基本结构和工作原理

图 7.6 给出了扩散泵的结构图，主要由泵壳、水冷套、喷油嘴、导流管和加热器组成。根据喷油嘴的多少可分为多级泵和单级泵。

扩散泵底部内储有扩散泵油，上部为进气口，右侧下部为出气口，在工作时出气口有机械泵提供前置压强，机械泵充当前置泵。

当扩散泵油被电炉加热时，产生的油蒸气提供前置压强，机械泵充当前置泵。

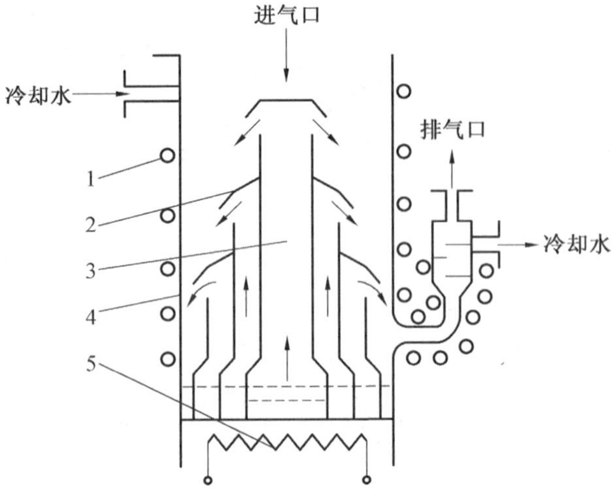

图 7.6 扩散泵的结构图

1— 水冷套；2— 喷油嘴；3— 导流管；4— 泵壳；5— 加热器

当扩散泵油被电炉加热时，产生的油蒸气沿着导流管经伞状喷油嘴向下喷出。因喷油嘴外面是由机械泵提供的真空（1 ~ 10^{-1} Pa），故油蒸气流可喷出一长段距离，构成一个向出气口方向运动的射流。射流最后碰上由冷却水冷却的泵壁，凝结为液体，流回蒸发器，即靠油的蒸发 → 喷射 → 凝结，重复循环来实现抽气。

由进气口进入泵内的气体分子，一旦落入蒸气流中，便获得向下运动的动量向下飞去，由于射流具有较高的流速（约200 m/s）和较高的蒸气密度，且扩散泵油具有较高的相对分子质量（300 ~ 500），故能有效地带走气体分子。在射流的界面内，气体分子不可能长期滞留，且在射流界面的两边，被抽气体有很大的浓度差，正是因为这个浓度差，使被抽气体能不断地越过界面扩散进入射流中，被带往出口处，在出口处再由机械泵抽走。

2. 扩散泵的性能

（1）极限真空

一般扩散泵的极限真空为 10^{-4} ~ 10^{-5} Pa，扩散泵油的蒸气压是决定泵的极限真空的重要因素，应尽量选用饱和蒸气压低的泵油。此外，泵油的化学稳定性要好，当温度较高时不易裂解或氧化，目前，常用的国产扩散泵油有 $1^{\#}$，$2^{\#}$，$3^{\#}$ 及 274，275，276 硅油。它们大多是石油分馏产物和人工合成脂类，其分子直径和相对分子质量都较大。防止扩散泵返油是提高极限真空度的又一措施。由于扩散泵工作时，工作液的温度较高，难免有一些油蒸气分子由泵口进入被抽容器，这一现象称为返油。返油不仅会影响泵的极限真空度，严重时还会污染真空系统和被抽容器，从而大大降低真空器件的物理性能。现在的扩散泵都在第一级喷嘴加有一挡油帽以防止返油。

由于油泵质量上的原因以及长期使用，油中含有蒸气压较高的轻馏分和蒸气压较低的重馏分。采用分馏装置使扩散泵油按其蒸气压不同的馏分分离，使蒸气压最低的油分进入第一喷嘴，依次分离，蒸气压最高的油分进入最后一级喷嘴，这样能使泵的极限压强约降低半个数量级，目前广泛使用的三级和四级扩散泵都采用了分馏装置。

（2）抽气速率

抽气速率的定义与机械泵相同，即在一定压强和温度下，单位时间内泵能抽除的气体体积，单位常用 L/s。

扩散泵的抽速决定于第一级喷嘴与泵体进气口口径间环形面积 A 的大小，当 A 确定之后，泵的最大抽速基本确定。

$$A=\frac{\pi D^2}{4}-\frac{\pi d^2}{4} \tag{7.10}$$

式中，D 表示泵进气口直径；d 表示第一级喷嘴直径。若所有从容器中流入此环形面积上的分子都向下扩散进入蒸气射流，而无一返回的话，理论抽速为

$$S_{\mathrm{th}}=3.638A\sqrt{\frac{T}{\mu}} \tag{7.11}$$

式中，T 为绝对温度，K；μ 为被抽气体相对分子质量；A 为环形面积，cm^2。

实际上气体分子由于与蒸气分子的碰撞而总有少部分要反射回去，实际抽速 S 要小于理论抽速 S_{th}，常用抽速系数 H 表示实际抽速与理论抽速的关系

$$H=\frac{S}{S_{\mathrm{th}}} \tag{7.12}$$

对于油扩散泵，一般 H 在 0.4 ~ 0.6 之间，对于室温下的空气，$T=293$ K，$\mu=29$。

$$S_{\mathrm{th}}=3.638A\sqrt{\frac{T}{\mu}}=11.74A\quad(\mathrm{L/s}) \tag{7.13}$$

扩散泵的抽速并不是一恒定值，而是随进气口压强而变的，如图 7.7 所示，当压强在 $10^{-2}\sim10^{-3}$ Pa时，扩散泵达到最大抽速。当压强低于5×10^{-4} Pa后，抽速开始下降，此时，反扩散变得更加严重，到泵的极限真空时，抽速趋近于零。当进气口压强较高时，由于空气密度较大，使蒸气流形成不了高速射流以阻挡空气的反扩散，故抽速也要下降。

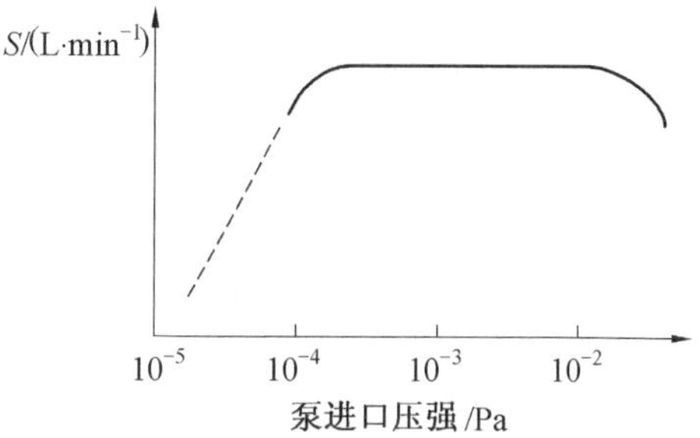

图 7.7　扩散泵抽速与压强的关系

（3）出口压强

扩散泵不能单独用来抽气。一般要求泵的最大出口压强为 40 Pa，因此，必须采用机械泵作为前级泵以便能使出口压强维持在规定值以

下。如果出口压强高于规定值,整个抽气作用就会停止。

7.2.4 低温泵

1. 基本结构和工作原理

低温泵又称冷凝泵,是利用低温表面和低温吸附剂将气体冷凝和吸附来达到抽气的目的。低温泵不需要泵油,不用考虑真空室的油污染。由于低温泵的工作介质和真空系统是分开的,因此,它的抽气能力和所能达到的极限真空度,都和被抽气体在该温度下的饱和蒸气压有关。例如,在 20 K 的温度下,除了 He,Ne 和 H_2 外,其他气体的分压力都可降到 10^{-8} ~ 10^{-9} Pa 以下,因此低温泵甚至可以获得 10^{-11} Pa 的极高真空。

图 7.8 为典型低温泵抽气系统的结构。低温泵不需要前级泵,仅需要在粗抽过程中开动机械泵进行预抽,它不需要用液氮冷阱来防止低温泵的返流。在低温泵内设有由液氦或制冷机冷却到极低温度的冷板。它使气体凝结,并保持凝结物的蒸气压力低于泵的极限压力,从而达到抽气作用。低温抽气的主要机理是低温冷凝、低温吸附和低温捕集。

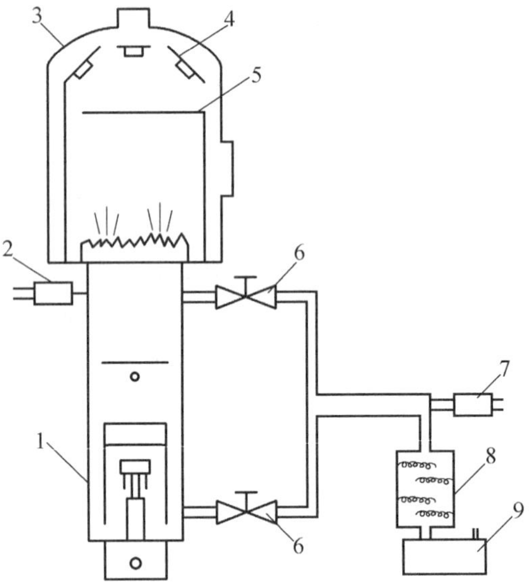

图 7.8 低温泵抽气系统

1— 低温泵;2— 电离规;3— 真空室;4— 烘烤加热灯;5— 基片架;
6— 真空阀门;7— 热偶规;8— 吸附阱;9— 机械泵

(1) 低温冷凝

气体分子冷凝在冷板表面上或冷凝在已冷凝的气体层上,其平衡压力基本上等于冷凝物的蒸气压。抽空气时,冷板温度必须低于 25 K;抽氢气时,冷板温度更低。低温冷凝抽气冷凝层厚度可达 10 mm。

(2) 低温吸附

气体分子以一个单分子层厚(10^{-8} cm 数量级) 被吸附到涂在冷板上的吸附剂表面上。吸附的平衡压力比相同温度下的蒸气压低得多。如在 20 K 时氢气的蒸气压等于大气压,用 20 K 的活性炭吸氢气时吸附平衡压则低于 10^{-8} Pa。

(3) 低温捕集

在抽气温度下不能冷凝的气体分子,被不断增长的可冷凝气体层埋葬和吸附。

一般说来,泵的极限压力就是冷板温度下的被冷凝气体的蒸气压。温度为 120 K 时,水的蒸气压已低于 10^{-8} Pa。温度为 20 K 时,除氦、氖和氢外,其他气体的蒸气压也低于 10^{-8} Pa。但由于被抽容器和低温冷板的温度不同,泵的极限压力高于冷凝物的蒸气压。对于室温下的容器,低温板为 20 K 时,泵的极限压力约为冷凝物蒸气压力的 4 倍。

2. 低温泵的性能

低温泵与扩散泵相比有以下优点:

① 低温泵抽气系统的极限压力较低,没有碳氢化合物污染,为镀膜提供的环境是清洁的。

② 到达工作压力的抽气时间短,特别是对氢气的抽气速率高。低温泵在过渡流区域的抽速较分子流区域大 2 ~ 3 倍,而扩散泵此时的抽气速率较低,为额定抽速的 10% ~20%。因此,当高真空阀门打开后,低温泵系统的压力可迅速降到 10^{-2} ~ 10^{-3} Pa,所需抽气时间仅为扩散泵的 1/10 左右。当连续生产时,可增加镀膜的次数,提高生产效率。

③ 小型低温泵操作简单方便,无停电断水之虑,一般停机之后,温度回升到 90 K。回升到室温时的时间更长。

④ 制冷机工作高度可靠,可连续运转几千个小时而不需要维修。

低温泵系统的缺点是价格较高,有低频振动,消耗功率比扩散泵系统稍大,而且一旦系统漏气,低温泵长时间受到高压冲击,温度就会回升到 25 K 以上,以致失去抽气能力,因此要求高真空阀漏气小,可靠性高。

7.2.5 分子泵

分子泵是在分子流状态下工作,使用机械动能,将气体分子定向压缩、流动的真空泵。

分子泵分为涡轮分子泵和牵引分子泵两种。

1. 基本结构和工作原理

涡轮分子泵主要有立式和卧式两种,图 7.9 为立式涡轮分子泵的结构图。

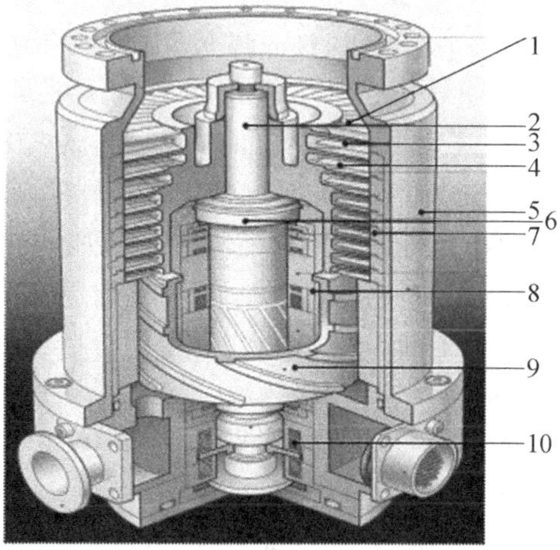

图 7.9 立式涡轮分子泵结构图

1—TURBO 部分;2— 主轴;3— 静叶片;4— 动叶片;5—外壳;6—高频旋转马达;7—静片固定圈;8— 辅助轴承;9— 牵引泵部分;10— 磁悬浮电机

(1) 立式涡轮分子泵

立式涡轮分子泵结构特点是其转子轴垂直安装,只有一组抽气组合叶列。动叶轮外缘的线速度高达气体分子热运动的速度(一般为 150 ~ 400 m/s)。转子叶轮高速旋转时,被抽气体沿着转子组和定子组自高真空端向低真空端压缩，被驱向前级，由前级泵抽走。立式泵的装配工艺要比卧式泵简单，所以立式泵发展很快。

(2) 卧式涡轮分子泵

卧式涡轮分子泵特点是其转子主轴水平布置。这种结构的分子泵是双轴的，吸气口在两组抽气单元的中央，气体吸入后，分别被左右两侧的叶列组合抽走。轴承分别装在各抽气单元的排气侧。这种型式泵的特点是抽气时转子受力均匀，轴承定位、受力状态好，使用寿命长，且轴承更换过程中，转子位置不动，维修方便。

分子泵输送气体应满足二个必要条件：

涡轮分子泵必须在分子流状态下工作。在标准的大气压下，每 cm^3 空间气体分子数为 2.5×10^{19}，其压强为 101 325 Pa，此时由于空间的气体分子密集，各气体分子间的平均自由程仅为 0.07 μm，因而气体为黏滞流状态，气体分子几乎是在原地振动。随着真空度的提高，单位体积内气体分子的数量逐渐减少，平均自由度变大；当真空度达到 0.13 Pa 之后，其平均自由度接近 5 cm，气体分子呈现出“分子流状态”。平均自由程增加到大于容器壁间的距离时，气体分子与器壁的碰撞机会将大于气体分子之间的碰撞机会。在分子流范围内，气体分子的平均自由程长度远大于分子泵叶片之间的间距。当器壁由不动的定子叶片与运动着的转子叶片组成时，气体分子就会较多地流向转子和定子叶片，为形成气体分子的定向运动提供条件。分子泵的转子叶片必须具有与气体分子速度相近的线速度，具有这样的高速度才能使气体分子与动叶片相碰撞后改变随机散射的特性而做定向运动。

分子泵的转速越高，对提高分子泵的抽速越有利。实践表明，对不同相对分子质量的气体分子，其速度越大，泵抽除越困难，如 H_2 有很大的运动速度（最可几速率为 1 557 m/s），分子泵对其吸抽就很困难。

轴承润滑方式有油脂润滑、油绳润滑和离心供油润滑等方式。分子泵轴承润滑油的性能必须具备以下三个条件，才能满足泵的工作要求：

① 高速下具备良好的润滑性能；

② 饱和蒸气压低于前级泵工作液的饱和蒸气压；

③ 黏度适当，使之兼有轴承冷却液的作用。

2. 分子泵性能

分子泵抽气系统的结构与扩散泵类似，其前级和粗通管道的配置与扩散泵抽气系统相同，但分子泵对前级泵的要求与扩散泵不同。扩散泵要求前级泵有足够大的抽速，以便在最大抽气量时前级压力低于临界前级压力；分子泵则要求前级泵有足够的容量，使最接近前级管道的叶片在最大排气量时处于分子流或者正好处于过渡流。

涡轮分子泵抽气系统既不需要粗抽阱也不需要前级管道冷却阱。镀膜机采用分子泵抽气系统不但可以获得较高的真空，而且有利于膜质的提高。粗抽与主抽系统之间的切换压力能防止机械泵油通过粗通管道迁徙到真空室中去，而泵对碳氢化合物馏分的高压缩比也阻止它们从前级管道通过泵反扩散到真空室中。

保证分子泵工作可靠性的最主要方法是尽量减少泵工作时的振动。组成分子泵的零部件以及安放它的平台，都可以认为是一个弹性系统。当分子泵高速运转工作时，泵在其平衡位置做往复性机械运动，即分子泵的振动。

分子泵的振动，主要是其振动零部件的不平衡引起的，主要因素有：

① 涡轮转子以及电动机主轴的不平衡是产生振动。从涡轮转子的结构看，影响其平衡的原因有：

a. 转子的材质不均（包括密度不均和膨胀系数的不均）；

b. 涡轮转子的各组成零件在制造中的加工误差，如同轴度、转子端面的平行度、转子体的不对称性等；

c. 转子的装配质量。如涡轮转子上下叶轮因装配不当产生偏差；涡轮转子在电动机轴上装得不正；装配时压紧力不足，高速运转后产生松动等。以上诸因素会造成涡轮转子的质量分布不均，形成一定的质量偏心，当转子转动时产生不平衡的离心力，从而使分子泵产生有害的振动和噪声。

② 由于涡轮分子泵的转速很高，因此防止产生共振也是一个重要问题。在分子泵的设计中应正确地选用工作转速和合理地设计电动机的主轴。

③ 主轴的支承条件，如轴承的精度、安装方式、润滑条件等对分子泵的振动也将产生较大的影响。

为了减少分子泵整机工作时的振动，在泵的设计制造中应采取以下措施：

① 在工艺条件允许的情况下，尽可能提高零部件的加工精度。

② 对电动机主轴及涡轮转子等旋转零部件进行严格的动平衡试验。

③ 为了防止产生共振，确保泵安全运转，泵设计时，应使主轴的工作转速在其各阶临界转速之外。在轴的初步设计时，应对其临界转速进行验算，至少使其与工作转速相差20% 左右，否则应改变轴的尺寸或刚性来达到上述要求。

④ 对主轴轴承的外侧设置橡胶减振环。橡胶减振环除了具有减振、隔声效果外，还有利于越过共振区，衰减高频振动和噪声的作用。

⑤ 为减少分子泵的振动向外传递以及减少外界振动对分子泵的影响，在分子泵的四个支柱下装有四个橡胶垫以起到隔振作用。

7.2.6 各种泵的性能比较

机械泵极限真空只有 10^{-2} Pa，并且达到 10^{-1} Pa 时抽气速率就急剧降低，主要用作高真空系统的初级泵，或者粗抽。机械泵成本低，但工作时存在机械振动。

扩散泵的极限真空为 10^{-7} Pa，系统抽速很大，很大范围内有平坦的抽气速率曲线，并且对各种气体都有良好的抽气效果，不存在振动部件，无振动影响。但扩散泵的油返流易进入真空系统，即使有很好的冷却吸附装置也无法避免，并且高温条件下泵油暴露于空气中易氧化变质。

涡轮分子泵极限真空达 10^{-7} Pa，特殊情况可达 10^{-9} Pa，有中等抽气速率，从分子流到极限真空抽气速率曲线都很平坦，对氦气和氩气有良好的抽气效果，抽气启动时间短，适用范围广,正确的使用可获得洁净无油污染的高真空。此种真空泵有微小的振动产生,良好的抗振措施可消除影响。

低温泵极限真空达 10^{-9} Pa,适用于中等清洁至极高清洁的真空环境,有很大的抽气速率,对水分子有很好的抽气效果,从 10^{-5} Pa 开始,抽气速率曲线急速下降,无振动影响。缺点是系统需要很长的准备时间,并且需要良好的冷却系统。

7.2.7 真空泵抽气系统的几点说明

(1) 真空抽气系统需考虑到材料的放气,对主泵的抽速有所要求。国外的经验,每 1 L 容积要求抽气速率为 5 ~ 10 L/s;如果是塑料镀金属膜,抽速为 10 ~ 11 L/s。国内一般取10 L/s。

(2) 真空室的冷却可用自然冷却(或风冷),也可以用水冷。不同的冷却方式取决于系统的热负荷。热负荷较小时,可用水管冷却;热负荷再小时,用风冷或者不用冷却。

(3) 镀膜室中的温度测量与控制十分重要。基片的温度对薄膜的特性有很大影响,蒸镀金属膜时,一般采用冷基片,可减少大颗粒的形成。

(4) 大功率射频镀膜设备,必须考虑电磁屏蔽。

7.3 真空的测量与检漏

7.3.1 真空测量

在真空镀膜设备中,常用热电偶真空计测量低真空;用热阴极电离真空计测量高真空;用超高真空热阴极电离真空计测量超高真空。

1. 热电偶真空计

热电偶真空计是基于低气压下气体的热传导与压强有关的原理。它由热电偶规和测量电路组成,如图 7.10 所示。热电偶规有一根钨或铂制作的加热丝,另有两根不同的金属丝组成的一对热电偶。热电偶的一端(热端)与热丝在 O 点焊住,另两头分别焊于芯柱引线上。

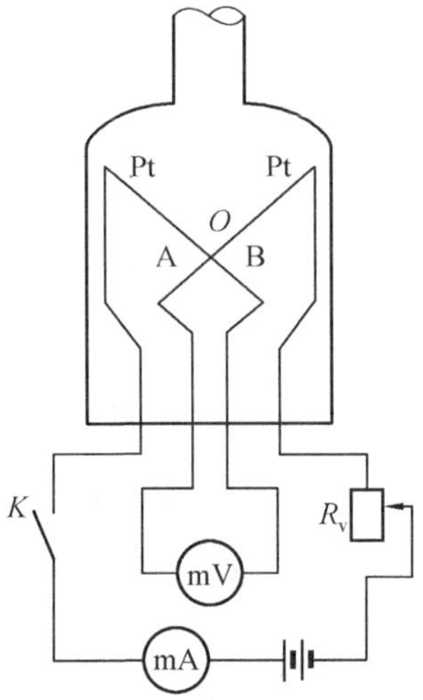

图 7.10 热电偶真空计原理图

Pt— 加热铂丝;A、B— 热电偶丝;O— 热电偶接点;mV— 毫伏表;mA— 毫安表;Rv— 可变电阻;K— 开关

当热丝通电加热时,热丝的热量散失分三部分:辐射损失 Q_1,引线热传导损失 Q_2,气体热传导损失 Q_3。设 T 及 T_0 分别为热丝及热电偶规管壁的温度,则

$$Q_1 = c_1(T^4 - T_0^4) \tag{7.14}$$

$$Q_2 = c_2(T - T_0) \tag{7.15}$$

当压强在 100 ~ 10^{-2} Pa 的范围内时,有

$$Q_3 = c_3(T - T_0)p \tag{7.16}$$

式中,c_1 ~ c_3 均为与热丝材料种类及几何形状、规管尺寸、气体种类等相关的常数。

在上述压强范围内，热丝的热量散失主要是热传导，从式(7.16)可知，气体的热传导与压强成正比，所以热传导的变化就能反映出压强的变化。若热丝输入的电功率为 Q，则根据热平衡方程有 $Q = Q_3$。热丝的平衡温度由 Q 和 Q_3 之间的平衡所决定，当达到热平衡时，热丝便保持一定的温度。气体的压强越高，热传导损失的热量越多，热丝的平衡温度下降得就越快，反之亦然。热丝的温度是气体压强的函数，即 $T = f(p)$。用热电偶直接测量热丝的温度，就可测出压强。

热丝由直流电源供电，热电偶产生的热电动势用毫伏表测量。在加热电流保持一定的情况下，热丝的平衡温度取决于气体的压强，因此，热电动势的大小亦取决于气体的压强。热电动势与压强的关系，很难通过计算求出，故一般需通过标准真空计校准获得。热电动势－压强关系的校准曲线一般由生产厂给出，其量程约为 100 ~ 0.1 Pa。

热电偶真空计的优点是能连续测量，并能远距离读数；结构简单，容易制造；即使系统突然漏气也不会被烧毁；其缺点是：

① 校准曲线与气体种类有关，对于在空气中测得的校准曲线，不能直接用于其他气体；

② 具有热惯性，压强变化时，热丝温度的改变常滞后一段时间，故读数也滞后一段时间；

③ 受外界温度影响较大，因此规管要安装在不易受热辐射或热对流影响的地方；

④ 老化现象严重，必须经常校准。

2. 热阴极电离真空计

热阴极电离真空计是基于气体分子电离产生的正离子数与压强成正比的原理制作。它由电离真空规和测量电路两部分组成。电离真空规的结构相当于普通的三极管，如图 7.11 所示。热阴极 F(零电位)发射电子；栅极 G 带正电位，用来加速并收集电子；圆筒型板极 C 带负电位，用来收集正离子，称为离子收集极。从阴极发出的电子在加速电极电场作用下，飞向栅极，并获得足够大的能量。大部分电子穿过栅极飞向板极，被带负电位的板极斥回，又飞回栅极。其中一部分被栅极截住，但仍有一部分电子再次飞向板极。电子在板极与栅极之间振荡若干次，直到被栅极吸收为止。电子在来回振荡过程中，与管内存在的气体分子发生碰撞，产生电离。离子被板极收集，形成离子电流 I_i，电子被栅极收集，形成电子流 I_e，其线路图如图 7.12 所示。

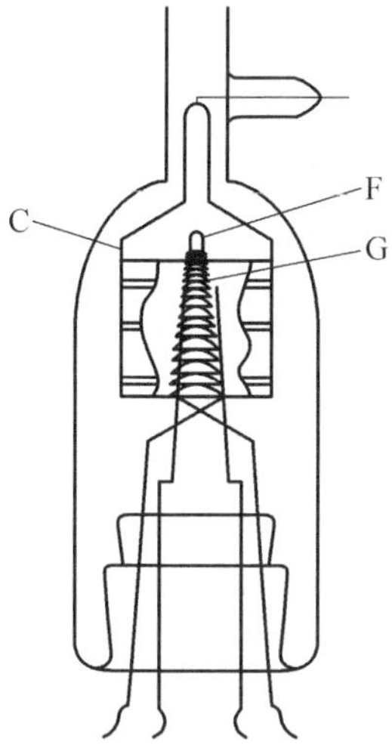

图 7.11　电离真空计规管

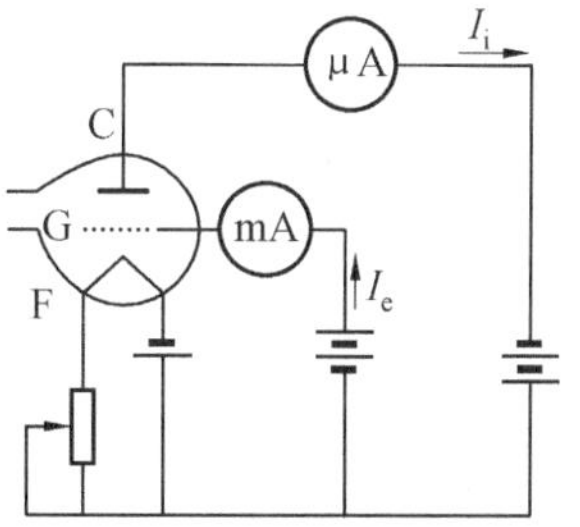

图 7.12　电离真空计线路图

实验证明，在规管内压强 $p \leqslant 10^{-1}$ Pa 时，有以下关系式

$$I_i = kI_e p \tag{7.17}$$

式中，k 是电离真空规的灵敏度，Pa^{-1}。在规管结构尺寸、各电极电压、气体种类一定时，k 是一个常数，维持电子流 I_e 不变。离子流 I_i 的大小与压强成正比，测出离子电流的大小，就可以得到相应的真空度。式(7.17) 称为电离规的特征方程。

电离真空规的量程为 0.133 ~ 1.33×10^{-5} Pa。超出此范围，压强与电流的关系失去了线性，故电离真空计测量有上下限，在压强太高时，偏离线性。其原因是电子与气体分子发生多次碰撞的概率大大增加，而且碰撞后新产生的电子也参加电离过程，引起电子繁流现象。此时，电子流与压强是指数关系。量程的下限主要受软 X 射线的影响。高速电子打在栅极上，将产生软 X 射线，此射线照射到面积较大的收集极上将引起光电发射，电子的发射等效于离子的入射，因而在离子收集极电路中有一定的光电流通过，而且与压强无关。光电流的数值与在 10^{-6}Pa 压强下的离子流的数值相当。

使用电离真空计时的注意事项：

① 电离规管要垂直安装，以免阴极加热或栅极加热除气时引起变形，而影响测量的准确性。

② 压强高于 10^{-1} Pa 时，阴极灯丝容易烧毁，应尽量避免在高压强下开启电离计。

③ 电离规管在运用时有吸气作用，影响测量的准确度。原因是正离子飞到板极，放电后吸附在电极表面；高温灯丝将气体分子分解成原子状态，活性较大，当它们飞行到规管壁时，就会粘附在管壁上，起到吸气作用。为了减少这方面的影响，电离计规管的导管都做得很短，而且较粗。

3. 超高真空热阴电离计(B - A 规)

电离真空计的测量下限，主要受软X射线的影响，要使电离规有效地在超高真空状态下(< 10^{-6}Pa) 应用，必须克服这一影响。为此，B - A 电离规(取两位发明人 Bayard 和 Alpert 的字头命名) 采取减小收集极面积的办法。

B - A 规结构如图 7.13 所示。灯丝(阴极) 放在栅状加速极之外，对称安装两根(其中一根备份)，将离子收集极改为直径约为 0.2 mm 的针状细钨丝，放置在加速极轴线上。这样做，收集极只能接收到很少一部分来自栅极的软X射线，光电子流小于普通电离规的千分之一。因此，B - A 规的量程下限就拓展到了 10^{-8} Pa。B - A 规的电极结构还有利于电离作用，因收集极是针状的，位于加速极中心，在收集极 - 加速极之间形成对数式的电位分布。这样就有较大的电离区域，离子收集效率也较高，从而可提高规管的灵敏度，这对因收集极面积减小而降低灵敏度起到了补偿作用。

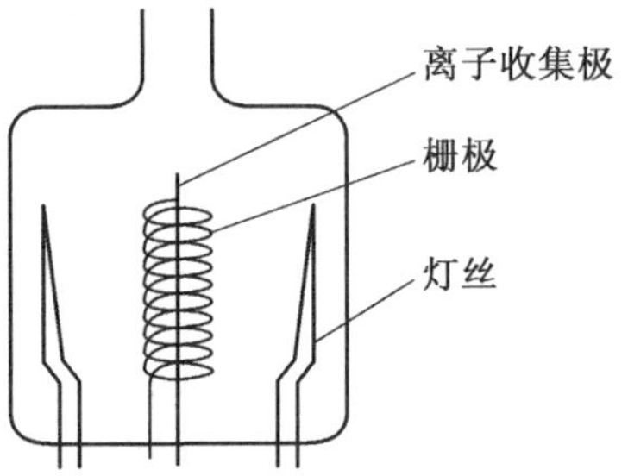

图 7.13　B - A 真空规管示意图

7.3.2　真空检漏

一台镀膜设备，往往因有微小的漏孔而达不到所需的真空度，影响薄膜的质量，甚至

不能正常工作。检漏是确定真空系统或零部件是否漏气，并找出漏孔的位置。

判断真空系统是否漏气，最常用的方法是“关闭试验法”。它先将真空系统抽到一定的压强，然后将待测的部分与泵隔离，做出压强随时间变化的曲线，再从曲线的形状分析是否漏气。曲线分三种类型，如图 7.14 所示。从图中可见，曲线为斜直线，压强随时间直线上升时，则为漏气状态；若曲线开始上升较快，而后则会平稳在一定的数值，这说明上升的原因是放气（蒸气源放气或材料放气），因放气在达到一定压强后就有饱和趋势；曲线为一横线，压强不随时间变化，这表示泵的工作正常。上述后两种情况不属于漏气，只有第一种情况是镀膜设备漏气。

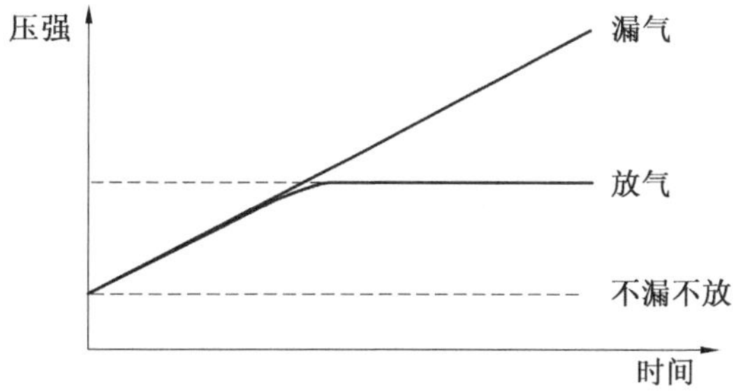

图 7.14　关闭试验法的几种曲线

真空检漏的方法有：真空计检漏法、高频火花检漏法、离子泵检漏法、质谱仪检漏法等等。但最常用的是真空计检漏，因真空计的读数与气体种类有关，选用适当的气体作为检测气体，真空计就是很好的探测器。例如，用热电偶真空计作探测仪器，应选用热传导与空气有很大不同的气体或液体作为检测气体，一般用氢气、二氧化碳、丙酮、乙醚、酒精等。检漏时，先使被检容器内的压力处于动态平稳状态（压强保持不变），然后用检测气体喷吹（或用上述有机溶剂涂抹）可疑处。若有漏孔，则检测气体将从漏孔进入，热电偶真空计的指示就发生变化，从而可知道漏孔的位置。热电偶真空计惯性大，反应慢，需耐心检测。此外，还应分析有无其他原因使压强变化或仪器本身的漂移使指针摆动。一般当检测气体离开后，仪表指示恢复原状，可以确定是漏气所致。

用电离真空计检漏也同样需采用电离系数与空气差别很大的气体（或液体）作检测气体，例如，氢气、氦气、氩气、二氧化碳等气体、苯、乙醚、丙酮等有机物质。电离真空计的热阴极能将有机物质的蒸气裂解为多种气体，如氢气、一氧化碳、二氧化碳等，产生大量气体，使电离计读数大大增加。电离计的反应比热电偶真空计快，但检测气体在真空系统中建立足够的分压强需要较长的时间，故喷速不要太快。电离真空计的测量范围就是检漏的压强范围。一般镀膜机容易发生漏气的地方为：阀门、焊接裂痕处、波纹管、可动部分（传动轴和密封口）以及玻璃、陶瓷等易损部件处，这些地方必须优先进行检查。

第8章　真空薄膜沉积技术

光学、激光、微电子技术等的迅速发展,促进了薄膜制备技术的不断完善与发展。科技人员不仅改进了传统的蒸发技术,而且开拓了不少新的制备方法;不仅已能蒸发高熔点的材料,而且能获得高质量的膜层;不仅能精确地控制膜层的参数,而且已能获得任意厚度与光学常数的膜层。根据膜料气化方式的不同,薄膜的制备方法可分为热蒸发、溅射、离子镀与离子辅助镀。其中,光学薄膜主要采用热蒸发与离子辅助镀技术制备,溅射与离子镀技术主要用于集成线路和金属表面改性领域,由于采用溅射与离子镀技术制备的薄膜质量较好,所以近年来它们也逐步用于制备光学薄膜。

8.1　热蒸发镀膜技术

热蒸发是一种发展较早,应用广泛的薄膜制备技术。热蒸发镀膜设备便宜,有高定向性,但是所镀膜层纯度低,可用膜材有限。最常见的是电阻加热蒸发,此外,还有电子束蒸发、激光蒸发、反应蒸发、高频感应蒸发等,这里主要介绍电阻加热蒸发、电子束蒸发与激光蒸发。

电阻加热设备简单,高定向性,但存在材料污染;电子束蒸发低污染、低耗能、适于高熔点材料;激光蒸发无污染,膜料利用率高,但工艺复杂,可用膜料有限。现代薄膜蒸镀设备如图8.1所示,图8.1(a)为德国莱宝公司的MODEL A 1100高真空镀膜系统系统,该系统的真空抽取、膜料蒸发、基片加热、膜厚监控等所有功能都是计算机控制的。图8.1(b)巴尔查斯公司的BAK 760高真空镀膜系统的内部,其上部为可翻转的圆顶,这样基片可以实现连续双面镀膜。最上面的半球形穹顶是辐射加热器,底部有两个热源,底部后方有两个电子束发射源。

(a)MODEL A 1 100 高真空镀膜系统

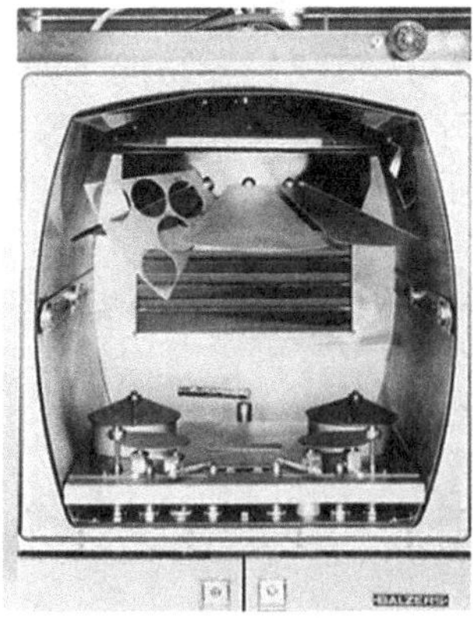

(b)BAK 760 高真空镀膜系统

图8.1　真空镀膜设备

8.1.1 电阻加热蒸发

大多数膜料蒸发温度在 1 000 ~ 2 000 ℃,因此必须设法将膜料加热到此温度,最常用的方法就是采用高熔点材料作为加热器,它相当于一个电阻,通电后产生热能,温度升高,随着温度的升高蒸发源的电阻率增加,例如在 1 000 ℃ 时,蒸发源的电阻率为冷却时的 5 倍左右,而温度为 2 000 ℃ 时,蒸发源的电阻率为冷却时的 10 倍左右。这样一来,蒸发源产生的热量就足以使膜料物质获得足够大的动能,克服分子之间的相互作用力,从固态变为气态,这就是所谓的电阻加热蒸发。

1. 蒸发源材料

电阻加热蒸发源同时起发热器和坩埚的作用,如果要使材料在蒸发温度下不分解,那么坩埚与加热方式的选择受两个因素制约:① 蒸发温度的高低;② 蒸发材料是否与坩埚起反应。一般情况下,蒸发源的熔点温度必须高于膜料的蒸发温度,而且还必须使蒸发源材料规定的平衡蒸气压温度高于膜料的蒸发温度,以避免蒸发源材料蒸发后作为杂质进入膜层。常见的蒸发源材料的熔点与平衡蒸气压温度见表 8.1。此外,选择蒸发源的材料不会与膜料发生反应或形成合金,因为一旦形成合金(高温下铝会与钨、钽、钼等形成合金),熔点就要下降,蒸发源容易烧毁。如果做不到这一点,就应该适当降低蒸发源的温度。

表 8.1 典型蒸发源材料的熔点与平衡蒸气压温度

蒸发源材料	熔点 /℃	平衡蒸气压温度 /℃	
		10^{-6} Pa	10^{-3} Pa
钨(W)	3 410	2 117	2 567
钽(Ta)	2 996	1 957	2 407
钼(Mo)	2 617	1 592	1 957
铌(Nb)	2 468	1 762	2 127
铂(Pt)	1 772	1 292	1 612
石墨(C)	3 700	1 800	2 126

2. 蒸发源形状

根据膜料的外形,如丝状、粉末等,蒸发源的形状主要有螺旋形、篮形、舟形和盒形,如图 8.2 所示。其中螺旋形和篮形用于丝状膜料,要求膜料与蒸发源材料相湿,即亲合性较好,膜料在整个空间蒸发,膜料损耗较大;而舟形蒸发源的蒸发方向被限制在半个空间,任何形态的膜料均可使用;为了防止粉状膜料在抽真空和加热蒸发时产生飞溅,使膜料均匀地以分子状态蒸发,可采用盒形蒸发源。

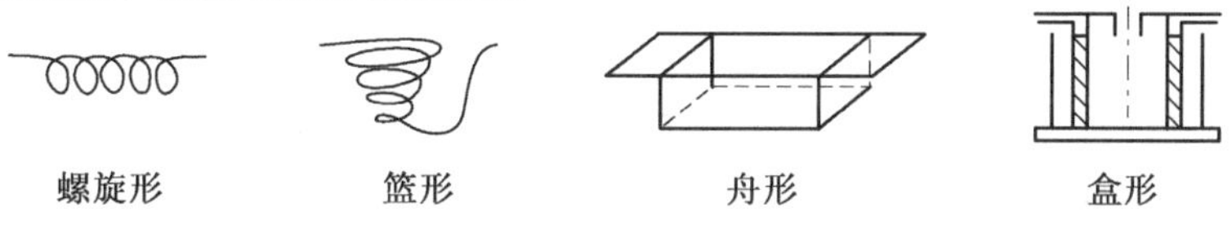

图 8.2 典型蒸发源形状示意图

3. 电阻加热蒸发的特点

电阻加热蒸发的优点是简单、经济、操作方便，镀膜设备成本低。如果配以适当控制电路，易于实现薄膜沉积过程的自动化，其缺点是：

① 不能用来蒸发难熔金属或高温介质材料，如 ZrO_2，TiO_2 等；

② 由于热源与膜料直接接触，互相侵蚀，造成蒸发膜层的不纯，特别是易引起化合物的分解；

③ 膜层特性较差，例如膜层附着性低、松散、有较大吸收和散射。

8.1.2　电子束蒸发

电子束加热蒸发源是利用高速密集的电子束轰击膜料，使其产生高温而蒸发。

在常温状态下，金属内部的一部分自由电子获得足够的能量会逸出金属表面，产生热电子发射。如果把此金属作为电子发射源，并加以一定的电磁场，发射电子在电场中将向阳极运动。电场的电压越大，电子的运动速度越快，电子运动速度 v 与电压 u 的关系为

$$v = 5.93 \times 10^5 \sqrt{u} \quad (\mathrm{m/s}) \tag{8.1}$$

若电压为 10 kV，电子运动速度为 6×10^7 m/s。这样高速的电子流，若在一定形状的磁场作用下汇聚成电子束，当其轰击物质表面时，由于它的动能几乎全部转换为热能，因而会使被轰击处的温度迅速升高。

产生电子束的装置称为电子枪，电子枪主要有直形枪、环形枪和 e 形枪（磁偏转电子枪）之分，目前，主要采用的是 e 形枪。

由于磁偏转电子枪的电子轨迹成“e”形，因此称其为 e 形枪，其结构示意图如图 8.3 所示。从阴极发射的热电子，经阴极与阳极间的高压电场加速并聚焦成束，由磁场使之偏转，轰击坩埚中的膜料，并使其蒸发。由于膜料与阴极是分开的，并单独处于磁场中，坩埚与膜料发射的二次电子受到磁场作用发生偏转，并被二次电子收集极吸收，避免了由于二次电子所造成的膜层结构粗糙、杂质增加、均匀性变差、应力增大问题，大大提高了膜层质量，减小了膜层的吸收与散射。此外，阴极受到屏蔽，不被污染；结构比较简单，制作容易。

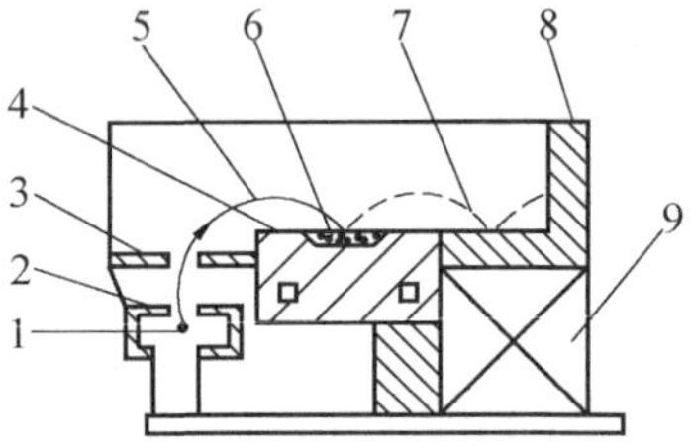

图 8.3　e 形电子枪结构示意图

1— 灯丝；2— 聚焦极；3— 阳极；4— 坩埚；5— 电子束轨迹；6— 膜料；7— 二次电子轨迹；8— 二次电子收集极；9— 磁场线圈

电子束蒸发中灯丝的寿命很关键。一般认为灯丝因其材料蒸发损耗使直径降低 10% 即为寿命终结。灯丝直径测量困难，故又规定灯丝的发射电流密度降低到初始的 70% 即为寿命终结。

8.1.3　激光蒸发

激光加热蒸发是将大功率、高能量激光器发出的激光光束聚焦作为热源，以无接触方式加热膜料，使其迅速气化。激光加热蒸发的装置示意图如图 8.4 所示。根据激光器工作方式的不同，可进行脉冲输出和连续输出，前者具有对膜料瞬时蒸发的特点，后者则有缓慢蒸发的特点。

激光加热蒸发能蒸发高熔点的膜料，并可减少或避免膜料的污染，同时可避免电子束蒸发时的膜料表面带电；能实现化合物的蒸发沉积，不会产生分馏现象；在基片不加热的情况下，可得到结晶良好的薄膜。因此，激光加热蒸发是制备高质量介质膜、金属膜、半导体膜的一种有效的手段。其缺点是工艺较复杂（避免光路污染），不是适合所有的膜料。

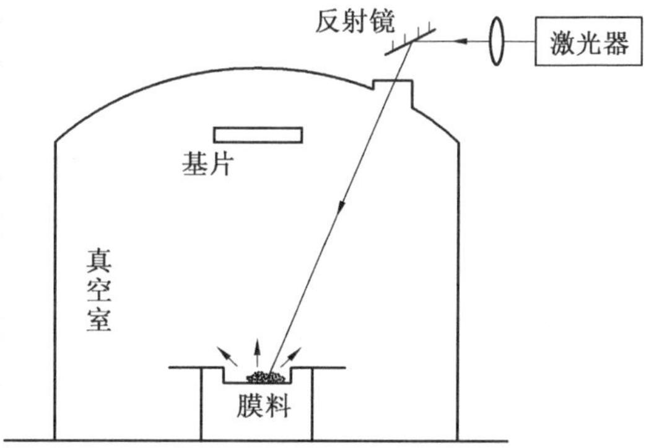

图 8.4　激光加热蒸发装置示意图

此外，还有高频感应加热蒸发、反应蒸发和辐射加热蒸发等。

为获取更好的膜层质量，许多荷能蒸镀方法被提出，这里简要介绍离子披覆蒸镀和等离子助镀。

离子披覆蒸镀是指利用低电压高电流引发的离子产生氧化、氮化反应以增加膜层致密度的蒸镀法。

图 8.5 为离子披覆蒸镀的示意图。氩气冲入到离子腔中（阴极），在阴极和阳极之间形成等离子区。蒸镀材料在坩埚上方被离子化，因而加速飞向基片，这样产生的膜层致密度很高。此方法的缺点是蒸镀材料必须是金属或者导体，不适用于介电质材料。

等离子助镀是增强膜层致密度的另一种典型荷能蒸镀方法，如图 8.6 所示。基片放置在大面积的 LaB_6 阴极上，由石墨间接加热；用一柱状套筒做阳极，并绕以强磁场。当充以氩气产生辉光放电，形成等离子。反应气体（O_2）在阳极附近被离子化，并飞向阴极（基片），与膜料发生反应，提高了膜层致密度与纯度。

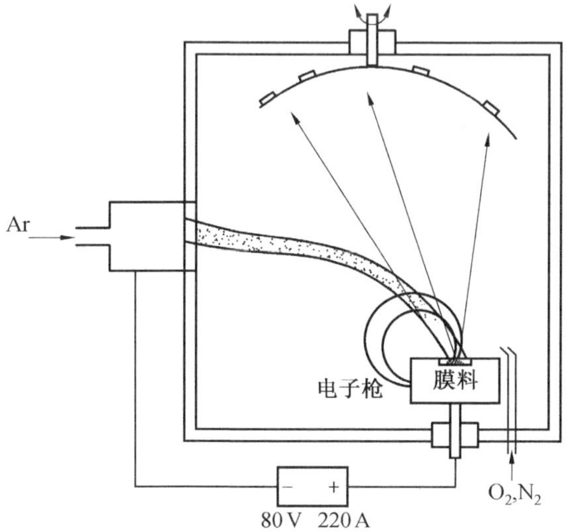

图 8.5　离子披覆镀原理示意图

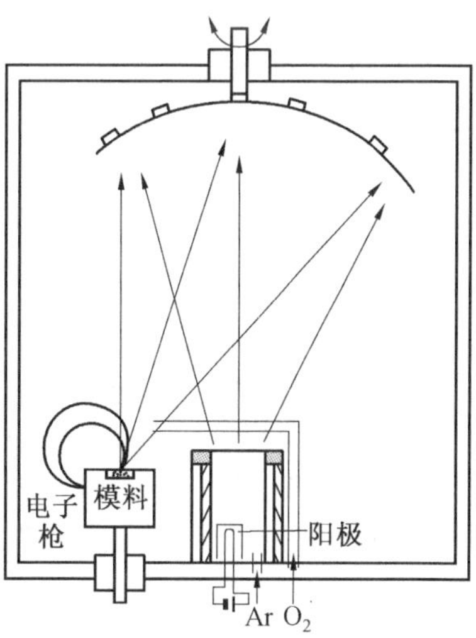

图 8.6　等离子助镀原理示意图

8.2　溅射镀膜技术

1842 年 Grove 在实验室发现了阴极溅射现象,1877 年 Wright 将二级溅射技术用于制备镜面反射膜。但一开始由于热蒸镀技术的成膜速率比溅射镀膜快 10 倍以上,溅射镀膜技术一直坐“冷板凳”。直到 20 世纪 20 年代,溅射镀膜技术才开始逐渐发展。1974 年,J·S·Chapin 第一次报道平面溅射管装置,并在不到一年内商品化的溅射镀膜设备供应于世,掀起了溅射镀膜技术发展的新高潮。

用离子轰击固体表面,从固体表面飞溅出原子、分子的现象称为溅射。溅射出来的物质沉积到所需的基片上形成薄膜就是溅射镀膜。由于溅射比热蒸发制备的薄膜性能优良,所以溅射镀膜也得到了广泛的应用,特别是在制备低损耗薄膜方面。

与热蒸发镀膜相比,溅射镀膜有许多优点:① 膜层在基片上的附着力强;② 膜层的纯度高;③ 可镀制多重不同成分的金属膜;④ 利用反应溅射,可以制取各种化合物膜。其不足之处是需预先制备所需成分的膜料靶,镀膜速率较慢,且靶的利用率较低。

8.2.1　溅射镀膜基础

1. 辉光放电

辉光放电指气压在 1 ~ 10 Pa 时,高压电极间气体电离形成低压大电流导体,并伴有辉光的气体放电现象。气体放电产生的离子体有:

① 离子:电子与气体粒子间非弹性碰撞的产物,失去电子后的气体粒子。

② 等离子体:电子与离子总数基本相等,整体成电中性的气态导体。

辉光放电是一种稳定的自持放电。它是靠离子轰击阴极,产生二次电子维持放电。其过程是:冷阴极受到离子的轰击,释放出二次电子,电子在向阳极运动过程中,不断从电场获得能量,与中性气体原子碰撞,产生更多的离子;这些离子再轰击阴极,又产生更多的二次电子;当阴极产生的电子数足以补充消失在阳极上的电子数时,放电就达到了自持。

2. 溅射率

溅射率又称为溅射产额,其定义为一个入射的正离子撞击阴极时,溅射出的原子个数,单位为原子个数 / 离子。溅射率越大,薄膜的成膜速度越快。一般认为溅射率与入射离子的能量、入射角有关;与入射离子种类、靶材原子的种类和结构有关;还与溅射气体的压强有关;但溅射率在很宽的温度范围内与靶材温度无关。

(1) 溅射率与入射离子能量的关系

图 8.7 为溅射率与入射离子能量的关系。由图可知,只有当离子能量大于溅射阈值 A 时,溅射才会发生。金属溅射的阈值能量约为 20 ~ 40 eV。离子能量从阈值增加时,溅射率逐渐增加,如图上 AB 段所示;在 BC 段,溅射率变化不大,出现饱和现象。若再增加离子能量,如 CD 段所示,则因产生离子注入现象,反而使溅射率下降。

(2) 溅射率与离子入射角的关系

溅射率随离子入射角的改变而变化,典型的变化曲线如图 8.8 所示。一般在一定范围内随着入射角的增加溅射率也逐渐加大。对于具体靶材和入射离子,有个最佳入射角。当入射角大于最佳入射角时,溅射率迅速下降,入射角为 90° 时,溅射率为零。

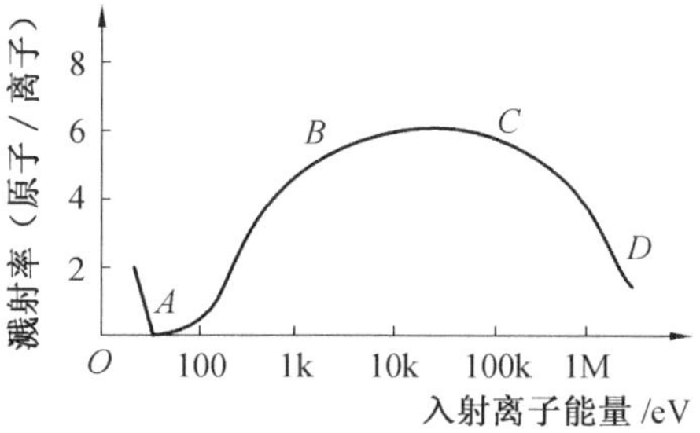

图 8.7　溅射率与入射离子能量关系

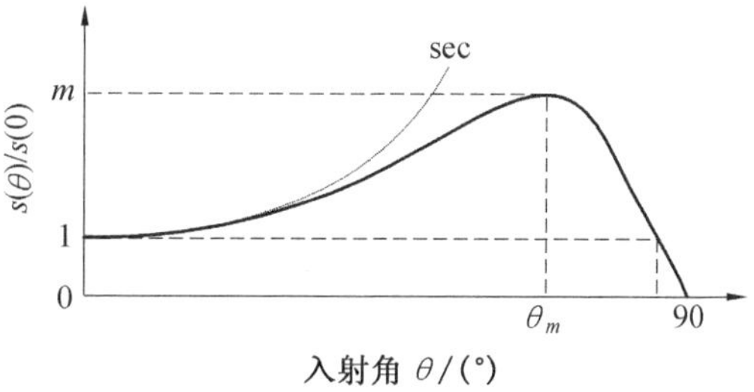

图 8.8　溅射率与离子入射角的关系

(3) 溅射率与入射离子、靶材的关系

实验表明采用惰性气体,溅射率出现峰值,溅射率随气体原子序数变大而升高。考虑到经济性能,通常采用氩气。此外,溅射率随靶材原子 d 壳层电子填充程度的增加而变大,即铜、银、金等溅射率最高,钛、铌、钽等的溅射率最低。

3. 溅射原子的能量与角度分布

与热蒸发原子具有的动能(在300 K大约为0.04 eV,在1 500 K大约为0.2 eV)相比,溅射原子的动能要大得多,一般为 10 eV。

根据经典蒸发溅射理论,可推测出溅射原子的角分布遵循余弦分布定律,而且溅射原子的角分布与入射离子方向无关,这样的推测被高能入射离子的溅射实验所证实,但是当采用中、低能离子作溅射实验时,发现溅射原子的角分布并不完全遵循余弦定律,且与入射离子的方向有关。

4. 阴极溅射理论

最早的溅射理论模型是热蒸发理论,该理论认为,溅射是由于入射离子在材料表面产生局部的高温区,使靶材粒子产生热蒸发。这种理论模型由于后来发现单晶靶溅射出的离子角分布不满足余弦定律被否定。目前最广泛采用的是级联碰撞模型,即溅射现象是轰击离子与靶材原子动量传递的过程,如图 8.9 所示。按照这个模型,入射离子与靶原子发生碰撞时把能量交给靶,在准弹性碰撞中通过动量转移导致晶格原子的撞出,形成级联碰撞。当碰撞级联延伸到表面,使表面粒子的能量足以克服结合能时,表面粒子逸出成为溅射粒子,这种理论现已成为研究溅射的基础。

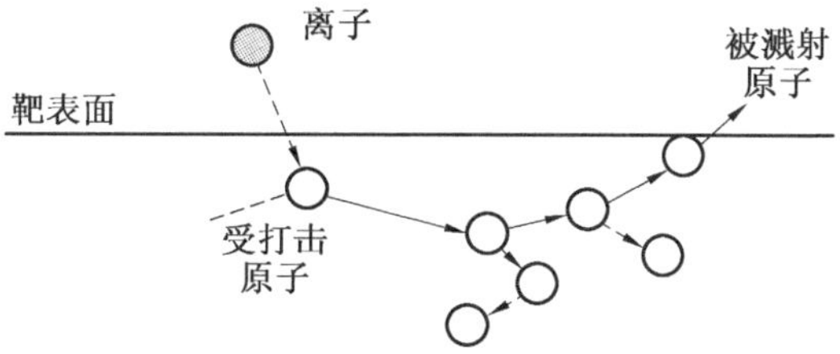

图 8.9　溅射的级联碰撞模型

5. 溅射技术的分类

从入射荷能粒子的来源分为辉光放电阴极溅射和离子束溅射。其中辉光放电阴极溅射按不同角度又有不同的分类,从电极结构来看分为二极溅射、三极溅射、四极溅射、磁控溅射和非平衡磁控溅射；从电源放电形式来看，分为直流溅射、射频溅射、非对称交流溅射、中频交流溅射和偏压溅射（溅射离子镀）等。

8.2.2　直流溅射

1. 直流二极溅射

图8.10为直流二极溅射装置的示意图。把膜料物质作成靶的阴极，接上1 ~ 5 kV 直流负高压，放置基片的基板为阴极，阳极接地。工作时，先将真空室抽真空到 6.55×10^{-3} Pa，然后通入氩气，气压回升到1 ~ 10 Pa时，接通高压电源，便产生异常辉光放电。由放电形成的正离子在阴极电场的作用下加速，并轰击阴极，使靶表面溅射，已溅射原子或分子状态沉积在基片上形成薄膜。直流二极溅射的优点是结构简单，操作方便，但缺点有三点：

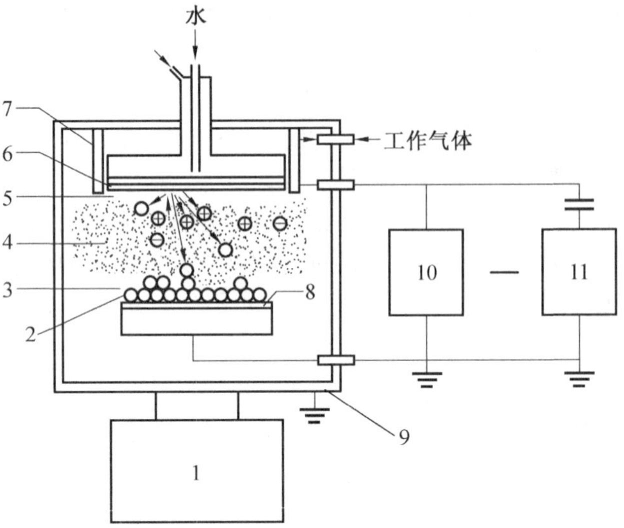

图8.10　二极直流溅射装置示意图

1— 真空泵；2— 射频原子；3— 阳极鞘层；4— 等离子体；5— 阴极暗区；6— 水冷阴极；
7— 接地屏蔽；8— 基片；9— 真空室；10— 直流电源；11— 射频电源

（1）沉积速率低，沉积速率是指单位时间内沉积在基片上的物质量。它与溅射率、放电电流成正比，并与靶到基片的距离有关，可表示为

$$R = CIS \tag{8.2}$$

式中，R 为沉积速率；C 为溅射装置特性常数；I 为离子流；S 为溅射率。二极溅射沉积速率比较低是由于直流二极辉光放电的电离化率低，只有百分之几的气体原子被电离，放电电流密度通常只能维持在0.2 ~ 1 mA/cm^2，沉积速率在0.1 nm/s左右。

（2）离子轰击阴极，产生大量的二次电子直接轰击基片，使基片温度升高。高能电子轰击又会造成基片损伤。

（3）工作气压高，本底真空和氩气中的残留气体（O_2，H_2O，N_2 等）对膜层造成严重沾污，也影响沉积速率。例如，氧分压达到 6.65×10^{-3} Pa时，由于氧的存在而使 SiO_2 的沉积

速率下降到原来的30% ~44%。如降低压强,可减少残余气体进入薄膜,提高膜的质量,又能提高沉积速率。但是,随着氧分压的下降,将会引起辉光暗区逐渐扩大,以致达到阳极表面,使辉光放电熄灭。为此,产生了三极溅射和四极溅射。直流二极溅射现在已不用作独立的镀膜工艺设备,但仍作为辅助手段使用。例如,在磁控溅射镀膜中,镀膜前先用直流二极溅射清洗基片。这时,以基片为阴极,受离子轰击,清除表面吸附的气体和氧化物等污染层,以增加膜层与基片的结合强度。又如,直流二极离子镀,就是由蒸镀配合直流二极溅射构成的。

2. 三极溅射和四极溅射

三极溅射和四极溅射都是在二极溅射装置基础上增加热阴极和阳极,在两个电极之间产生低电压(约 -50 V)、大电流(5 ~ 20 A)弧光放电。弧柱中,大量电子碰撞气体使其电离,产生大量离子。溅射靶与基片安放在等离子体区相对的两侧,当靶加上负电压后,吸引正离子,从而产生溅射。溅射出来的原子穿过等离子区沉积在基片上形成薄膜,如图 8.11 所示。有稳定电极的,称为四极溅射;没有稳定电极的,称为三极溅射。稳定电极的作用就是使放电稳定。为使等离子体收聚,并提高电离效率,在阴极与阳极的连接轴线上,加有 10^{-3} T 量级的磁场。

三极溅射是热电子强化放电的一种方式,它的溅射速率比二极溅射有所提高,并且溅射工况的控制变得方便。三极溅射是在二极溅射中附加热电子流,它是靶电流的一个调整量,这样电流可独立于电压做一定的调整,方便了溅射工况的调整。

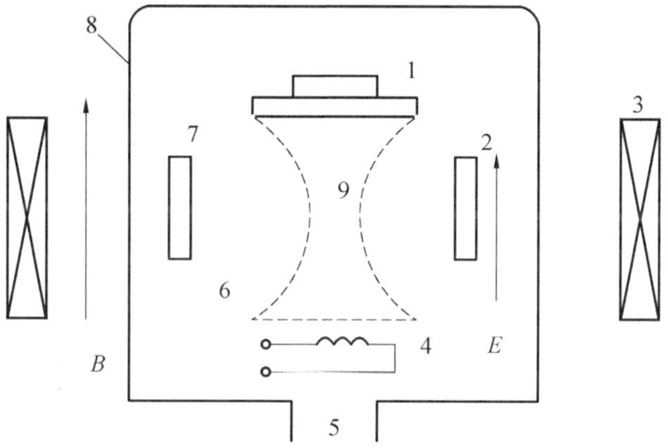

图 8.11　四极溅射装置示意图

1— 阳极;2— 靶材;3— 线圈;4— 热阴极;5— 接真空系统;

6— 稳定电极;7— 基片;8— 真空室;9— 等离子体

采用三极溅射或四极溅射,工作压强可降低到 0.13 Pa(10^{-3} Torr) 左右,约为二极溅射压强的1/10,电流密度达2 ~5 mA/cm^2。因此,沉积速率有所提高,膜层质量也得到改善。但不能抑制由靶产生的高速电子对基片的轰击,基片温升过高。由于热电子发射,很难获得大面积均匀的等离子区,而且灯丝寿命低,灯丝具有的不纯物质使膜层沾污,因此,这种设备应用日渐减少。

8.2.3 磁控溅射

磁控溅射技术被称为高速、低温的溅射技术，它是把磁控原理与二极溅射技术结合。溅射 Al 的速率达 1 μm/min，与电子束蒸镀相接近。低温是相对二极溅射而言的，二极溅射基板温度需要 350 ~ 450 ℃，而磁控溅射只需要 250 ℃ 左右。

磁控原理是利用磁场的特殊分布控制电场中的电子运动轨迹，以此改进二极溅射的不足。它与上述二极、三极、四极溅射技术相比，具有基片温升低、损伤小、沉积速率快等优点，从而得到广泛应用。

图 8.12 为平面磁控溅射装置结构示意图。磁控溅射装置与直流二极溅射装置大体相同，所不同的是在阴极靶的后面设置了磁场线圈（或磁铁），磁铁使阴极靶上形成一个闭合的环形磁场，如图 8.13 所示。环形磁场区域称为跑道，磁力线由跑道的外环指向内环，横贯跑道。磁场与电场垂直，形成正交电磁场。从靶面发出的二次电子在正交电磁场的作用下，在靶表面沿跑道跨越磁力线做旋轮式运动，并以这种形式沿跑道转圈。这样就会使电离碰撞的次数增加。即使在比较低的溅射电压和低气压下也能维持放电。由于电子运动路程足够长，二次电子与气体粒子经过多次碰撞，几乎耗尽其能量后，才落到阳极（基片）上，这是基片温升低、损伤小的主要原因。同时，高密度等离子体被磁场束缚在靶面附近，抑制了高能带电粒子对基片的轰击。

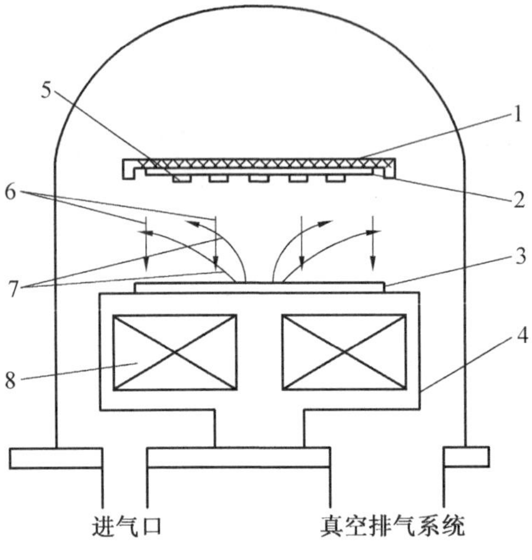

图 8.12 平面磁控溅射装置结构示意图

1— 屏蔽罩；2— 圆形基片架（阳极）；3— 圆形靶（阴极）；4— 线圈盒；5— 基片；6— 电场；7— 磁力线；8— 磁场线圈

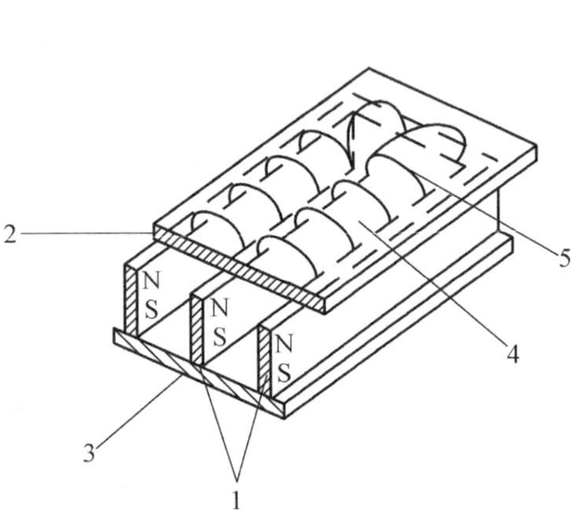

图 8.13 长方形平面磁控溅射靶

1— 永久磁铁；2— 阴极；3— 极靶；4— 跑道区；5— 磁力线

磁控溅射具有高沉积速率是由以下三方面因素所致。

(1) 磁场与电场正交，使运动电子沿着靶附近的连续轨道运动，增加了与气体粒子的碰撞概率，提高了气体的电离化率，在靶附近形成一个高密度的等离子区，可以获得非常大的离子电流。因此，靶表面的溅射刻蚀速率与基片上的沉积速率都很高。

(2) 提高了溅射功率的效率。靶的溅射速度与靶的功率密度之比，称为溅射功率效率,单位为 nm · min^{-1}/(W · cm^{-2})。其含义是入射功率贡献给溅射的份额。其他的份额则贡献给靶材发热、γ光子和X射线的发射。这些对溅射来说被认为是“无功”的。所以,功率效率越高,溅射效率也越高。大部分物质的离子能量为200 ~ 500 eV时,溅射功率效率最大。例如,设离子能量的平均值为靶电压的1/2,即溅射电压为600 V,则离子能量为300 eV。磁控溅射的靶电压在200 ~ 1 000 V范围内,常用的靶电压为700 V左右,正好处在功率效率最高的范围内,磁控溅射沉积速率达到热蒸发的沉积速率。

(3) 减少溅射原子或分子向靶的逆扩散。直流二极溅射,通常在2 ~ 10 Pa的压力范围内进行溅射镀膜,溅射原子或分子有2/3在溅射后又返回到靶。磁控溅射由于提高了电离效率,工作压力可降低为 10^{-1} ~ 10^{-2} Pa数量级,减少了溅射粒子与气体分子之间的碰撞及由此引起的溅射粒子向靶的逆扩散,提高了沉积速率。

8.2.4 射频溅射

直流溅射只能溅射良导体,不能制备绝缘膜。因为,撞击到绝缘体靶的离子会使靶带电,靶的电位上升,致使离子不能继续对靶进行轰击,而停止放电与溅射,为此,产生了射频溅射解决绝缘膜的问题。

图8.14是射频溅射装置的结构示意图,把直流二极溅射装置的直流电源换成射频电源即可。射频电源由射频振荡器构成,通过匹配网络(振荡槽路)连接在靶上。习惯上,称放置靶材的电极为阴极,放置基片的为阳极,它与机壳连接并接地。在电极上加上射频电压后,电子在高频电场作用下,时而向这一方向运动,时而向另一方向运动,不再单向地从一个电极跑向另一电极。所以电子在气体中多次往返,电子与气体离子碰撞次数大大增加,电离概率大为提高。这样,用以维持放电所需电子完全可由放电空间中电子碰撞电离产生,不需要从阴极发射大量电子来维持放电。由于电子在气体中来回运动,碰撞电离概率大,所以射频溅射可在0.1 Pa甚至更低的气压下进行。射频变化周期小于放电空间的电离和消电离时间,使得等离子区来不及消电离,因此,射频溅射装置的两个电极不是交替地作为阴极和阳极,而是整个放电空间稳定在一种不变的放电形式 —— 在电极附近的发光情况相似于直流辉光放电的负辉区,在中间部分则配置着与正柱区相对应的发光区。

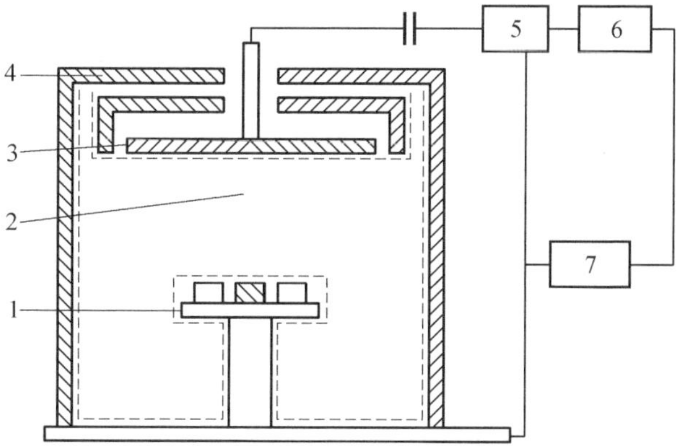

图8.14 射频溅射装置的结构示意图

1— 基片架;2— 等离子体;3— 射频溅射靶;4— 镀膜室;

5— 匹配网络;6— 电源;7— 射频发射器

对绝缘体进行射频溅射的镀膜原理,可结合图8.15加以说明。如果在阴极上加矩形波电压 U_m,正半周时,靶面很快地从等离子体收集电子,致使靶面与等离子体的电相位同。正半周靶表面电位变化如 U_s;负半周时,靶表面的电位变化为 U_s,处于负电位,使离子加速而轰击靶面,并产生溅射效应。由于离子质量大,迁移率小,不像电子那样很快地向靶表面集中,所以靶表面的电位上升缓慢。结果,相当于在靶表面叠加了 U_b 的偏置电压,这样就进行了绝缘物体的溅射。若阴极上加正弦波电压,情况也相同。对这一过程还有一种简单的解释:射频电流可以流过由绝缘体两面间构成的电容,从而对绝缘体进行溅射。

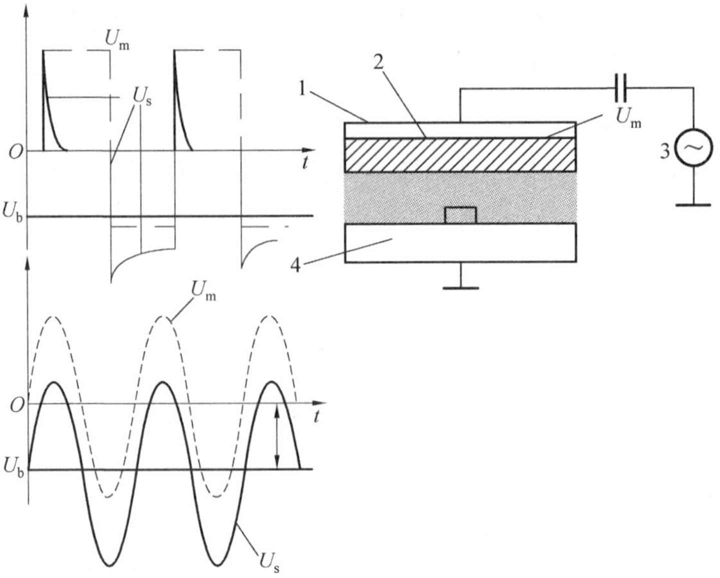

图8.15　绝缘体的射频溅射原理

1— 靶电极;2— 靶(绝缘体);3— 高频电源;4— 基片托架

对于大功率射频溅射镀膜设备,电磁屏蔽应重点考虑射频放电的电磁辐射对人体是否有害。

8.2.5　离子束溅射

上述溅射镀膜都是利用辉光放电产生的正离子轰击靶面,溅射出原子沉积在基片上,形成薄膜。而离子束溅射镀膜,离子束是由离子源产生的。离子源是一个独立的装置。靶和基片置于高真空成膜室中,从离子源引出并被加速到高能的离子束轰击靶材,产生溅射作用。图8.16是离子束溅射装置的示意图。

图8.17为一种离子束溅射镀膜设备的实物照片。离子束溅射用于生产高质量光学薄膜,特别用于生产波分复用的波光片。

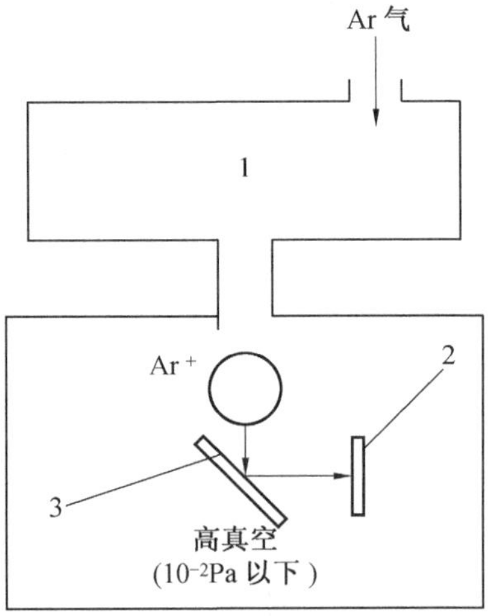

图8.16　离子束溅射装置的示意图

1— 离子源;2— 基片;3— 靶

图 8.17　离子束溅镀设备

离子束溅射镀膜与等离子体溅射法相比，具有以下优点：

① 由于离子束由独立的离子源产生，溅射镀膜可在 10^{-3} Pa 高真空下进行，因此从靶上放出的溅射粒子到达基片过程中，不与气体粒子发生碰撞，沿直线方向并带有较高的能量，使膜层和基片之间具有良好的附着力，而且通过变化射向基片的入射角，以及掩膜，还能改变膜层的二维或三维结构。由于工作气压低，减少了镀膜室中的残留杂质气体对膜的污染，提高了薄膜纯度。

② 离子源、靶、基片三者都是独立的，因此，离子束的能量和流强、溅射的参数、基片温度可以分别控制。从而可对所制薄膜在力学、晶体学、光学及电磁学的性质进行控制。

与等离子体溅射法相比，离子束溅射镀膜的主要缺点是成膜速率慢。

8.3　离子镀膜技术

离子镀技术是蒸发镀膜工艺与溅射技术相结合的一种镀膜方法，即用热蒸发镀膜，利用溅射清洁基片表面。在离子镀的整个镀制过程中，都有离子及高能中性粒子的轰击。因此离子镀兼有真空蒸发镀膜和溅射镀膜的优点。这一技术自从 1963 年马托克斯（D · M · Mattex）首次提出并付诸实践以来，得到了广泛的应用。

8.3.1　离子镀原理

离子镀的最基本装置是二极型离子镀，如图 8.18 所示。它采用电阻蒸发源，当真空室被抽至 5×10^{-3} Pa 以上真空度，再通入氩气，真空度维持在 1×10^{-1} Pa，基片（工件）电极上接 1 ~ 5 kV 直流高压，在作为辉光放电的阴极上接通高压电源，产生辉光放电。这时，在基片和蒸发源之间形成低温等离子区，在基片附近形成阴极暗区、阴极辉区。惰性气体粒子进入阴极暗区被电场加速，并轰击基片表面，对基片进行溅射清洗。经溅射清洗一定时间后，开始镀膜，先使镀料气化蒸发，气化后的镀料粒子进入等离子区与电离化的或被激发的惰性气体原子以及电子发生碰撞被电离化，被电离的镀料离子和气体离子一起受到电场加速，以较高的能量轰击镀层表面。这种轰击作用一直伴随着离子镀的全过程。因为在镀料原子及离子在基片上沉积的同时还有正离子（气体离子和镀料离子）的溅射作用，所以只有当沉积作用大于溅射剥离作用时，才能形成薄膜。

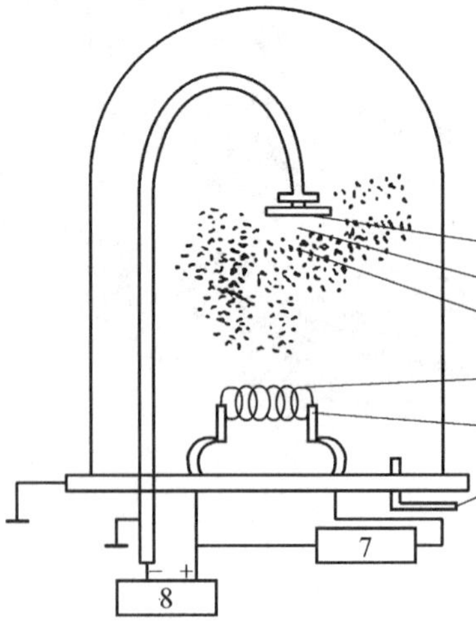

图 8.18　二极型离子镀装置示意图

1—基片；2—阴极暗区；3—辉光区；4—加热电阻丝；5—镀料；
6—进气管；7—电阻丝加热电源；8—负偏压电源（1 ~ 5 kV 可调）

如果辉光放电空间只有金属蒸发物质，仅考虑原子沉积，则每秒在 1 cm^2 基片表面上沉积的金属原子数 m_a 表示为

$$m_a = R\frac{10^{-4}\rho N_A}{60M} \tag{8.3}$$

式中，R 为沉积速率，μm/min；ρ 为沉积膜的密度，g/cm^3；M 为沉积原子的相对原子质量；N_A 为阿伏加德罗数，$N_A = 6.024\ 9 \times 10^{23}$。

例如，对于 Ag（$M = 107.88$，$\rho = 10.49\ g/cm^3$）当沉积速率为 1 μm/min 时，$m_a = 9.76 \times 10^{16}$ 原子·$(cm^2 \cdot s)^{-1}$。

在沉积镀膜的同时，还有正离子的溅射作用，如果撞击基片的是 1 价正离子，溅射的离子流密度为 i，则每秒撞击到 1 cm^2 基片表面上的离子数为

$$n_i = \frac{10^{-3}i}{1.6 \times 10^{-19}} = 0.63 \times 10^{16}i \tag{8.4}$$

式中，i 为入射离子形成的电流密度，mA/cm^2；1.6×10^{-19} 为一价正离子的荷电量。

每秒从 1 cm^2 基片表面溅射的原子数 m_i 为

$$m_i = n_i s \tag{8.5}$$

式中，s 为溅射率。

可见，离子镀中沉积成膜的条件是 $m_a > m_i$。

在直流二极型离子镀中，被电离的原子较少，只占全部蒸发原子的 2%。由于在短时间内，一些膜料原子被电离成为离子，这些离子在阴极暗区得到加速，而在进一步碰撞中

与中性粒子发生电荷交换，从而产生带能中性粒子，根据所加电压不同，这些粒子最终的能量在 1 ~ 100 eV。

8.3.2 离子镀特点

1. 附着力强

离子和高能粒子对阴极（基片）的轰击，产生阴极溅射，使基片表面净化，提高了镀层和基片的附着力。这种溅射净化不仅在镀膜之前，而且在镀膜过程中也在进行，从而减少了对膜层的污染，提高了镀层的纯度。

阴极溅射可以将基材表面原子溅射下来，与膜料原子一起被电离，再返回到基片，在薄膜与基片表面形成“伪扩散层”，即膜料元素和基片元素的物理混合层。“伪扩散层”的形成，增强了膜层的附着力，改善了膜的性能。在基片和膜层材料应力不匹配的情况下，由于不匹配性被分散在一个较宽厚的区域内，从而得到缓和。

2. 绕镀性能好

离子镀和真空蒸镀相比较，具有良好的绕镀性，如图 8.19 所示。一般离子镀的工作气压为 1 ~ 10 Pa，气体分子平均自由程比蒸发源到基片的距离短，膜料蒸气原子在到达基片过程中，受气体粒子碰撞的散射作用，会向各个方向飞射，使被蒸发的原子能够绕射沉积到蒸发源直线发射达不到的区域。此外，离子镀工作过程中，部分膜料原子被电离成离子，在电场的作用下，可沉积在具有负偏压基片的正面及背面。

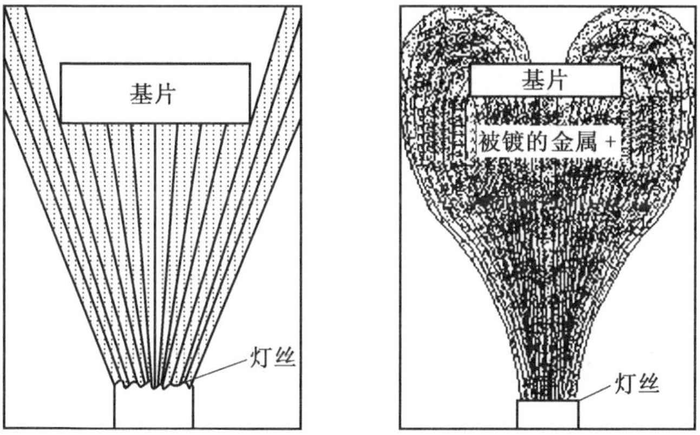

(a) 蒸发镀膜　　(b) 离子镀

图 8.19　蒸发镀膜和离子镀绕射性比较

由于离子镀具有良好的绕镀性，可以镀制形状复杂的工件，工件的正面、背面、侧面、浅孔等处都能镀上均匀的膜层。

3. 膜层致密

在薄膜生长过程中，由于粒子轰击的结果，表面扩散增加，成核条件改变；几何形状突出的区域（例如顶部）被优先溅射，被溅射的原子向外形凹处填充，而且起初被溅射离开粗表面的原子，经气体散射和离化过程的影响又部分返回，而使薄膜表面变得光滑。这些微观结构的变化使一般的柱状微观结构变为一种细粒结晶的致密堆积结构。

4. 沉积速率高

成膜速度快,可镀厚膜。

5. 工件材料

镀膜材料选择广泛,工件材料除金属外,陶瓷、玻璃、塑料均可以用于镀膜,镀膜材料可以是金属、合金,也可以是碳化物、氧化物和玻璃等。

8.3.3 离子镀类型

在上述二极型离子镀的基础上,按不同使用要求,开发了多种蒸发源和多种离化方式的离子镀技术,从而提高了膜料的电离化率,增加了带电粒子的密度,促进了化合物镀层的形成。蒸发源有电阻加热、电子束加热、高频感应加热、真空电弧加热、溅射等类型。离化方式有直流或高频产生的辉光放电型(后者为高频离子镀)、弧光放电型、电子束型、热电子型等。目前常用的离子镀技术有空心阴极离子镀、活性反应离子镀、多弧离子镀,这里仅介绍空心阴极离子镀。

空心阴极离子镀技术,简称 HCD(Hollow Cathode Deposition) 法。1972 年莫莱(Moley) 和施密斯(Smith) 最先把空心热阴极放电技术用于薄膜沉积。我国在20 世纪70 年代末也开始这方面的研究,并试制出空心阴极离子镀装置。目前,HCD 法常用于沉积银、铜、铬、石英以及氮化铬、碳化铬、氮化钛、碳化钛等膜层。

HCD 法是利用空心阴极电子枪(也称 HCD 枪),使膜料蒸发并离化,沉积成膜。图 8.20 为 HCD 离子镀装置的示意图。它主要有 HCD 枪、坩埚、沉积基片和真空系统等组成。由 HCD 枪引出的电子束经初步聚焦后,在偏转磁场作用下偏转 90° 射向坩埚,坩埚四周的聚焦线圈对电子束进行聚焦并控制电子束束斑大小,以调整功率密度。高密度的电子到达坩埚,把动能转换成热能,使金属材料蒸发,当金属蒸气通过等离子体电子束区域时,受到高密度电子流中电子的碰撞而电离化。因此,离子镀设备中的 HCD 枪既是蒸发源又是离化源,是一个关键部件。

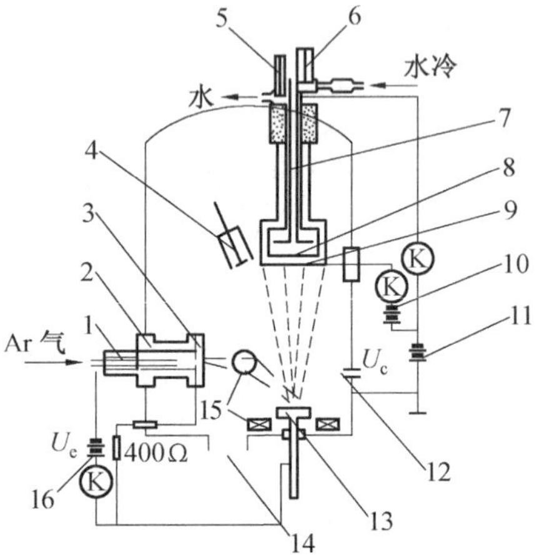

图 8.20 HCD 离子镀装置示意图

1— 阴极钽管;2— 空心阴极;3— 辅助阴极;4— 测厚装置;5— 热电偶;6— 流量计;7— 收集极;8— 基片;9— 抑制栅极;10— 抑制电压(25 V);11— 基片偏压;12— 反应气体入口;13— 水冷铜坩埚;14— 真空机组;15— 偏转聚焦极;16— 主电源

HCD 电子枪用高熔点的钽管做阴极,坩埚作阳极。钽管一般直径为 3 ~ 5 cm,壁厚为 0.5 ~2 mm,长度为60 ~ 80 mm。其工作原理结合图8.20 说明如下:当真空室抽到高真空后(一般为 10^{-2} ~ 10^{-3} Pa),管中充入一定流量的氩气,接通高频和直流电源,阴极管内在高频电磁场的作用下,发生异常辉光放电。氩气发生电离，氩离子不断地轰击钽管表面，使钽管温度逐步升高。当钽管温度上升到2 300 ~ 2 400 K时，就从钽管表面发射出大量的热电子，辉光放电转变为弧光放电，形成等离子电子束向阳极（坩埚）运动。

上述HCD枪是利用高频放电来引燃电弧。图8.21所示的HCD枪是用辅助阳极来引燃电弧，即在阴极附近装有辅助阳极，在两极间加上300 V左右直流电压，并同时由钽管向真空室内通氩气。在13.3 ~ 1.33 Pa氩气气氛下，阴极钽管与辅助阳极之间发生异常辉光放电，然后过渡到弧光放电。此时，在阴极与阳极之间接通主电源，就引出高密度的等离子电子束。

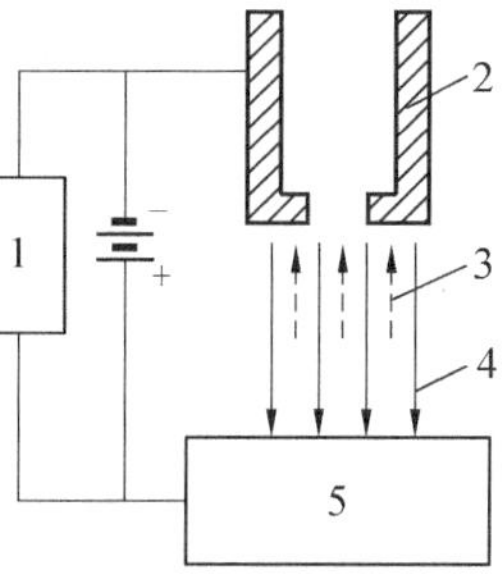

图8.21　HCD枪工作原理

1—高频电源;2—空心阴极(钽管);3—正离子;4—电子;5—坩埚(阳极)

HCD枪发出的是数十电子伏、数百安培的电子束。由气体放电理论可知，能量为50 ~ 150 eV的低能电子对原子碰撞电离的效率比能量为千电子伏的高能量电子要高1 ~ 2个数量级，其电子束流又比其他离子镀方法高100倍。所以空心阴极离子镀的离化率高达20% ~ 40%，同时在蒸镀过程中产生大量金属高速中性粒子，这是由于大量的金属离子同金属蒸气原子之间的共振型电荷交换碰撞而产生的，如下式表示

$$\underset{\text{(高速离子)}}{M^+} + \underset{\text{(热运动原子)}}{M} = \underset{\text{(高速中性粒子)}}{M^o} + \underset{\text{(低速离子)}}{M^+}$$

低速离子被电场加速，增大了能量，再重复上述过程，结果使每个粒子一般都带有几到几十电子伏的能量。由于大量离子和高速中性粒子的轰击作用，即使在基片负偏压较低情况下，也能达到很好的溅射清洗效果。这些高能离子和中性粒子共同作用于工件表面，改变了工件表面成膜条件，促进膜料与工件的分子、原子结合或增强相互间的扩散，使所镀膜层附着力好、均匀、致密。

空心阴极电子枪可在10 ~ 10^{-2} Pa范围内稳定工作，工作压强范围比较宽，不像高压电子枪那样，当气压为10^{-1} Pa时，就不稳定。电子枪采用的是低电压、大电流的电源，操作简单、安全，设备也大大简化，一般电焊整流电源就可采用。

离子镀的种类虽然多种多样，但基本功能要求都是将膜料蒸发的蒸气进行电离，被电离的离子向基片加速轰击，这也是离子镀名称的由来。其镀膜的过程分五步：膜料蒸发、电离化、粒子加速、粒子轰击工件表面、成膜。这个过程中间有离子或原子之间的反应、离子中和等现象。

8.4　膜厚的监控

薄膜的重要参数之一是其厚度，薄膜的厚度要在镀膜过程中进行监控。膜厚的监控，也就是膜厚的测量，其方法很多，可应用在薄膜沉积过程中的主要有：目视法、极值法、调制法、石英晶振法与宽光谱膜厚监控法。

8.4.1 目视法

目视法适用于光学薄膜。光学薄膜是干涉膜,白光照射下,反射光的颜色随厚度的变化而变化,目视法就是根据白光反射光的颜色变化来监控膜厚的。通常这种方法只能用来监控简单的单层(增透)膜、双层或三层增透膜,因为这类膜系有一个共同的特点,它们的厚度误差对光谱的特性不敏感,如镀制单层可见光谱区的增透膜,当镀制到正确的厚度时,反射光呈紫红或紫蓝色,这时与其互补的绿光的反射为最少,相应的膜厚对应绿光波长的1/4。应当指出目视法监控的是光学意义上的膜厚。

各种颜色光的互补关系为:紫—黄绿、紫蓝—黄、蓝—橙、蓝绿—红、绿—紫红。如果要求对550 nm波长镀增透膜,该光为绿色而其补色光,也就是反射光为紫红色或紫兰色,观察反射光时,白光投射的入射角要小于15°,而对于摄影物镜,增透的中心波长为452 nm ~482 nm,相应反射光应为橙色。

此方法简单,操作方便,但判读精度低,受人为与外界环境等因素影响较大。

8.4.2 极值法

利用极值法测量正在镀制膜层的透过率 T 或反射率 R 随膜层厚度增加过程中极值个数,获得以 $\lambda/4$ 为单位的整数厚度的膜层。

1. 极值法原理

单层介质膜层的反射率为

$$R = \frac{(n_0 - n_2)^2 \cos^2\delta_1 + \left(\frac{n_0 n_2}{n_1} - n_1\right)^2 \sin^2\delta_1}{(n_0 + n_2)^2 \cos^2\delta_1 + \left(\frac{n_0 n_2}{n_1} + n_1\right)^2 \sin^2\delta_1} \tag{8.6}$$

式中 $\delta_1 = \frac{2\pi}{\lambda} n_1 d_1$, $n_1 d_1 = m\frac{\lambda}{4}$

当 $\lambda = \frac{4}{m} n_1 d_1, n_1 d_1 = m\frac{\lambda}{4}, m = 1,2,3,\cdots$ 时,R 或 T 就为极值。

① 对一个确定的 λ,当 $n_1 d_1 = m\frac{\lambda}{4}$ 时,T 和 R 有极值;

② 对一个确定的 $n_1 d_1$,当 $\lambda = \frac{4}{m} n_1 d_1$ 时,T 和 R 有极值。

因此,极值法监控膜层厚度的基础如下:

① 当选定一个 λ 作为监控波长时,只要膜层的光学厚度是 $\lambda/4$ 的整数倍,其透射和反射光信号就具有一个或多个可供明确判断的极值;

② 对一个欲得到膜层的任意光学厚度($n_1 d_1$),一定存在一个或多个波长作为极值法的观测参数,实现膜层厚度的监控。

2. 极值法使用中存在的两大缺陷

(1) 因为在 T 或 R 的极值点,存在

$$\frac{\mathrm{d}R}{\mathrm{d}(n_1d_1)}=0,\quad \frac{\mathrm{d}T}{\mathrm{d}(n_1d_1)}=0$$

所以在 T 或 R 极值点附近,有

$$\frac{\Delta T}{\Delta(n_1d_1)}<\varepsilon,\quad \frac{\Delta R}{\Delta(n_1d_1)}<\varepsilon$$

由于 ε 的数值很小,所以极值点的准确判断是很困难的。

(2) 对于任意膜层厚度 n_1d_1,虽然理论上存在波长 λ,当 $n_1d_1=m\lambda/4$ 时,T 或 R 有极值,但是在实际中,由于在膜厚监控的光电系统中,光源、光学元件、光电传感器,以及膜料透明区的限制,使实际可用的波长限制在很短的波段范围内。因此,必定会经常出现找不到可使用波长的情况。

3. 实验室镀膜机实用膜厚监控系统

光电膜厚监控装置如图 8.22 所示。它主要由光源、单色仪、探测器、监视器等组成。

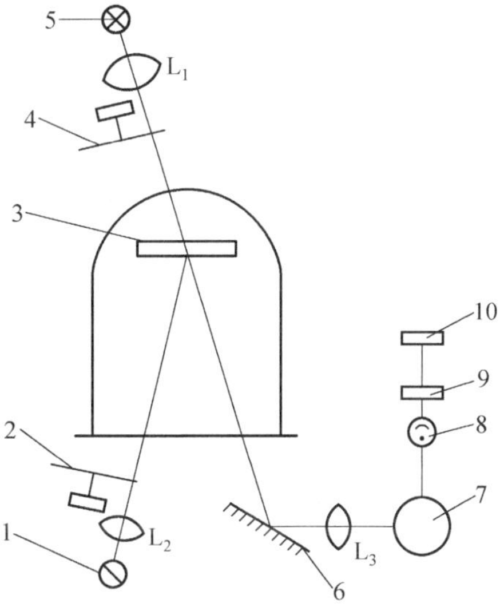

图 8.22　光电膜厚监控装置

1— 反射光源;2— 调制器;3— 镀件;4— 调制器;5— 透射光源;6— 反射镜;7— 单色仪;8— 光电倍增管;9— 放大器;10— 监视器

4. 极值法监控技巧

从前面的分析可见,极值法监控精度不高的主要原因是极值点的判读精度不高,这也是由极值法监控的原理所决定的。为了克服这一缺点,常采用以下方法:

(1) 过正控制:选用比由 $nd=\lambda/4$ 确定的波长稍短一点的波长作为监控波长,允许 T 或 R 有一定的过正量,让停镀点避开极值点。

(2) 高级次监控:增大 T 或 R 的变化总幅度,减小 T 或 R 的相对判断误差,提高膜层厚度的控制精度。如果把控制波长移到中心波长的 1/2 处,则在膜厚达到 1/8 波长时信号发生反转,厚度达到 1/4 波长时发生第二次反转,采用类似方法可实现高级次监控,提高监控精度。该方法常用于红外光学薄膜的制备。

(3) 预镀监控片:通过提高监控片的导纳,增大 T 或 R 的变化幅度,减小 T 或 R 的相对判读误差。

一般而言,普通极值监控法的基本精度大约是 5%,若采用补偿法和微分法可提高监控精度至 0.5%。

8.4.3　波长调制法

普通极值监控法的基本精度大约是 5%。若使用波长调制法,监控精度会大大提高,这种方法不是测量控制片的反射率(或透射率),而是测量反射率(或透射率)对波长的导数。

波长调制法通过测量反射率(或透射率)对波长的导数来提高对膜厚的监控精度。在极值点,反射率曲线的导数为零,在极大值的情况下,从正值到负值迅速地变化,在极小值的情况下相反地变化,这就给出了一个 1/4 波长厚度或其整数倍厚度时控制膜层厚度的精确方法。

波长调制法监控系统如图 8.23 所示。由光源发出的白光透过监控片照明单色仪的入射狭缝,从单色仪狭缝出射的单色光被光电接收元件接收,然后由电子学系统显示。如果采用振动狭缝或者振动色散元件的方法,对出射的光谱进行调制,实现对波长的扫描,扫描时

$$\lambda = \lambda_0 + a\cos(2\pi ft) \tag{8.7}$$

式中,λ 为单色仪狭缝出射的光波波长;λ_0 为单色仪刻度指示的中心波长;f 为振动频率;a 为狭缝振幅和单色仪波长色散情况有关的常数,可以适当选择满足 $a \ll \lambda_0$。

将被测膜层的分光透射特性 $T(\lambda)$ 按泰勒级数展开

$$T(\lambda) = T(\lambda_0) + a\left(\frac{\mathrm{d}T}{\mathrm{d}\lambda}\right)_{\lambda_0}\cos(2\pi ft) + \frac{a^2}{2!}\left(\frac{\mathrm{d}^2T}{\mathrm{d}\lambda^2}\right)_{\lambda_0}\cos^2(2\pi ft) + \cdots \tag{8.8}$$

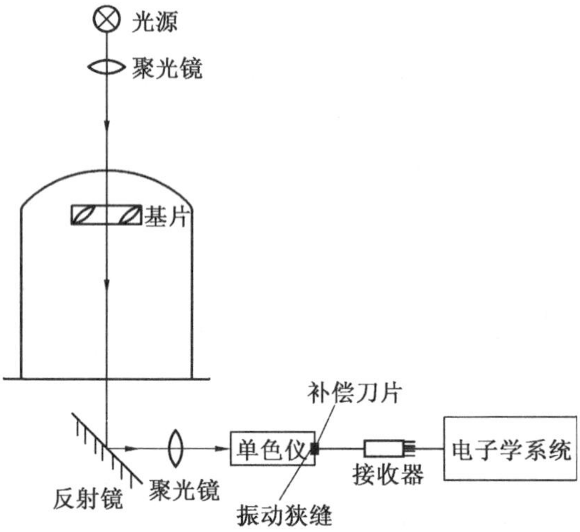

图 8.23　波长调制法监控的系统图

如果用选频放大器滤去监控信号中的直流分量和高次谐波分量,而仅仅将式(8.8)中第二项的基波分量作为控制膜厚的有用信号,此项中 $(\mathrm{d}T/\mathrm{d}\lambda)_{\lambda_0}$ 是薄膜厚度的函数,也即随着沉积过程中膜厚的变化而变化。可以证明当膜层的光学厚度为监控波长 1/4 及其整数倍时,$(\mathrm{d}T/\mathrm{d}\lambda)_{\lambda_0} = 0$,此时与振动元件同频率的基波分量也为零。在这些特殊厚度上,膜层厚度有一微小变化,相对于极值法来说,能够得到较大的信号变化。因此波长调制法比极值法有更高的监控精度。早期的仪器用示波器显示信号,现已普遍采用了信噪比较高的选频放大器和相敏检波器,改用表头鉴零指示。

波长扫描法通常可用于镀制 1/4 波长膜系。例如干涉滤光片等,滤光片的干涉级次越高,监控精度也越高。但是,在镀制单层膜或多层膜起始几层时灵敏度较低,通常还是用极值法控制。波长扫描法很难用于镀制宽光谱膜系或非 1/4 波长膜系。

此外，除了上述介绍的波长调制法，还有厚度调制法，其灵敏度也较高。

8.4.4 石英晶振法

经典的薄膜系统，不管采用几种介质材料，也不管有多少层数，它们的厚度都是1/4波长或其整数倍，这在很大程度上是由于传统的解析设计方法都是以各层厚度为1/4波长或其整数倍为前提的。无疑这种厚度整齐的膜系对于制备和监控是方便的，前面介绍的方法已成功地用来监控这种膜系，但是随着光学薄膜的应用越来越广泛，对薄膜的特性不断提出新的要求，这时采用经典膜系往往不能满足要求，而必须寻求任意厚度的新膜系。20世纪50年代末期发展起来的电子计算机自动设计技术，为了增加设计参数，通常都把各层厚度作为校正参数，因而设计得到的各类膜系，厚度几乎都是不整齐的。

任意厚度的薄膜系统虽然具有优良的光学特性，但给制备，尤其是厚度监控带来了很多困难。因此，探索任意厚度的监控方法具有重要实用价值。到目前为止，监控任意厚度的方法主要有：① 石英晶体监控；② 寻找极值波长方法；③ 减去法；④ 分光曲线比较监控；⑤ 双色四光路监控等。其中第一种方法是控制膜层的质量参数，其余方法都是直接控制膜层的透射率或反射率。方法 ② 和 ③ 是建立在极值法（或波长扫描法等）基础上进行监控的，而方法 ④ 和 ⑤ 是专为监控任意厚度而设计的控制方法。这里我们着重介绍石英晶振法。

石英晶振法监控膜厚是利用石英晶体的压电效应和质量负荷效应。

石英晶体压电效应固有频率不仅取决于晶体的几何尺寸与切割类型，而且还取决于其厚度，即

$$f = N/d \tag{8.9}$$

式中，N 是频率常数，对AT切割方式，$N = 1\ 670\ \mathrm{kHz \cdot mm}$；$d$ 为晶体厚度。

所谓AT切割是对右旋晶体，切割面通过或平行电轴且与光轴成一顺时针的特定夹角。AT切割的晶体，其振动频率对质量的变化极为敏感，但却不敏感于温度的变化，这一特性使石英晶体适用于薄膜沉积过程中的膜厚与沉积速率的监控。

对式(8.9)微分，可得到膜厚增量所产生的晶振频率变化

$$\Delta f = -N\Delta d/d^2 \tag{8.10}$$

为了把石英晶体厚度增量 Δd 变换成膜层厚度增加 Δd_{m}，利用关系式

$$\Delta m = A \cdot \rho_{\mathrm{m}} \cdot \Delta d_{\mathrm{m}} = A \cdot \rho_{Q} \cdot \Delta d \tag{8.11}$$

式中，A 是晶体受镀面积；ρ_{m} 为膜层密度；ρ_{Q} 为石英密度，其值为 $2.65\ \mathrm{g/cm^3}$。

于是得

$$\Delta d = \frac{\rho_{\mathrm{m}}}{\rho_{\mathrm{Q}}} \cdot \Delta d_{\mathrm{m}} \tag{8.12}$$

所以

$$\Delta f = -\frac{N}{d^2} \cdot \frac{\rho_{\mathrm{m}}}{\rho_{\mathrm{Q}}} \Delta d_{\mathrm{m}} \tag{8.13}$$

因为 $f = N/d$，最后得到

$$\Delta f=-\frac{\rho_m}{\rho_Q}\cdot\frac{f^2}{N}\Delta d_m \tag{8.14}$$

式中，负号表示随膜厚增加，频率下降；f 是石英晶体的基频，而 ρ_m 对既定材料可认为是已知的，可见$\frac{\rho_m}{\rho_Q}\cdot\frac{f^2}{N}$是常数，这样便建立了 $\Delta f-\Delta d_m$ 之间的线性关系。

上式表明，Δf 与 f^2 成正比，如果晶体基频 f 越高，控制灵敏度就越高，这意味着晶体的厚度应足够小，在沉积过程中，基频的最大变化不得超过几百千赫，不然振荡器工作将不稳定，这时如果继续进行沉积，它就会停止振荡，为了保证振荡稳定和保持较高的灵敏度，晶体上膜层镀到一定厚度后，就要清洗。采用低频石英振荡器虽然会降低测量灵敏度，但是它可以测量较厚的膜层。

由石英晶体的频率下降值得到膜的几何厚度，它与折射率的乘积即为控制膜的光学厚度，然而，膜层的折射率 n 和密度 ρ 与块状材料的数据并不相同，因此后者对于标定晶体监控仪并不提供可靠的数字，而必须通过实验获得，但是在不同的蒸发条件下，同样材料的薄膜可以具有不同的光学性质，尤其是那些折射率强烈取决于蒸发条件的材料（如 SiO 和 CeO_2）更是如此。如果采用较准确的实验数据，利用石英晶体，对于几何厚度的测量能达到2% ~3% 的精确度，这个精度对于大多数光学薄膜设计将是足够的。它具有两个非常实际的优点，即装置简单，没有通光窗口，不存在光学系统布局问题；同时信号判读容易，随着质量的增加，频率线性地下降，而且没有光学信号那样的摆动，石英晶体还可以记录蒸发速率，这些优点使它很适合于自动控制。石英晶振法的主要缺点是晶体直接测量薄膜的质量，而不是光学厚度。目前，石英晶振法主要用于金属膜和非 1/4 波长膜系的厚度监控。

8.4.5 宽光谱膜监控

上述膜厚测量和监控方法主要有两大类：一类是利用石英晶体的质量变化和谐振频率之间的关系，间接测量所镀膜厚，其特点是灵敏度高且易于控制，但最大的缺点是在镀膜过程中无法知道制备过程中膜层的光谱特性，无法及时修正所镀曲线的误差。另一类是光学监控法，按判别方法又可分为极值法、波长调制法和宽光谱监控等。其中，极值法以单波长信号作为监控对象，所以在窄带滤光片镀制过程中得到很好的应用，而对较宽波带或多波长都有要求时则显得先天不足。与之相比，宽光谱膜厚监控是利用实测的光谱曲线与理论光谱曲线进行比较，以评价函数表示比较结果并将其返回给控制系统。

1. 宽光谱膜厚监控原理

图 8.24 为宽光谱膜厚监控系统原理图。假设没有控制片时的系统收到的光能量为 $\varphi_A(\lambda)$，并设 T_r 和 R_r 分别为控制片后表面的透过率和反射率；T_0，R_0 和 T_i，R_i 分别为控制片前表面镀膜前和镀膜后的透过率和反射率。那么在镀膜开始前透过的光能量为

$$\varphi_0(\lambda)=\frac{\varphi_A(\lambda)T_rT_0}{1-R_rR_0} \tag{8.15}$$

在镀膜过程中透过的光能量为

$$\varphi_i(\lambda)=\frac{\varphi_A(\lambda)T_rT_i}{1-R_rR_i} \tag{8.16}$$

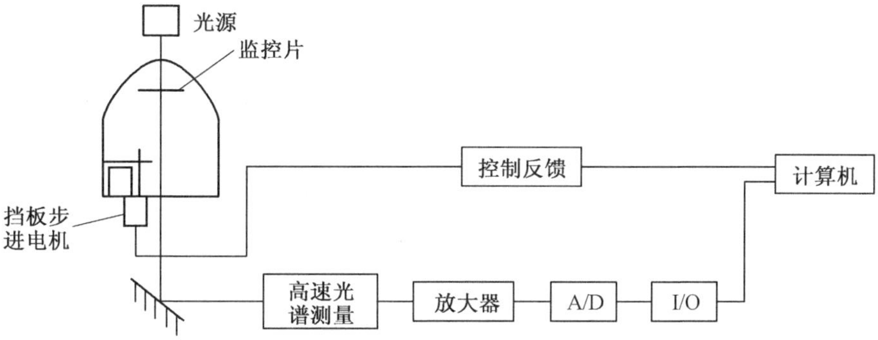

图 8.24　宽光谱膜厚监控系统原理图

结合式(8.15)和式(8.16)可得

$$\frac{\varphi_i(\lambda)}{\varphi_0(\lambda)}=\frac{T_i(1-R_rR_0)}{T_0(1-R_rR_i)} \tag{8.17}$$

当制备多层膜时,第 i 层的透过率 T_i,不但与该层的折射率 n_i 和膜厚 d_i 以及所测的波长 λ 有关,而且与前 $i-1$ 层膜中每层的 n 和 d 有关。若前 $i-1$ 层膜的 n 和 d 已知,以及第 i 层膜的折射率 n_i 稳定的情况下,则 T_i 仅与所测波长 λ 和厚度 d 有关,即 $T_i=T_i(\lambda,d)$。若第 i 层膜厚设计要求为 d_i,则镀完第 i 层膜后,理论上的透过率情况为 $A_{0i}=A_i(\lambda,d_i)$。于是,在 λ_1 到 λ_2 的整个宽光谱区间内,变量 d 与设计值 d_i 所表现出的光谱透射情况为

$$f_i=\int_{\lambda_1}^{\lambda_2}|A_i(\lambda,n_id_i)-A_i(\lambda,nd)|\,\mathrm{d}\lambda \tag{8.18}$$

式中 f_i 为第 i 层的评价函数。

在镀制过程中,当 d 逐渐逼近 d_i 时,应达到一极小值,这样就可达到监控膜厚的目的。为处理计算的方便,可将式(8.18)写为

$$f_i=\int_{\lambda_1}^{\lambda_2}\left[\tau_i-\frac{\varphi_i(\lambda)}{\varphi_0(\lambda)}\right]\mathrm{d}\lambda \tag{8.19}$$

式中,以镀膜前和镀膜后的透过光能量 $\varphi_0(\lambda)$ 和 $\varphi_i(\lambda)$ 来取代实时确定透过率,其中 τ_i 是镀制每层膜前计算处的相对透过率,其值为

$$\tau_i=\frac{T_i(\lambda,n_id_i)}{T_0}\cdot\frac{1-R_rR_0}{1-R_rR_i(\lambda,n_id_i)} \tag{8.20}$$

由于一般膜系的光谱特性在较窄的波长内不会发生跃变,故可以用求和式取代式(8.19)的积分,即有

$$f_i=\sum_{i=1}^{k}\left|\tau_i(\lambda_j)-\frac{\varphi_i(\lambda_j)}{\varphi_0(\lambda_j)}\right| \tag{8.21}$$

另外,人们一般只对薄膜光学特性的某些特定的波段或某几个特定的波长的要求较高,而对其他部分不太关心,因此又对式(8.21)进一步改进为

$$f_i=\sum_{i=1}^{k}\left|\tau_i(\lambda_j)-\frac{\varphi_i(\lambda_j)}{\varphi_0(\lambda_j)}\right|w_i \tag{8.22}$$

式中,w_i 是权重因子。

这样就可在控制前确定所选的波长点,并将其权重因子值和透过光能存入计算机。

控制过程中，根据接收到的光能量计算评价函数作出判断并反馈判断结果以进行监控。

2. 系统的硬件组成

由原理图 8.24 可知硬件部分主要包括光学、信号产生、信号采集、控制反馈输出以及相关的机械部件等部分。具体来说，光学部分又包括光源、光路、分光等部分。其中分光部分是在 WDG－3 型光栅单色仪的基础上作适当的改动而成的，其结构图如图 8.25 所示。信号产生部分是由 CCD 和 CCD 驱动放大电路组成。其中 CCD 选用 RETICON 公司的 SC－0512，其主要参数为：光谱相应范围：200 nm ~ 1 000 nm；像元尺寸：25 μm × 25 μm（矩形）；像元数：512；有效接受长度：12.8 mm；线性动态范围：31 250 ∶ 1；饱和光强：0.035 $\mu J/cm^2$；最高速度：1 MHz。信号采集和控制反馈输出部分由 A/D 采集控制卡、计算机以及数字反馈输出电路组成。

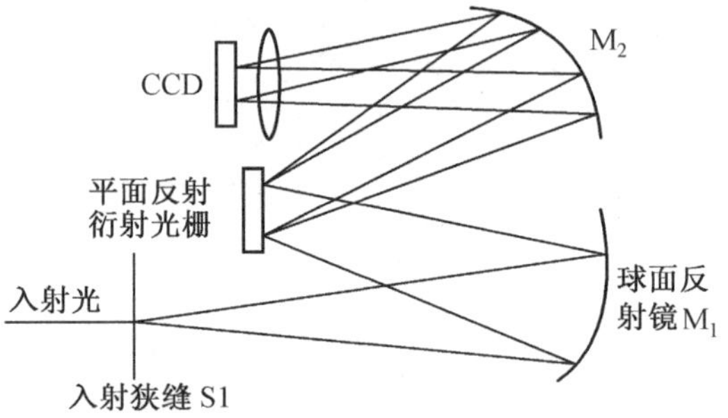

图 8.25　分光光路图

总体硬件连接原理如图 8.26 所示，其工作原理是从光源发出的光经光路聚集，照射到监控片上，再由透镜组聚焦到分光光栅上，经分光后的宽光谱入射到 CCD 上。调节 CCD 精密调节架，使待测光谱全部落在其上。启动驱动电路、放大电路、A/D 转换电路，把 CCD 采集到的各谱线对应的光强信号串行输入计算机。由计算机软件程序对输入信号进行处理并将处理结果和理论曲线通过评价函数作判别。将判别结果经 A/D 输出卡输出给反馈控制电路控制相关设备和仪器。

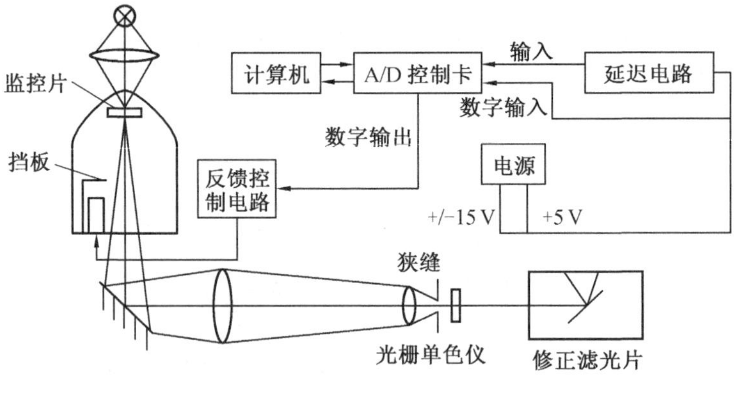

图 8.26　系统硬件连接原理图

3. 软件组成

软件部分的设计思路和作用主要包括以下几个部分：

（1）监控片光谱特性实时显示软件。其目的是在屏幕上实时显示出监控片的光谱特性曲线，它是完成宽光谱膜厚监控仪监控镀膜过程的基础。

（2）薄膜计算软件。在镀制过程中，我们必须知道镀到什么地方停止，从而事先输入薄膜各层的膜厚和折射率计算出理论上的终点，才能和实时观察到的光谱曲线相比较，本模块为评价函数提供参考。

(3) 初始化定标软件。该部分一方面校正由于光源不稳定以及CCD温度效应引起的误差,另一方面是确定 CCD 像元和谱线位置的对应关系。

(4) 调制光解调软件。为消除由于蒸发源和环境光等杂散光对探测结果的影响,需要对光源信号进行调制。因此在分析探测器接收到的光信号时需首先利用本软件做信号还原即解调处理。

(5) 薄膜参数自动拟合软件。在上述薄膜计算软件程序中,输入的是理论上各膜层的折射率和厚度。而在实时监控过程中,却是用实际观察到的光谱曲线相比较判断是否到达极值点。由此可能产生多膜层误差积累的现象。为此需编制相关的处理软件以实现自动拟合,从而对理论值作微调,这样就可有效抑制误差的积累。

(6) 反馈信号产生软件。此软件实现同硬件的联系,评价函数达到极值时,此软件驱动 A/D 转换控制卡的数字输出端口,产生一个输出控制信号,用以控制启动阀门关闭挡板或进行其他相关操作。

(7) 总控程序。是将以上几个软件模块有机地结合到一起,并实现人机交互功能的界面。

8.5 获得均匀膜层的方法

8.5.1 影响膜层厚度均匀性的因素

影响膜层厚度均匀性的三大主要因素如下:

1. 蒸发源发射特性

(1) 蒸发源结构

① 点源、面源、电子束等不同结构的蒸发源,其发射分布特性各不相同。

理想面源在任意方向沉积的膜层厚度为

$$d = \frac{m}{4\pi\rho} \cdot \frac{\cos\theta}{h^2} \tag{8.23}$$

理想点源在任意方向沉积的膜层厚度为

$$d = \frac{m}{\pi\rho} \cdot \frac{\cos\varphi\cos\theta}{h^2} \tag{8.24}$$

式中,m 是蒸发源向所有方向蒸发的膜料总质量;ρ 是膜料的密度。h,φ,θ 的含义如图 8.27 所示。

电子束蒸发源的膜厚分布为

$$d = \frac{m}{\pi\rho} \cdot \frac{\cos\theta\cos^N\varphi}{h^2} \tag{8.25}$$

式中,N 是与电子束蒸发源工作时的束斑状态及膜料有关的指数。正常工作状态下,N 在 2 ~ 3 之间取值。

② 每种蒸发源的发射分布既随经度不同而不同,也随纬度不同而不同,情况更为复杂。

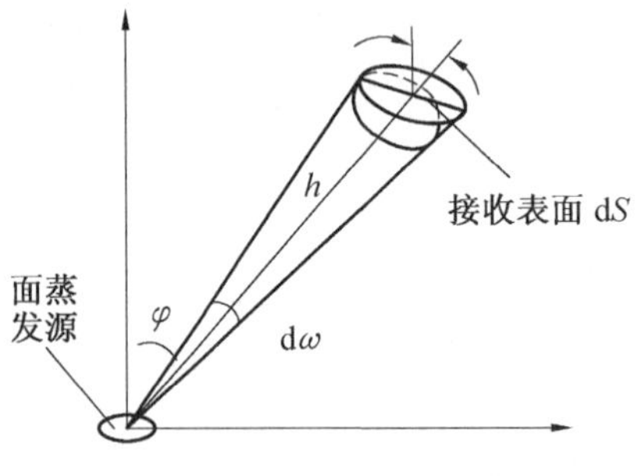

(a)接收角度对沉积厚度的影响

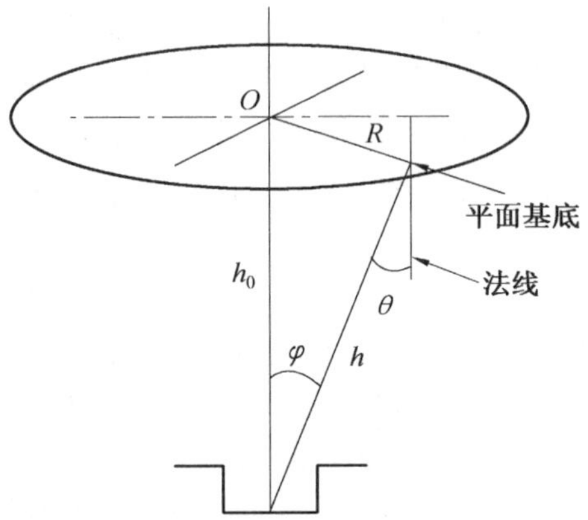

(b)蒸发源位于中心，基底放在平面夹具上蒸镀的几何布置

图 8.27　膜层厚度公式中各量的实际含义示意图

（2）同样的蒸发源，不同的膜料，也有不同的蒸发分布特性。这一问题在电子束蒸发时尤为突出，不同的材料有不同的蒸发温度和热传导率，造成蒸发点大小不同，有可能是点，也有可能是面。更为严重的是挖坑现象使得蒸发角度变小，膜厚分布严重不均，这是每位工作者应当高度重视的问题。

2. 蒸发源与被镀件的相对位置

蒸发源与被镀件的相对位置对于膜层厚度的分布影响非常大，大量的研究已经得出了精确的膜层厚度分布规律特性。目前广泛采用的改进膜层厚度分布均匀性的措施都是建立在这些研究结果的基础上。

3. 被镀件的面形

被镀件的面形对于膜层厚度的分布影响也很大，大曲率零件表面膜层的厚度均匀性一直是一个棘手的工艺问题，公转又自转的行星夹具就是为解决这一类问题而专门设计的。

8.5.2　获得均匀厚度膜层的途径

1. 可以获得均匀膜层厚度的蒸发源与零件位置

（1）点状蒸发源置于被镀件所在球面的球心。

（2）面状蒸发源位于被镀件所在的同一球面上。

2. 改善膜层厚度均匀性的措施

由于影响膜层厚度的因素很多，而且还有很多随机因素难以控制，要得到膜厚均匀性很好的薄膜相当困难。实践中，首先要选择好适宜所镀零件面形的工装，其次要进行试镀，根据测试结果，调整影响膜厚均匀性的参数，采取调整膜厚均匀性的必要措施，经过多次试镀、调整和修正得到符合要求的膜厚均匀性。

（1）采用旋转夹具：公转自转行星夹具。蒸发源的大小和形状是有限的，既不可能很大，也不可能是理想的点源或面源，蒸发的膜料分子呈辐射形飞向被镀基底，使得基底各处获得的蒸发分子概率不同，入射角也有所差异。如何获得均匀的膜层分布以及较大的附着力，关键在于蒸发膜料分子的入射角要尽量小，亦即真空室中的蒸发源与基底的相对位置要合理布置。如果被镀零件是安置在固定支架上，蒸发源应安置于底板中心，被镀零件离蒸发源的距离越大越好。蒸发源有效蒸发张角 2θ 应小于 22°，才能获得均匀性较好的膜层。另外夹具的转速应选择适当，转速太快蒸发效果不好，转速太慢，工作架尚未旋转一周，蒸发材料就蒸发完毕，不能保证蒸发均匀性。通常超高真空室中球面行星转动工作架的转速范围为 0 ~ 36 r/min。一般沉积一层介质膜的时间约 1 min，转速可设为 60 r/min。

（2）增加膜层厚度调节板。设置膜层厚度调节板是长期以来一直采用的调整膜厚均匀性行之有效的方法。即便是已经采用了行星夹具，要想获得很均匀的膜层厚度，也需要设置膜层厚度调节板。图 8.28 为一种现代镀膜箱机，其中半球形穹顶的下方就有厚度调节板的设计。

图 8.28　真空镀膜箱机修正挡板的设计

注：整套设备的左侧为镀膜室，右侧为控制计算机，所有的镀膜程序计算机可控。基片夹持结构的下方即为修正挡板，镀膜室的底部为蒸发源和电子枪。

（3）优化靶磁场。磁控溅射能有效束缚等离子体，但是磁场的不均匀性使等离子体束缚在靶面的局部区域，产生局部收缩效应，形成等离子体的区域性溅射，即等离子体磁聚现象，因此优化靶磁场对提高膜厚均匀性很有帮助。

（4）选择合适的靶基距。靶基距过小，离子对工件的轰击能损坏膜层，而且膜厚均匀性差；靶基距过大，降低溅射效率使膜层结合力差，膜的质量不好；而且靶基距过大可能会使靶放电不稳定，使得靶的有效溅射面积（或均匀溅射面积）减小。

此外，均匀加热基片、合理的布气方式、膜厚监控反馈等措施也有助于膜厚均匀性的提高。

第 9 章　物理气相沉积薄膜的结构与特性

9.1　薄膜形成与微观结构

9.1.1　薄膜形成

薄膜究竟呈现何种结构，将影响到其表现出的性质，而影响薄膜结构的关键是其形成过程。薄膜制备工艺对薄膜结构的影响实质上是通过影响薄膜形成过程来实现的。

薄膜形成大多数是从气相开始的，通过蒸发、溅射、气相分解等过程获得薄膜蒸气，气态原子或分子在衬底表面吸附、凝结、团聚、长大形成连续的薄膜。所以，可以定性地将薄膜形成过程划分为吸附过程、成核过程和长大过程。

(1) 吸附过程

沉积过程中，蒸气原子与衬底相遇，产生相互的吸引，这一过程称为吸附过程，吸附是薄膜形成的最初阶段。

吸附发生后蒸气原子或分子和衬底的总能量降低，因此会发生放热现象，放出的热量称为吸附热。吸附热的多少与吸附的性质有关，吸附分为物理吸附和化学吸附。物理吸附通过原子间的范德华力发生，对应的吸附热约 8 ～ 25 $kJ \cdot mol^{-1}$，而化学吸附则是通过化学反应形成化学键发生，对应的吸附热约 40 ～ 130 $kJ \cdot mol^{-1}$。

吸附是一个动态过程，由于发生吸附的原子仍然具有热动能等能量，若吸附原子动能超过解除吸附所需要的能量，则会从衬底上脱离出来。吸附原子在衬底表面的平均驻留时间 τ 与解除吸附能 E_d 及温度 T 有关，关系如下

$$\tau = \tau_0 \exp(E_d/RT) \tag{9.1}$$

式中，τ_0 是单原子层的振动常数，约 10^{-13} s；R 为气体常数。若 $E_d = 41.868\ kJ \cdot mol^{-1}$，则 τ 约 3 μs；而 $E_d = 125.604\ kJ \cdot mol^{-1}$，则 τ 可长达 130 μs。温度升高也会造成吸附原子在衬底表面的驻留时间减小。

(2) 成核过程

当蒸气原子到达衬底表面通过吸附形成永久驻留的团聚体时，称其为成核过程，核的大小与成核条件有关，大多在数纳米甚至更小尺度。成核过程分为三种类型：三维成核、单层生长和单层生长结合三维成核，如图 9.1 所示。

当沉积分子或原子相互间的结合力远高于和衬底的结合力时，成核倾向于三维成核的形式，每个核构成一个“孤岛”；当最小稳定核的生长倾向于二维方向，沉积分子或原子相互间的结合力远低于和衬底的结合力时，会发生单层生长；若单层结构形成以后，原子间的结合力开始增强，将出现岛状生长倾向，最终的成核将为单层加三维生长方式。

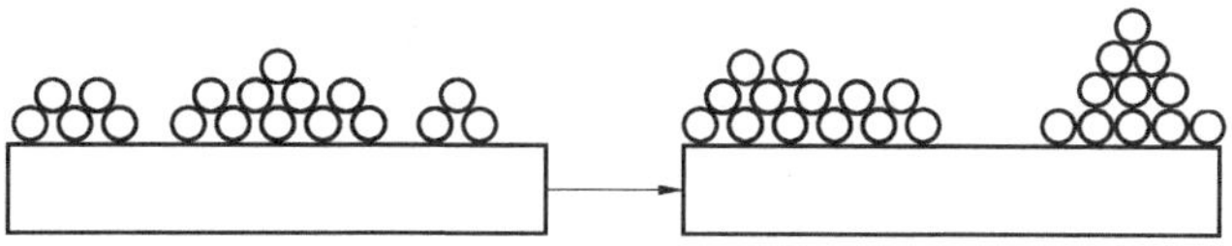

(a) 三维生长

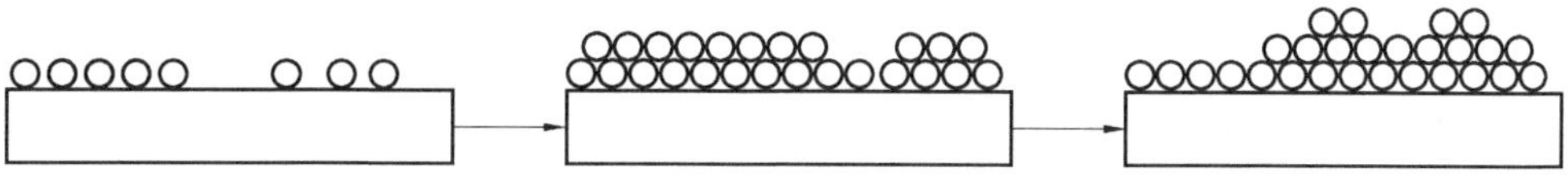

(b) 单层生长

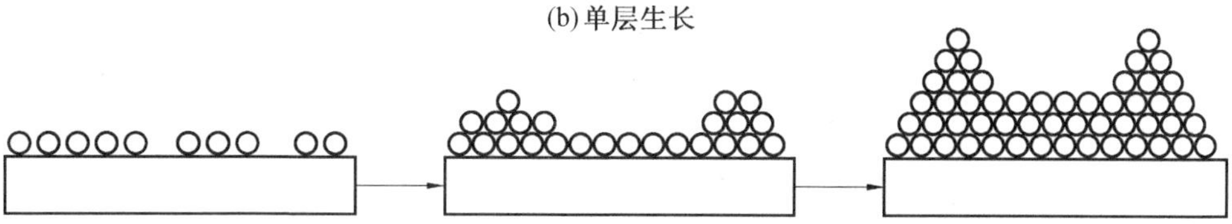

(c) 单层生长加三维生长

图 9.1　成核的三种形式

成核的过程基本上决定了薄膜最终的结晶结构。三维生长、高密度的成核形式往往导致多晶薄膜的形成，而单层生长则有利于形成单晶外延薄膜。

(3) 长大过程

成核以后，随着蒸气原子的入射和吸附持续进行，核将长大，进入薄膜的长大过程或者生长过程。

通过高分辨透射电子显微镜观察的结果，可以将薄膜的生长过程细分为四个阶段，即岛状阶段、凝聚阶段、沟道阶段和连续阶段，如图 9.2 所示。

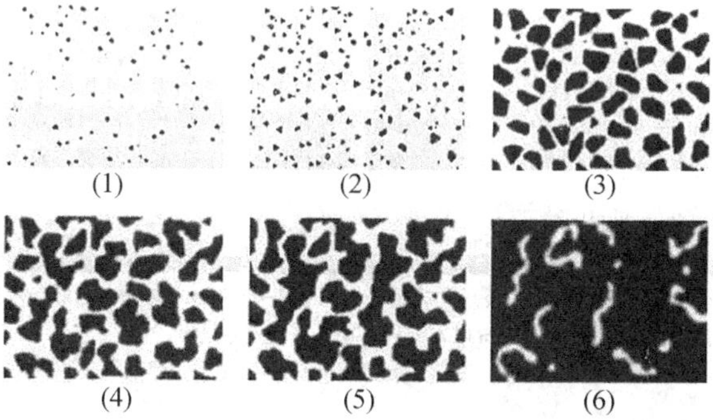

图 9.2　薄膜的形成过程

在岛状阶段，核开始三维生长，其中横向生长速度高于垂直方向，因为生长主要依靠吸附原子的表面扩散，而不是依靠蒸气原子的直接吸附。

在岛的尺寸增大相遇后，便进入凝聚阶段。此时岛的密度由于合并而急剧减小，空出的位置上将会发生新的成核与生长过程。凝聚过程可以通过不同的途径实现，包括奥斯瓦尔德(Oswald) 熟化、烧结和团簇迁移等形式。在团聚前，存在各种尺寸的团簇，大的团簇通过从小的团簇获得吸附原子逐渐长大，或者“成熟”，这就是所谓的奥斯瓦尔德熟化。烧结过程发生在两个相互接触的团簇之间，表面能和扩散控制的质量传输机制是发生烧结凝聚的主要驱动力。另一种凝聚是由于团簇在随机迁移过程中相遇而发生。

在沟道阶段，岛的分布达到临界状态而相互连接，形成网络结构，随着蒸气原子的持续入射和吸附，只留下尺寸在 5 ～ 20 nm 的沟道，沟道内再次成核、长大，最终使沟道消失而进入连续生长阶段。在沟道阶段末期，往往会在薄膜中留下孔洞结构，特别是当沉积原子表面迁移率低、沉积速度快时更易发生。凝聚过程往往决定了薄膜最终的结构。

9.1.2　薄膜微观结构

影响薄膜微观结构的因素很多，其中研究最广泛，影响最大的是沉积温度。通过电子显微镜观察，可以发现在热蒸发和溅射薄膜中最常观察到的微观结构就是柱状结构，该现象最早由英国学者 Pearson 发现，图 9.3(a) 为电子枪蒸镀的 TiO_2 薄膜的微观结构图，图 9.3(b) 为常温下磁控溅射镀制铝膜的微观结构图。

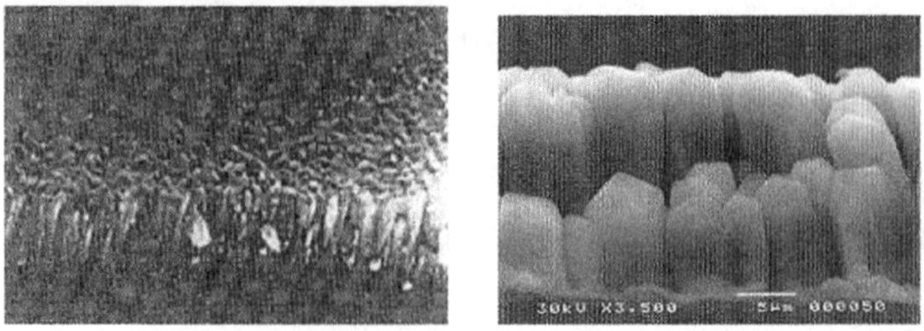

(a)　　　　(b)

图 9.3　薄膜的柱状结构

从横断面的原子显微镜照片，可得到以下重要的结论：

① 薄膜呈柱状加空穴结构。

② 柱状几乎垂直于基片表面生长，而且上下端尺寸几乎相同。

③ 层与层之间有明显的界限，上层柱体与下层柱体之间并不完全连续。

此外，薄膜中有时还会观察到节瘤状的缺陷，这种缺陷是由薄膜沉积过程中的喷点、灰尘或基片上的微小缺陷造成的。这种缺陷与周围的结合力很弱，所以节瘤很容易被除去。图 9.4 为氧化铝结构中的节瘤和除去节瘤后的结构。

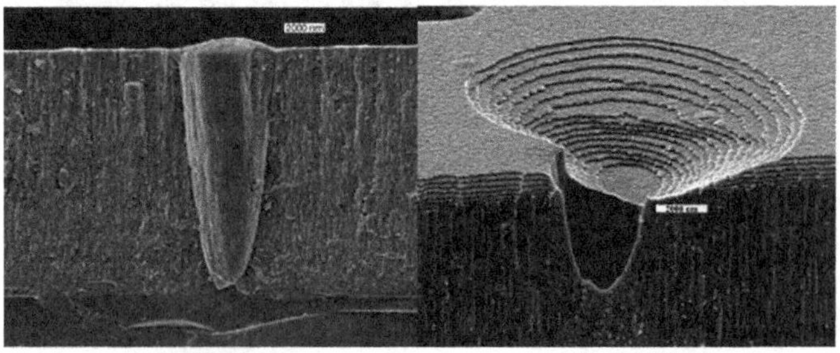

(a) 节瘤　　　　(b) 除去节瘤后

图 9.4　氧化铝结构中的节瘤和除去节瘤后的结构的显微照片

柱状结构的出现主要是由于吸附原子在衬底表面的迁移率低，造成薄膜在水平方向的生长速度低于垂直方向。在蒸气流斜入射的情况下,三维岛状结构在垂直方向的快速生长对侧向薄膜的生长还会产生“阴影”效应,最终造成柱状结构的形成。设柱体的方向与蒸气流入射角度为 α,柱体与衬底法线的夹角 β 与 α 之间满足

$$\tan \alpha = 2\tan \beta \tag{9.2}$$

式(9.2)就是薄膜生长过程中所谓的“正切规则”,其示意图及其计算机模拟图如图 9.5 所示。

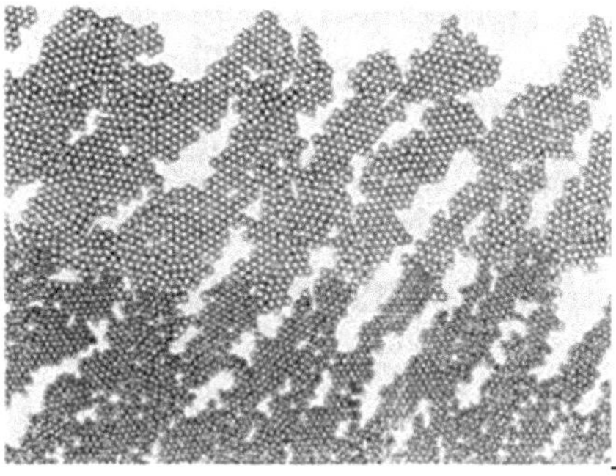

(a) 计算机模拟图

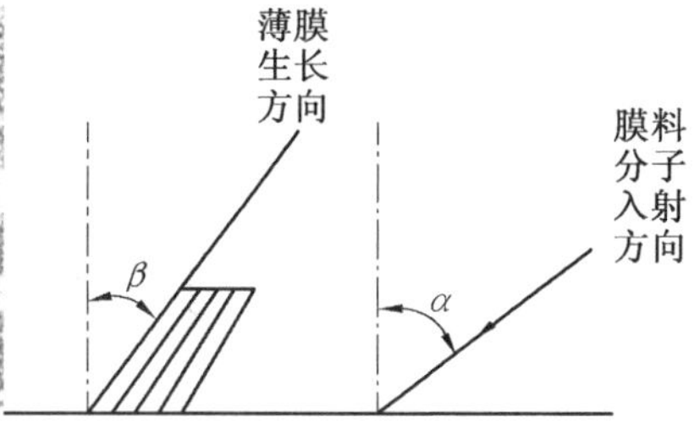

(b) 薄膜生长示意图

图 9.5 膜料分子倾斜入射时薄膜结构计算机模拟图

薄膜的微观结构是决定薄膜宏观性质的最主要因素,其特殊的微柱体结构决定其性质不同于大块材料。这些微柱体的截面为几十纳米,大体呈圆柱状,它们之间的分界比单纯的结构上的不连续要明显得多,形成了分裂的表面。在沉积薄膜时,这些微柱体被聚集在一起,并有很大部分的柱体表面暴露在环境中,称这些表面为内表面,对于光学厚度为可见光区域 1/4 波长的薄膜,其内表面面积大约是外表面面积的 10 倍。这些柱体间存在的间隙,其作用如同贯穿薄膜的毛细孔。

评价微柱状结构薄膜致密程度的量是聚集密度 p(也称为填充密度),其定义为

$$p = \frac{\text{薄膜中固体部分的体积(柱体)}}{\text{薄膜的总体积(柱体 + 孔隙)}} \tag{9.3}$$

对于热蒸发薄膜,p 介于 0.75 ~ 0.95 之间。

柱状结构中柱体的直径、聚集密度等微观特性主要受沉积温度的影响。通过总结实验规律,Movchan 和 Demichishin 提出了薄膜微观结构的“区域”模型,Thornton 随后通过对溅射膜层的研究,对“区域”模型又做了细化。薄膜微观结构受衬底相对温度 T/T_m 影响呈现明显的差异,进而可以划分为不同的区域,其中 T 为衬底绝对温度(单位为 K),T_m 为薄膜材料的熔点温度。此外,气压也对薄膜结构有一定影响,气压越高,膜结构越粗越松散,因为膜内包含气体。图 9.6 为 Thornton 在 1974 年发表的溅射膜结构模型。

当衬底相对温度较低时,薄膜结构呈现区域 1 的特点:薄膜由较为疏松柱体加孔隙结构组成,柱体尺寸在数十纳米,柱体之间有明显的分界,柱体顶部成拱形,薄膜表面较为粗糙,聚集密度较低。随着衬底相对温度升高,薄膜结构呈现区域 2 的特点:柱体聚集密度增大,柱体间分界变得不明显,柱体直径较小,薄膜表面粗糙度降低。衬底相对温度进一步升高后,薄膜结构呈现区域 3 的特点:柱体结构再次清晰,柱体直径较大,聚集密度增

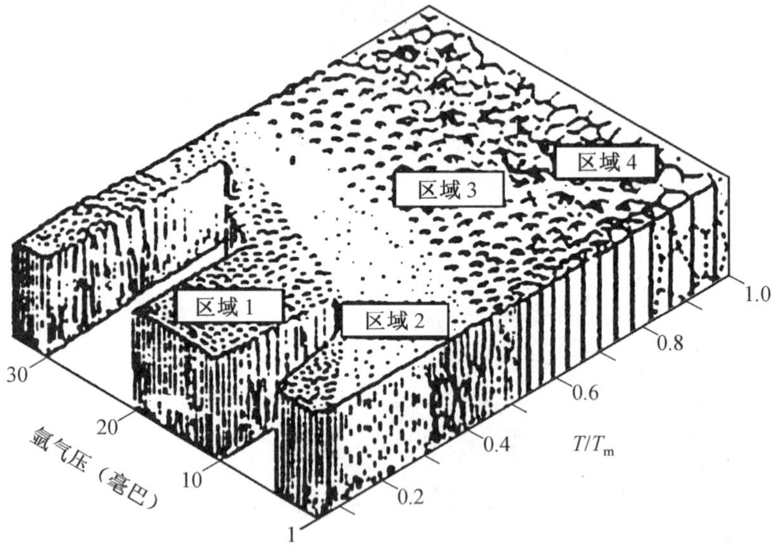

图 9.6　气压与温度对薄膜生长的影响

大。衬底相对温度接近薄膜材料的熔点温度时，薄膜结构呈现区域 4 的特点：柱体结构基本消失，薄膜主要由尺寸近似相同的晶粒组成，聚集密度接近 1，薄膜表面光滑。

对于不同种类的材料，在何种衬底相对温度下进入何种微观结构区域，还要受到沉积方法、沉积速度、沉积气压等因素影响，但有一个大致的范围，见表 9.1。

表 9.1　区域结构出现的典型温度

参数	区域 1	区域 2	区域 3	区域 4
金属	$< 0.3T_m$	$0.3 \sim 0.45T_m$	$0.45 \sim 0.8T_m$	$> 0.8T_m$
氧化物	$< 0.26T_m$	$0.26 \sim 0.45T_m$	$0.45 \sim 0.8T_m$	$> 0.8T_m$

9.2　薄膜特性

由于薄膜在生长过程中出现柱状结构，使其性质不同于相应的块状材料。薄膜光学性质、机械性质、环境性质、抗辐射特性等都不同程度地受其微观结构影响。

9.2.1　光学性质

薄膜光学性质主要为折射率、折射率与波长的关系、透明波段，以及微观结构对光学吸收和散射的影响等。

1. 光学常数

薄膜的光学常数可以用其复折射率表示。需要了解的内容包括折射率与材料类型的关系、折射率与波长的关系。对于一般材料，复折射率可写为 $N = n - ik$，其中 n 就是常说的折射率，k 为消光系数，与薄膜吸收损耗的大小有关。

在光频范围，折射率与介电常数 ε 之间满足

$$n = \sqrt{\varepsilon} \tag{9.4}$$

由于大多数晶体材料的介电常数为矢量，表现出各向异性，所以晶体材料的折射率往往也表现出各向异性，可以用折射率椭球来表示，椭球的长短轴分别是 n_o 和 n_e，详细的论述可参考物理光学的相关内容。材料介电常数的高低与其极化性质的强弱相关，易于极化的材料通常有较高的介电常数，因而其折射率也较高。按照这一特点，可以预计材料折射率与其类型之间的关系：半导体材料、硫化物、氧化物、氟化物材料的折射率依次递减。

在单波长减反射膜系等简单应用中，只需要知道某个波长下材料的折射率大小，而在宽波段应用中，则需要知道材料在整个关心的波长范围内的折射率。由于介电常数和折射率是光波频率的函数，折射率将随着波长发生变化，这一现象称为色散现象，把折射率与波长的关系称为色散关系。如果折射率随波长增加而下降，称为正常色散关系，反之称为反常色散关系。

折射率与波长的关系可以通过实验直接测量不同波长下的折射率数值，以列表形式给出结果，用于光学膜系设计，还可以通过色散方程予以近似描述。按照电介质物理的理论和不同的近似条件，有三种色散方程可以利用。

塞尔缪(Sellmeir)方程

$$n^2 = A + \frac{B}{\lambda^2} \tag{9.5}$$

柯西(Cauchy)方程

$$n = A + \frac{B}{\lambda^2} + \frac{C}{\lambda^4} \tag{9.6}$$

赫尔伯格(Herrzberger)方程

$$n = A + BL + CL^2 + D\lambda^2 + E\lambda^4 \tag{9.7}$$

式中，A, B, C, D, E 为常数(在不同的模型中这些常数含义与数值各不相同，不能互换使用)；$L = 1/(\lambda^2 - 0.028)$。

运用上述方程的前提是针对具体的薄膜材料选择合适的模型，再通过实验确定相关的常数数值。材料折射率还和其结晶结构紧密相关，如氧化锆薄膜在不同的沉积条件下表现出不同的晶体结构，折射率也相应发生变化，见表9.2。类似的关系在可能呈现多种结晶结构的薄膜材料中均存在，引用这类材料的折射率数据时需要特别注意其所对应的结晶结构。

表9.2　氧化锆薄膜折射率与其结晶结构的关系

沉积温度	室温	300 ℃	300 ℃ 沉积后 450 ℃ 烘烤	300 ℃ 沉积后 600 ℃ 烘烤
晶体结构	非晶	亚稳立方	立方	单斜
折射率	1.67	1.94	1.94	1.91

2. 光谱特性

折射率与波长的关系是薄膜材料光谱特性的重点内容之一，这里主要介绍金属薄膜

低吸收反射区和介质薄膜透明区折射率与波长的关系。

大多数金属在 300 nm 以下的波长范围内有较高的消光系数，表现出高吸收特性，金属薄膜低吸收反射区出现较长的波长，如金和铜出现在 500 nm 以后，而银则在 350 nm 以后就具有高反射率，吸收显著下降，低吸收高反射区可以延伸到数十微米的红外区域。通过测量不同波长下金属薄膜的折射率和消光系数，可以从理论上计算出金属薄膜的光谱特性。遗憾的是对于金属薄膜，其光学参数的不确定性较为强烈，受工艺参数影响严重，因而较难获得可靠的光学参数数据。

金属薄膜的另一个特点是其吸收特性受其两侧介质的性质影响会发生较大的变化。典型的例子是在铝膜表面镀制一对 1/4 波长厚度的氟化镁和硫化锌，则其可见光区的反射率将从91% 左右提高到97% 左右，但同时伴随着紫外光和红外光部分区域的反射率下降。另外一个例子是铬膜的吸收损耗与光线的入射方向相关，计算表明改变光线入射方向或者衬底表面状态，改变的是吸收率 A 的大小，薄膜的透射率 T 并没有改变，最终表现为反射率 R 变化。金属薄膜的这些特性需要在实际使用中加以特别注意。

金属薄膜的性质还将受到其表面状态的影响，如铝膜表面的氧化状态对其反射特性有显著影响。相对于金属薄膜，介质薄膜和半导体薄膜具有较为容易预测和可重复的光学特性。介质薄膜的光谱特性可以明显地分为三个区域：短波吸收区、透明区和长波吸收区，如图 9.7 所示。

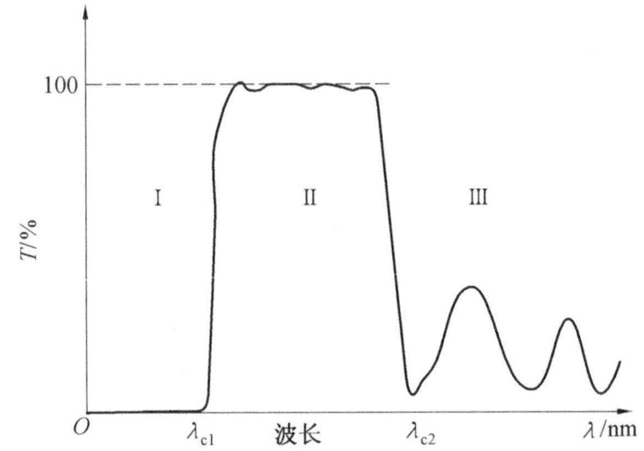

图 9.7　介质薄膜透过率的光谱特性

(1) 短波吸收区 Ⅰ：也称为本征或基本吸收区。吸收主要是由电子吸收光子能量从价带激发至导带引起的，只能当光子能量高于材料的禁带宽度时才会出现本征吸收，因此存在一个短波吸收限波长 λ_{c1}，即

$$\lambda_{c1}=\frac{hc}{E_g} \tag{9.8}$$

式中，h 为普朗克常数；c 为光速；E_g 为材料的禁带宽度。

半导体材料通常有较小的禁带宽度，所以其短波吸收限波长较长。短波吸收限波长与折射率之间存在近似关系

$$\frac{n^4}{\lambda_{c1}} = \text{const} \tag{9.9}$$

即折射率高则短波吸收限波长较长。

(2) 透明区 Ⅱ:此区域的吸收主要来自于杂质吸收和自由载流子吸收,吸收的幅度极小,因而表现为透明区。绝缘介质中的吸收主要表现为杂质吸收,而半导体材料的吸收则主要来自于自由载流子吸收。半导体材料的特点之一是自由载流子浓度受温度影响变化显著,因此其吸收明显表现为温度的函数,这往往造成半导体材料不适于在高温下使用。

(3) 长波吸收区 Ⅲ:主要由晶格振动引起,同样存在一个长波吸收限波长 λ_{c2},与材料的相对原子质量 M 和化学键结合力 F 的大小有关

$$\lambda_{c2} \propto \sqrt{\frac{M}{F}} \tag{9.10}$$

在大多数应用中,需要根据波长范围选择具有适当的透明区域的薄膜材料,这一点大大限制了薄膜材料选择的余地,特别是对在红外区域和紫外区域应用的薄膜。

3. 吸收与散射

薄膜的损耗是其应用中需要特别关注的特性之一。光学薄膜的损耗主要有两种形式:吸收和散射。薄膜的吸收与其光学常数相关,而散射则与其微观结构相关。薄膜的总吸收为 L,包含吸收 A 和散射 S,即 $L = A + S$。根据能量守恒有

$$T + R + L = 1 \tag{9.11}$$

吸收是薄膜固有的性质,大小与薄膜的微观结构、化学剂量比、吸潮、杂质污染等因素有关,对于一些沉积过程中会发生分解的薄膜材料,化学剂量比成为影响吸收大小的关键因素。

吸收的大小可以用消光系数 k 或者吸收系数 $\alpha = 4\pi k/\lambda$ 表示。单层膜的吸收可写为

$$A = \frac{n_1}{n_0}\frac{t_{01}^2 \alpha d}{1 - 2r_{12}r_{10}\cos(4\pi n_1 d/\lambda) + (r_{12}r_{10})^2}\left[(1 + r_{12}^2) + \frac{r_{12}\lambda}{2\pi n_1 d}\sin(4\pi n_1 d/\lambda)\right] \tag{9.12}$$

式中,n_0 为入射介质折射率;n_1 为膜层折射率;n_2 为出射介质折射率;d 为膜层几何厚度;r_{10} 为上界面反射系数;t_{01} 为上界面透射系数;r_{12} 为下界面反射系数。

散射损耗分两类:表面散射和体散射。表面散射由薄膜的表面粗糙度决定,主要受柱状结构在表面处的特征影响;体散射来自于薄膜内部的缺陷,如柱体内部的缺陷、孔隙、微尘、裂纹、柱状体边界等部位。由此可以看出,散射特性是由薄膜的微观结构决定的。

表面散射可以用薄膜表面的均方根粗糙度 σ 和相关长度 l 来表示,σ 代表了散射的幅度,l 则影响散射的角度分布。表面散射分为反射散射 S_r 和透射散射 S_t,若理想表面的反射率和透射率分别为 R_0 和 T_0,则

$$S_r = R_0\left\{1 - \exp\left[-\left(\frac{4\pi n_0 \sigma}{\lambda}\right)^2\right]\right\}\left\{1 - \exp\left[-2\left(\frac{\pi l}{\lambda}\right)^2\right]\right\} \tag{9.13}$$

$$S_t = T_0\left\{1 - \exp\left[-\frac{2\pi\sigma}{\lambda}(n_1 - n_0)^2\right]\right\}\left\{1 - \exp\left[-2\left(\frac{\pi l}{\lambda}\right)^2\right]\right\} \tag{9.14}$$

有多种理论模型来描述散射强度及空间分布与薄膜表面粗糙度的关系,典型的有标

量理论和矢量理论，详细的内容读者可以参考相关的文献。

体散射的描述较表面散射困难，没有一个完善的理论模型来描述体散射与直接可测量参数之间的关系。简单的做法是引入散射消光系数，把散射损耗等同于吸收来处理，把吸收的贡献用吸收消光系数来表示。这样，体散射损耗可以用吸收损耗的计算方法来处理。

散射损耗强烈地依赖于薄膜的微观结构，因而不同的制备方法将引起不同的散射损耗。通常来说，更致密、更均匀的微观结构和更光滑的表面将有助于获得较低的散射损耗，这一点上，用溅射方法获得的薄膜较蒸发薄膜具有更好的散射特性；良好的晶态薄膜有最低的散射损耗，非晶薄膜次之，多晶薄膜最差。

9.2.2 机械性质

光学薄膜的力学性质包括机械强度、附着力和应力等，薄膜的微观结构在影响其力学性质方面起着重要的作用。

1. 机械强度

足够的机械强度是对薄膜力学特性的基本要求之一。强度特性是材料自身具有的特性，这里不做详细叙述，只介绍一些影响薄膜强度的因素。

薄膜的机械强度包括抗张强度和耐压强度，其中耐压强度常用其硬度来表示。薄膜的硬度目前可以采用摩擦磨损试验和纳米压痕仪进行测试。从有限的实验数据中可以大致总结出一些影响薄膜硬度的因素。

对于金属薄膜，低温下快速沉积获得的薄膜硬度较高，对金属薄膜做退火处理后其硬度将下降。与金属相反，氧化物薄膜的硬度随沉积温度的升高而升高，但是总体硬度仍低于相应的块状材料。在实际应用当中，试图通过提高沉积温度来提高氧化物薄膜硬度的做法并不可取，原因是显著提高薄膜硬度所需要的温度往往高于800 ℃，这对光学薄膜的沉积是不现实的。从结晶结构上看，晶态薄膜的硬度会高于多晶结构的薄膜，疏松的柱状结构会导致薄膜硬度的下降，吸潮过程也会造成薄膜硬度的降低。

2. 附着力

薄膜的机械强度往往是一个从摩擦磨损试验上无法与薄膜附着力分离的性质。高强度薄膜如果与衬底之间缺乏良好的附着力，也容易在摩擦磨损等破坏性试验中受损。增强薄膜与衬底之间的附着力，是获得具有良好机械特性薄膜的另一项基本要求。

(1) 附着力的类型与性质

附着力可以分为四种类型：简单附着、扩散附着、中间层附着、宏观效应附着，如图9.8所示。简单附着就是薄膜与衬底之间存在清晰的界面，两者以物理或者化学键结合。影响这种附着的主要因素是衬底表面的污染。扩散附着是薄膜与衬底之间通过相互扩散或者溶解形成一个渐变的界面。可以通过加热、离子轰击等方法促进扩散过程的发生来增强扩散附着。由于溅射过程更有利于扩散的发生，所以溅射薄膜的附着力高于蒸发薄膜。

为了提高薄膜与衬底之间的附着，可以通过增加中间层的方法，即所谓的中间层附着。中间层可以是有意识添加的，也可能就是多层薄膜中的一层。中间层可以是单一化

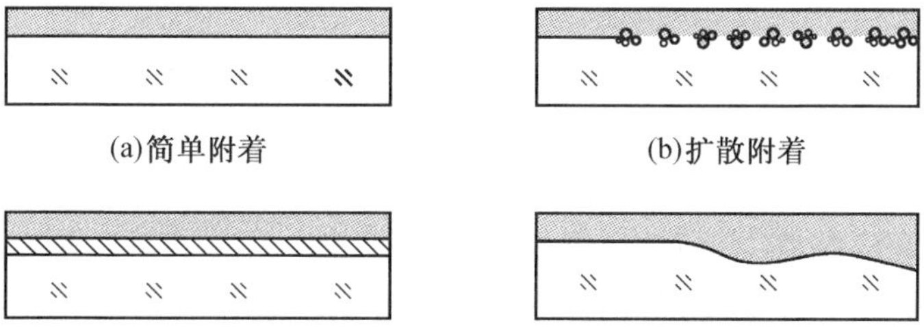

图 9.8　附着力的四种类型

合物、固熔体或者多种化合物;可以是薄膜与衬底之间形成的化合物、薄膜之间形成的化合物,也可以是薄膜或者衬底与环境气氛所形成的化合物。常见的中间层多为氧化物或者氮化物。对于光学薄膜,中间层的选择除了要考虑增加附着力,还要考虑其对薄膜光学特性的影响。

宏观效应附着最典型的例子是机械锁合,当衬底表面粗糙,或者存在微孔与裂纹时,沉积原子就会进入到不平整的区域,产生机械锁合作用,同时附着表面积增大,提高附着力。对于光学和电学应用的薄膜,这种方法会严重影响薄膜的功能特性,所以不能应用,但是对机械应用的薄膜就可能是一种有效的途径。

薄膜与衬底之间存在三种性质的附着力:范德华力、化学键和静电力。范德华力的键能在0.04 ~ 0.4 eV之间,与材料种类有关;化学键在薄膜与衬底之间较难形成,但是其结合强度最大,对应的键能在0.4 ~ 10 eV;当薄膜与衬底之间的功函数存在较大差异时,便会产生静电力作用,其键能约0.1 eV。

需要指出的是,这里只介绍了薄膜与衬底间的附着,事实上薄膜与薄膜之间的结合力也值得关注。

(2) 影响附着力的因素

影响附着力的因素很多,主要有衬底材料种类、衬底表面状态、衬底温度、沉积方式、沉积速率、沉积气氛等。

衬底材料种类主要影响薄膜与衬底间的化学键。如金和玻璃之间的结合力较差,是由于金的化学稳定性强,不能与玻璃间形成氧化物结合,而和铂、镍、铬、钛等金属之间可以形成金属键,附着力良好,因此可以首先在玻璃表面镀制铬等薄膜作为中间层以增强附着力,选择合适的衬底材料或者在衬底表面形成中间层,有助于获得附着牢固的薄膜。清洁的衬底表面对于形成结合良好的薄膜十分重要,受污染衬底表面的吸附层会破坏简单附着所需要的物理或者化学结合力。较高的衬底温度有利于薄膜与衬底间的互扩散,形成牢固的扩散附着。但是过高的衬底温度会造成薄膜晶粒粗大,热应力增高,从其他方面劣化薄膜性能,需要做适当的取舍。

根据不同的膜层、不同材料的基片选择不同的加热温度。如蒸镀金属膜时,一般采用冷基片,减少大颗粒的形成,以防止光散射和氧化反应带来的光吸收,提高膜层的反射率。

若用高压离子轰击加热,可同时实现基片清洁工作,轰击时间按工件的面积而定,一般为 10 ～ 30 min。

相对而言，荷能沉积，如离子束辅助蒸发、磁控溅射、激光蒸发等方法获得的同种薄膜与衬底的结合力高于简单热蒸发获得的薄膜。原因是荷能束有利于去除衬底表面吸附层、活化衬底表面、促进薄膜与衬底间的互扩散。较高的沉积速度会降低薄膜与衬底界面处形成化合物中间层的概率，同时形成相对疏松的膜层，往往会导致附着力的下降。沉积气氛主要是在沉积初期影响附着力的大小，如果沉积环境的残余气氛有助于在薄膜与衬底界面处形成化合物中间层，则将有助于提高附着力。

薄膜在使用过程中，会由于氧气等气体的扩散，使得薄膜与衬底界面继续发生氧化等化合过程，薄膜的附着力缓慢增强，即产生所谓的附着力的时间效应。时间效应不完全有利于附着力的提高。吸潮过程也是个缓慢的过程，当吸潮影响到薄膜与衬底界面时，会造成薄膜与衬底的剥离，产生局部“鼓泡”现象，这是负面的时间效应。

3. 应力

薄膜中普遍存在应力。薄膜单位面积截面上承受的力称为应力，按照应力的起源分为外应力和内应力。外应力是外部对薄膜施加的力，如光学零件在装夹过程中所受的力，这是人为可以调节的力，在此不做进一步介绍。对于光学薄膜，需要关心的主要是薄膜的内应力。内应力按照其性质可分为热应力和本征应力。热应力起源于薄膜与衬底之间的热膨胀系数的差异，它是可逆的；本征应力源自薄膜的结构因素和缺陷，是应力中不可逆的部分。

应力按照其作用可以分为张应力和压应力，如图 9.9 所示。在张应力的作用下，薄膜有收缩的趋势。当张应力过大时，会造成薄膜开裂、衬底朝向薄膜一侧翘曲；在压应力的作用下，薄膜有伸展的趋势，过高的压应力会使薄膜起皱、脱落、衬底背向薄膜一侧弯曲。习惯上对张应力取正号，压应力取负号。

(a)张应力　　(b)压应力

图 9.9　薄膜中的应力

从力学的角度考虑，薄膜承受压应力的能力高于张应力，所以在满足应用要求的情况下，常设法使薄膜呈现压应力。

(1) 应力的起因

薄膜使用温度不同于沉积温度时出现热应力。热应力 σ_T 可以表示为

$$\sigma_T = \frac{Y_s}{1 - v_s}(\alpha_f - \alpha_s)(T_d - T) \tag{9.15}$$

式中，α_f，α_s 分别为薄膜和衬底的热膨胀系数；Y_s 为衬底的杨氏模量；v_s 为衬底的泊松比；T_d 为薄膜沉积温度。

热应力的幅度可以通过选择适当的衬底材料加以控制，甚至可以改变其符号。如金属薄膜在玻璃衬底上多数呈现张应力，而在碱金属卤化物衬底上则呈现压应力。

本征应力按照其产生的位置可以划分为界面应力和生长应力。界面应力的产生是由于薄膜与衬底之间存在结构失配。当薄膜与衬底间的晶格存在较大差异时，在界面处会

形成较大的应力。界面应力会导致在薄膜与衬底的界面处形成一个过度区以抵消应力。

本征应力的数值大约在 10^8 Pa 量级，金属薄膜和室温下沉积的大多数介质薄膜呈张应力，厚度较大的介质薄膜呈压应力，本征应力受衬底材料的影响较小。

(2) 影响应力的主要因素

衬底状况、沉积过程和薄膜材料自身状况是影响应力的主要因素。

衬底状况对于应力的影响体现在三个方面：材料种类、表面状态和衬底温度。材料的影响主要是其热膨胀系数。表面状态一方面对附着力有较大的影响，另一方面也会影响应力的大小。

衬底温度是对薄膜应力影响最大的因素之一。在衬底温度较低下沉积的金属薄膜一般表现出张应力，衬底温度升高张应力减小，在某个温度附近应力减为零，温度进一步升高可能会导致压应力的出现。低温沉积的介质薄膜多呈现张应力，升高沉积温度有可能改变应力的大小和性质，但是规律没有金属薄膜那么明显。

沉积过程对薄膜应力的影响较为复杂，并且缺乏规律性，需要针对具体的薄膜种类、衬底材料、沉积工艺来具体研究沉积温度、沉积速率、沉积气氛、蒸气入射角度等条件对薄膜应力的影响。

薄膜应力往往表现出失效性，在不同的使用环境、使用温度下，应力会发生缓慢变化，影响到薄膜器件的性能稳定性，图 9.10 分别给出了压应力引起 ZnS 膜层的变化与张应力引起 MgF_2 膜层的变化(在 90% 湿度环境下 5 h 后的测试结果)。

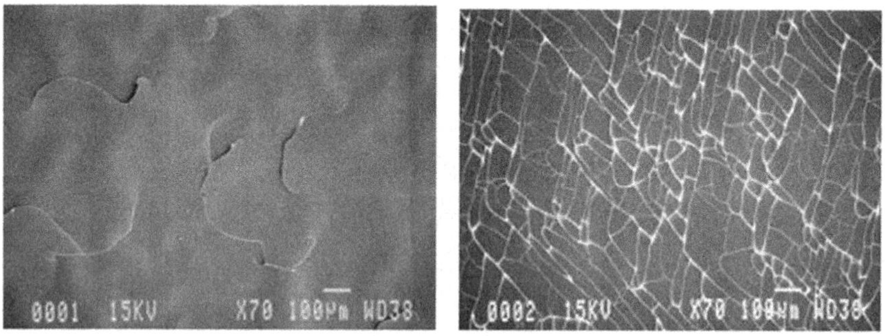

图 9.10　压应力引起 ZnS 膜层的变化(左图) 与张应力引起 MgF_2 膜层的变化(右图)

9.2.3　环境性质

薄膜的环境性质主要指光学稳定性和折射率均匀性。

1. 薄膜光学稳定性

在实践中经常遇到的问题就是薄膜器件的光学特性，特别是窄带滤光片的光学特性在镀制结束后及使用过程中发生变化，如通带变差、中心波长漂移等。造成薄膜光学特性不稳定的主要原因之一就是其柱状结构吸附潮气。

吸潮对薄膜光学特性影响的直接后果是薄膜的折射率变化。对于折射率不同的薄膜材料，吸潮引起的折射率变化规律也略有差异。影响最严重的现象是窄带滤光片中心波长漂移与波形变坏。图 9.11 给出了窄带滤光片波长漂移的示意图，设计中心波长为 λ_0，吸收水汽后中心波长变为 λ_1。

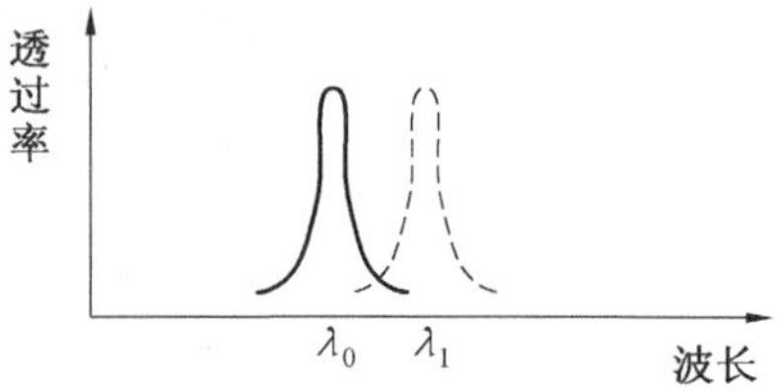

图 9.11　水汽吸收引起的波长漂移

对于低折射率薄膜材料，孔隙结构的折射率与聚集密度 p 之间的关系可写为

$$n = pn_s + (1-p)n_v \tag{9.16}$$

式中，n_s 为柱体的折射率；n_v 为孔隙的折射率。孔隙折射率在薄膜完全吸潮后可以用水的折射率 1.33 代替。

对于中等折射率薄膜，孔隙结构的折射率与聚集密度 p 之间的关系为

$$n = \left\{\frac{(1-p)(n_s^2+2)n_v^2 + p(n_v^2+2)n_s^2}{(1-p)(n_s^2+2) + p(n_v^2+2)}\right\}^{\frac{1}{2}} \tag{9.17}$$

对于高折射率薄膜，孔隙结构的折射率与聚集密度 p 之间的关系为

$$n = \left\{\frac{(1-p)n_v^2 + (1+p)n_v^2 n_s^2}{(1+p)n_v^2 + (1-p)n_s^2}\right\}^{\frac{1}{2}} \tag{9.18}$$

吸潮过程对光学薄膜稳定性影响的复杂性体现在以下几个方面：

（1）高、低折射率材料的折射率在吸潮以后遵循不同的规律变化，造成薄膜器件的光学特性发生复杂的变化。

（2）吸潮过程对多层薄膜的影响是一个渐进的过程。这种渐进性体现在三个方面：一是吸潮过程可能在镀制过程就开始发生，并且即使将薄膜加热到高温或者处于高真空环境，吸潮现象也不可完全消除，如单纯依靠加热来去除吸潮现象，温度可能高达 600 ℃以上。整个吸潮过程依照材料聚集密度的不同可能持续较长时间，最长可达数年之久；二是吸潮往往从薄膜表面的疵病处开始，逐渐在聚集密度较低的膜层中横向发展，并逐步向深处发展，这也是吸潮过程渐进性的重要原因。吸潮的这一特点，使得在整个吸潮过程中可以观察到吸潮斑点的出现，斑点逐渐扩大连成片，最后形成均匀的吸潮层。斑点最早出现的地方往往是薄膜中缺陷存在的位置，如衬底上的尘粒、粗糙点、麻点、划痕或者不洁净的表面等；三是吸潮引起的薄膜光学特性变化也是一个渐进的过程。由于水汽的渗入是渐进的，由表面到内部，由孔中心向四周，因此若是多层介质膜，则可以看到随着水汽的深入及扩散而形成的一圈一圈图案，每一圈代表不同的透射光中心波长（水分的含量不同），图 9.12 为薄膜吸收水汽的观测仪，图中 1 为单色仪，2 为滤光片放置室，其内的湿度可调，3 为照相记录系统。图 9.13 为 ZnS/Na_3AlF_6 制作的窄带滤光片在制备 144 h 后水汽的吸收情况，可以明显看出水汽对薄膜的影响。

（3）吸潮过程对光学薄膜器件特性的影响还与多层薄膜的光学结构有关。多层光学薄膜中各层吸潮后对整个薄膜器件特性的影响程度各不相同，例如 F－P 滤光片和长波通截止滤光片中各层膜对波长漂移的贡献程度不同。对 F－P 滤光片，间隔层吸潮引起的中心波长漂移最显著，离间隔层越远，影响越小，且两侧薄膜的影响几乎相同；对长波通截止滤光片，膜系中央附近的膜层吸潮对于中心波长的漂移贡献最大，两侧膜层的影响逐渐减小，靠近空气侧膜层的影响较靠近衬底侧的膜层大。

图 9.12　水汽吸收观测设备

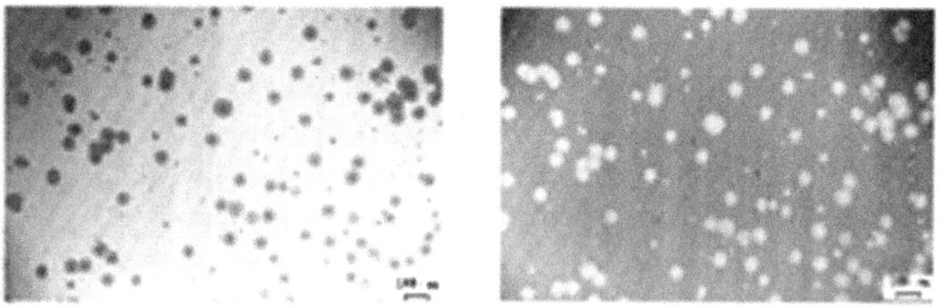

(a) 观测波长 484 nm　　(b) 观测波长 507 nm

图 9.13　放置 144 h 后窄带滤光片水汽吸收

造成光学薄膜特性不稳定的另外一个原因是柱状结构造成的光学常数各向异性。由于柱状结构的存在，薄膜光学常数在垂直于衬底表面和平行于衬底表面的方向上会存在差异，即存在柱状结构引起的双折射。当所有的柱体垂直于衬底表面排列时，对于正入射的光线不会表现出偏振现象，但是柱体往往并不垂直于衬底表面，所以会对正入射的光线同样会产生偏振效应。由柱体的双折射效应可引起窄带滤光片的通带出现双峰，通过稳定化处理不能消除双峰结构，这种现象对于超窄滤光片表现得尤为明显。

为了消除吸潮对于薄膜特性的影响，可以从改善薄膜微结构入手，即消除柱状结构的形成。采取的手段包括选择聚焦密度较高的薄膜材料；选择合理的沉积参数，如合理的沉积温度、沉积速度、真空度等；还可以选择不同的沉积方法，如离子束辅助蒸发、反应离子镀、磁控溅射、离子束溅射等荷能沉积技术，从根本上消除柱状结构。

为了消除柱状结构的双折射效应，可以选择离子束溅射等方法，合理控制沉积参数、以获得致密的非晶结构，从而消除光学性质的各向异性。

2. 薄膜折射率的均匀性

柱状结构的存在、薄膜吸潮以及薄膜形成过程中的不均匀性，会造成薄膜折射率沿厚度方向上的不均匀性。这种不均匀性在一般用途的薄膜中小到可以忽略的程度，但是在高精度薄膜器件中则必须考虑其带来的影响。在一些特定的场合，可以利用折射率不均匀的薄膜实现零反射等特殊应用，但是在大多数情况下，折射率的不均匀性对膜层性质会带来负面效应。为此需要了解折射率不均匀性产生的原因及其特点。

折射率的不均匀性源自薄膜生长阶段，尤其对于多晶薄膜，薄膜与衬底界面往往存在一个过渡区域，过渡区域在微观结构、光学特性上有异于其他区域，这会造成折射率的不均匀。这种不均匀性与薄膜材料种类、沉积条件、衬底种类等条件有关。

第二类不均匀性直接源自柱状结构。一些材料的柱体直径随厚度增加而增大，造成聚集密度从衬底向外逐渐增大、折射率随之出现增大趋势，即所谓负不均匀折射率分布。

第三类不均匀性由吸潮过程引起。即使在柱体结构均匀的薄膜中，由于吸潮现象首先发生在薄膜的表层，逐渐向内扩展，并且潮气在表面一侧的吸附高于衬底一侧，会导致折射率的不均匀分布。有趣的是，对于由柱体结构引起的折射率不均匀，可能由于吸潮使得均匀性改善，这一点对于低折射率薄膜表现得尤为明显。

折射率的不均匀性可以简单地通过 $\lambda/2$ 厚度膜层在中心波长处的反射率来判定。如果折射率呈现正不均匀分布，则中心波长处的反射率高于衬底表面的反射率 R_0；如果折射率呈现负不均匀分布，则中心波长处的反射率低于衬底表面的反射率。

9.2.4 抗激光损伤特性

激光是一种亮度极高、能量高度集中的强光源，一束高功率的激光照在薄膜上，会对其造成损伤。薄膜的抗激光损伤能力在激光光学系统中显得至关重要。

(1) 激光对薄膜的破坏作用

激光对薄膜的破坏机理概括起来说主要有两种：热效应和场效应。

① 热效应：热效应是由薄膜材料对激光能量的吸收引起。薄膜材料对激光能量的本征吸收和外因吸收随温度的升高呈指数增加，当膜层温度达到(625 ±55) ℃ 时，几乎所有的膜层都会出现损伤。另外膜层吸收激光能量后，不仅温度升高，而且由于短时间内的急剧加热，在局部热点附近产生热弹性压力和热应力波，从而加剧膜层的损坏。

② 场效应：高强度的激光可以在介质的内部形成高频强场。介质膜在高频场的作用下，可能产生类似于电子击穿的雪崩离化，导致薄膜的损伤。雪崩离化与薄膜内部的电场相关，电场越大，损伤的可能性越大。

(2) 影响激光损伤阈值的因素

不同的膜系损伤机理不同，下面以减反膜和高反膜为例进行说明。

减反膜的激光损伤实验表明，减反膜的损伤始于基片表面。减反膜需引导能量通过膜层穿过基板，比基板和膜层残余吸收高的基片 - 膜层交界面成为其低激光损伤阈值的主要原因。基板的表面光洁度、基板的清洁、内保护层的设置都对减反膜的激光损伤阈值有影响。高反膜反射电磁波，在膜层内部产生驻波。因而损伤不在基片，而在于各膜层的交界面。加入半波长整数倍的保护膜，将场强的极值从膜层交界面移到膜层的内部，能有效提高抗激光损伤阈值。此外，高反射膜激光损伤阈值的提高主要在于如何降低缺陷和减少吸收。

9.3 镀膜工艺对薄膜性能的影响

真空镀制光学薄膜的基本工艺过程是：清洁零件 → 清洁真空室／装零件 → 抽真空和零件加温 → 膜厚仪调整 → 离子束轰击 → 膜料预熔 → 镀膜 → 镀后处理 → 检测。

上述工艺流程中每一步骤的完成质量，都会影响到膜层的质量。

9.3.1 影响薄膜性能的工艺要素及作用机理

光学薄膜器件的制造是在真空室内进行的，同时膜层的生长又是一个微观过程，而目前能够直接控制的却是一些与膜层质量有间接关系的宏观因素与过程。人们通过长期坚持不懈的试验研究，找到了膜层质量与这些宏观因素之间的规律性关系。

1. 真空度的影响

真空度对薄膜性能的影响是由于气相分子碰撞后能量损失和化学反应造成的。若真空度低，致使膜料蒸气分子与剩余气体分子碰撞概率增加，蒸气分子动能大大减小，使得蒸气分子达不到基片，或无力冲破基片上的气体吸附层，或是勉强能冲破气体吸附层但与基片的吸附能很小，从而导致光学薄膜器件沉积的膜层疏松，机械强度差，聚积密度低，化学成分不纯，使得膜层折射率、硬度变差。通常，随着真空度的提高，膜层的结构改善，化学成分变纯，应力增大。金属膜和半导体膜的纯度越高越好，它们对真空度的依赖性很大，从而需要更高的真空度。

受真空度影响的最主要薄膜性能有折射率、散射、机械强度、不溶性。

2. 沉积速率的影响

沉积速率是描述薄膜沉积快慢的工艺参量，用单位时间内在被镀表面上形成的膜层厚度表示，单位为 $nm \cdot s^{-1}$。

沉积速率对膜层的折射率、牢固度、机械强度、附着力、应力有明显的影响。如果沉积速率较低，大多数蒸气分子从基底返回，晶核生成缓慢，凝结只能在大的聚集体上进行，从而使膜层结构疏松；沉积速率提高，会形成颗粒细而致密的膜层，光散射减小，牢固度增加。因此，如何适当地选择薄膜的沉积速率是蒸镀工艺中的一个重要问题，具体选择应根据膜层材料确定。

提高沉积速率的方法有两种：① 提高蒸发源温度；② 增大蒸发源面积。

3. 基片温度的影响

基片温度是膜层生长的重要条件之一。它对膜层原子或分子提供额外能量补充，它主要影响着膜层结构、凝集系数、膨胀系数、聚集密度。宏观反映在膜层折射率、散射、应力、附着力、硬度、抗激光损伤阈值和不溶性都会因基片温度的不同而有较大差异。例如，对于采用电子枪蒸发、由 Al_2O_3 和 MgF_2 为高低折射率膜料制备的高反射膜，基片沉积温度为200 ℃、250 ℃、280 ℃ 和320 ℃ 时，相应的激光损伤阈值(采用脉冲宽度为8 ns，波长为355 nm 的激光器) 分别为4.65 J/cm^2、4.93 J/cm^2、18.5 J/cm^2 和6.86 J/cm^2。膜层在相同能量激光照射后的情况如图 9.14 所示。

一般而言，冷基片用于蒸镀金属膜。对基片进行加热升温，有以下优点：

① 将吸附在基片表面的剩余气体分子排除，增加基片与沉积分子之间的结合力。

② 促使膜层物理吸附向化学吸附转化，增强分子之间相互作用，使膜层紧密，附着力增大，提高机械强度。

③ 减少蒸气分子再结晶温度与基片温度之间的差异，提高了膜层密集度，增加了膜层硬度，消除内应力。

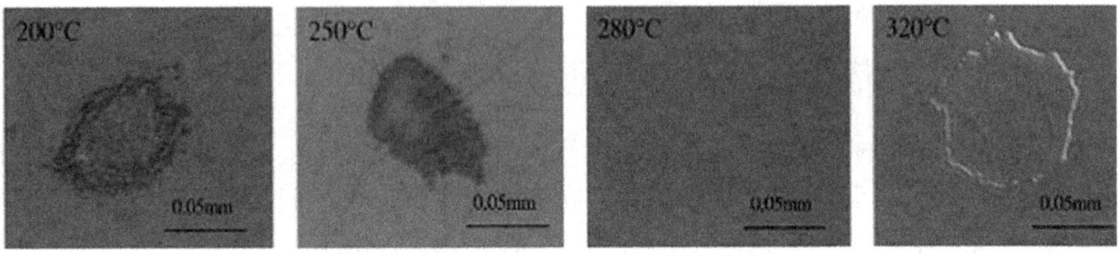

图 9.14　Al_2O_3 和 MgF_2 膜层在相同能量激光照射后的情况

但要注意,基片温度过高容易使膜层结构变化或膜料分解。

4. 离子轰击的影响

离子轰击可以在镀膜前进行,也可以选择在镀膜后进行。镀膜前轰击可以使基片表面因离子溅射而再清洁和电活化,提高膜层在基片表面的凝集系数和附着力。而镀膜后轰击则可以提高膜层聚集密度,增进化学反应,使氧化物膜层的折射率增加,机械强度和抗激光损伤阈值提高。

5. 基片材料的影响

基片材料对膜层的影响主要体现在以下三方面:

(1) 基片材料的膨胀系数不同将导致薄膜热应力不同。

(2) 化学亲和力不同影响膜层附着力和牢固度。

(3) 基片的粗糙度和缺陷是薄膜散射的主要来源。图 9.15 为硒基片上存在缺陷(污点或杂质)时,ITO 膜生长过程出现的突瘤。

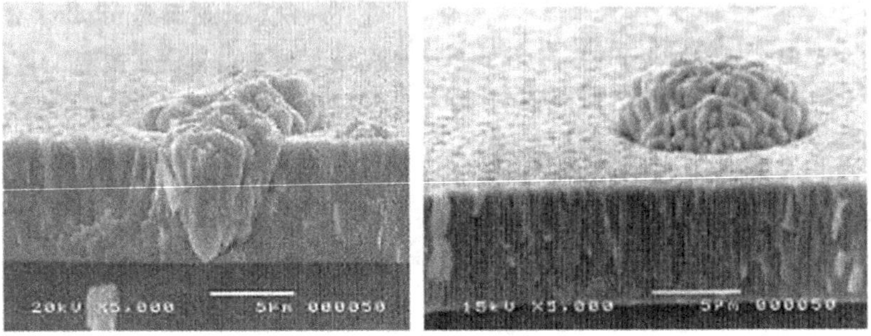

图 9.15　硒基片上存在缺陷时,ITO 膜生长过程出现的突瘤

6. 基片清洁的影响

残留在基片表面的污物和清洁剂将导致:

(1) 膜层对基片的附着力差。

(2) 散射吸收增大,抗激光损伤性能变差。

(3) 透光性能变差。

7. 膜层材料的影响

膜层材料的化学成分(纯度和杂质种类)、物理状态(粉或块)、预处理(真空烧结或锻压)也影响膜层结构和性能。

8. 蒸发方法

不同的蒸发方法提供给蒸发分子和原子的初始动能差异很大,导致膜层结构有较大差异。表现为折射率、散射、附着力有差异,图 9.16 给出了热蒸发与溅射制备的氧化物膜层的电子显微镜照片图,可以明显看出溅射制备的膜层更致密光滑。

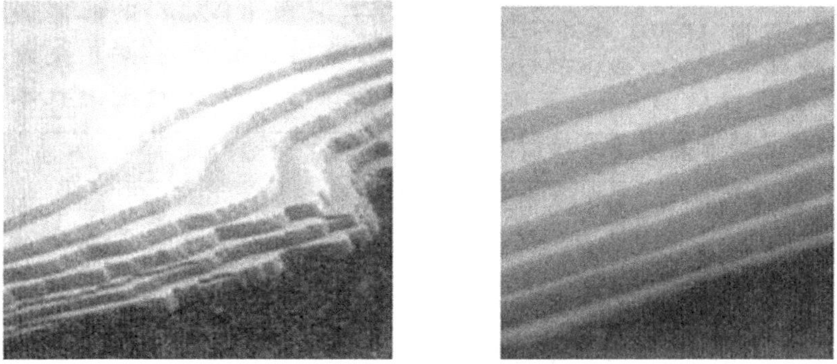

图 9.16 热蒸发与溅射制备的氧化物膜层

9. 蒸气入射角

蒸气入射角指蒸气分子入射方向与基片沉积表面法线的夹角,它影响着膜层的生长特性和聚集密度,对膜层的折射率和散射特性有较大影响。为了获得高质量薄膜,需要控制膜料蒸气分子的入射角,一般应限制在 30° 之内。

10. 烘烤处理的影响

在大气中对膜层加温处理,有利于应力释放和环境气体分子及膜层分子的热迁移,可使膜层结构重组,对膜层折射率、应力、硬度有较大影响。

表 9.3 汇总了镀制工艺参数与薄膜性能之间的关系。

表 9.3 镀制工艺参数对薄膜性能的影响

参数 性能	基片材料	基片清洁	离子轰击	初始材料	蒸发方法	蒸发速率	真空度	基片温度	蒸气入射角	烘烤处理
折射率			□	□		△	△	△	△	△
透射比			□	□	□	#	#	#		△
散射	△	□	#	#	□	#		△	□	△
几何厚度		□	□			□	□	△	□	#
应力	△	#		△		□	□	□	□	
附着力	□	△	△		□	□	□	△	□	□
硬度		□	□			□	△	△	□	△
温度稳定性	□					□	□	△	□	□
不溶性	#	□	□	□		□	△	△	□	□
抗激光辐射	#	□	□	□	□	□		□		□
缺陷	△	□	□	□	△	□	#	□		□

表 9.3 中"△"表示该工艺参数对薄膜性能有严重影响,"□"表示有关系,"#"表示有依赖关系。本节目的旨在分析用 PVD 法制备的膜层性质与工艺因素之间的一些关系,

尽管分析不是很完整，但是至少能够说明它们之间的联系。薄膜制备是一个复杂的过程，在制备过程中因各种因素的交互作用，它们对膜层性能的影响在实际中是综合性的。

图 9.17 给出了一些主要工艺因素对膜层微观结构和化学成分的影响，从另一角度说明了工艺因素对膜层光学性能、机械性质和抗激光损伤等特性的影响。

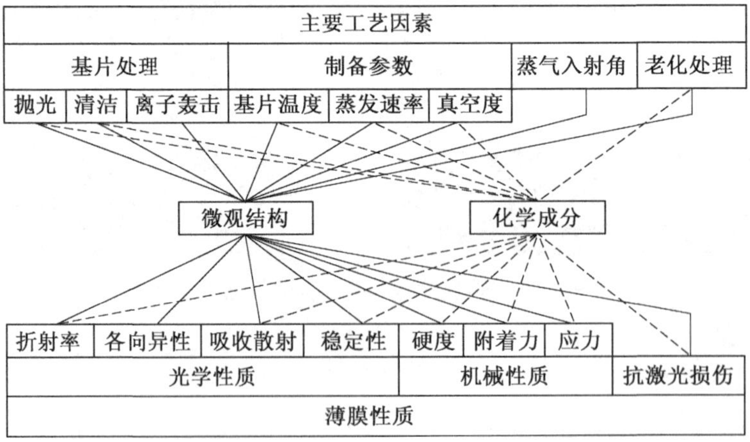

图 9.17　主要工艺因素对薄膜性能影响

9.3.2　提高膜层机械强度的工艺途径

膜层的机械性能受附着力、应力、聚集度等因素影响，由膜层材料和工艺因素之间的关系可知，如果要提高膜层的机械强度，应该着重考虑以下几个工艺参数：

1. 真空度

真空度对薄膜的性能影响很明显。膜层绝大部分性能指标的好坏对真空度的依赖性很大。通常，随着真空度的提高，膜层聚集密度增大，牢固度增加，膜层结构得到改善，化学成分变纯，但同时应力也增大。

2. 沉积速率

提高沉积速率不仅可以用提高蒸发速率，即提高蒸发源温度的办法来实现，还可以用增大蒸发源面积的办法来达到。但是采用提高蒸发源温度的办法有缺点：膜层应力太大；成膜气体易分解。有时增大蒸发源面积比提高蒸发源温度更为有利。

3. 基片温度

提高基片温度有利于将吸附在基片表面的剩余气体分子排除，增加基片与沉积分子之间的结合力；同时会促使物理吸附向化学吸附转换，增强分子之间的相互作用，使膜层结构紧密。例如，MgF_2 膜，基片加热到 250 ~ 300 ℃，可减少内应力，提高聚集密度，增加膜层硬度；基片加热到 120 ~ 150 ℃ 制备的 ZrO_2 – SiO_2 多层膜，其机械强度提高了许多，但基片温度过高会造成膜层变质。

4. 离子轰击

离子轰击对高凝聚力表面的形成、表面粗糙度、氧化作用和聚集密度有影响。蒸镀前的轰击可以清洁表面、增加附着力；镀后轰击可以提高膜层聚集密度等，从而使机械强度和硬度增大。

5. 基片清洁

基片清洗方法不适当或不洁净，在基片上残留有杂质或清洁剂，会引起新的污染，在镀膜时产生不同的凝聚条件和附着力，影响到第一膜层的结构特性和光学厚度，也使膜层容易从基片脱落，从而改变膜层特性。

9.3.3 控制膜层折射率的主要工艺途径

折射率是描述光学薄膜性能的主要参数之一，在薄膜的镀制过程中应该通过对一些工艺参数加以控制，实现膜层折射率与理论值相符合。在实际镀制中应着重从以下几个方面考虑：

(1) 通过控制真空度实现对折射率的控制。例如基片温度为 30 ℃，在 6.5×10^{-2} Pa 下形成 ZrO_2 膜的折射率为 1.6；在 6.5×10^{-3} Pa 下折射率为 1.84；在 2.6×10^{-3} Pa 下折射率为 1.90。

(2) 通过控制沉积速率实现对折射率的控制。如用电子束蒸发 TiO 和 Ti_3O_5，在氧压为 3.3×10^{-2} Pa 和温度 300 ℃ 基片上镀制 TiO_2 的折射率与沉积速率的关系见表 9.4。

表 9.4 沉积速率对膜层折射率的影响

折射率 \ 沉积速率 / 膜料	$0.15\ nm\cdot s^{-1}$	$0.40\ nm\cdot s^{-1}$	$0.60\ nm\cdot s^{-1}$	$1.00\ nm\cdot s^{-1}$
TiO	2.26	2.31	2.35	2.39
Ti_3O_5	2.18	2.21	2.23	2.26

(3) 通过控制基片温度实现对折射率的控制。提高基片温度可以促进沉积的膜料分子与剩余气体分子的化学反应，改变膜层的结晶形式和晶格常数，从而改变膜层的光学性能。例如：在 2×10^{-2} Pa 真空温度下，基片温度为 30 ℃ 时 ZrO_2 膜的折射率为 1.70；当基片温度为 130 ℃ 时，折射率为 1.88。

(4) 控制膜料蒸气分子入射角，尽可能以小入射角度成膜，以获得致密膜层。例如：MgF_2 膜层，当蒸气分子入射角从 0° 增加到 45° 时，折射率下降了 1.5%；对于 Al 膜，当蒸气分子入射角为 60° 时，波长 460 nm 处的反射率降低了 4%，当蒸气分子入射角为 70° 时，膜层的颗粒度急剧增加，散射增大，反射率更低。

综上所述，可以将 PVD 工艺因素对膜层性能的影响总结为四大类工艺因素对膜层四种性能的影响，如表 9.5 所示。

表 9.5 工艺因素对膜层性能影响的总结

工艺因素 / 膜层性能	膜层原子迁移能	凝聚力	制膜环境	膜层与基底的差异
填充密度	△	△	△	
附着力	△	△	△	△
应力	△	△		△
缺陷	△	△		

显然，成膜原子/分子迁移能和凝聚力的大小，几乎对膜层所有性能都有影响。因此，PVD 技术的发展，主要是针对提高成膜离子迁移能、凝聚力而进行的。

9.3.4 获得致密膜层的方法

在前面分析工艺因素对膜层质量的影响时，我们已经认识到膜层填充密度的高低，既影响膜层的光学性能，特别是光学性能的环境稳定性和制造重复性，也影响膜层的机械性能，特别是牢固性和耐久性。

事实上，长期以来人们对膜层质量与工艺因素之间内在关系的研究，已经深刻地认识到，能够全面影响和反应光学薄膜质量的特性参数就是膜层的填充密度。特别重要的是，工艺因素对膜层质量各项性能的影响，几乎可以通过工艺因素对膜层填充密度的影响来取代或概括。所以，提高膜层填充密度，就能全面提高膜层质量。

既然从膜层质量的角度来说，膜层填充密度的高低就反应膜层质量的好坏，那么从制造工艺的角度来看，对膜层质量有影响的工艺因素，就一定对膜层的填充密度有影响。以此而论，讨论提高膜层填充密度的方法，必将涉及几乎所有的工艺因素。但是，各项工艺因素对膜层填充密度的影响程度并不一致，因此，既不能单纯地说哪一项工艺因素对膜层填充密度有决定性的作用，更不能抛开其他工艺因素，一味追求某一项工艺因素的最佳化。正因为如此，薄膜制造技术主要针对提高膜层填充密度寻找新途径、新方法。

1. 提高膜层填充密度的工艺途径

研究表明，决定金属膜和介质膜结构的重要参数是基片温度与蒸发物熔点温度之比。只要基片温度低于蒸发物熔点约 45%，热蒸发的光学薄膜都具有显著的柱状结构。对于光学厚度为可见光区 1/4 波长的一层薄膜，其内表面的面积通常大约是外表面面积的 10 倍。而且柱体之间留下了大小从数埃到数十埃的贯穿毛细孔空隙。薄膜中的每个柱体颗粒是靠四周的柱体来支撑的。因此，柱体聚集得越疏松，即聚集密度越低，牢固度越差。

(1) 真空度的影响及改进方法

在抽真空的过程中，真空室的气体分子随真空度的提高而减少，但并不能全部抽出。残余气体分子的数量与容器的压强成正比，与绝对温度成反比，即

$$n = N \cdot V = K\frac{p}{T} \tag{9.19}$$

式中，n 为残余气体分子数；N 为分子浓度；V 为容器的体积；p 为容器内的压强；K 为常数；T 为容器内的绝对温度。

残余气体分子对膜层的附着性能有很大的影响，对于膜层的结构和性质也有很大的影响。一部分残余气体吸附在基片表面，使得原子沿表面的延伸能力减弱，影响膜的凝结。在镀膜工艺中，不同的镀膜方法，需要的真空度也不同。一般情况下，光学薄膜要求在 10^{-3} Pa 的真空度下镀制。

真空度对薄膜的作用体现在如下两个方面：一是膜料蒸气分子在真空室内会受到残余气体分子的碰撞而改变速度和方向，严重时会导致不能沉积成膜，或者沉积成松散粗糙的膜层；二是残余气体分子吸附在基底上，或直接和蒸气分子发生复杂的化学反应，从而

影响薄膜的化学成分和结晶构造，甚至使薄膜完全变质。因此，提高真空度，使蒸气分子、原子的平均自由程比蒸发源到基底的距离大很多，这样残余气体对蒸发膜料的分子（原子）的碰撞才会减少，残余气体对膜层的污染也减少，膜层的纯度就提高了。同时，蒸气分子、原子的动能大，打击基底的力也大，故对基底的附着力增强，膜层粒子之间的结合紧密，有利于获得高度致密的膜层。

机械泵和扩散泵是传统的真空获得设备，其性能的提高并不能彻底解决真空的问题，真空室内仍然有少量残余气体，会影响到膜层的性能。现代化的真空获得设备中不仅包括机械泵和扩散泵，还有罗茨泵、低温泵等，基本上可以解决残余气体的危害。莱宝系列罗茨泵，在极限真空处的抽速都相当高，而且还将前级真空度提高一个数量级。

此外，还可以利用深冷技术除去残余气体，特别是含有 H^+ 的气体（如 H_2，H_2O），在短时间内实现快速冷凝，最高真空度可达 2×10^{-5} Pa。实践证明，对于不能加热烘烤的零件，深冷技术对于室温基底上沉积膜层的质量起着无可替代的作用。

（2）基片表面清洁度的影响及改进方法

基片表面的脏物会妨碍膜料直接与基底接触，减小了附着力，如被油污染会造成膜层脱落。脏物或微尘等在基底上，将会潜伏于膜层，形成针孔，痕迹等疵病，甚至会影响到膜层的光学性能。

以最常用的光学薄膜基片玻璃来讲，表面污染来源于以下几个方面：

① 玻璃抛光后储存时间较长，表面产生水渍、油斑或霉斑。

② 工作环境中灰尘及纤维物质被零件表面吸附，这也是造成针孔的原因之一。

③ 离子轰击时，负高压电极的溅射，在基片表面形成的斑点。

④ 抽真空系统油蒸气倒流造成的基片表面的污染。

另外，工作环境的清洁也是非常重要的，工作室的湿度应低于 70%。

要解决这一危害，在使用基片时就应该对基片表面进行清洁，还要保持工作环境和真空室的清洁。对于基片的清洁方法，应根据具体情况而定。对于新抛光的基片表面，可用脱脂纱布蘸乙醇与乙醚混合液进行擦拭；对于存储时间较长的基片，则需用脱脂纱布或棉花蘸最细的氧化铈或红粉进行更新，擦拭时应尽量均匀，不可破坏表面光圈；对于较脏的基片，最好不要使用。

即便是通过上述方法严格清洁的基片，人们往往认为表面很干净了，其实表面还有一层极薄的油脂、水或溶剂，会影响到膜层的附着性能。因此，还需经过最后一道清洁工序——离子轰击，它是利用辉光放电所产生的离子对蒸发室的器壁及基片进行轰击，因为离子的质量比较大，所以能驱逐吸附在表面的气体分子，提高了真空度，清洁了基片表面，另外对基片也有加热作用，提高了膜层的附着能力。

（3）基片温度的影响

聚集密度通常随基片温度的增加而增加，因而在较高的温度下沉积薄膜会增加牢固度。

基片的温度对膜层结构、密度、颗粒大小以及应力都有一定的影响。基片温度也会影响薄膜的内应力。当膜层与基片温差太大时，冷却后收缩变性不一致，产生内应力，从而造成膜层龟裂或脱落。

实验表明，许多金属对基片的温度是很敏感的，如铂、铑、铬，随着基片温度升高，膜的反射率就增加。而铝、银就不同，基片温度太高就会造成膜面的粗糙，会导致光的漫反射。又如大多数的氧化物、氟化物沉积在高温基片上，密度大、折射率高，而且机械强度、化学稳定性都好。所以，根据不同的薄膜，选择最佳的基片温度，既可获得牢固的膜层又可得到理想的光学特性。只不过选择最佳的基片温度是光学零件镀膜工艺中一个复杂的问题，必须以理论和实验相结合起来才能达到。

提高基片温度，主要依靠烘烤来达到。烘烤还有一个与离子轰击类似的作用，可使吸附在基片表面及器壁的气体分子逸出，起到清洁作用，使膜与基片的附着力增加。

烘烤加热有碘钨丝灯位于工件架下方加热和镍铬电热丝位于工件架上方加热两种方法。前者是自下而上的辐射，直接加热于镀膜表面，而且比较清洁。后者温度高且上升得很快。

(4) 蒸发速率的影响及改进方法

蒸发速率的大小，直接影响到膜层的沉积速率。沉积速率对膜层的结构与厚度分布都有很大的影响。当沉积速率慢时，临界核少，生长慢，吸附原子在平均滞留时间内，能充分地沿表面移动。在适于生长的位置上，形成岛状结构，并捕获飞来的分子、原子再继续生长成膜。这些膜的颗粒粗大，间隙很多。当沉积速率过快时，临界核多，很快地普遍生长成颗粒，但颗粒不大，平均厚度较薄时，颗粒就连接成致密的薄膜。

若提高沉积率，膜料中含残余气体的量相对减少，对膜层的污染也就减少。因此，要想获得高纯度的膜，除提高真空度外，还需尽可能快速蒸发。

2. 获得致密膜层的新技术

除在热蒸发工艺中按照上述原则采取措施提高膜层填充密度，还可以在镀膜机上安装离子束源或等离子体源，利用离子辅助提高膜层填充密度，也可以改用溅射或离子镀膜机，通过带电离子沉积工艺，可获得非常致密的膜层。

离子束辅助沉积镀膜方法(IBAD)可以消除柱状结构，提高聚集密度，改进膜层质量，提高器件性能、寿命和可靠性。该方法只需在原有真空镀膜设备上添加一台宽束离子源就可以实现。

离子辅助镀膜对于光学镀膜的成膜过程有着非常重要的贡献，离子束的清洗作用，可以有效地去除基片物理吸附的各种杂质，并且清除油扩散泵系统微量返油带来的基片污染，从而大大改善膜层的牢固性；离子束在辅助沉积过程中，由于荷能离子对膜层粒子的动量传递，增加了膜料粒子的能量和迁移率，使膜层中的柱状结构被破坏，空隙被填充，提高薄膜的聚集密度，从而改善膜系光谱新能的稳定性和镀膜工艺的稳定性，图 9.18 给出了电子枪蒸发与离子束溅射制备的 TiO_2/SiO_2 多层膜电子显微镜图。

例如，为了提高 Nb_2O_5 薄膜的聚集密度，改善氧化铌薄膜的光学特性和机械特性，采用霍尔源离子辅助沉积技术在 K9 玻璃基板上制备 Nb_2O_5 单层薄膜，并与常规沉积条件下制备的 Nb_2O_5 薄膜作比较。发现由于离子辅助沉积技术的使用，Nb_2O_5 膜的聚集密度提高了 14%，膜层折射率从常规工艺的 2.03 上升到 2.18，膜层的附着力和牢固度从常规工艺的1.0×10^7 N/m^2 提高到了 129.7×10^7 N/m^2。

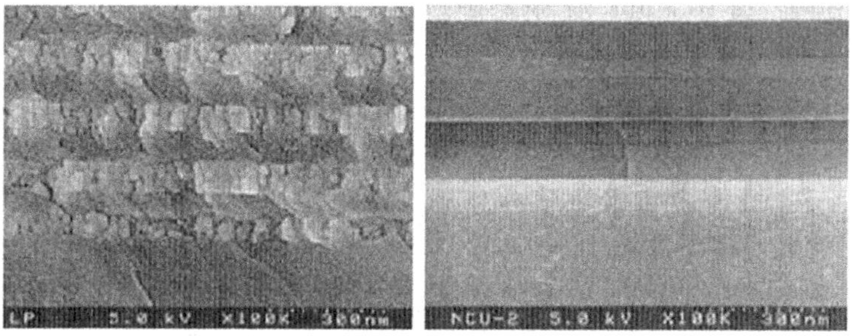

图 9.18　主要工艺因素对薄膜性能影响

在使用离子束辅助沉积镀膜方法时，为了得到理想的薄膜，应处理好各工艺参数之间的关系。主要的工艺参数有工作室真空度、基片加热温度、膜层沉积速率、荷能粒子动量、离子与膜料粒子的到达比率、入射角与靶距等。

在光学薄膜制造行业中，很多人选用了热蒸发工艺制作光学薄膜器件，但同时他们采纳了离子辅助技术作为获得致密膜层的措施。这是由于大多数企业仍然采用离子辅助技术，离子源的开发近几年得到了迅速的发展，离子源的种类已有 10 种以上，离子辅助工艺研究的论文已经层出不穷，离子辅助工艺制作的膜层性能不断提高，离子辅助技术的普及程度令人欣慰。

由于溅射和离子镀技术是使膜料粒子成为带电离子后在电场作用下的定向加速沉积，充足的动能，使得成膜粒子既有注入基片一定深度的能力，又有彼此紧密接触的结合能。有些学者认为，与溅射和离子镀过程相伴随的溅射剥离效应，是生成致密膜层不可或缺的重要因素。溅射技术在电子、微电子以及生物薄膜器件制造业中的成就，及离子镀技术在利用超硬薄膜进行表面改性方面的突出表现，使光学薄膜器件制造业对于使用溅射和离子镀技术制造光学薄膜器件有着很高的期望。21 世纪，为适应光纤通信领域使用的光学薄膜无源器件的高要求，光学溅射镀膜机已经问世，其制造的膜层的聚集密度是热蒸发技术无法比拟的，相信更多高性能的致密膜层将由溅射工艺得到。

第 10 章　光学薄膜的性能测试

10.1　光学常数的测试

10.1.1　布儒斯特角法

根据物理光学理论,当单色的 P 偏振光以布儒斯特角 i_B 从空气(折射率 $n_0=1$)入射到玻璃上和镀在玻璃上的薄膜(折射率为 n)时,如图 10.1 所示,空气与薄膜界面上 P 偏振光的反射率为零;薄膜与玻璃界面上 P 偏振光的反射率和空气与玻璃界面上 P 偏振光的反射率相等。此时,布儒斯特角 i_B 为

$$\tan i_B = \frac{n}{n_0} = n \tag{10.1}$$

因此,测出布儒斯特角 i_B 后,即可求出薄膜的折射率 n。

图 10.2 表示用测角仪测量布儒斯特角 i_B。在未放置试样前,先将望远镜对准平行光管的狭缝,使两者成一直线,然后将试样(玻璃平板上仅一半面积镀一膜层)放置在测角仪的圆工作台中心并转动圆工作台,使试样上镀膜部分的反射光强与未镀膜部分的反射光强相等,再将望远镜转过 φ 角,使之对准狭缝,由图可知 $2i_B+\varphi=180°$,故有

$$n = \tan\left(\frac{180° - \varphi}{2}\right) \tag{10.2}$$

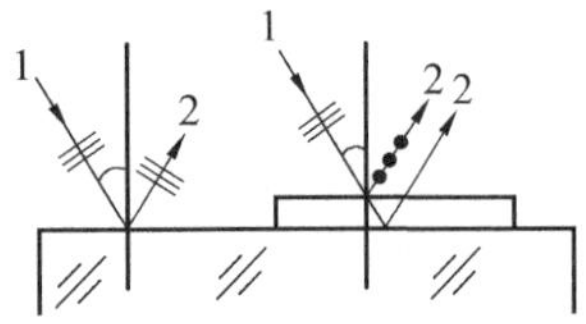

图 10.1　薄膜布儒斯特角分析

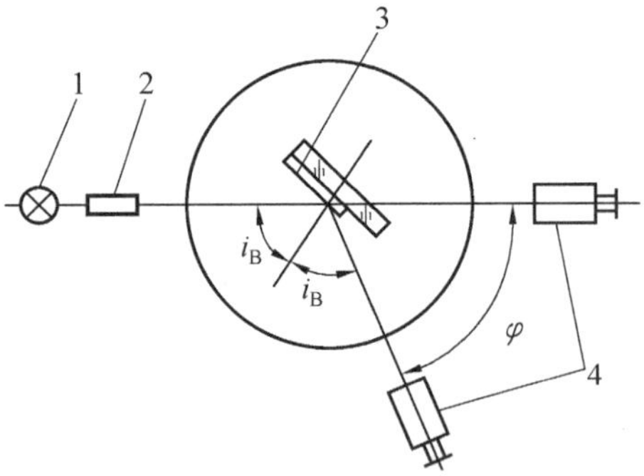

图 10.2　测角仪测量布儒斯特角
1— 光源;2— 平行光管;3— 试样;4— 望远镜

若对式(10.2)微分可得

$$\Delta n = \sec^2 i_B \cdot \Delta i_B \tag{10.3}$$

则

$$\frac{\Delta n}{n}=\frac{2\Delta i_B}{\sin 2i_B} \tag{10.4}$$

所以，折射率的测量误差取决于布儒斯特角 i_B 的大小及其测量精度 Δi_B。例如，对可见光透明材料的折射率 $n=1.3 \sim 2.5$，则折射率的相对测量误差 $\Delta n/n=0.15\% \sim 0.21\%$。

10.1.2 光度法

光度法是通过测量试样的透射率或反射率，通过计算求出薄膜的光学常数。

1. 透明膜

对于没有色散、没有吸收、膜层光学厚度为 $\lambda/4$ 奇数倍的单层膜，从膜系设计理论知道，当膜层的折射率为 n，基片的折射率为 n_g，入射介质的折射率为 n_0 时，它对波长 λ 的极值反射率 ρ 和透射率 τ 分别为

$$\rho=\left[\frac{n_0-\left(\frac{n^2}{n_g}\right)}{n_0+\left(\frac{n^2}{n_g}\right)}\right]^2 \tag{10.5}$$

和

$$\tau=\frac{4n_0n^2n_g}{(n^2+n_0n_g)^2} \tag{10.6}$$

分别求解 n 得

$$n=\sqrt{\frac{(1+\sqrt{R})n_0n_g}{1-\sqrt{R}}} \tag{10.7}$$

和

$$n=\sqrt{\left\{n_0n_g\left[\frac{2}{T}-1+\sqrt{\left(\frac{2}{T}-1\right)^2-1}\right]\right\}} \tag{10.8}$$

因此，测出薄膜的极值反射率或极值透射率，利用上面式（10.7）和（10.8）即可求出薄膜的折射率。

这种方法计算折射率比较简单，精度虽然不高，但用于膜系设计通常还是能够满足要求的。

当求出膜层折射率后，如果从反射率曲线上知道两相邻的极大（或极小）反射率的波长，如 λ 和 λ'，那么可以求得膜层的几何厚度 d。

因为

$$nd=(2m+1)\frac{\lambda}{4}=[2(m+1)+1]\frac{\lambda'}{4} \quad (m=0,1,2,\cdots) \tag{10.9}$$

所以

$$d=\frac{\lambda\lambda'}{2n(\lambda-\lambda')} \quad (\lambda>\lambda') \tag{10.10}$$

2. 吸收膜

对于吸收膜，当吸收较严重、膜层几何厚度 d 较大时，其消光系数 k 可用下式计算

$$\frac{1-\rho}{\tau}=\exp\left(\frac{4\pi kd}{\lambda}\right) \tag{10.11}$$

则有

$$k=\frac{\lambda}{4\pi d}\ln\left(\frac{1-\rho}{\tau}\right) \tag{10.12}$$

10.1.3 椭圆偏振光法

椭圆偏振光法是观测薄膜反射所产生的椭圆偏振光的偏振态，从测出的椭圆参数计算出薄膜的折射率和几何厚度。

波长为 λ 的平行光以 φ_0 角入射到光学玻璃为基片的透明薄膜上，并在薄膜内多次反射。若入射介质、薄膜、玻璃的折射率为 n_0、n、n_g，光线在薄膜、玻璃的折射角为 φ、φ_g，薄膜几何厚度为 d，则反射光两个相互垂直分量 p 和 s 的振幅反射系数为

$$\begin{cases}\tilde{r}_p=\dfrac{r_{1p}+r_{2p}\cdot e^{-2i\delta}}{1+r_{1p}\cdot r_{2p}\cdot e^{-2i\delta}}=r_p\cdot e^{i\delta_p}\\[2ex]\tilde{r}_s=\dfrac{r_{1s}+r_{2s}\cdot e^{-2i\delta}}{1+r_{1s}\cdot r_{2s}\cdot e^{-2i\delta}}=r_s\cdot e^{i\delta_s}\end{cases} \tag{10.13}$$

式中，r_{1p}、r_{2p}、r_{1s}、r_{2s} 分别为界面 1 和 2 的菲涅尔反射系数。

$$\begin{cases}r_{1p}=\dfrac{n\cos\varphi_0-n_0\cos\varphi}{n\cos\varphi_0+n_0\cos\varphi}, & r_{1s}=\dfrac{n_0\cos\varphi_0-n\cos\varphi}{n_0cos\varphi_0+n\cos\varphi}\\[2ex]r_{2p}=\dfrac{n_g\cos\varphi-n\cos\varphi_g}{n_g\cos\varphi+n\cos\varphi_g}, & r_{2s}=\dfrac{n\cos\varphi-n_g\cos\varphi_g}{n\cos\varphi+n_g\cos\varphi_g}\end{cases} \tag{10.14}$$

其中 2δ 为相邻两个反射光之间因光程差所引起的相位差

$$2\delta=\frac{4\pi nd\sqrt{n^2-n_0^2\sin^2\varphi_0}}{\lambda} \tag{10.15}$$

为了理论分析和测量方便，用薄膜的椭圆函数 P 表示由薄膜反射而形成椭圆偏振光的特性，即

$$P=\frac{\tilde{r}_p}{\tilde{r}_s}=\frac{r_p}{r_s}e^{i(\delta_p-\delta_s)}=\tan\Phi\cdot e^{i\Delta} \tag{10.16}$$

椭圆函数的两个参量：$\tan\Phi=r_p/r_s$ 表示反射光的两个偏振分量的振幅反射系数之比；$\Delta=\delta_p-\delta_s$ 表示两个偏振分量的相位差经薄膜反射后所发生的变化。

经复数运算后得

$$\tan\Phi=\sqrt{\frac{(r_{1p}^2+r_{2p}^2+2r_{1p}\cdot r_{2p}\cdot\cos 2\delta)(1+r_{1s}^2\cdot r_{2s}^2+2r_{1s}\cdot r_{2s}\cdot\cos 2\delta)}{(1+r_{1p}^2\cdot r_{2p}^2+2r_{1p}\cdot r_{2p}\cdot\cos 2\delta)(r_{1s}^2+r_{2s}^2+2r_{1s}\cdot r_{2s}\cdot\cos 2\delta)}}\,\frac{r_p}{r_s} \tag{10.17}$$

$$\begin{aligned}\tan\Delta=&\{[r_{1p}(1+r_{2p}^2)r_{2p}(1+r_{1p}^2)\cos 2\delta][r_{2s}(1-r_{1s}^2)\sin 2\delta]+\\&[r_{1s}(1+r_{2s}^2)r_{2s}(1+r_{1s}^2)\cos 2\delta][-r_{2p}(1-r_{1p}^2)\sin 2\delta]\}/\\&\{[r_{1p}(1+r_{2p}^2)+r_{2p}(1+r_{1p}^2)\cos 2\delta][r_{1s}(1+r_{2s}^2)+r_{2s}(1+r_{1s}^2)\cos 2\delta]-\end{aligned}$$

$$[-r_{2p}(1-r_{1p}^2)\sin 2\delta][r_{2s}(1-r_{1s}^2)\sin 2\delta]\} \tag{10.18}$$

由此可知,椭圆函数P是入射介质折射率n_0、膜层折射率n和几何厚度d、基片折射率n_g、入射角φ_0及波长λ的函数,即

$$P=\tan\Phi\cdot e^{i\Delta}=P(n_0,n,d,n_g,\varphi_0,\lambda)=P(\Phi,\Delta) \tag{10.19}$$

一般情况下,n_0、n_g、φ_0和λ已知,所以只要测出Φ和Δ,借助电子计算机便可以计算出薄膜的折射率n和几何厚度d。

图 10.3 表示消光型椭圆偏振光仪器。光源发出的单色平行光经起偏器后,产生方位角为 45° 的线偏振光,经薄膜反射后,由于薄膜对 p、s 光的振幅反射系数不相同,产生椭圆偏振光,调节 1/4 波片,使反射产生的相位差恰好补偿,得到线偏振光,用检偏器消光。这样,由 1/4 波片的方位角θ_0得到椭圆偏振光的方位角θ,由检偏器的方位角θ_A得到椭圆偏振光的偏心率$\tan\gamma$。利用椭圆偏振光的两个特征量方位角θ和偏心率$\tan\gamma$与椭圆函数的两个参量$\tan\Phi$和$\tan\Delta$之间关系

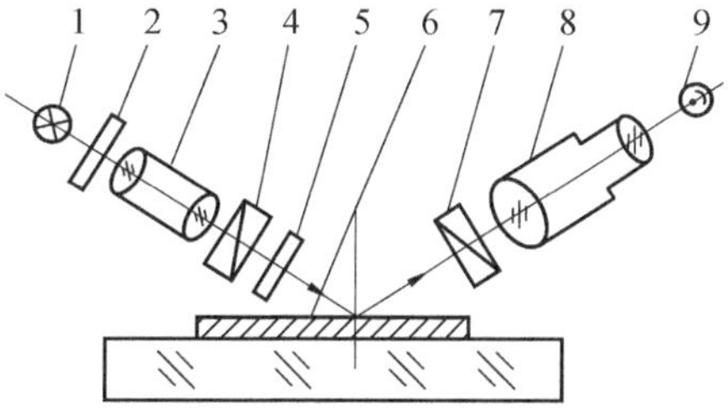

图 10.3　消光型椭圆偏振光仪器示意图
1—光源;2—滤光片;3—平行光管;4—起偏器;5—1/4 波片;6—试样;7—检偏器;8—望远镜;9—接收器

$$\cos 2\Phi=\cos 2\gamma\cdot\cos 2\theta \tag{10.20}$$

$$\tan\Delta=\frac{\tan 2\gamma}{\sin 2\theta} \tag{10.21}$$

即可求得$\tan\Phi$和Δ。

椭圆偏振光法不仅可以高精度地测量薄膜的折射率和几何厚度,还可测量薄膜的偏振特性、散射特性、各向异性和膜层结构(特别是薄膜生长初始阶段的结构),同时又是非破坏性测量,有利于在生产过程中自动监测,所以是一种很有发展前途的薄膜测量方法。

此外,还可以利用波导法进行薄膜光学常数测试。

10.2　光学性能的测试

薄膜的透射特性、反射特性、吸收和散射特性称为薄膜的光学特性。光学特性是光学薄膜首要的使用要求,因此,薄膜光学特性的测量十分必要的。

10.2.1　薄膜透射率测量

薄膜透射率的测量原理是利用分光光度计测定制定光谱范围内透射光强与入射光强的比值,常用的测量方法有点测法和扫描法。

1. 点测法

如图 10.4 所示,在单光路分光光度计上对某一波长为λ、光束截面为A的平行光,测得其入射光能流E_0为

$$E_0=A\cdot I_0 \tag{10.22}$$

式中,I_0为入射光强。

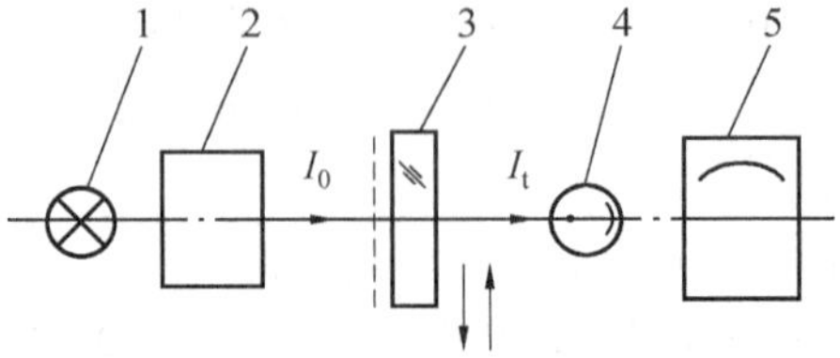

图 10.4　点测法测量薄膜的透射率

1— 光源;2— 单色仪;3— 被测试样;4— 光电接收器;5— 记录放大器

然后在同一光路中放入被测试样(此时光束截面应保持不变),测得光能流 E_t 为

$$E_t = AI_t \tag{10.23}$$

式中,I_t 为透过被测试样的光强。

那么被测试样的透射率为

$$\tau = \frac{E_t}{E_0} = \frac{I_t}{I_0} \tag{10.24}$$

如果改变单色仪波长,则可测得另一个波长的透射率。测量各个波长的透射率,然后即可描出整个波段的透射率曲线。这种方法的测量精度较高,但测试麻烦费时。

2. 扫描法

为了在宽的光谱范围内做到自动扫描和自动记录,分光光度计采用双光程测量,其中一束光透过被测试样,称为测量光束;另一束光不透过被测试样,称为参考光束。将这两束光分别用两只相同的光电探测器接收后进行直接比较而得到透射率,或只用一只光电探测器交替地对两束光接收并进行比较获得透射率。再按照单色仪的出射波长进行自动光谱扫描,然后直接自动记录透射率随波长变化的透射率曲线。图 10.5 是双光路分光光度计测量薄膜透射率的原理,调制器使参考光束和测量光束交替地进入单色仪,然后由光电探测器接收。参考光强 I_r 和测量光强 I_m 由接收器转换成相同形式的电信号后经过检波,将参考电信号和测量电信号分开并进行放大比较,最后把比率按波长用记录器记录下来,便可得到透射率曲线。

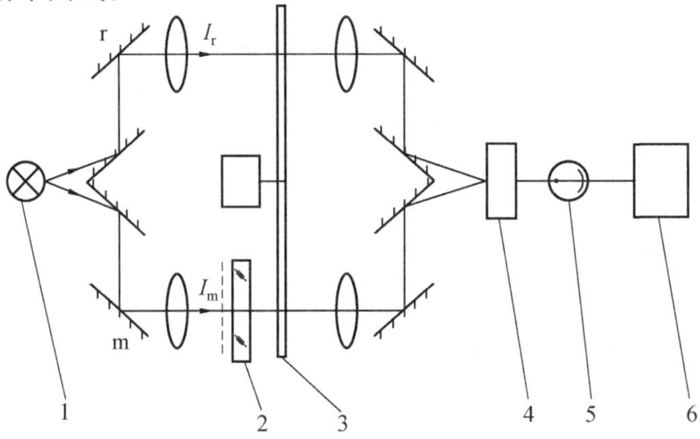

图 10.5　双光路分光光度计测量薄膜的透射率

r— 参考光路;m— 测试光路

1— 光源;2— 被测试样;3— 调制器;4— 单色仪;5— 光电接收器;6— 放大记录器

影响光学薄膜透射率测量精度的因素主要有:光源的不稳定、被测试样的不平行度、单色仪的杂散光、光电探测器的不稳定性和记录读数系统的误差等。

10.2.2　薄膜反射率测量

薄膜反射率的测量原理是测定指定波长光的反射强度和入射光强的比值。

1. 低反射率的测量

用和标准样品比较的方法来测定低反射率的薄膜,如图 10.6 所示,先把标准样品放在样品架上,测得光强为 I_0;然后换成低反射率的被测试样,测得光强为 I,则薄膜的反射率为

$$\rho = \frac{I}{I_0}\rho_0 \tag{10.25}$$

式中,ρ_0 为标准样品的反射率。

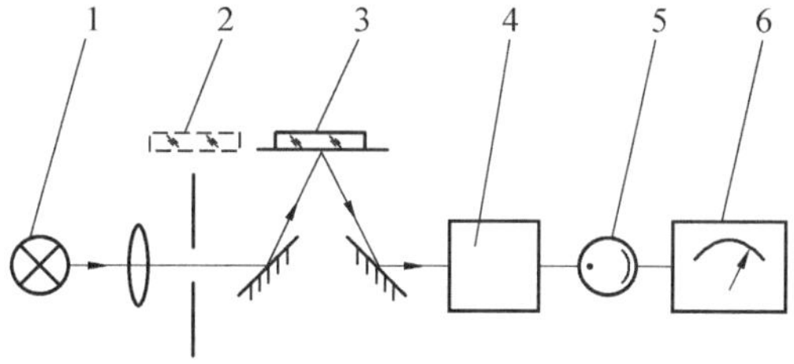

图 10.6　低反射率的测量装置

1— 光源;2— 标准试样;3— 被测试样;4— 单色仪;5— 光电接收器;6— 记录放大器

若标准样品的反射率误差为 $\Delta\rho_0$,则薄膜反射率的测量误差为

$$\Delta\rho = \frac{I}{I_0}\Delta\rho_0 \tag{10.26}$$

由于标准样品的标准是相对的,在高精度测量中,标准样品的误差是不可忽视的,特别是在被测试样的反射比较高时,I 的值较大,引入的测量误差也大,所以本法不适用于高反射率薄膜的反射率测量。

2. 高反射率的测量

(1) 一次反射法

如图 10.7 所示,在放入被测试样前于 A 处测量入射光强 I_0,放入被测试样后在 B 处测量反射光强 I,取 10 次测量的平均值,即可求得薄膜的反射率。

由于受到光源(如激光器)和光电接收器稳定性、被测试样定位精度的影响,一次反射法的测量精度不高,为了提高测量精度,目前趋向于用多次反射法测量。

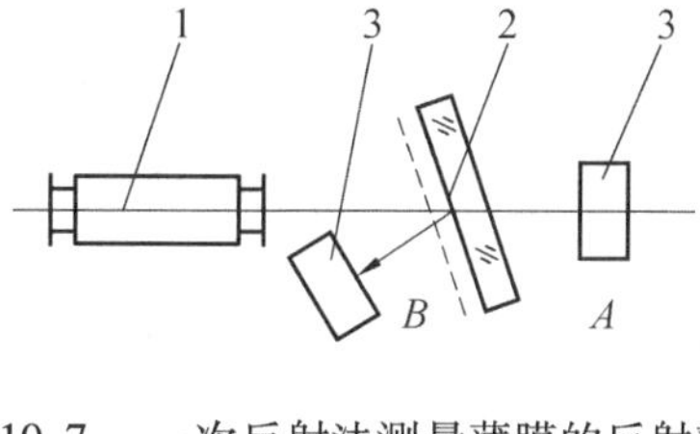

图 10.7　一次反射法测量薄膜的反射率图

1— 激光器;2— 被测试样;3— 光电接收器

(2) 二次反射法

二次反射法是多次反射法测量中常用的一种。如图 10.8 所示,对给定的入射光强 I_0,反射

率为 ρ_c 的参考反射镜测得反射光强 $I_1=\rho_c I_0$；然后放入反射率为 ρ 的被测试样，参考反射镜从 A 处移到 B 处，并翻转 180°，测得反射光强 $I_2=\rho^2\rho_c I_0$，则薄膜的反射率为

$$\rho=\sqrt{\frac{I_2}{I_1}} \tag{10.27}$$

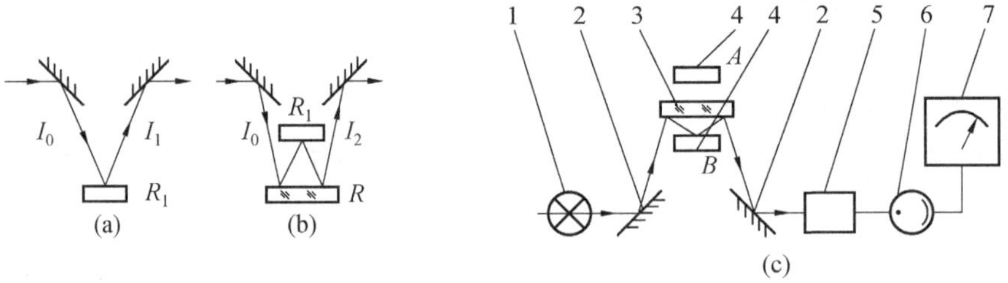

图 10.8　二次反射法测量薄膜的反射率

1— 光源；2— 反射镜；3— 被测试样；4— 参考反射镜；5— 单色仪；6— 光电接收器；7— 记录放大器

二次反射法测量反射率的最大相对误差为

$$\frac{\Delta\rho}{\rho}=\frac{1}{2}\left|\frac{\Delta I_2}{I_2}\right|+\frac{1}{2}\left|\frac{\Delta I_1}{I_1}\right| \tag{10.28}$$

由此可见，二次反射法的测量误差仅为一次反射法测量误差的 1/2，提高了测量精度。

（3）多次反射法

若在分光光度计上进行多次反射法测量，则可在样品室中装入测量附件 A 和在参考光室中装入测量附件 B，如图 10.9 所示。测量附件 A 和 B 在结构上做特别安排，使光强为 I_0 的入射光在测量光路中受到反射率为 ρ_6 的被测试样的 k 次反射，而在参考光路中受到参考反射镜$(k-1)$次反射，参考反射镜 R_5、R_7、R_8 的反射率 ρ_5、ρ_7、ρ_8 完全相等，反射镜 R_1、R_2、R_3、R_4 的反射率 ρ_1、ρ_2、ρ_3、ρ_4 完全相等，于是在样品室中通过测量附件后的光强为

$$I_1=I_0\rho_1\rho_2\rho_5^{k-1}\rho_6^k \tag{10.29}$$

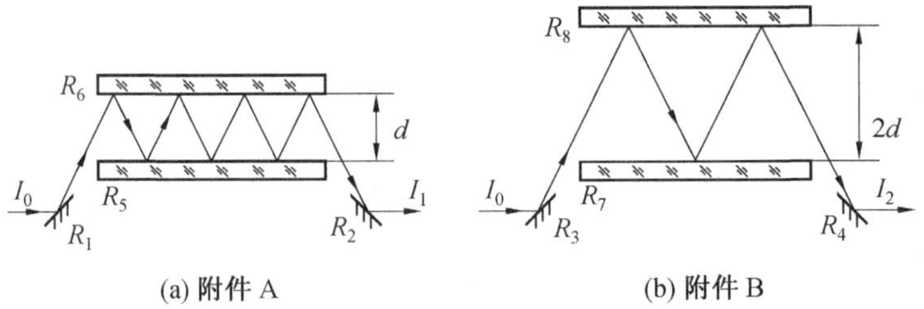

图 10.9　多次反射测量膜反射率

在参考室中通过测量附件后的光强为

$$I_2=I_0\rho_3\rho_4\rho_7^{k-1} \tag{10.30}$$

通过分光光度计显示的两光路的输出光强之比

$$A=\frac{I_1}{I_2}=\rho_6^k \tag{10.31}$$

即可求出被测试样的反射率 ρ

$$\rho = \rho_6 = \sqrt[k]{A} \tag{10.32}$$

这种方法的测量误差为

$$\Delta\rho = \frac{\Delta A}{k} \tag{10.33}$$

由此可见,被测试样对测量光束的反射次数越高,测量精度就越高,但要求反射镜尺寸越大,仪器及其附件的结构也越复杂。

10.2.3 薄膜吸收率测量

薄膜吸收率是薄膜主要光学性能之一,薄膜对光的吸收不仅限制着光学薄膜反射率或透射率的提高,而且在高能应用中还会导致光学薄膜的损伤。例如,即使薄膜的吸收率很弱小(如 10^{-6}),但在氩、氪等大功率离子激光器中,薄膜的吸收发热仍是个大问题。它不仅使激光器的输出功率降低,而且发热将伴随反射镜的变形再次引起输出功率的降低,最后导致薄膜的破坏。可见,薄膜的吸收尽管很微弱,但对其进行测量却十分必要,而且还要求很高的测量精度和灵敏度。薄膜吸收的测量主要有量热法、光热偏转光谱法等,这里主要介绍量热法。

量热法是直接测量薄膜吸收率的方法。它用一束强激光照射薄膜试样,薄膜吸收光能而产生温度变化,通过测量这个温度变化,进而求得薄膜的吸收比。

(1) 速率型量热计测量法

速率型量热计的工作原理如图 10.10 所示。薄膜试样冷却到环境温度,然后受功率为 P_0 的氩离子激光器或燃料激光器(做波长扫描)的强激光照射,直到试样温度达到稳定温度 T_e(试样吸收激光功率的速率与损失热能的速率相等),停止激光照射,让试样逐渐冷却到初始的热平衡态,测量冷却过程中不同时刻的温度,则被测薄膜试样的吸收率为

$$\alpha = mc\rho \frac{T_e}{P_0} \tag{10.34}$$

式中,m 为薄膜试样的质量;c 为薄膜试样的比热容;ρ 为冷却速率常数,它可利用公式

$$\rho = \frac{1}{T} \cdot \frac{\mathrm{d}T}{\mathrm{d}t} \tag{10.35}$$

求得。

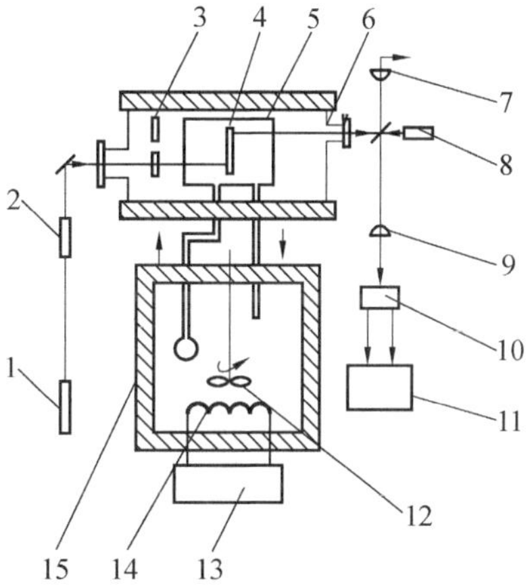

图 10.10　速率型量热计测量薄膜的吸收率

1— 氩离子激光器;2— 燃料激光器;3— 功率计;4— 试样;5— 真空室;6— 绝热套;7,9— 探测器;8—He - Ne 激光器;10— 数模转换器;11— 微型电子计算机;12— 搅拌机;13— 冰箱;14— 冷凝管;15— 冰水池

为了精确测定薄膜试样的温度,可利用激光干涉技术测量。He - Ne 激光器发出一束强度为 I_0 的 632.8 nm 的激光垂直照射在折射率为 n、厚度为 d 的平面平行试样的玻璃基片上,探测器接收到的光强为

$$I = I_0 \cdot \tau_s\left(1 - \frac{1}{1 + F\sin^2\beta}\right) \tag{10.36}$$

式中，τ_s 为光学系统（包括分光镜、真空室玻璃窗等）的透射率；β 为玻璃的相位厚度，$\beta = \frac{2\pi}{\lambda}nd$；$F$ 为精细因子。

$$F = \frac{4\sqrt{R_1R_2}}{(1 - \sqrt{R_1R_2})^2} \tag{10.37}$$

式中，R_1 为薄膜与玻璃界面的反射率；R_2 为空气与玻璃界面的反射率。

由于薄膜存在吸收，在强激光照射下玻璃升温，产生热膨胀，于是玻璃基片温度变化 ΔT 引起相位厚度的变化 $\Delta\beta$ 为

$$\Delta\beta = \frac{2\pi}{\lambda}nd\left(\alpha + \frac{\gamma}{n}\right)\Delta T \tag{10.38}$$

式中，α 为玻璃的线膨胀系数；γ 为玻璃折射率的温度系数。

从式(10.36)、(10.37)、(10.38)可知，用探测器测量光强 I 的变化，由微型电子计算机可计算出 ΔT，进一步得到冷却速率常数 ρ，试样的稳态温度为 T_e，可由式(10.34)计算出膜层吸收率。

(2) 用黑体校温的量热计测量法

用黑体校温的量热计的工作原理如图 10.11 所示。试样放在绝热套中，绝热套再放在真空室内。开始时试样与环境处于热平衡状态，用高功率的氩离子激光器照射试样，由于薄膜吸收造成升温 ΔT，温度用贴在试样上的负温度系数电阻测量。取出试样，用吸收率近似为1.0的黑体直接接受激光照射，测量黑体的升温为 ΔT_0，插入衰减滤光片，调整黑体的升温，使它降至 ΔT，读出这时衰减滤光片的透射率 τ_0，于是被测试样的吸收率为

$$\alpha = \frac{\Delta T}{\Delta T_0} \cdot \tau_0 \tag{10.39}$$

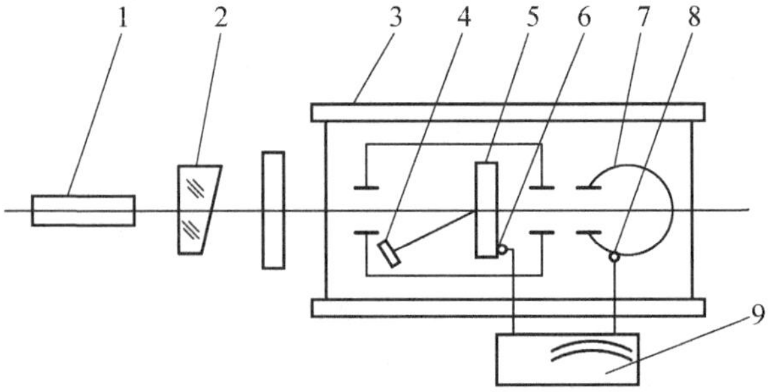

图 10.11　速率型量热计测量薄膜的吸收率

1— 氩离子激光器；2— 衰减滤光片；3— 真空室；4— 消光器；5— 待测件；6— 负温度系数电阻；7— 黑体；8— 放大显示装置

10.2.4　薄膜散射率测量

薄膜的散射率是其主要光学特性之一，光学薄膜的散射损失也是制约光学薄膜反射率与透射率提高的主要因素之一，从而限制了光学薄膜的应用范围。因此，对于高质量薄

膜,散射率的测量与减少散射损失是同等重要的问题。膜层散射可通过式(9.13)和(9.14)计算间接获得,也可采用积分球法、球面法和椭圆面法等直接进行测量获得。

1. 积分球法

薄膜散射率是反射散射率和透射散射率之和。薄膜散射率积分球法测量的原理如图10.12所示。

He－Ne激光器发出的激光经调制器变成固定频率的交变照明光以一定的角度入射到位于积分球中心的薄膜试样上,并使试样上的反射光和透射光分别进入反射光消光器和透射光消光器。于是在光电倍增管和锁相放大器测得试样的散射光强 I 就是反射散射光强和透射散射光强之和。取走薄膜试样,换上散射率 $S'=100\%$ 的标准试样作为标准,测得这时标准试样的散射光强 I_0,插入衰减器,调整照明光强透射率直到由光电倍增管和锁相放大器所测得光强值为 I,读取这时衰减器的透射率 τ,那么薄膜试样的散射率为

$$S=\frac{I}{I_0}\cdot\tau \tag{10.40}$$

如果将薄膜试样装在积分球透射光消光器的入口处,并使试样反射光进入反射消光器,如图10.13(a)所示,则按上述步骤测得结果是反射散射率,应用于高反射膜散射率的测量;如果将薄膜试样装入积分球入射孔处,如图10.13(b)所示,则按上述步骤测得结果是透射散射率,应用于减反膜散射率的测量。

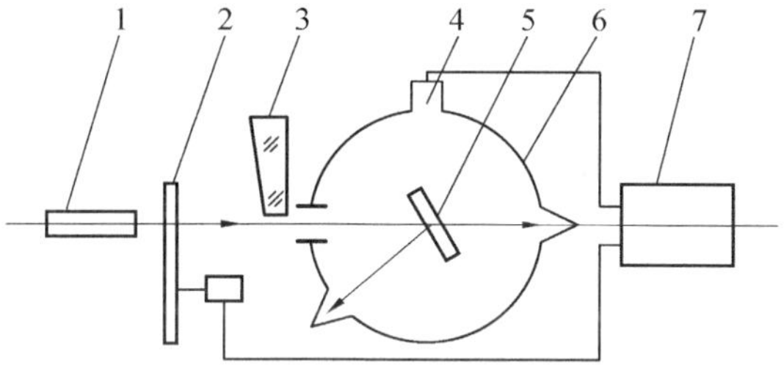

图10.12 薄膜散射率积分球测量

1—He－Ne激光器;2—调制器;3—衰减器;4—光电倍增管;5—试样;6—积分球;7—锁相放大器与显示器

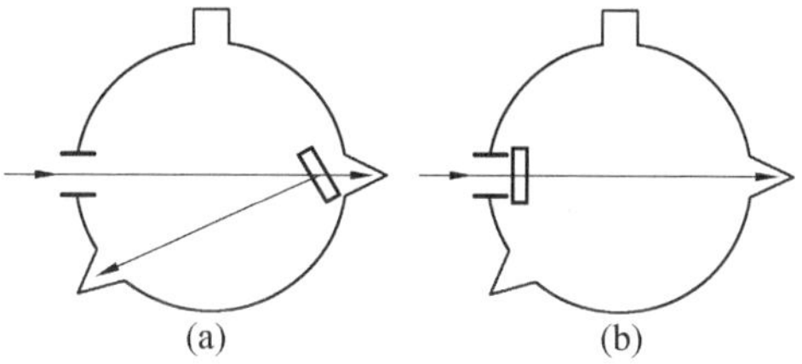

图10.13 高反射膜与减反膜散射率的测量

采用积分球测量散射的方法具有简便、迅速等优点,但它只能得到部分的散射信息,即只能测得表面粗糙度的均方根偏差。

2. 球面法和椭圆面法

球面法测量薄膜散射率的示意图如图10.14所示,球面为精密抛光并镀铝膜的反射面,入射光入射到试样F上,反射光 R 沿反射角方向离开球面,散射光汇集于探测器D。

椭圆面法利用椭圆中两个焦点特性来测量散射率,其装置示意图如图10.15所示。测量时,首先测出参考面($BaSO_4$ 或 MgO)散射在探测器上的输出值 I_0;然后测量薄膜的散射在探测器上的输出值 I,则散射率为 $S=I_0/I$。该方法比球面法测量更精确,但椭圆面的加工制作较困难。

此外,还可以通过测量各方位角的散射或双向反射分布函数来了解膜层的散射特性。

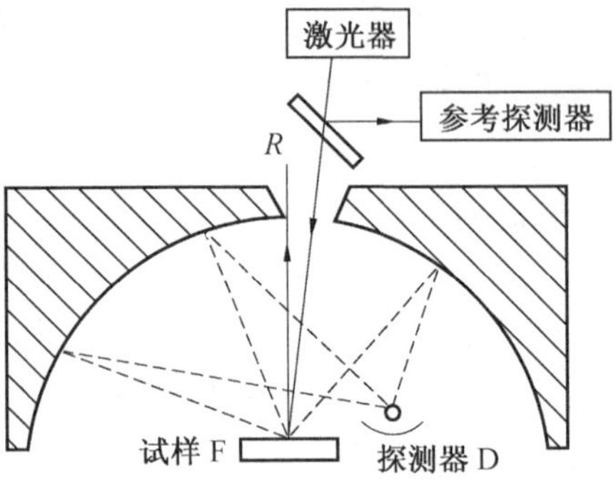

图 10.14　球面法散射率测量示意图

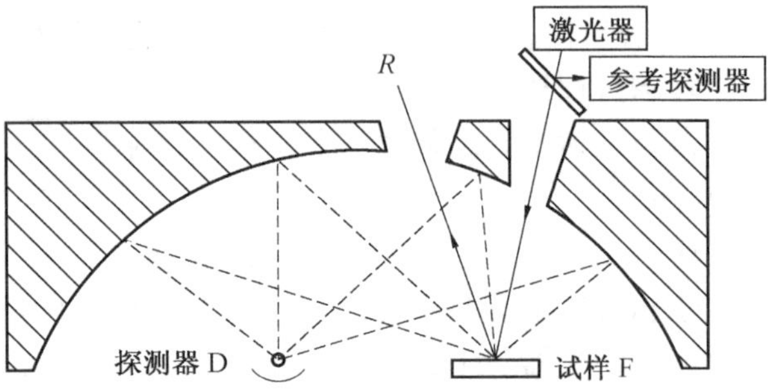

图 10.15　椭圆面法散射率测量示意图

10.3　机械性能的测试

薄膜机械性能主要包括附着力、应力和机械强度。

10.3.1　薄膜附着力的测量

薄膜之所以能够附着在基片上，是由于范德华力、扩散吸附、机械锁和、静电吸力，有时还有薄膜材料与基片形成化合物的化学键力等多种因素综合作用的结果。薄膜附着力的大小决定了薄膜应用的可能性和可靠性。

薄膜附着力是指在薄膜与基片的 1 cm^2 界面上静态地加于薄膜，能把薄膜从基片上剥落下来，而不使薄膜破坏和变形时所需的最大力。准确无误地按附着力定义来测定附着力的技术目前还有待研究，以下介绍的方法都只能定性地说明薄膜附着力的大小。

1. 剥离法

一种是把粘结胶带贴在薄膜上，在拉剥胶带时测量使薄膜从基片上拉开的力，以此作为薄膜附着力大小的度量，如图 10.16 所示。

另一种是对于附着力大的薄膜，用环氧树脂等强力粘接剂将稍硬的薄片贴在薄膜上，用小刀将薄膜的一端切开，塞入圆柱形楔子，测量薄膜被剥离的距离 l，如果 l 大，则附着力就小；l 小，则附着力就大，以此度量薄膜的附着力，如图 10.17 所示。

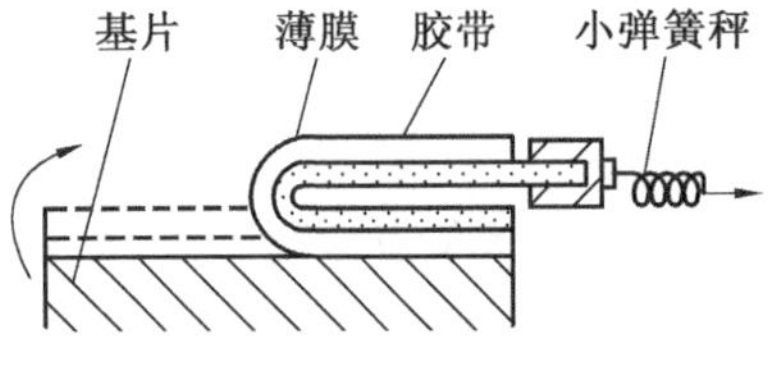

图 10.16　胶带剥离法示意图

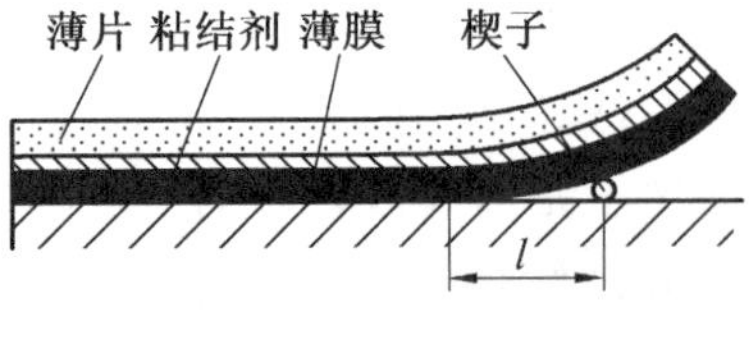

图 10.17　薄片剥离法示意图

2. 划痕法

划痕法示意图如图 10.18 所示，将尖端半径为 0.03 ～ 0.8 mm 的钢制探针放在薄膜上，用机械装置使探针在薄膜表面来回移动，并在探针顶部逐渐加大垂直的负荷，直到在某一负荷下，探针使薄膜表面产生刚好露出基片表面的划痕，这时的负荷称为临界负荷，以此作为薄膜附着力大小的度量。

3. 拉张法

拉张法如图 10. 19 所示，将铆钉状金属的平底面用强力粘接胶粘在薄膜表面上，在垂直薄膜表面的方向拉铆钉状金属，测出薄膜从基片上剥离时所需的拉力，以此作为薄膜附着力大小的度量。

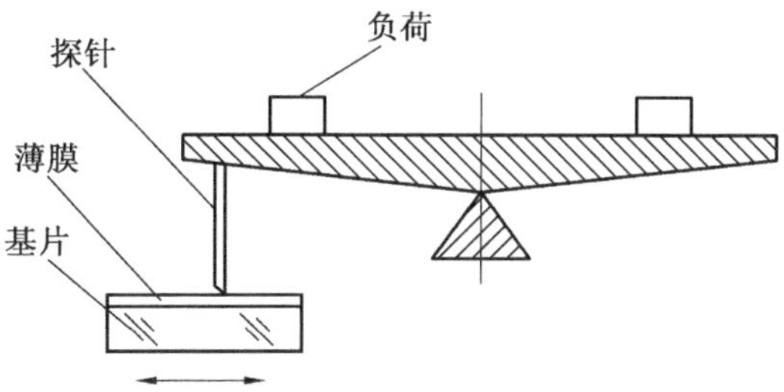

图 10. 18　划痕法测量附着力示意图

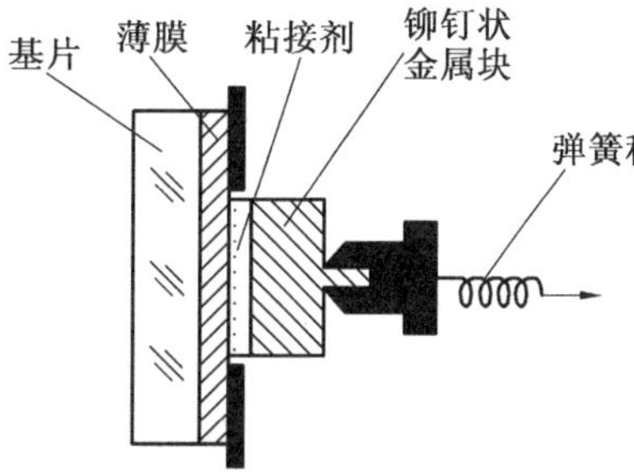

图 10. 19　拉张法测量附着力示意图

目前，我国光学薄膜国家标准对附着力没有规定。美国军用标准 MIL - C - 48497 中规定用名为 Cellorhane 胶带纸粘贴在薄膜上，用与膜层成 90° 角的力迅速撕下这个胶带纸，如果膜层有被撕下的，则薄膜附着力不牢；如果膜层完好无损，则附着力符合标准要求。

需要注意的是以上各种测定方法所得到的附着力测量值之间只有相对的意义，欲把各种测量方法所得的测量结果之间的关系弄清楚，就必须搞清膜与基片间的相互作用以及薄膜从基片上剥离的机理，在现阶段这些问题虽有一定的研究，但还处于探索阶段。

10. 3. 2　薄膜应力的测量

薄膜应力测试方法主要有基片变形法、X 射线和电子衍射法、光干涉法等。

1. 基片变形法

用很薄的玻璃基片做成平直的长方形薄片，将薄片一端固定在镀膜机的真空室中，然后在很薄的下表面上镀膜，膜层应力使薄片自由端产生变形，用长焦距的测量显微镜测出薄片自由端的位移 δ，如图 10. 20(a)(b) 所示。根据材料力学公式，膜层应力为

$$\sigma = \frac{ED^2\delta}{3L^2 d} \tag{10.41}$$

式中，E 为薄片的杨氏模量；D 为薄片的厚度；L 为薄片自由端（即镀膜部分）的长度；d 为膜层的厚度。

2. X 射线和电子衍射法

当膜层处于应力状态下，其晶格就会发生畸变，从而使晶格常数发生变化，所以用 X 射线或电子衍射方法测出晶格常数和衍射线宽度的变化，就可按下式计算出薄膜的应力 σ，即

$$\sigma = \frac{E_f}{2\gamma_f} \cdot \frac{d_0 - d}{d_0} \tag{10.42}$$

式中，d_0 为块状膜料的晶格常数；d 为薄膜的晶格常数；E_f 为薄膜的杨氏模量；γ_f 为薄膜的泊松比。

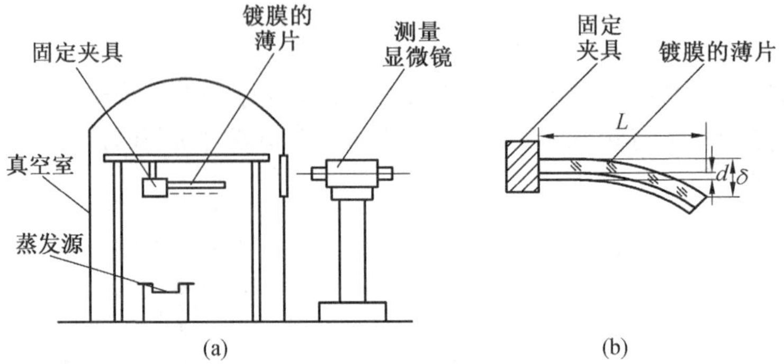

图 10.20　基片变形法测量应力示意图

3. 光干涉法

利用光干涉法测量薄膜应力,可先在干涉仪上测量标准平板与未镀膜基片之间形成的干涉条纹,然后在基片表面镀上被测膜层,由于膜层应力的作用,基片表面产生变形,再在干涉仪上测量标准平板与镀上膜基片之间形成的干涉条纹,从而测出镀膜前后的干涉条纹变化量,以此计算出基片玻璃的变形量,再根据材料力学公式求出应力值。

10.3.3　薄膜机械强度的测量

薄膜机械强度包括耐压强度、抗张强度和耐磨性。

1. 耐压强度

薄膜的耐压强度常用它的硬度表示,薄膜的硬度与膜层制镀方法有关。一般以钻石角锥压挤测其微硬度,此钻石锥可为棱形亦可为方形,今以方形钻石来说明,并以 Vickers Indentation 来计算其硬度。

设钻石锥以 F(牛顿)之力施于薄膜,得一方形锥状凹陷痕迹,其对角线长为 d(mm),此方形钻石锥角度 $\theta = 136°$,则薄膜硬度以 Vickers 硬度表示为

$$HV = \frac{2F\sin(\theta/2)}{d^2} = 189.03 \times 10^3\ \frac{F}{d^2} \qquad (10.43)$$

若钻石锥为棱形,d 为其痕迹之长轴(长轴与短轴比为 5∶1),则硬度以 Knoop 硬度表示为

$$\mathrm{HK} = 1\ 450.3 \times 10^3\ \frac{F}{d^2} \qquad (10.44)$$

做此实验时薄膜厚度要大于钻石压凹的深度 10 倍,如此测出薄膜硬度值才不会受基片硬度的影响,而施力 F 也随薄膜硬度提高而加大,目的是既可清楚看到方形压凹痕迹,而又不必压陷太深。

2. 抗张强度

薄膜抗张强度在理论和工程应用上都很有价值。实际应用中,薄膜常常因为膜层开裂而破坏,而薄膜的开裂发生在它的应力、应变曲线的终点,因此,抗张强度的测定可以通过测量薄膜的应力和应变实现。测量薄膜应力和应变的方法很多,膨胀法是其中的一种,如图 10.21 所示。它所用的试样有三种制法:一是将被测薄膜从基片上剥离下来;另一种是将被测薄膜沉积在塑料薄膜上,然后溶去塑料膜而得;第三种是将薄膜沉积在氯化钠基

片上，在薄膜质量最佳处，用喷水法对基片进行钻孔，直到孔底只剩下薄膜为止。在测定装置上装好试样后，用气或水加压并测量薄膜两面的压差，用光干涉法测量薄膜膨胀面的曲率半径，作为起始的曲率半径，然后增大薄膜的两面压差，再测出干涉条纹的变化，以此确定薄膜膨胀所形成的球缺高度的变化，那么薄膜的应力 σ 和应变 δ 可表示为

$$\sigma = \frac{pR}{2d_f} = \frac{pa^2}{4d_f h} \tag{10.45}$$

$$\delta = \frac{2(h - h_0)}{3a^2} \tag{10.46}$$

式中，p 为薄膜单位面积上的压差；R 为薄膜膨胀面的曲率半径；d_f 为薄膜的厚度；a 为测量装置的铜管或基片上钻孔的半径；h_0 为薄膜膨胀面中心的起始高度；h 为压差为 p 时薄膜膨胀面中心的高度。

3. 耐磨性

我国国家标准将光学薄膜的耐磨性作为光学薄膜机械强度的标志。我国国家标准规定用摩擦试验测定薄膜的耐磨性。摩擦实验装置如图 10.22 所示，被测试样装在主轴的夹具上，并由减速器带动以一定的转速旋转。摩擦头的端部由橡胶制成，工作时其上包有纱布，并与主轴有一定的偏离量，在规定的负荷下对膜层做摩擦试验，如果膜层经受的摩擦次数越多而不被破坏，则表明薄膜的耐磨性越好，也即意味着薄膜的机械强度越高。

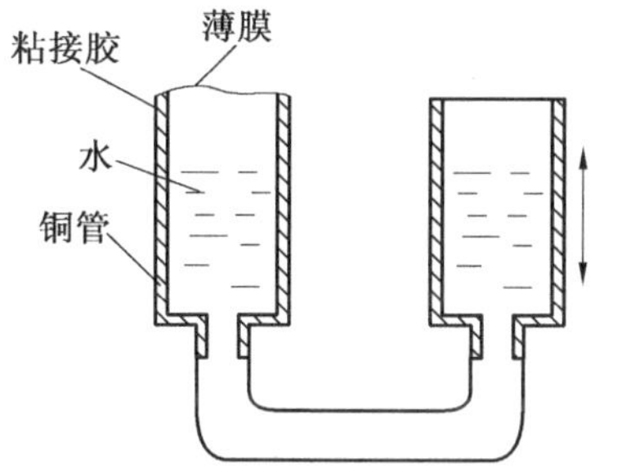

图 10.21　膨胀法测量应力与应变示意图

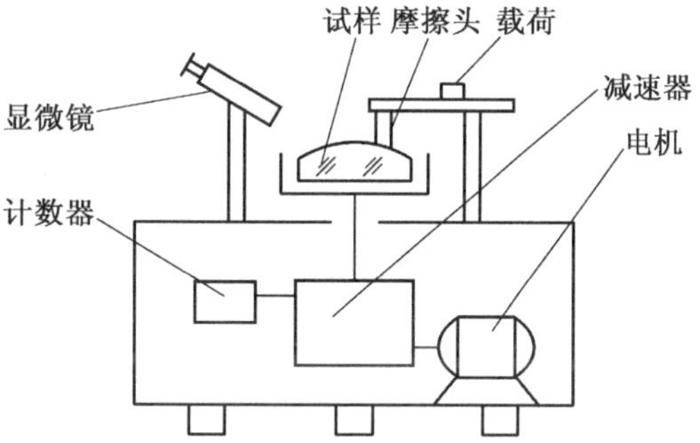

图 10.22　摩擦法测量耐磨性示意图

10.4　其他性能的测试

10.4.1　填充密度的测量

薄膜填充密度的测量主要有折射率法和石英晶振频率漂移法。

1. 折射率法

设制备的膜层折射率为 n_f，膜层间隙的折射率为 n_0，块状材料的折射率为 n_b，则 n_f 可表示为

$$n_f = Pn_b + (1 - P)n_0 \tag{10.47}$$

填充密度为

$$P = \frac{n_f - n_0}{n_b - n_0} \tag{10.48}$$

如果在真空中测得膜层折射率为 n_f,膜层间隙的折射率为 $n_0 = 1.0$,在空气中膜层吸收水分后的折射率为 n_f',此时 $n_0 = 1.33$,则有

$$n_f - n_f' = (1 - P) - 1.33(1 - P) \tag{10.49}$$

可得

$$P = \frac{n_f - n_f' + 0.33}{0.33} \tag{10.50}$$

由于膜层的非均匀性(如 ZnS 膜越长越密,ZrO_2 膜越长越疏松),且不同材料中间隙也不同,式(10.47)仅适用于部分膜料,Harris 根据膜层成长模式,提出了适用于多数膜料的公式

$$n_f^2 = \frac{(1 - P)n_0^4 + (1 + P)n_0^2 {n_b}^2}{(1 - P)n_b^2 + (1 + P)n_0^2} \tag{10.51}$$

2. 石英晶振频率漂移法

利用石英晶体在真空中镀膜之后振荡频率的漂移 $\Delta f = f - f_0$ 及膜层在大气中吸收水分后的漂移 $\Delta f' = f' - f_0$ 可求出填充密度。因为存在

$$\Delta f = N\Delta m = NP\rho_b A d_f \tag{10.52}$$

$$\Delta f' = N(1 - P)\rho_{H_2O} A d_f = N(1 - P)Ad_f \tag{10.53}$$

式中,ρ_b 为块状膜料的密度;N 为频率常数;A 为镀膜面积;d_f 为膜层厚度。由式(10.52)(10.53)可得

$$P = \frac{\Delta f}{\Delta f + \Delta f' \rho_b} \tag{10.54}$$

此外,还可以利用水汽在 2.96 μm 处的吸收特性测得填充密度。

10.4.2 破坏阈值的测量

在强激光作用下,激光元件上的光学薄膜可以在短时间内遭到破坏,致使激光元件无法进行工作。激光对薄膜的破坏机理,由于受到多种因素的影响还没有一个确切的结论。目前比较一致的看法是热致破坏作用、场致破坏作用和等离子体闪光破坏作用导致激光对薄膜的破坏。

薄膜的抗激光强度用薄膜的激光破坏阈值(单位:J/mm^2)表示。它是一个能量概念,即薄膜受到激光照射,当激光能量输出低于该能量时,薄膜基本上不发生破坏。激光对薄膜的破坏机理十分复杂,对一种薄膜得到一个稳定的阈值能量也比较困难,很难保证结果的精确性,而一般所说的阈值能量都是对一定波长和一定的脉冲宽度的激光器而言。在确定薄膜的激光破坏阈值时,先测出透镜聚焦后的激光能量的空间分布,然后计算在直径 2 mm 范围内能量所占的百分比。薄膜的阈值能量就是在阈值情况下,落在这个范围内的能量除以面积。测量薄膜激光破坏阈值的简单装

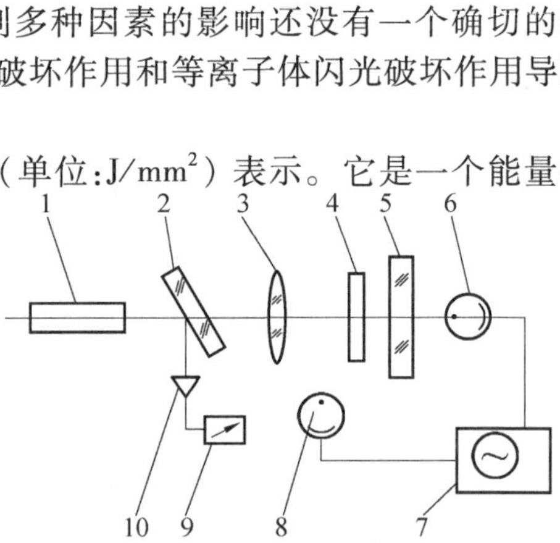

图 10.23　薄膜激光破坏阈值的测量装置

1— 钕玻璃激光器;2— 分光镜;3— 聚焦透镜;4— 试样;5— 滤光片;6— 硅光管 A;7— 示波器;8— 硅光管 B;9— 检流计,10— 炭斗

置如图10.23所示。波长为1 060 nm的钕玻璃激光器，口径为30 mm，方向性为2.5 mrad，脉冲宽度为4 ms，通过聚焦透镜后，硅光管A用来观察激光信号的波型，硅光管B用来观测破坏闪光波型，它们所接收的信号由示波器显示。

10.4.3 表面轮廓与粗糙度的测量

测量薄膜表面轮廓及粗糙度可以推算出散射损耗值，并作为改进镀膜工艺的参考数据。

如果不是测量很微细的表面，如微米级的粗糙度，可用光学方法来测量，如菲索干涉仪。微细一点的可用偏振光干涉式或Nomarski显微镜。若要测量更细微的粗糙度可用FECO(Fringes of Equal Chromatic Order)干涉仪，它是结合多光束干涉仪与光谱仪的测量仪器，测量精度可在1 nm以下。图10.24为FECO干涉仪示意图，图中W为白色光源，L_1、L_2、L_3、L_4和L_5为光学透镜，P_1和P_2为狭缝，P为棱镜，参考面E与薄膜试样F表面镀Ag，其间存在多光束干涉，测试时薄膜的粗糙度由透镜L_5成像在CCD上，薄膜表面每点对平均线的偏离值为

$$\Delta Z_i = \frac{\lambda}{2}\frac{\Delta x}{\Delta d} \tag{10.55}$$

式中，Δd为同一波长相邻干涉级次条纹的间距；Δx为干涉条纹偏离中心线的距离。

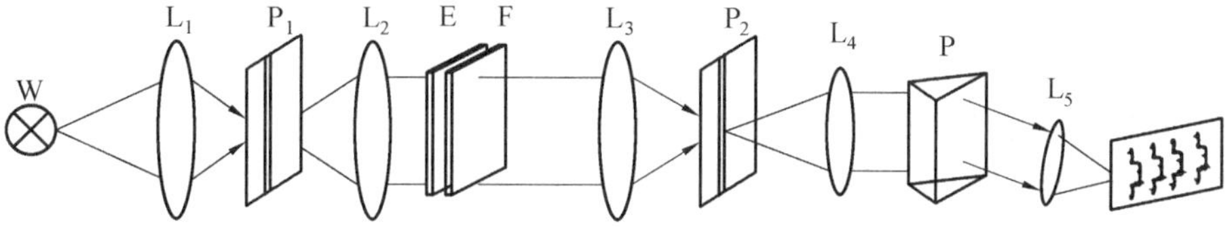

图10.24 FECO干涉仪示意图

如果采用相位比较法，如相移干涉仪，则测量分辨率可达0.1 nm，例如采用Mirau干涉显微镜，如图10.25所示，图中L为透镜，E为参考平面，B为分光镜，S为测试试样，测量时利用压电陶瓷PZT移动L和B三次，每次相移$\pi/2$，相应的干涉光强度为

$$I_1 = I_0\left\{1 + |\gamma| \cos\left[\varphi(x,y) + \frac{\pi}{4}\right]\right\} \tag{10.56}$$

$$I_1 = I_0\left\{1 + |\gamma| \cos\left[\varphi(x,y) + \frac{3\pi}{4}\right]\right\} \tag{10.57}$$

$$I_1 = I_0\left\{1 + |\gamma| \cos\left[\varphi(x,y) + \frac{5\pi}{4}\right]\right\} \tag{10.58}$$

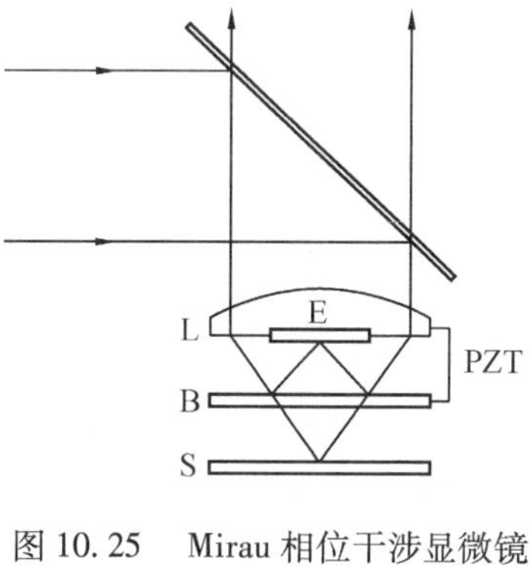

图10.25 Mirau相位干涉显微镜

式中，$|\gamma|$为相干度；$\varphi(x,y)$为薄膜表面相位厚度差，其大小为

$$\varphi(x,y) = \frac{2\pi}{\lambda}n_0 d(x,y) \tag{10.59}$$

式中，$n_0 = 1$，因此可通过$\varphi(x,y)$算出薄膜的表面轮廓$d(x,y)$。

根据式(10.56)、(10.57)和(10.58)可得

$$\varphi(x,y)=\tan^{-1}\left[\frac{I_3(x,y)-I_2(x,y)}{I_1(x,y)-I_2(x,y)}\right] \tag{10.60}$$

由于相位 $\varphi(x,y)$ 可以用电脑分析得很准确，因此对表面粗糙度的测量精度可达 0.1 nm，并可绘制出表面轮廓三维图，WYKO－3D 干涉仪就是根据此原理制造的。该测量方法镜头与试样不接触，其量程可达到微米量级，因此也可用来测量膜厚。

此外，薄膜表面轮廓与粗糙度的测量还可采用探针扫描法（Stylus Profilemetry）。由探针随表面凹凸而上下变化，可量得表面轮廓，其精确度亦可达 0.1 nm 级，但只能看到二维空间的粗糙轮廓。若样品可放入真空室，则可用扫描式电子显微镜（SEM）或穿透式电子显微镜（TEM）来看表面的三维空间轮廓图，解析度亦可达 0.01 nm 级。原子力显微镜在大气中亦可看到高解析度的薄膜表面轮廓，其精确度纵向可达 0.01 nm，而横向可达 2 nm。

10.4.4 环境特性的测量

1. 恒温、恒湿与液体侵蚀测试

由于薄膜微观结构中有孔隙，有时需测试这些孔隙在浸入水或盐水，甚至稀酸等液体之后的影响，严重影响会引起膜层剥落或起雾，轻微影响会引起膜层光学性能变差。

恒温恒湿一般是在相对湿度为 95%，温度为 55 ℃ 的环境下存放 6 h 或 24 h，或40 ℃下 10 d，或温度由室温到 80 ℃ 循环数次，然后测试膜层光学性能的变化。

液体侵蚀一般是将薄膜在室温下浸泡在每升 45 g 盐、稀酸或稀碱溶液中 6 h 或24 h，取出洗净，检验薄膜光学性能。

2. 温度测试

薄膜与基片之间热膨胀系数不同（设分别为 α_f 及 α_s），再加上膜层本身内应力，在高温下膜层与膜层间容易引起错位，因此薄膜若是在高温下使用则必须经烘烤测试，例如冷光镜，由于薄膜在卤素灯及其前方热镜的反射下承受的温度很高，因此必须通过 500 ℃ 烘烤的试验，看膜是否会龟裂，反射率是否会下降。再者薄膜应力、折射率及膜厚度也会随温度而微量变化，而光通信用多波分工（DWDM）所用之窄带滤光片对于波位稳定要求非常严格，薄膜的应力、折射率及膜厚度起变化都会使滤光片波位因温度而漂移，一般要求在 －50 ℃ 到70 ℃ 内其波位温漂量小于0.003 nm/℃，甚至小于0.001 nm/℃，因此也要求通过热变化试验，图 10.26 是分别以离子助镀（B 线）与离子溅镀（O 线）做出的 DWDM 滤光片中心波位温漂移的现象。两者在20 ℃ 到70 ℃ 之间温漂差异不大，皆小于 0.003 nm/℃，但在高温时却有明显的差异，不同的制备工艺其膜质不同，温漂量也不同。温漂量会因热膨胀系数及泊松比不同，而有所差异。

3. 耐冷、盐雾、太阳辐射及太空高能离子撞击测试

因使用环境特殊，有些薄膜必须通过 －25 ℃，－35 ℃ 甚至 －55 ℃ 温度下 16 h 的测试试验，或在 35 ℃，5% 盐浓度，pH 值 6.5 ~ 7.2 环境下 24 h 测试试验，或在 1 kW/m^2 能量密度的阳光下暴露 72 h 测试试验，或模仿太空环境下高能粒子（如 α 粒子和 β 粒子）撞击测试试验。详细叙述及薄膜优劣等级的分类可参考 ISO/DIS9211 国际标准规范，例如 ISO9022。

除了上述介绍的薄膜性能测试方法，我们还可以通过 X 射线光电子能谱与俄歇电子能谱等方法分析薄膜的化学成分，通过电子显微镜、电子衍射与 X 射线衍射分析薄膜的微观结构，具体内容可查阅有关参考资料。

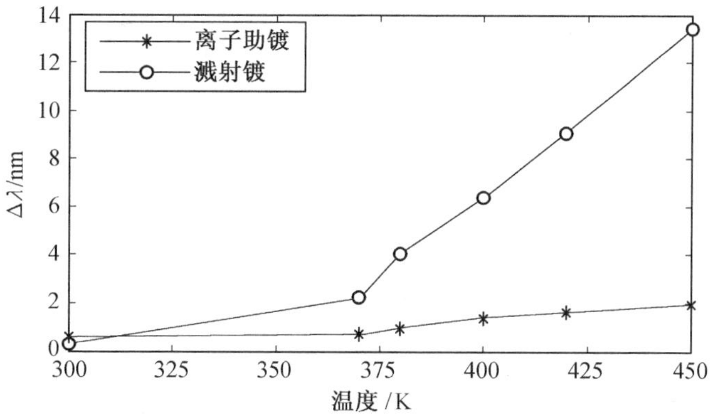

图 10.26　离子助镀与溅射镀制造的窄带滤光片温漂曲线

第 11 章　常用光学薄膜材料

11.1　金属薄膜

1. 金属薄膜特性

在介绍薄膜的光学特性时，已经选择性地介绍了金属薄膜光谱反射特性、吸收特性的一般特点，本节将进一步介绍金属薄膜在吸收、偏振特性方面的特点。

金属膜利用金属在某些波段消光系数比折射率大的特点，有效抑制光波在金属内的传播，达到高反射低损耗的效果。

光波在金属薄膜中的传播随厚度 d 增加呈指数衰减，即

$$E = E_0 \exp(-2\pi k d/\lambda) \tag{11.1}$$

式中，E_0 和 E 分别是入射点和厚度 d 处的光振幅，光强度 I 可写为

$$I = I_0 \exp(-4\pi k d/\lambda) \tag{11.2}$$

根据消光系数的数值可以估算金属薄膜的透射率。如在可见光区，Al 和 Ag 的厚度为 100 nm 时，透射率约 0.000 4%，k 越大，则薄膜厚度可以在更小时即获得高反射率。

在斜入射时，金属膜的反射率与入射角 φ_0 之间的关系变得较为复杂，表现出明显的偏振效应。当薄膜厚度较大时，可以用下列方程计算 P 偏振分量和 S 偏振分量的反射率，即

$$R_p = \frac{n_0^2(a^2+b^2) + (n^2+k^2)\cos\varphi_0 - 2n_0\cos\varphi_0(na+kb)}{n_0^2(a^2+b^2) + (n^2+k^2)\cos\varphi_0 + 2n_0\cos\varphi_0(na+kb)} \tag{11.3}$$

$$R_s = \frac{n_0^2\cos^2\varphi_0 + (n^2+k^2)\cos\varphi_0 - 2n_0\cos\varphi_0(na+kb)}{n_0^2\cos^2\varphi_0 + (n^2+k^2)\cos\varphi_0 + 2n_0\cos\varphi_0(na+kb)} \tag{11.4}$$

$$R = \frac{R_p + R_s}{2} \tag{11.5}$$

式中

$$a = \sqrt{(\sqrt{p^2+q^2}+p)/2}, \quad b = \sqrt{(\sqrt{p^2+q^2}-p)/2}$$

$$p = 1 + (k^2 - n^2)\left(\frac{n_0 \sin\varphi_0}{n^2+k^2}\right)^2, \quad q = -2nk\left(\frac{n_0\sin\varphi_0}{n^2+k^2}\right)^2$$

若 k/n 小，则反射率的 P 偏振和 S 偏振分量差异大。

2. 常见金属薄膜

常见的金属薄膜材料包括铝、银、金和铬。

铝膜可以用钨丝、钼舟、钽舟、电子束等蒸发方法制备。铝是金属膜中唯一从紫外(0.2 μm) 到红外(30 μm) 均具有较高反射率的材料，在0.85 μm附近反射率存在一个极小值，约 85%。铝膜对玻璃衬底的附着力较大，机械强度和化学稳定性相对较好，可以在

多种场合下用做外反射膜。铝膜表面易形成氧化铝层，导致紫外波段的反射率下降，可以用氟化镁作为紫外区铝反射镜的保护层。较高的原料纯度和较快的蒸发速度有利于在紫外区获得较高的反射率。在可见光区，常用 SiO 作为保护层的初始材料，在氧气氛下缓慢蒸发 SiO 获得 SiO_x，膜层光学厚度约250 nm。升高沉积温度可能对提高薄膜附着力有利，但是 50 ℃ 以上的沉积温度会造成反射率的显著降低。

银膜可以用钨舟、铝舟、钽舟、电子束等蒸发方法制备。银膜的优点是在可见与红外波段均具有最高的反射率，用做分光薄膜有良好的中性和很小的偏振差异。缺点是紫外区域反射率低，与玻璃的附着较差，机械强度和化学稳定性不佳，易于氧化或者硫化。常用做胶合零件和内反射零件，用做外反薄膜需要选择合适的保护层。Al_2O_3 与银膜间有很高的附着力，常被采用作为银膜与玻璃衬底之间的附着力增强层，以及表面的保护层。采用的膜系为 $G | Al_2O_3 - Ag - AL_2O_3 - SiO_x | A$，其中银膜厚度为 30 ~ 40 nm。粒子束辅助蒸发有助于获得致密光滑的银膜，提高其牢固度和短波反射率。

金膜可以用钨舟、钼舟、电子束等蒸发方法制备。金膜只有在波长大于 800 nm 的红外区域才表现出高反射特性，薄膜自身拥有良好的化学稳定性，所以常用做红外系统中的外反射镜。金膜与玻璃的附着力不高，可以用铬或者钛做附着力增强层。新蒸发的金膜往往较软，经过一周的放置以后硬度会有所增加。由于其化学稳定性好，可以不加特别的保护层。较快的沉积速度和 100 ~ 150 ℃ 的沉积温度有助于获得牢固性好的金膜。

铬膜可以用钨舟、电子束等蒸发方法制备。铬膜的最大优点是其在可见光区的分光特性几乎呈中性，在玻璃上的牢固性极佳，吸收特性受沉积条件的影响较小，提高沉积温度有助于提高其反射率。铬膜光学特性的长期稳定性好。缺点是吸收较大，用做 1∶1 分光膜时吸收达 40%。铬膜常作为光栅、度盘中制作线条或者掩模的阻光材料。

11.2　介质薄膜

光学薄膜对材料的基本要求：透明度高、吸收小、稳定的折射率、堆积密度高、均匀的材质、散射小、良好的机械附着力、硬度及应力、化学性质稳定、受环境影响小、抗辐射能力强。

(1) 透明度

介质和半导体材料一般在一定波段范围内透明，透明区决定于材料的价电子能阶到导电子能阶的能差及晶格振荡能的吸收。前者决定了透明区的短波极限(λ_s)，波长小于 λ_s 的光波会激发电子跃迁而被吸收，此吸收为本征吸收。后者决定了透明区的长波极限(λ_l)，波长大于 λ_l 的光波会引起晶格振荡而被吸收，此吸收称为晶格振荡吸收。

(2) 折射率

薄膜的折射率主要取决以下几个因素：材料的化学组成，薄膜的结晶状态、晶粒大小及堆积密度，波长。折射率因波长而异的现象称为色散，即 $n = f(\lambda)$，折射率与波长的关系函数称为色散方程，如塞尔缪方程：$n^2 = A + B/\lambda^2$。

(3) 机械附着力

为获得牢固耐久的薄膜，对膜料有以下要求：光学薄膜应有良好的硬度；在基片上先预镀一层附着力较强的膜以增加附着力;膜层的应力尽可能小。

(4) 抗高能辐射

激光、紫外辐射或高能粒子都可能引起薄膜损伤。特别是大功率激光系统中,薄膜受到激光的严重威胁。

激光对薄膜的破坏主要考虑两方面:一是激光波长、激光脉冲宽度和重复频率等;二是薄膜材料本身的特性,除了吸收外,还与薄膜结构、机械强度、附着力、应力、热稳定性、熔点、热膨胀系数等密切相关。

介质薄膜的种类极其繁多,这里只对常见的氟化物、硫化物和氧化物做详细介绍,目的是帮助读者了解需要从哪些方面掌握薄膜材料的性质。

1. 氟化物

常用的氟化物多为低折射率材料,如冰晶石(Na_3AlF_6)、氟化镁(MgF_2)、氟化钙(CaF_2)。冰晶石有很宽的透明波段,在可见光区的折射率约为1.35。它的优点突出:一是折射率低,二是应力小(10 ~ 20 MPa 张应力)。缺点是膜层较软,易吸潮(高温蒸镀的 MgF_2 除外)。

冰晶石在热蒸发过程中会分解成 NaF(折射率为1.29 ~ 1.31)和 AlF_3(折射率为1.39),在低蒸发温度下 NaF 蒸气压高,而高温下 AlF_3 蒸气压高,所以快速蒸发的膜层折射率高。冰晶石易吸潮是由于其聚集密度在0.89 ~ 0.92,吸潮的后果是折射率上升到1.45,主要是因为形成了折射率高达1.49的水合 AlF_3。如果表面吸潮,会造成沿厚度方向折射率的不均匀。

另一种常用的氟化物是氟化镁。氟化镁透明区域为0.12 ~ 10 μm,550 nm 处折射率为1.38,它是折射率最低的稳定材料。当沉积温度达到250 ℃时,氟化镁薄膜在玻璃表面坚硬牢固,因而广泛用做单层增透膜。氟化镁薄膜可与多种薄膜组合构成多层膜,但是它表现出较高的张应力(300 ~ 500 MPa),与硫化锌配合易开裂,为了降低多层膜的应力可以与氧化铈、氧化铋配合。氟化镁在蒸发前必须做充分的预熔除气,否则易发生喷溅,在膜层表面出现麻点。氟化镁低温下沉积获得的薄膜聚集密度低,室温沉积的薄膜聚集密度只有0.75,易吸潮导致光学稳定性差。

CaF_2 可镀制成折射率很低的膜层,其折射率只有1.24,透明区为150 nm ~ 12 μm,是深紫外区镀制多层膜滤光片或者减反膜的最佳低折射率材料,可用钼舟或钽舟来蒸镀。

PbF_2 为氟化物中折射率较高的材料,透明区为240 nm ~ 20 μm,折射率在550 nm处约为1.75,是紫外光区重要的高折射率材料,可用钽舟或电子枪蒸镀。

氟化物薄膜的缺点是质软不牢固,有人尝试用离子助镀改善,但不适合每种材料。此外,氟化物较氧化物易分解,制度的方法和条件有待改善。

2. 硫化物

典型的硫化物材料是硫化锌。ZnS是可见光区重要的高折射率材料,折射率为2.3 ~ 2.6,常与冰晶石或者 MgF_2 搭配镀制各种滤光片;ZnS还是红外区域重要的低折射率材料,折射率约为2.2,其透明波段为0.38 ~ 13 μm,可与Ge,PbTe搭配镀制红外区多层膜,ZnS可用钽舟或者电子枪蒸镀。

硫化锌在沉积过程中会分解成为硫和锌,在衬底表面重新反应生成硫化锌。这一特点造成硫化锌有较高的聚集密度，但是在高衬底温度下沉积速度下降。在潮湿环境下沉积硫化锌会形成 H_2S 并分解出锌造成薄膜表面发黑，沉积速度也会因此变得不稳定。室温沉积的硫化锌薄膜牢固度低，但是利用粒子束辅助蒸发技术获得的硫化锌牢固度大大加强。值得一提的是 ZnSe 的性质与蒸镀方法都与 ZnS 非常相似，只是折射率略高些。

3. 氧化物

实用的氧化物材料种类繁多，这里介绍常用的二氧化钛、二氧化锆、二氧化硅和五氧化二钽。二氧化硅（SiO_2）是蒸发过程中分解很小的低折射率材料，是首选的多层膜低折射率材料之一。可见光区折射率为 1.46，比 MgF_2 略高，透明区域从 0.18 ~ 8 μm。二氧化硅薄膜吸收小、散射低、膜层稳定牢固、抗磨耐蚀，并且有很好的激光损坏阈值。二氧化硅薄膜在沉积过程中也会因分解混入 SiO 和 Si_2O_3 等低价氧化物，用红外透射谱可以确定膜层中包含何种化合物。SiO_2 的熔点和蒸发点很接近，若使用颗粒状 SiO_2 做起始材料，电子束必须快速扫描膜料，否则电子束会很快将膜料打成深洞而影响蒸发速率。用块状膜料蒸镀或者离子束溅镀可免除此困扰；另外用电子枪将 Si 蒸发成蒸气与氧反应或者 SiO 作初始材料氧离子助镀也是很好的解决方法。蒸发获得的二氧化硅多呈非晶结构，结构致密，吸收低，保护性强。

二氧化钛（TiO_2）是可见与近红外区域重要的高折射率材料（约 2.2 ~ 2.5），薄膜性能稳定，牢固性强，常与 SiO_2 搭配镀制多层膜。二氧化钛薄膜的性质，极大地受薄膜的化学成分、微观结构的影响，并受沉积时所使用的初始材料与沉积条件影响。二氧化钛在不同沉积条件下可以呈现非晶态、锐钛矿结构和金红石结构。蒸发条件下较难获得锐钛矿结构。多晶态二氧化钛通常是锐钛矿结构和金红石结构的混合体。蒸发制备二氧化钛薄膜可以使用多种原料，如 TiO、TiO_2、Ti_2O_3、Ti_3O_5 等。使用 TiO 做原料，必须在离子氧环境下以较高的气压和较慢的沉积速度沉积，否则薄膜会出现较高的吸收。用 Ti_2O_3 做原料，对氧的吸收作用较强，可以在适当的工艺条件下获得低吸收的薄膜。观察发现，在使用相同的膜料经过多次蒸发后，薄膜折射率会随着蒸发次数的增多而变化。使用 TiO，Ti_2O_3 做原料随着蒸发次数的增多折射率下降；使用 TiO_2 做原料，随着蒸发次数的增多折射率增大；只有使用 Ti_3O_5 做原料时，折射率较为稳定。观察还发现，薄膜的折射率随着沉积温度的升高而增大，但是吸收也相应增大，而氧分压升高的作用正好相反。

无论用何种原料，均不能获得纯 TiO_2，膜层中依照氧化程度存在不同含量的低价氧化物。通过在空气中热处理，能够有效地减小低价化合物的含量，同时减小膜层吸收，利用热处理将 TiO，Ti_2O_3，Ti_3O_5 转变为 TiO_2 的温度分别为 200 ℃，250 ~ 350 ℃ 和高于 350 ℃。通过掺杂少量 ZrO_2 和 Ta_2O_5 可以提高膜层折射率的稳定性、减小膜层的吸收。

二氧化锆（ZrO_2）折射率略低于 TiO_2，可见光区约为 2.05，可用于近紫外到红外区膜层。二氧化锆薄膜呈现四方相结构，在强激光作用下会转变为单斜相，因而抗激光损伤能力不高。可以通过掺杂少量氧化钇（Y_2O_3）来获得稳定的四方相结构。二氧化锆在实际使用中受到一些缺点的限制。蒸发所得到的二氧化锆薄膜有明显的负折射率不均匀性，适当掺入 Ta 或 Ti 的氧化物可以减小这种不均匀性。薄膜往往呈现较高的张应力，与二氧化硅组成多层膜易破裂。在衬底为 Ba，Cd，Pb 含量较高的玻璃时，易与玻璃中的成分反应在界面处生成雾状斑痕，在潮湿环境中更易出现。通过清洁和干燥衬底、在衬底表面预先沉积一层1/4波长的二氧化硅等办法可以避免或者减轻雾状斑痕的出现。

五氧化二钽（Ta_2O_5）也是常用的可见红外区高折射率材料，它的蒸镀特性，不管是电子枪蒸镀还是离子镀都比 TiO_2 要稳定，且容易获得比 TiO_2 更低的吸收和散射，膜层沉积速率也较快，堆积密度接近1，常用来与 SiO_2 搭配镀制多层膜。

以上所述氧化膜，基片温度一般加热到250 ~ 300 ℃，并在高真空条件下充入10 ~ 30 MPa的氧气蒸镀，可获得坚固透明的氧化膜。基片为塑料的话，一般加热到100 ℃左右，并补以离子镀或其他荷能蒸镀。

11.3 特殊材料

除了常规光学薄膜对材料所提的要求，一些新的应用或者特殊的应用对薄膜材料提出了特别的要求。这里选择红外与紫外薄膜、任意折射率薄膜材料、抗激光损伤薄膜、超硬薄膜材料、太阳能薄膜以及智能窗口薄膜加以简要介绍。

1. 红外与紫外薄膜

红外与紫外区域光电系统的应用越来越广泛，对相应波段的光学薄膜材料也提出了高要求。

红外波段覆盖一个很宽的波长范围，常用的波长从0.75 ~ 30 μm，没有一种材料能覆盖如此宽的区域。大多数介质薄膜在红外区域都会出现长波吸收，限制了其使用。常用的红外材料可以分为金属卤化物、硫化物和半导体材料。

金属卤化物包括低折射率的 ThF_4，PbF_2，BaF_2，CsI 等，它们存在的主要问题是易于潮解。硫族化合物包括 ZnS，ZnSe，CdSe 等，常用做红外波段的低折射率或者中等折射率材料。半导体材料多用做高折射率材料，短波吸收波长通常较长，典型的材料包括 Si，Ge，Te，PbTe 等。

Si 的折射率为3.5，锗的折射率为4.0，它们是典型的半导体材料，用作膜料时透明区分别为1.1 ~ 14 μm和1.7 ~ 25 μm，二者均可用电子枪蒸镀。因半导体能阶较小，加热时温度不宜过高。

红外薄膜材料在使用过程中需要注意其折射率、吸收特性与温度的关系。通常，红外带通滤光片在温度降低时中心波长会略向短波方向移动，而温度升高则会出现明显的波长红移，在使用半导体材料时这一点尤为明显，这与其载流子温度特性相关。

常用的红外薄膜组合包括：近红外区域的 Ge – SiO 组合；4 ~ 10 μm 区域的 Ge – ZnS 组合；8 ~ 20 μm 区域的 PbTe – ZnSe，Ge – ThF_4 组合；更长波段的 PbTe – CdSe，PbTe – CsI 组合等。

紫外波段可以细分为近紫外（200 ~ 400 nm）、真空紫外（30 ~ 200 nm）、软 X 射线（1 ~30 nm）等。不同波段的紫外线都会对人体产生危害，但紫外线可用于杀菌、防伪、探测、整形领域，这就要求有效地利用或抑制紫外线。紫外波段材料的色散和吸收都比较严重。薄膜的沉积技术对紫外薄膜的光学常数影响很大，一般来说电阻蒸发制备的薄膜性能比较稳定，消光系数也最小。

在近紫外(200 ~ 400 nm)区,有少量的氧化物薄膜可以用做高折射率材料,如 HfO_2,ZrO_2,MgO 等,也有一些低折射率材料可供选择,如 LiF,MgF_2 等。如 355 nm 高强度激光薄膜主要以 HfO_2 和 SiO_2 为薄膜材料,薄膜有足够好的光学性能和足够低的光吸收,其破坏阈值也满足大多数应用的要求,Al_2O_3/MgF_2 材料组合可实现更高的破坏阈值并且沉积温度为 280 ℃ 时有最小的吸收和最大的损坏阈值。但是到了真空紫外(30 ~ 200 nm)区,不再有合适的高反射率材料,只有少数低折射率材料可以继续使用。常使用 Al - MgF_2 组合镀制 110 ~ 200 nm 的紫外反射镜。在 30 ~ 100 nm 波长范围,所有材料都表现出强吸收,只有部分金属材料如金、铂、铑、钨等还保持一定的反射率(常在 20% 左右)。

进入软 X 射线区域,只有利用金属超晶格薄膜结构才有可能获得实用的反射薄膜。常用的金属超晶格薄膜组合包括:In/Be,Ag/Be,Rh/Be,Mo/Be,Au/C 等等。另外 Si,Ti,Al,In,Pb,C 等薄金属材料(厚度介于几纳米至数百纳米)具有此波段选择透过的特性,因而可用做滤光片,但此时薄膜必须制成无衬底结构。

2. 任意折射率薄膜

由于薄膜材料种类的限制,往往无法直接获得具有适当折射率的薄膜材料。此时,可以采用多种途径予以解决。从膜系设计的角度,可以采用等效膜方法和合成膜方法。这里只介绍用膜料混合的方法获得任意折射率材料。

采用高低折射率膜料混合的方法,可以获得折射率介于高、低之间的任意折射率材料。根据 Lorentz-Lorenz 色散理论,N 种介质混合的折射率为

$$n^2 = \sum_{i=1}^{N}\left(\frac{a_i n_i^2 c_i}{\rho_i}\right) \Big/ \sum_{i=1}^{N}\left(\frac{a_i c_i}{\rho_i}\right) \tag{11.6}$$

式中,$a_i = 1/(n_i^2 + 2)$;c_i 为质量分数;ρ_i 为密度。

如果式中 $a_i = 1$,则上述模型变形为 Drude 模型。两种模型适用于不同的膜料组合,如 ZnS-MgF_2 组合服从 Lorentz-Lorenz 模型,而 Ge-ZnS 组合则服从 Drude 模型。

实现的途径包括气相混合与固相混合。气相混合就是用多个源同时蒸发,通过控制各种原料的蒸发速率获得不同的混合材料薄膜。固相混合是将原料按照比例预先混合,用同一个蒸发源蒸发获得任意折射率薄膜。气相混合的难度在于精确控制各个源的蒸发速率,固相混合的难度在于要求混合膜料的各个成分有相近的蒸气压。

3. 抗激光损伤薄膜

随着高功率激光系统的应用日益广泛,对具有优良抗激光损伤特性的薄膜材料的需求也随之增大。薄膜对激光损伤的抵御能力在整个光学系统中相对较低,影响薄膜抗激光损伤能力的因素多种多样,包括薄膜原材料、薄膜制备工艺、薄膜微观结构、膜系的构成与性质等。这里简要介绍薄膜微观结构与其抗激光损伤能力间的关系。

激光对薄膜破坏的机理十分复杂,概括起来主要为吸收和强场作用。

吸收的后果是造成薄膜局部过热,或者造成衬底表面热损伤,诱导薄膜损伤。强场造成薄膜产生类似于介电击穿的损伤,在超短脉冲激光作用下,损伤多由场效应造成。概括起来,在长脉冲激光作用下,材料的本征吸收和外部因素是引起损伤的主要原因,吸收导致膜层升温,直至膜层或者衬底损坏;短脉冲激光作用下,膜层缺陷和杂质、驻波峰值电场

等因素会导致介电击穿损伤。

由于激光损伤在不同膜系中的表现不同,所以通常针对减反射膜层和高反射膜层分别予以研究。

减反射膜比高反射膜更易损伤,其损伤通常发生在吸收较大的区域,如薄膜与衬底的界面处。这里由于薄膜生长过程的缘故,往往出现密度缺陷。可以通过对衬底预处理、镀制保护层、选择适当的镀层材料等途径提高减反射膜的抗损伤能力。超光滑衬底表面有助于获得高损伤阈值;在多层膜镀制前沉积一层半波长氧化硅或者氧化铝,有助于提高 1.06 μm 激光损伤阈值,而氧化硅或者氧化镁则有利于提高紫外增透膜的激光损伤阈值;不同的材料组合将获得不同的损伤阈值,目前,SiO_2/TiO_2 组成的多层减反射膜拥有最高的抗损伤性能。从材料折射率和消光系数与损伤阈值的关系中可以观察到大致的关系,即折射率和消光系数降低则损伤阈值升高。

对氧化钛薄膜观察到有趣的性能特点,当薄膜的微观结构为金红石结构或者是金红石与锐钛矿结构的混合结构时,两者的损伤特性没有明显的差异。但是当薄膜均为金红石结构,而晶粒尺寸减小到接近非晶体结构时,损伤阈值显著提高。对多种氧化物的损伤特性研究发现,低温下沉积的薄膜呈现非晶体状态,虽然膜层机械强度不高,但是损伤特性却优于高温下沉积的薄膜。

高反射的损伤特性与减反射膜有较大差异。最常用的高反射膜用 SiO_2/TiO_2 组成,损伤通常发生在最外层的 TiO_2 层或者第一个 SiO_2/TiO_2 膜层界面上。设法通过驻波设计,降低 TiO_2 层上的电场强度,有利于提高损伤阈值。在多层膜空气侧增加一个半波长氧化硅薄膜可以降低薄膜的损伤概率。在高反射情况下,损伤阈值对不同的偏振态有较大的差异。

可见光区常用的抗损伤高反射膜除由 SiO_2/TiO_2 组成外,还有 SiO_2/TaO_5,MgF_2/ZnS,ThF_4/ZnS 等组合,紫外区则有 MgO/LiF,MgF_2/Sc_2O_3 等组合。

4. 超硬薄膜材料

类金刚石材料具有类似于金刚石的高硬度(10 ~ 50 GPa)、低摩擦系数(0.1 ~ 0.3)、可调的带隙宽度(1.2 ~ 3 eV)、可调的电阻率和折射率、良好光学透过性(在厚度很小的情况下)、良好的化学惰性和生物相容性,沉积温度很低(可在室温沉积),可在许多金刚石膜难以沉积的衬底材料(包括钢铁)上沉积。类金刚石膜的制备方法很多,采用磁控溅射、激光沉积(PLD)、离子束溅射、真空磁过滤电弧离子镀等都可以制备类金刚石膜。典型的应用包括:硬磁盘保护膜、磁头保护膜、高速精密零部件耐磨减摩涂层、红外光学元器件(透镜和窗口)的保护膜、眼镜和手表表壳的抗擦伤膜、耐磨损保护膜、人体植入材料的保护膜等。

CN_x 也是常用的超硬薄膜材料。采用反应磁控溅射、离子束沉积、双离子束溅射、激光束沉积(PLD)、等离子体辅助 CVD 和离子注入等方法都可以制备出 CN_x 薄膜。CN_x 薄膜在光学、热学和电子学方面也可能有很好的应用前景。

5. 太阳能薄膜

薄膜太阳能电池是将相应的半导体材料沉积到玻璃、金属或塑料基片等廉价基片上构成的,相对于大块材料,薄膜太阳能材料有更高的吸收系数。

主要的太阳能薄膜材料有非晶硅、CdTe、CuInSe(CIS)、多晶硅或微晶硅。非晶硅吸收系数比单晶硅高40倍，很薄的膜层就能实现光的全部吸收，它可以沉积在多种廉价基片上，并且制备过程无需高温或者高能，成本低。CdTe 多晶化合物也有很高的吸收系数，几微米就能吸收90% 以上的光能，它可以通过高速蒸发、溅镀、喷涂等多种方式成膜。CIS 吸收系数更高，0.5 μm 就能吸收90% 以上的光能，转换效率接近多晶硅，并且性能稳定。多晶硅转换效率高达14%，多用化学气相沉积方法制备。

6. 智能窗口薄膜

智能窗口薄膜是一类光学性能可调控的功能性光学薄膜，这类薄膜具有可调控膜层，可通过光、热、声、磁等控制光学特性，或者转换光能为其他能态。

功能性光学薄膜包括发光薄膜，光存储薄膜，光显示薄膜，光开关薄膜，传感器薄膜，仿生薄膜，非线性薄膜，液晶薄膜，纳米薄膜，负折射率薄膜，薄膜激光器等。

智能窗口薄膜，可以根据建筑物或者仪器内部、外部的光、热、气候、环境以及不同需求等实际情况对薄膜的光热性能进行功能性调节的一类薄膜，其中最重要的是功能变色膜。

根据变色的机制，智能窗口薄膜可分为以下几种：光致变色薄膜、热致光学薄膜、偏振光学薄膜和电致光学薄膜。此外液晶／薄膜组合窗口，取向可控的颗粒嵌合薄膜等都可以作为智能窗口薄膜。

电致变色膜材料有 WO_3，光致变色膜材料有 AgCl、AgBrCl。

最后需要特别指出的是，要获得高性能光学薄膜器件，除了了解薄膜自身的性质，还应当对衬底材料的性质有准确的把握，限于篇幅，这里不再赘述。

一些常用薄膜材料见表11.1。

表11.1　常见光学薄膜材料

介电质材料	蒸发温度/℃	镀膜方法	折射率	透明波段/μm	备注
Al_2O_3	2 000 ~ 2 200	B(W),E,I	1.63(0.55 μm,300 ℃) 1.54(0.55 μm,40 ℃)	0.2 ~ 8	多层膜，保护膜
BaF_2	1 300 ~ 1 500	B(w),E	1.48(0.5 μm)	0.25 ~ 15	红外抗反射膜，多层膜
CaF_2	1 280	B,E	1.4 ~ 1.43(0.546 μm)	0.15 ~ 12	过热分解
CdSe	500 ~ 700	B(Ta,E)	2.45(3 μm)	0.7 ~ 25	过热分解，IR 多层膜
CdTe	900 ~ 1 100	B(Mo)	2.7(2 μm)	0.86 ~ 28	IR 多层膜
CeF_3	1 400 ~ 1 600	B(W,Mo,Ta),E	1.63(0.55 μm)	0.3 ~ 12	多层膜，抗反射膜
CeO_2	~ 2 000	E	2.0 ~ 2.4(0.55 μm)	0.4 ~ 16	多层膜，减反膜
Cr_2O_3	1 900 ~ 2 000	B(W,Mo),E	2.24 − i0.07(0.7 μm)	1.2 ~ 10	吸收膜，减反膜

续表 11.1

介电质材料	蒸发温度/℃	镀膜方法	折射率	透明波段/μm	备注
Fe_2O_3	1 600 ~ 1 800	B(W),E	2.72 − i0.11(0.55 μm)	0.8 ~	减反膜
GaAs	850	B(W)	3.2	0.9 ~ 18	
Ge	1 300 ~ 1 500	B(C),E	4.25	1.7 ~ 25	红外镀膜
HfO_2	2 300 ~ 2 500	E(HfO_2), S,I(Hf 靶)	1.9 ~ 2.15	0.23 ~ 12	与 SiO_2 搭配 做紫外多层膜
MgF_2	1 300 ~ 1 600	B(W,Ta,Mo),E	1.38(0.55 μm)	0.14 ~ 10	减反膜,多层膜
Na_3AlF_6	800 ~ 1 200	B(Ta,Mo)	1.35(0.5 μm)	0.13 ~ 14	多层膜、减反膜
PbF_2	700 ~ 1 000	B(Pt),E	1.75(0.55 μm)	0.24 ~ 20	多层膜
PbTe	850	B(Ta,Mo)	5.6(5 μm)	3.4 ~ 30	IR 多层膜
Si	1 500	E,S,I	3.45(3 μm)	1.1 ~ 14	
SiO	1 200 ~ 1 600	B(W,Ta,Mo),E	1.9(0.55 μm)	0.55 ~ 8	多层膜,减反膜, 附着层
SiO_2	1 600 ~ 1 800	E,S,I(SiO_2), E,S,I(Si,SiO 靶)	1.45 ~ 1.47(0.55 μm)	0.16 ~ 8	多层膜低折射率材料
SnO_2	1 220	B(Mo,Ta),E,S	2.0(0.55 μm)	0.4 ~ 1.5	导电膜
Te	550	B(Ta)	4.9(6 μm)	3.4 ~ 20	
TiO_2	1 900 ~ 2 200	E,S,I(Ti) E,S,I(TiOx) B(Ta,W)(TiO)	2.2 ~ 2.5(0.55 μm)	0.35 ~ 12	附着层,与 SiO_2 搭配做多种滤光片
Ta_2O_5	1 900 ~ 2 200	E,S,I(Ta_2O_5) E,S,I(Ta 靶)	2 ~ 2.3(0.5 μm)	0.35 ~ 10	与 SiO_2 搭配 做多种滤光片
ThF_4	900 ~ 1 300	B(Ta,Mo,Pt),E	1.5(0.55 μm)	0.22 ~ 15	放射性 UV、 IR 多层膜,减反膜
YF_3	~ 1 000	B(Mo)E	1.5(0.55 μm)	0.2 ~ 14	IR 镀膜
YbF_3	1 200 ~ 1 300	B(Mo,Ta),E	1.52(0.55 μm)	0.22 ~ 12	IR 镀膜
ZnO	1 100 ~ 1 300	B(Mo,Ta),E	2(0.55 μm)	0.35 ~ 20	
ZnS	1 000 ~ 1 100	B(Mo,Ta),E	2.35(0.55 μm)	0.38 ~ 25	可见高折射率膜, 红外低折射率膜
ZnSe	600 ~ 900	B(Mo,W,Ta),E	2.6(0.55 μm)	0.16 ~ 18	红外膜,多层膜, 彩色膜
ZrO_2	2 500	E,S,I(ZrO_2) E,S,I(Zr 靶)	2.05(0.5 μm)	0.3 ~ 8	多层膜

续表 11.1

金属材料	蒸发温度/℃	镀膜方法	折射率	透明波段/μm	备注
Ag	1 000 ~ 1 200	B(Mo,Ta),E,S	0.07 - i4.2(0.65 μm)		反射镜
Al	1 100 ~ 1 300	B′(W),E,S,I	1.3 - i7.11(0.65 μm)		反射镜
Au	1 100 ~ 1 300	B(W,Mo),E,S	0.142 - i3.374(0.65 μm)		反射镜、导电层
Cr	1 300 ~ 1 400	B(W),E,S	3.67 - i4.265(0.65 μm)		附着层、分光镜、衰减片
Cu	1 250 ~ 1 450	B(Mo,Ta),E,S,I	0.46 - i3.1(0.6 μm) 0.25 - i5.0(0.8 μm)		摩擦层
Ni		B,E,S	2 - i3.8(0.65 μm)		
Pt		B(W),E	2.37 - i4.2(0.65 μm)		反射镜
Rh		E,S	2.18 - i5.6(0.65 μm)		反射镜

注:表中 B 为电阻热舟;B′ 为电阻丝;E 为电子枪;S 为直流或射频溅射;I 为离子束溅镀。

附　　录

附录 1　光学零件镀膜 分类、符号及标注
（JB/T 6179—92）

1. 主题内容与适用范围

本标准规定了镀在光学玻璃零件上的各种膜层的分类、符号及标注。

本标准适用于镀在光学玻璃零件上的膜层。

2. 引用标准

GB 1331 光学制图

3. 膜层的分类和符号

膜层的分类和符号见表 1。

表 1　膜层的分类和符号

序号	1	2		3	4	5	6	7	8
种类	减反射膜	反射膜、高反射膜		滤光膜	分束膜	分色膜	偏振膜	导电膜	保护膜
		内反射膜	外反射膜						
图示符号									

4. 在图纸上的标注

4.1 图示符号的标注

4.1.1 光学零件需镀膜的表面，应在图纸上标注图示符号，标注方法按 GB1331 规定。

4.1.2 在同一图纸上有两处或两处以上同类膜层要求不同时，图示符号应加注脚标，分别注明技术要求，以示区别，脚标用阿拉伯数字标注。

4.2 技术要求的标注

4.2.1 有标准的镀膜按下列方法标注

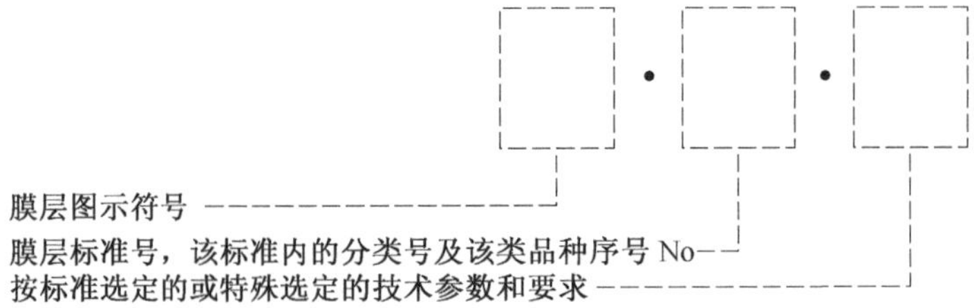

其中膜层标准号，该标准内的分类号及序号 No 的标注

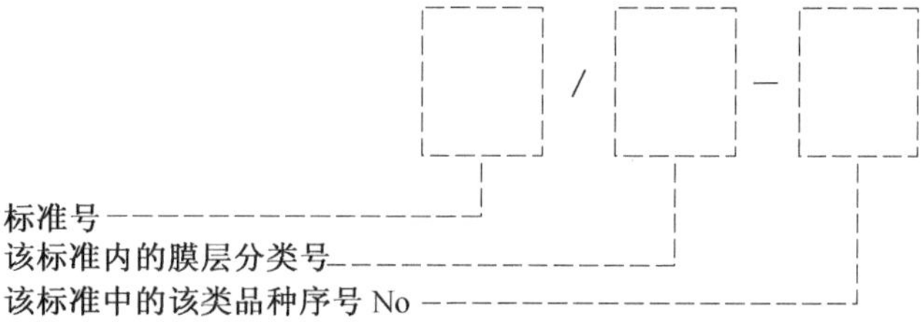

4.2.2 无标准的镀膜按下列方法标注

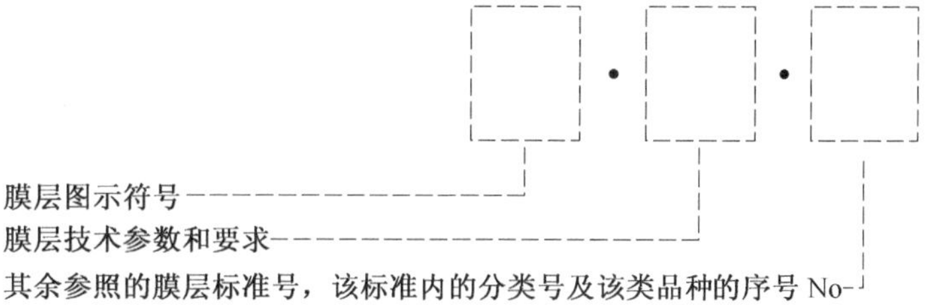

4.2.3 标注应用举例见附录 A。

附录 A　标注应用举例(参考件)

A1 已有标准的标注应用举例

A1.1 中心波长为 520 nm 的单层减反射膜。

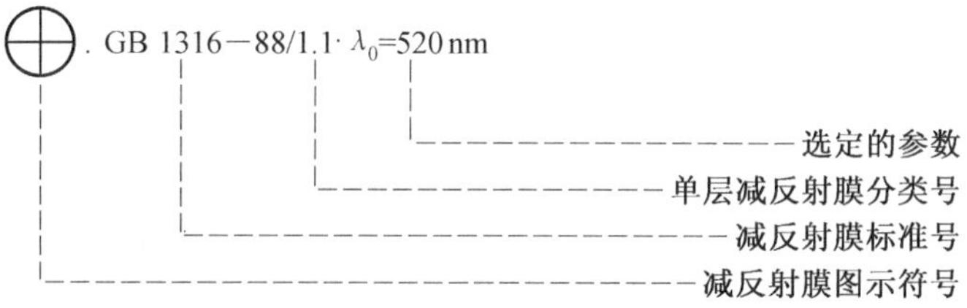

A1.2 中心波长为 632.8 nm 的双层减反射膜,若要求反射比优于该标准的最低指标,应标注反射比 R。

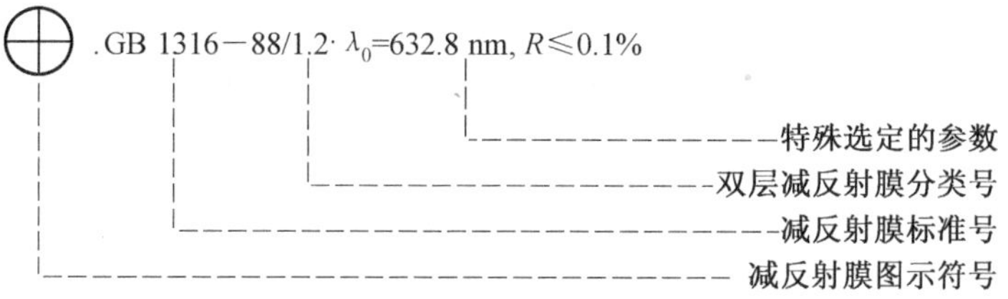

A1.3 波长范围为 450 ~ 670 nm 的宽带减反射膜,若要求做盐雾试验,应标注盐雾试验。

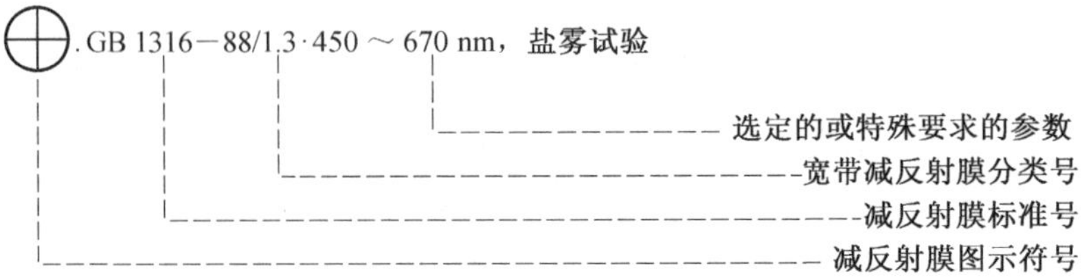

A1.4 中心波长为532.4 nm,中心波长偏差±2 nm,峰值透射比不小于50%,相对半宽RHW为1.5%,峰值1/10处波长宽不大于240 nm,长波截止限为2 500 nm,截止深度不大于0.1%的窄带滤光膜。

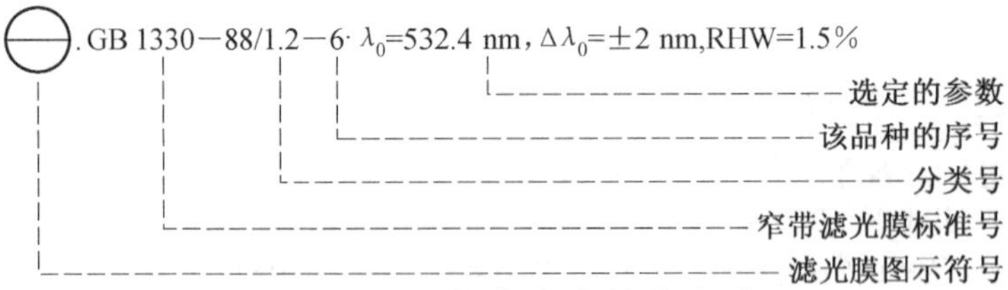

A1.5 可见区 $\rho:\tau=50\%:50\%\pm5\%$ 的白光中性分束膜。

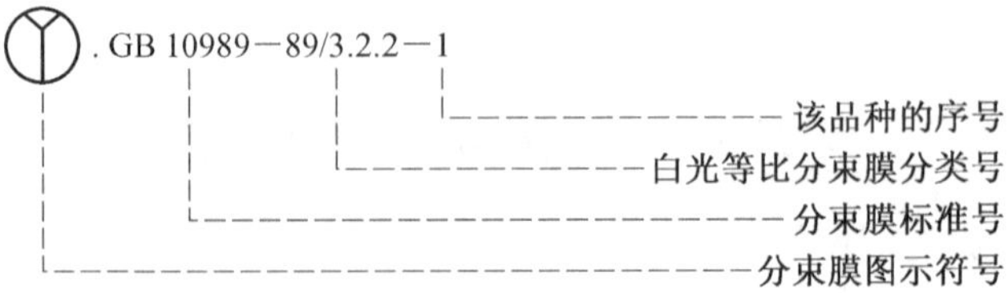

A1.6 白光透射比不小于80%,方电阻不大于1 kΩ的液晶显示导电膜。

A1.7 反射比不小于99.7%的氦氖激光器用的高反射膜。

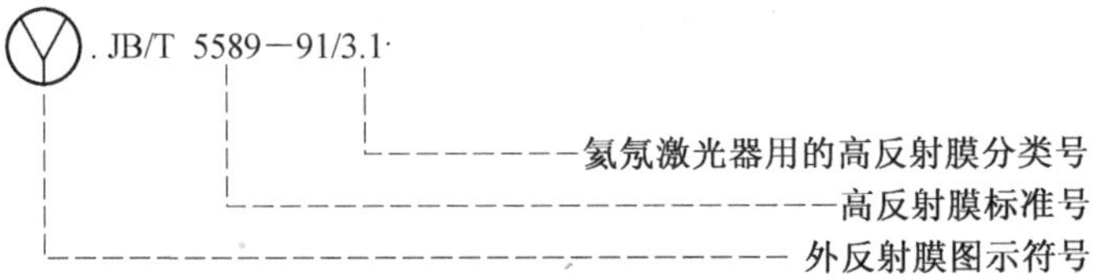

A1.8 在波长为630～650 nm,$\tau_p\geqslant92\%$、$\tau_s\leqslant0.5\%$ 的立方偏振棱镜膜。

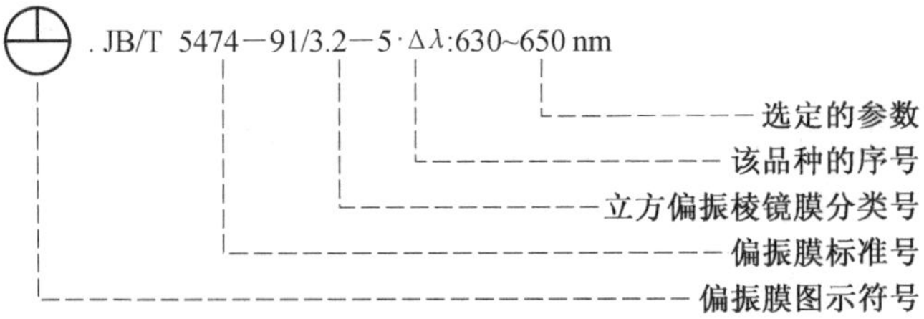

A2 无标准的标注应用举例

中心波长 λ_0 为 530 nm,入射角 α 为 45°和反射比 R 不大于 2.1% 的单层减反射膜。

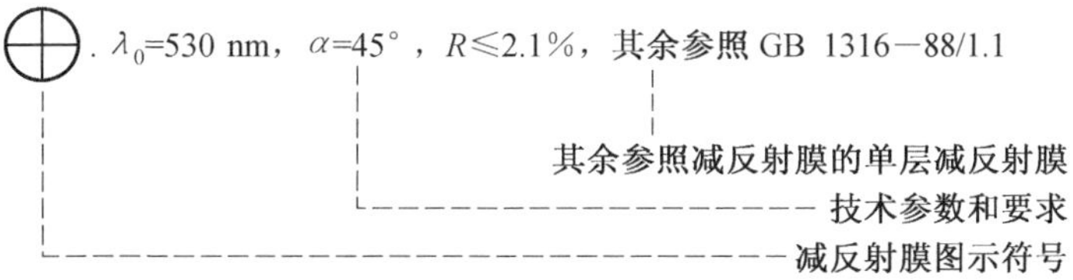

附加说明：

本标准由上海光学仪器研究所提出并归纳。

本标准由上海光学仪器研究所负责起草。

附录 2　光学薄膜元件环境适应性试验方法
（GB/T 26331—2010）

1. 范围

本标准规定了光学薄膜元件的环境试验方法、试验条件、试验程序及评价标准。

本标准适用于除眼科光学（眼镜）之外的所有镀有光学功能薄膜的元件和基片的环境试验。

本标准不涉及产品光学性能的检验。

2. 规范性引用文件

下列文件中的条款通过本标准的引用而成为本标准的条款。凡是注日期的引用文件，其随后所有的修改单（不包括勘误的内容）或修订版均不适用于本标准，然而，鼓励根据本标准达成协议的各方研究是否可使用这些文件的最新版本。凡是不注日期的引用文件，其最新版本适用于本标准。

YY 0331—2006 脱脂棉纱布、脱脂棉粘胶混纺纱布的性能要求和试验方法（EN 14079:2003，MOD）

ISO 9022—2:2002 光学和光学仪器——环境试验方法——第 2 部分：冷、热和潮湿（Optics and optical instruments—Environmental test methods—Part 2:Cold，heat and humidity）

ISO 9022—4:2002 光学和光学仪器——环境试验方法——第 4 部分：盐雾（Optics and optical instruments—Environmental test methods—Part 4:Salt mist）

ISO 9211—4:2006 光学和光学仪器——光学薄膜——第 4 部分：规定的试验方法（Optics and optical instruments—Optical coatings—Part 4:Specific test methods）

3. 通用要求

3.1 标准大气条件

温度：15～35 ℃（以下称为室温）；

相对湿度：30%～75%；

气压：86～106 kPa。

3.2 试验程序

3.2.1 试验顺序

如无其他规定，试验应按照 3.2.2～3.2.7 的顺序进行。

3.2.2 预处理

使样品处于初始检测和试验所需的状态，包括样品表面的清洁，样品温度的调整。样品应在标准大气条件下放置 1 h 后再进行试验。

3.2.3 初始检测

预处理后，应按相关标准进行检验，检验主要为目视缺陷检验，按附录 A 提供的方法进行，这些缺陷会影响产品的性能。

3.2.4 试验

初始检测后，样品按照第 4 章规定的试验方法进行试验，具体试验项目应符合相关标准的要求。

3.2.5 中间检测

试验期间，不允许将试验样品从试验环境中取出。如在持续时间结束前，需要了解试验样品在试验期间某特定时间的性能，则对每个特定时间应另外增加一批试验样品，并按照正常试验程序进行试验，在达到该特定时间后取出进行恢复及测量。

3.2.6 恢复

在试验之后，最终检测之前，应在标准大气条件下（特殊要求除外）进行恢复处理，如清洁和在室温下恢复 1 h 等。

3.2.7 最终检测

样品经恢复后应进行表面及光学性能检测。样品的表面检测按附录 A 所示方法进行，表面及光学性能检测的要求应符合相关标准的规定。

4. 试验方法

4.1 高温

4.1.1 对试验箱（室）的要求

试验箱（室）应满足下列要求：

(1) 试验箱（室）能够达到并保持试验所需的温度；

(2) 试验箱（室）中应装有监测温度的传感器，温度传感器的位置离试验样品的距离应确保其受热扩散的影响可忽略不计，应适当注意以避免热辐射影响这些测量；

(3) 试验箱（室）可以用强迫空气循环来保持温度均匀。

4.1.2 试验

将经过预处理的样品放入标准大气条件的试验箱（室）内进行升温，直到试验箱（室）温度上升至规定温度，然后保持 10 min 后开始计时。试验完成后，样品须在试验箱（室）内将温度降至标准大气条件，不可将样品直接从试验箱中取出在大气中降温。若无其他规定，试验箱（室）温度变化速率应不超过 5 ℃/min。

相关规范应规定由试验温度和试验持续时间表示的严酷等级，具体数值从表 1 中选择，或按 ISO 9022—2:2002 中 4.2.3 的规定选择。

表 1　高温的严酷等级

严酷等级	试验箱（室）温度/℃	相对湿度/%	持续时间/h
01	55±2	<40	16
02	70±2		6
03	85±2		6

4.2 低温

4.2.1 对试验箱(室)的要求

试验箱(室)满足 4.1.1 的要求。

4.2.2 试验

将经过预处理的样品放入标准大气条件的试验箱(室)内进行降温,直到试验箱(室)温度降至规定的温度,然后保持 10 min 后开始计时。试验完成后,样品需在试验箱(室)内将温度升至标准大气条件,不可将样品直接从试验箱中取出在大气中升温。若无其他规定,试验箱(室)温度变化速率不超过 3 ℃/min。样品表面不允许有凝露产生。

相关规范应规定由试验温度和试验持续时间表示的严酷等级,具体数值从表 2 中选择,或按 ISO 9022—2:2002 中 4.2.2 的规定选择。

表 2　低温的严酷等级

严酷等级	试验箱(室)温度/℃	持续时间/h
01	−25±2	16
02	−35±2	16
03	−55±2	16
04	−60±2	2

4.3 温度循环

4.3.1 对试验箱(室)的要求

试验箱(室)应满足下列要求:

(1)试验箱应保证放置试验样品的任何区域的空气均能按下列方式进行温度循环:

①能保持试验所要求的低温;

②能保持试验所要求的高温;

③由低温到高温或由高温到低温的变化过程中,能按试验所要求的温度变化速率进行。

(2)试验箱(室)内应装有监测温、湿度条件的传感器。

(3)箱内空气的绝对湿度应不超过 20 g/m^3 水汽(约相当于温度 35 ℃时,相对湿度为 50%)。

4.3.2 试验

将经过预处理的样品放入标准大气条件的试验箱(室)内,然后将试验箱(室)的温度降至试验要求的温度下限,保持一定时间后再升温至试验要求的温度上限,再保持一定时间后返回标准大气条件下的室温,至此一个循环周期结束。每个周期中最高温度和最低温度保持时间均不少于 2.5 h,两个周期之间温度连续变化。试验从温度下降开始计时,所有周期结束后,温度恢复到标准大气条件下保持 10 min 后试验结束,如图 1 所示。或按 ISO 9022—2:2002 中 4.3.2 的规定进行。

相关规范应规定由试验温度和试验循环次数表示的严酷等级,具体数值从表 3 中选择。

表 3　温度循环的严酷等级

严酷等级	试验箱（室）温度/℃		循环次数	试验箱（室）温度变化率
	t_1	t_2		
01	−25±2	55±2	5	0.8～2 ℃/min
02	−35±2	63±2		
03	−40±2	70±2		

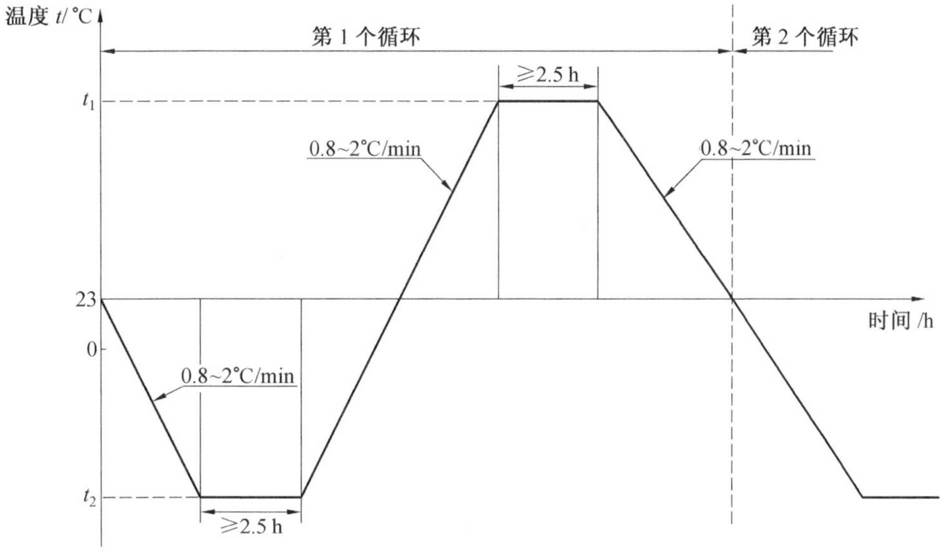

图 1　温度循环曲线

4.4 恒定湿热

4.4.1 对试验箱（室）的要求

试验箱（室）应满足下列要求：

（1）试验箱（室）内应装有监测温、湿度条件的传感器；

（2）加湿用水应为蒸馏水（或去离子水），在 23 ℃时其电阻率不小于 0.05 MΩ · cm；

（3）试验箱（室）内壁和顶部的凝结水不应滴落到试验样品上，箱（室）内的冷凝水未经净化不应再用；

（4）试验箱（室）中的所有部件均应保持清洁；

（5）试验样品不能受来自试验箱发热元件的直接热辐射；

（6）有喷雾系统的试验箱（室），样品应远离喷射口，且湿气不可直接喷到样品上。

4.4.2 试验

将经过预处理的样品放入标准大气条件的试验箱（室）内，调节试验箱（室）内的温度和湿度使之达到规定的温度和湿度，保持 10 min 后开始计时。

相关规范应规定由试验温度、湿度和试验持续时间表示的严酷等级，具体数值从表 4 中选择，或按 ISO 9022—2：2002 中 4.2.4 的规定进行。

表 4　恒定湿热的严酷等级

严酷等级	试验条件	持续时间
01	相对湿度:90% ~95% 温度:50 ℃±2 ℃	6 h
02		16 h
03	相对湿度:90% ~95% 温度:40 ℃±2 ℃	10 d

试验完成后,样品从试验箱(室)直接取出进行恢复处理,先用去离子水或蒸馏水冲洗 5 min,然后晃动或使用气流干燥去掉水滴。

4.5 交变湿热

4.5.1 对试验箱(室)的要求

试验箱(室)应满足下列要求:

(1)在 1.5 ~2.5 h 内,温度可在 20 ℃±2 ℃ ~70 ℃±2 ℃之间上升或下降;

(2)相对湿度可在 80% ~95%之间调节;

(3)应注意确保安置样品处的温湿度与温湿度传感器紧邻处的条件相同,试验箱内的空气应按一定的速率 0.5 ~2 m/s 不断流动,以保持规定的温湿度条件;

(4)试验样品在试验过程中不应受到试验箱内条件控制产生的热辐射影响;

(5)用于产生箱内湿度的水,其电阻率应该不小于 0.05 MΩ · cm。冷凝水未经净化不应再用。应确保箱壁和箱顶上的冷凝水不滴落到试验样品上。

4.5.2 试验

将经过预处理的样品放入标准大气条件的试验箱(室)内,调节试验箱(室)内的温度和湿度使之达到循环初始状态,保持 10 min 后开始计时。然后按图 2 所示的温度、湿度要求进行温度、湿度调节。

相关规范应规定由循环次数表示的严酷等级,具体数值从表 5 中选择。

表 5　交变湿热的严酷等级

严酷等级	循环次数
01	5
02	10

试验完成后,样品从试验箱(室)中直接取出进行恢复处理,先用去离子水或蒸馏水冲洗 5 min,然后晃动或使用气流干燥去掉水滴。

4.6 盐雾

4.6.1 试验设备

试验设备主要由试验箱、喷雾装置、样品架组成,具体见附录 B 的 B.1。

4.6.2 盐溶液

试验所用的盐应当是高品质的氯化钠,干燥时,碘化钠的含量不超过 0.1%,杂质的总含量不超过 0.3%。

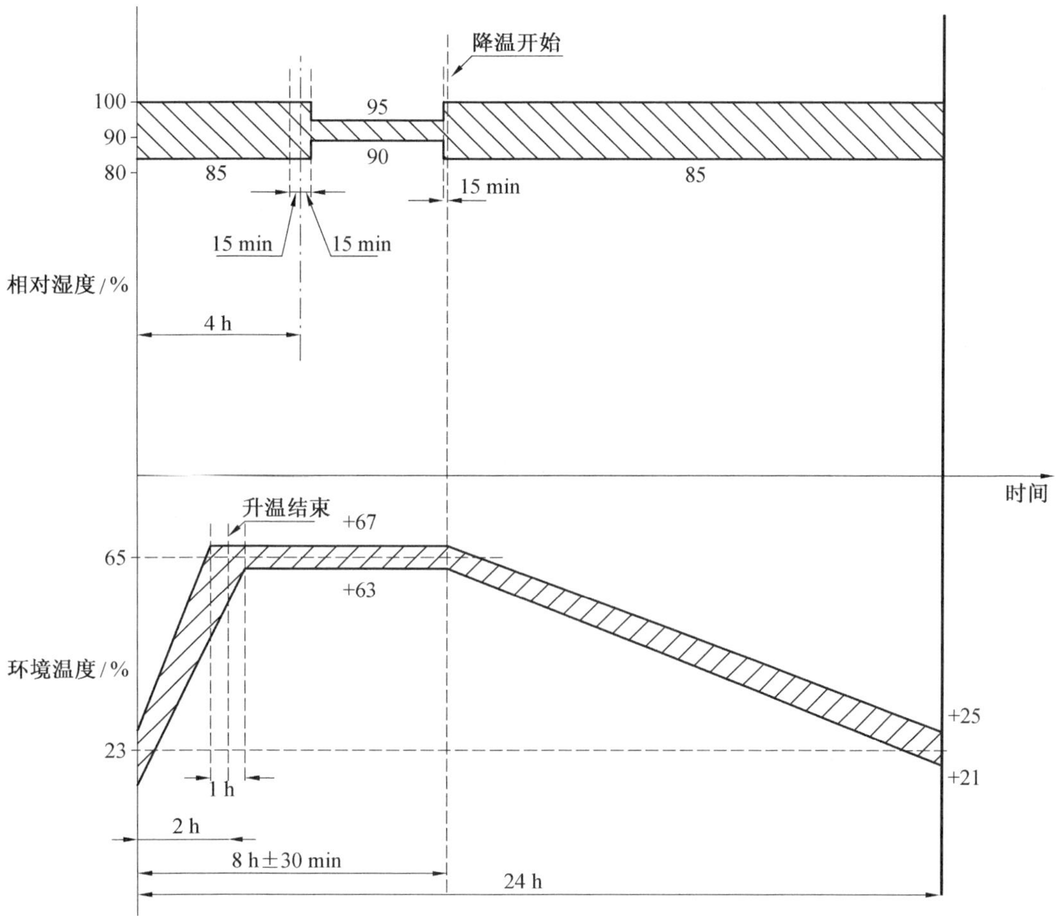

图2　交变湿热曲线

盐溶液的浓度应为(5±1)%(质量比)。

水或盐溶液的 pH 值应在 6.5～7.2 之间。应使用稀释的分析纯盐酸或分析纯氢氧化钠溶液调节 pH 值。pH 值使用玻璃电极的电子测量方法进行测量,或者用溴百里酚蓝作指示剂进行颜色试验。

雾化过的溶液不能再次使用。

4.6.3 空气供给

空气供给满足附录 B 中 B.2 的规定。

4.6.4 试验

样品暴露在 35℃±2℃的盐雾中 24 h。

试验完成后,样品从试验箱(室)中直接取出进行恢复处理,先用去离子水或蒸馏水冲洗 5 min,然后晃动或使用气流干燥去掉水滴。

4.7 浸泡和煮沸试验

4.7.1 试验设备

试验设备应满足下列要求:

(1)试验所用容器应由玻璃或陶瓷制成,其容积应能够将样品完全浸泡;

(2)固定样品用的固定装置应由不与水及盐溶液反应的物质(如聚四氟乙烯-PTFE或共聚甲醛)制成。

4.7.2 试验溶液

试验溶液包括水和盐溶液两种。

用于试验的水应该是蒸馏水或去离子水;在 23 ℃±2 ℃温度下,电阻率应该不小于0.05 MΩ·cm。

盐溶液应满足4.6.2的规定。

4.7.3 试验

将样品完全浸入满足4.7.2要求的水溶液或盐溶液中。

相关规范应规定由溶液类型和暴露时间表示的严酷等级,具体数值从表6中选择。

表6 浸泡和煮沸试验严酷等级

严酷等级	溶液类型	暴露时间
01	水	6 h
02	水	24 h
03	水	96 h
04	盐溶液	6 h
05	盐溶液	24 h
06	盐溶液	96 h
07	沸腾的水	5 min
08	沸腾的水	15 min
09	沸腾的盐溶液	5 min
10	沸腾的盐溶液	15 min
11	沸腾的盐溶液	60 min
12①	沸腾的水或沸腾的盐溶液和室温水	2 min+1 min

注:①表示先在沸腾的水或沸腾的盐溶液中浸泡2 min,然后直接取出放入室温水中1 min。

试验完成后,样品从试验箱(室)中直接取出进行恢复处理,先用去离子水或蒸馏水冲洗5 min,然后晃动或使用气流干燥去掉水滴。

4.8 在清洗剂中浸渍

4.8.1 试验设备

试验设备满应足4.7.1的要求且不与4.8.2中所列的试剂反应。

4.8.2 试验试剂

下列试剂应为分析纯试剂:

(1)三氯乙烯(C_2HCl_3);

(2)丙酮(CH_3COCH_3);

(3)无水乙醇(C_2H_5OH)。

4.8.3 试验

将样品依次放入4.8.2所列3种试剂中浸泡各10 min，在每种溶剂中取出后，应让该试剂自然挥发，直至没有目视可见的液迹存在，再放入下一种试剂中。

4.9 摩擦

4.9.1 试验用品

脱脂棉纱布，使用的脱脂棉纱布应符合YY 0311—2006中21c的规定。

橡皮，由优质橡皮加浮石填料组成，硬度为(70±5) IRHD，橡皮重量是填料重量的45%～55%。具体要求应符合ISO 9211—4:2006中附录A的规定。

4.9.2 试验

膜层摩擦严酷等级及相应要求应从表7中选择，或由供需双方协商确定。试验使用的摩擦头应由4.9.1中规定的材料制成。

表7　摩擦的严酷等级

严酷等级	摩擦头材料	摩擦次数	施与垂直膜层的压力/N
01	脱脂棉纱布	50次(25个来回)	4.9
02	脱脂棉纱布	100次(50个来回)	4.9
03	橡皮	40次(20个来回)	9.8

使用脱脂棉纱布进行摩擦试验时，应将清洁干燥的脱脂棉纱布叠为6层，包裹在橡皮上进行摩擦试验，摩擦头与膜层接触区域应为直径约10 mm的圆。摩擦头应符合ISO 9211—4:2006附录B的规定。

在膜层面积允许的情况下，对严酷等级01、02，摩擦段长度约为摩擦头直径的2倍，对严酷等级03，摩擦长度约为摩擦头直径的3倍(橡皮头直径为6.5～7 mm)。

摩擦时应按同一轨迹往复摩擦。

4.10 附着力

4.10.1 试验用品

胶带，宽度为12～13 mm，剥离强度不小于6.86 N(2 cm宽)。

4.10.2 试验

将胶带粘在膜层表面，胶带与膜层之间不能有气泡存在。以垂直于膜层表面方向的力沿胶带一端拉起。相关规范应规定由拉起胶带的速率表示的严酷等级，具体数值从表8中选择。

表8　附着力的严酷等级

严酷等级	拉起胶带的速率
01	缓慢(约25 mm/2 s～25 mm/3 s)
02	快(约25 mm/s)
03	突然(≫25 mm/s)

5. 评价

样品表面评价要求由表9给出，样品光学性能评价标准应符合相关标准规定。

表9 评价

试验编号	试验项目	样品试验后的检查要求
1	高温	膜层不出现新的起皮、剥离、裂纹、起泡等缺陷；胶合面无新的气泡、开胶、霉斑等
2	低温	
3	温度循环	
4	恒定湿热	
5	湿热循环	
6	盐雾	膜层无腐蚀，不出现新的起皮、剥离、裂纹、起泡等缺陷
7	浸泡和煮沸试验	膜层不出现新的起皮、剥离、裂纹、起泡等缺陷；胶合面无新的气泡、开胶、霉斑等
8	在清洗剂中浸渍	膜层不出现新的起皮、剥离、裂纹、起泡等缺陷
9	摩擦	无新的损伤迹象，如擦痕、剥离等
10	附着力	

6. 综合试验

与一系列的单个试验相比，综合试验能产生类似于实际环境影响的效果，因此鼓励进行综合试验。

具体试验项目和顺序应由相关标准给出，推荐按以下的试验顺序进行综合试验。每项试验结束后，都应对样品进行恢复处理，然后再进行下一项试验。

推荐的试验顺序为：

10–1–2–7–3–4(5)–9–6

上述数字为试验编号，具体对应关系见表9。

7. 环境试验标记

环境试验的标记应按照下面的形式编写。

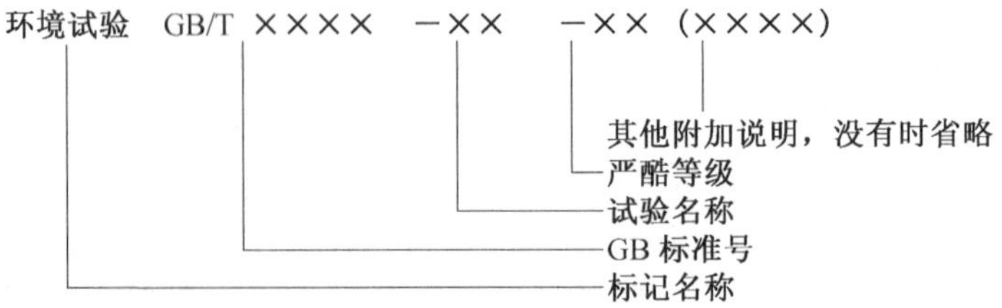

示例：高温试验，严酷等级03，可标记为：环境试验 GB/T 26331–高温–03。

附录A 光学膜层的目视检验(规范性附录)

目视检验光学膜层时应该在黑色背景下进行，光源应为两个冷白色的15 W的荧光灯泡。从膜层表面到眼睛的距离不超过45 cm。在检查区域用于检验的光源应为唯一发光物体。具体方法参照图A.1及图A.2。

单位为厘米

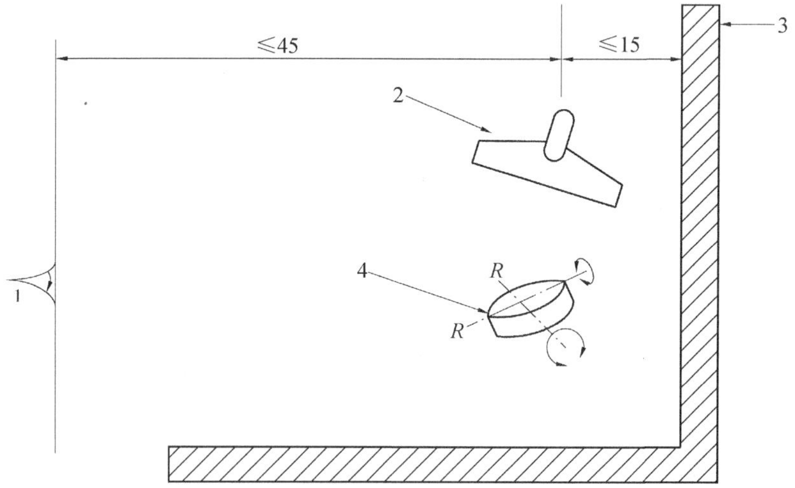

图 A.1　反射检验方法原理图

1—观测点;2—光源,应为两个冷白色的 15 W 的荧光灯管;

3—黑色背景;4—样品;R—反射检查时样品旋转轴线

注:将样品倾斜一个合适的角度来观察膜层表面。

单位为厘米

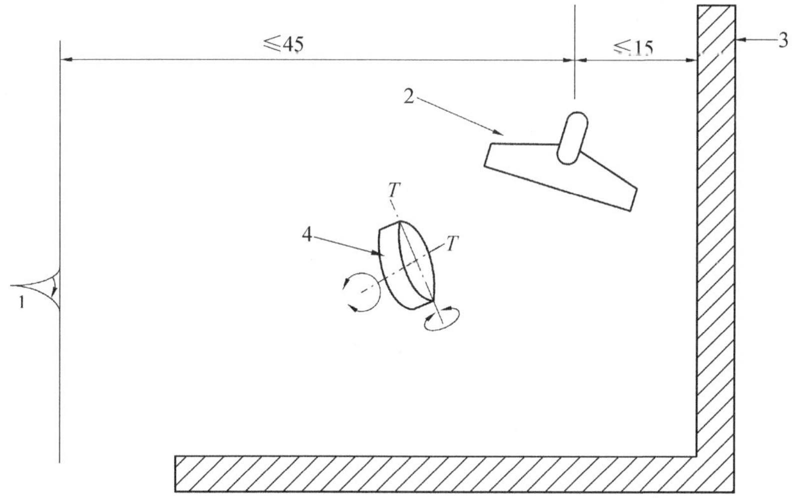

图 A.2　透射检验方法原理图

1—观测点;2—光源,应为两个冷白色的 15 W 的荧光灯管;

3—黑色背景;4—样品;*T*—透射检查时样品旋转轴线。

注:将样品倾斜一个合适的角度来观察膜层表面。

附录B　盐雾试验装置(资料性附录)

B.1 试验设备

B.1.1 总则

盐雾试验需要的设备包括一个雾化室,一个盐溶液贮存槽,一个可进行适当调节的压缩空气源,一个或多个喷雾嘴,样品支架,加热雾化室的设备及必要的控制方法。装置的大小和详细结构是可自行选择,只要最终结果能够满足本标准的要求。

试验设备主要由下列装置组成。试验设备中所有与盐雾或盐溶液相接触的部分所用材料,都应不会影响盐雾的腐蚀效果。

B.1.2 试验箱

试验箱的结构以及提供盐雾的方法可以不同,但是必须满足以下条件:

(1)试验箱内的条件维持在规定的容差内;

(2)试验箱应具备足够大的容积,能够提供稳定的、均一的实验条件(不受湍流的影响);

(3)盐雾不能直接喷射到样品上;

(4)箱顶、箱壁或其他部位集聚的冷凝液不能滴落到样品上;

(5)试验箱应排气良好以防止压力升高,确保盐雾分布均匀。排气孔末端应进行风防护,以避免引起试验箱内产生较强的气流。

B.1.3 喷雾装置

喷雾装置的设计和组成应能够产生细小、湿润、浓密的雾,并能保证所有暴露区域都维持盐雾条件。用面积为80 cm^2 的器皿在暴露区域的任何一点连续收集至少16 h的雾化沉积溶液,平均每小时收集量应在1.0~2.0 mL之间。至少应采用两个收集器皿,器皿放置的位置不应受样品的遮挡,以免收集到样品上凝结的溶液,器皿内的溶液可用于测试pH值和浓度。具体可按ISO 9022—4:2002中3.5的规定。

B.1.4 样品架

能够使样品排列在有效的暴露空间内并互不接触。

样品应安放在暴露区的边缘,并使其镀膜表面与水平方向夹角为60°~75°。

样品应按一定的方式排列在试验箱内以防止相互重叠或相互接触,并保证冷凝液不会滴落到样品上。

样品的支撑架要由下列材料之一制作:玻璃,聚丙乙烯,非塑化聚氯乙烯(聚乙烯氯化物),PA66(聚酰胺),PA6等。

支撑装置不能损坏膜层或基片表面。

B.2 空气供给

进入喷雾装置的压缩空气应不含有任何杂质,如油、灰尘等。

应采取措施使压缩空气的湿度和温度达到运行条件的要求。空气压力应当适于产生细小、潮湿、密集的雾。

为了防止盐沉积堵塞喷雾装置,推荐喷嘴处的空气相对湿度至少为85%。一种可行的方法如下：让气流以非常小的气泡形式通过自动维持恒定的热水塔，水温至少为35 ℃。

允许的水温随着空气流量的增加以及试验箱及其环境热绝缘的降低而增加。

水温不应过高，以免带入试验箱过多水分，也不能超过规定的运行温度。

附录3　光学和光学仪器　光学薄膜
第1部分:定义
(GB/T 26332.1—2010/ISO 9211—1:1994)

1. 范围

GB/T 26332 的本部分叙述了除眼科光学(眼镜)之外的所有镀膜的光学元器件及基片的镀膜表面,并制定了相关参数的标准表述,定义了表面特性参数及其检验、检测方法,而不说明其加工方法。

本部分定义了与光学薄膜相关的术语。这些术语分为4类:基本定义、按功能定义薄膜、常见的薄膜缺陷定义和其他定义。

2. 规范性引用文件

下列文件中的条款通过 GB/T 26332 的本部分的引用而成为本部分的条款。凡是注日期的引用文件,其随后所有的修改单(不包括勘误的内容)或修订版均不适用于本部分,然而,鼓励根据本部分达成协议的各方研究是否可使用这些文件的最新版本。凡是不注日期的引用文件,其最新版本适用于本部分。

GB/T 1185—2006　光学零件表面疵病(ISO 10110—7:1996,NEQ)

GB 3102.6—1993　光及有关电磁辐射的量和单位

GB/T 8322—2008　分子吸收光谱法　术语(ISO 6286:1982,NEQ)

ISO 9211—4:2006　光学和光学仪器　光学薄膜　第4部分:规定的试验方法

ISO 10110—8:1997　光学和光学仪器　光学元件和系统制图准备　第8部分:表面结构

IEC 50(845):1987　国际电工词汇　845 章:照明

CIE Publication 38:1977　材料的辐射测量和光度特性及相应测量方法

3. 术语和定义

下列术语和定义适用于本部分。

3.1 镀膜表面　surface treatment

3.1.1 元件和基片的镀膜表面　surface treatment of components and substrates

在光学元件表面"镀膜",能够改变光学元件的光学、物理或化学特性。作为所镀薄膜载体的光学元件称为"基片"。

理想的基片是几何完美和光学均质的,应将基片及其表面作为一个整体进行检验测量。

光在镀膜表面的透射与反射方向是由光学薄膜、入射介质及出射介质共同决定的。

3.1.2 入射介质　incident medium

光射入薄膜前经过的介质。

3.1.3 出射介质　emergent medium

光射出薄膜后进入的介质。

注:镀有薄膜的基片可以是入射介质也可以是出射介质,区别在于光通过基片和薄膜的先后顺序。

3.2 镀膜表面的光学特性　optical properties of a coated surface

镀膜表面的光学特性可以用分光光度值来描述,它与电磁波传播的辐射能(辐射或发光)相关,并为波长、入射角、偏振态、空间分布(例如,散射)的函数。

注:波长(λ)可用波数(σ)代替。建议波长单位为纳米(nm)或微米(μm),波数的单位为厘米的倒数(cm^{-1})。

3.2.1 光谱透射率　spectral transmittance

$\tau(\lambda)$

透过的与入射的辐射通量或光通量的光谱密集度之比。(参见 GB 3102.6—1993 和 GB/T 8322—2008)

注 1:光谱透射率的百分比表示形式称为光谱透射率,用符号 $T(\lambda)$ 表示。

注 2:光谱透射率可用光密度来表示:$D(\lambda) = -\lg[\tau(\lambda)]$。

3.2.2 光谱反射率　spectral reflectance

$\rho(\lambda)$

反射的与入射的辐射通量或光通量的光谱密集度之比。(参见 GB 3102.6—1993 和 GB/T 8322—2008)

注:光谱反射率的百分比表示形式称为光谱反射率,用符号 $R(\lambda)$ 表示。

3.2.3 光谱吸收率　spectral absorptance

$\alpha(\lambda)$

吸收的与入射的辐射通量或光通量的光谱密集度之比。(参见 GB 3102.6 — 1993 和 GB/T 8322—2008)

注:光谱吸收率与光的传播方向有关。

3.2.4 光谱散射　spectral scatter

一束光被某一表面或某一介质偏离或分散到许多方向,它的空间分布发生了变化,但其频率没有发生变化。

注 1:在法语版 IEC 50(845)和 CIE 38 中,采用“漫射(diffusion)”定义。也可以参见 ISO 10110—8。

3.2.1 ~ 3.2.4 中定义的系数之间的关系见式(1) ~ 式(3):

$$1 = \tau + \rho + \alpha \tag{1}$$

$$\tau = \tau_r + \tau_d \tag{2}$$

$$\rho = \rho_r + \rho_d \tag{3}$$

式中　τ_r—— 镜面条件下的透射率;

ρ_r—— 镜面条件下的反射率;

τ_d—— 漫射透射率;

ρ_d—— 漫射反射率。

注 2:上述值也可表示为式(4) 所示的在波长范围 λ_2 ~ λ_1 内的平均值:

$$\tau_{ave} = \frac{\int_{\lambda_1}^{\lambda_2} \tau(\lambda)\varepsilon(\lambda)\sigma(\lambda)\,d\lambda}{\int_{\lambda_1}^{\lambda_2} \varepsilon(\lambda)\sigma(\lambda)\,d\lambda} \tag{4}$$

式中　$\varepsilon(\lambda)$——(光源的)光谱发射率;

　　$\sigma(\lambda)$——(探测器的)光谱灵敏度。

若分光光度计 $\varepsilon(\lambda)\sigma(\lambda)$ 为常数,则平均值可用式(5)计算:

$$\tau_{ave} = \frac{\int_{\lambda_1}^{\lambda_2} \tau(\lambda)\,d\lambda}{\lambda_2 - \lambda_1} \approx \frac{\sum_{i=1}^{n} \tau(\lambda_i)\Delta\lambda}{\lambda_2 - \lambda_1} \tag{5}$$

式中

$$\Delta\lambda = (\lambda_2 - \lambda_1)/n \tag{6}$$

3.2.5 折射率　refractive index

$n(\lambda)$

光在真空中的传播速率与在介质中的传播速率之比。

3.2.6 入射角　angle of incidence

入射光线与入射表面法线的夹角。

3.2.7 入射面　plane of incidence

入射光线与入射表面法线所构成的平面。

3.3 色度参数　colorimetric parameters

镀膜表面在视觉应用方面可用色度参数来表示。这些参数取决于所应用的参考光源和镀膜表面的光学特性。

3.4 偏振　polarization

当入射角不为零时,薄膜的特性与入射光的偏振态有关,且将影响出射光的偏振态。这时有必要说明电矢量的方向与入射面之间的关系。

3.4.1 线偏振光　linearly polarized radiation

当电矢量的方向保持不变时的偏振光。

S 偏振是指电矢量与入射面正交的线偏振光。

P 偏振是指电矢量与入射面平行的线偏振光。

3.4.2 椭圆偏振光　elliptically polarized radiation

当电矢量投影到与传播方向正交的平面上形成一个椭圆时的偏振光。

3.4.3 圆偏振光　circularly polarized radiation

当电矢量投影到与传播方向正交的平面上形成一个圆时的偏振光。

3.4.4 非偏振光　unpolarized radiation

其电矢量可分解成为相互垂直的具有不同相位差的任意两个电矢量,这两个电矢量的平均振幅相同,但其相位差是完全随机变化的。

3.4.5 任意偏振光　randomly polarized radiation

电矢量方向随时间随机变化的偏振光。

3.5 相位关系 phase relations

3.5.1 相变　phase change

电磁波在空间中某一点的电矢量可用式(7)来描述:

$$E = A\cos\left(\frac{2\pi vt}{\lambda} - \Phi\right) \tag{7}$$

式中　E——电矢量；

A——振幅；

v——在介质中的传播速率；

t——时间；

λ——在介质中的波长；

Φ——相位。

该波和一个参考波之间的相位差（$\Phi - \Phi_0$）称为相变。参考波的电矢量用式（8）表示：

$$E_0 = A\cos\left(\frac{2\pi vt}{\lambda} - \Phi_0\right) \tag{8}$$

3.5.2 相位延迟和相位差　phase retardation and difference

相位延迟是电矢量的S分量和P分量之间相变的结果，变化的幅值称为相位差。

4. 按功能定义薄膜

按功能来定义薄膜，即按薄膜对表面特性所实现的主要调制功能来定义薄膜。

表1列出了当前技术条件下光学薄膜能实现的主要功能。这些功能将来还可能扩展，以包含更多新的方面。

某种薄膜能够实现表1列出的一种主要功能，也可能同时具有其他一种或几种次要功能，这些次要功能相对主要功能的重要性也应当标明。

表1　按功能定义薄膜

功　能	定　义	应用的例子
反射 reflecting	在指定的波长范围内能增加光学表面反射率的薄膜	反射镜
减反射 antireflecting	在指定波长范围内能减小光学表面的反射率而通常增加透射率的薄膜	限制寄生反射
分束 beam splitting	能把入射光分成两束光的薄膜，一束透射，另一束反射，在指定光谱范围内能量分配无波长选择性	中性分束镜 部分反射镜
衰减 attenuating	在指定波长范围内，无波长选择性地减小透射率的薄膜	中性密度滤光片
滤光 filtering	在指定波长范围内，有波长选择性地透射的薄膜	滤光片
分色或合色 selecting or combining	通过透射或反射，将入射光分为两束或多束的薄膜，每束覆盖一个特定的光谱区域。逆向传播即可把不同光谱区域的两束或多束光合并	二向分色镜 合色镜
偏振 polarizing	在指定波长范围内，能控制出射光偏振态的薄膜	偏振片 消偏振片
相变 phase changing	在指定波长范围内，能控制出射光的相变，并且（或者）能控制矢量 $\boldsymbol{S}$ 和 $\boldsymbol{P}$ 之间相位差的薄膜	相位匹配薄膜 相位延迟薄膜
吸收 absorbing	在指定波长范围内，定量吸收入射光能量的薄膜	太阳镜 光陷阱
附属功能 supplementary function	具有与光学功能相结合的非光学功能的薄膜	电导体 化学或机械防护

5. 常见的薄膜缺陷定义

5.1 点缺陷　point-like imperfections

5.1.1 针孔　pinhole

非常小的薄膜孔洞。

5.1.2 溅点　spatter

在真空镀膜过程中,小块材料飞溅到基片表面并附着在基片上所造成的缺陷。

5.1.3 微粒　particle

薄膜上或内部的微小颗粒。

5.1.4 细微灰尘　fine dust

附着在薄膜表面上的微小物质。

5.1.5 节瘤　nodule

薄膜表面微小的结节状缺陷。

5.2 线缺陷　line-like imperfections

5.2.1 划痕　scratch

表面像被利器或粗糙器械所伤的斑痕或裂痕。各种意外原因都可能使光学表面产生不同程度的划痕。

5.2.2 细划痕　hairline

非常细且光滑的划痕,通常是直的。

5.2.3 裂纹　crack

在光学元件材料内部产生的裂痕。

5.2.4 龟裂　crazing

膜层中的小裂纹。

5.2.5 微划痕　sleek

极细微的划痕。

5.3 面缺陷　area imperfections

注:在 GB/T 1185—2006 和 ISO 9211—4:2006 中规定了检验方法。薄膜缺陷的类型图解见附录 A。

5.3.1 污点　stain

由化学变化产生的,补丁状的局部颜色不一致的表面污渍。

5.3.2 磨损　abrasion

膜层表面与一个更坚硬的表面接触而产生的损伤。

5.3.3 纤维纹　lint mark

残留在光学表面的织物纤维或纸纤维。

5.3.4 薄膜空隙　coating void

镀膜区域内存在的未镀膜的局部表面。

5.4 体缺陷　volume imperfections

5.4.1 起皮　peeling

局部薄膜的一端与基片表面部分分离。

5.4.2 剥离　flaking

局部薄膜与基片表面部分分离。

5.4.3 大溅点　large spatter

比定义 5.1.2 中体积更大或深度更深的缺陷。

5.4.4 大微粒　large particle

比定义 5.1.3 中体积更大或深度更深的颗粒。

5.4.5 起泡　blister;bubble

薄膜局部凸起,形同薄膜底部或内部含有包含物将薄膜顶起。

6. 其他定义

6.1 孔径锥角　cone angle of aperture

入射角的最大范围。

6.2 有用区域、通光孔径　useful area;clear aperture

规定的最小可用镀膜区域。

6.3 边缘　rim

基片表面没有镀膜的区域—通常是由镀膜过程中用于支撑元件的工装所造成的。一般是指通光孔径之外的区域。

6.4 测试样品　witness sample

代表实际镀膜元件,用于光谱和环境试验的样品。测试样品的采样规定(例如:材料、表面质地、尺寸、每批的数量、在镀膜室的位置等)应由供求双方协商确定。

附录 A　常见薄膜缺陷类型图解(资料性附录)

本附录用图 A.1 ~ A.4 对常见薄膜缺陷类型进行说明。

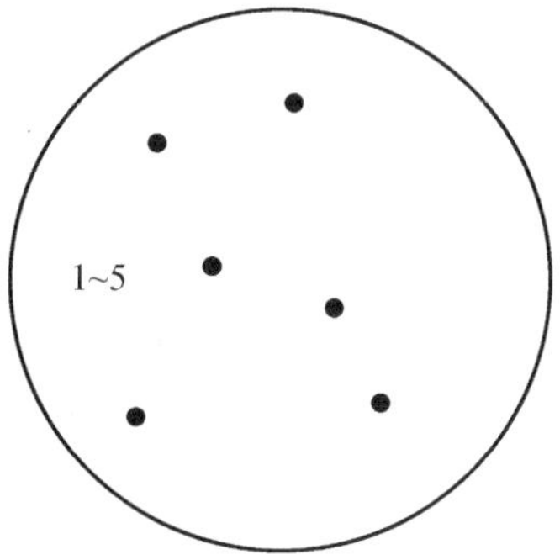

图 A.1　点缺陷(5.1)

1—针孔(5.1.1);2—溅点(5.1.2);3—微粒(5.1.3);4—细微灰尘(5.1.4);5—节瘤(5.1.5)

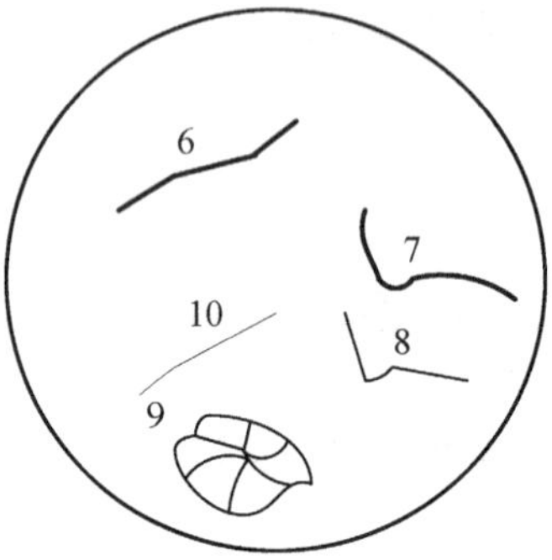

图 A.2　线缺陷(5.2)

6—划痕(5.2.1);7—细划痕(5.2.2);8—裂纹(5.2.3);9—龟裂(5.2.4);10—微划痕(5.2.5)

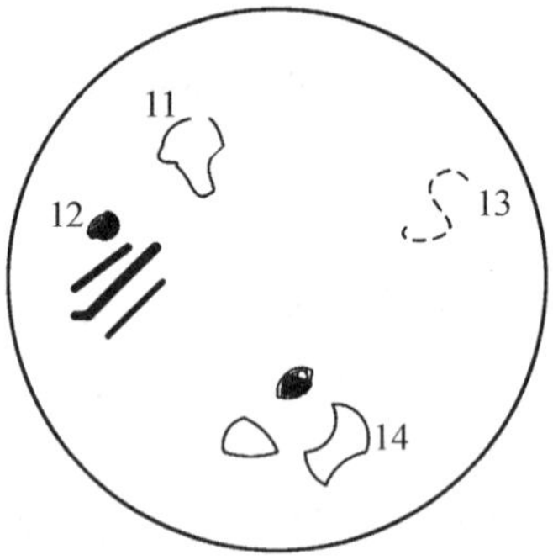

图 A.3　面缺陷(5.3)

11—污点(5.3.1);12—磨损(5.3.2);13—纤维纹(5.3.3);14—薄膜空隙(5.3.4)

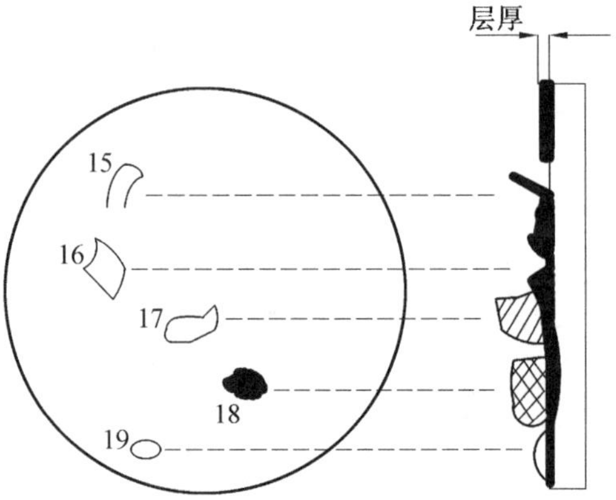

图 A.4　体缺陷(5.4)

15—起皮(5.4.1);16—剥离(5.4.2);17—大溅点(5.4.3);18—大微粒(5.4.4);19—起泡(5.4.5)

附录4 ISO 9211-1:2010

Optics and photonics — Optical coatings

Part 1: Definitions

IMPORTANT —The electronic file of this document contains colors which are considered to be useful for the correct understanding of the document. Users should therefore consider printing this document using a color printer.

1. Scope

ISO 9211 identifies surface treatments of components and substrates excluding ophthalmic optics (spectacles) by the application of optical coatings and gives a standard form for their specification. It defines the general characteristics and the test and measurement methods whenever necessary, but is not intended to define the process method.

This part of ISO 9211 defines terms relevant to optical coatings. These terms are grouped in four classes: basic definitions, definition of coatings by function, definitions of common coating imperfections and other definitions.

2. Basic definitions

2.1 Surface treatment

2.1.1 Surface treatment of components and substrates

Application of a coating of material(s) intended to modify the optical, physical or chemical characteristics originally possessed by the surface of a component.

NOTE The substrates are considered to be geometrically perfect and optically homogeneous. In reality, an assembly made up of a substrate and a coating is identified and measured experimentally as an entity.

2.1.2 Incident medium

Medium from which the electromagnetic radiation enters the coating.

2.1.3 Emergent medium

Medium into which the electromagnetic radiation exits the coating.

NOTE Besides acting as mechanical support, the substrate carrying the coating physically can constitute the incident medium and/or the emergent medium.

2.2 Optical properties of a coated surface

2.2.1 General

The optical properties of a coated surface are characterized by spectrophotometric values. These values relate to the energy transported by electromagnetic waves (radiant or luminous) and they vary as a function of the wavelength, the angle of incidence, and the state of polarization. Additional influences may be caused by scattering.

NOTE 1 The functional spectral dependency is generally indicated by writing the wavelength, λ, in parentheses as part of the symbol.

NOTE 2 The wavelength (λ) can be replaced by the wavenumber (σ) or the photon energy (hv). h = Planck constant; v = frequency. The units recommended are the nanometre (nm) or the micrometre (μm) for the wavelength, the reciprocal centimetre (cm^{-1}) for the wavenumber and the electron volt (eV) for the photon energy.

2.2.2 Spectral transmittance

$$\tau(\lambda)$$

Ratio of the spectral concentration of radiant or luminous flux transmitted to that of the incident radiation

ISO 80000-7:2008, definition 7-22.3.

NOTE Spectral transmittance is related to spectral optical density $D(\lambda)$ by the formula:

$$\tau(\lambda)=10^{-D(\lambda)}$$

ANS Note 1: $T(\lambda)$ is substituted for $\tau(\lambda)$

2.2.3 Spectral reflectance

$$\rho(\lambda)$$

Ratio of the spectral concentration of radiant or luminous flux reflected, to that of the incident radiation

ISO 80000-7:2008, definition 7-22.2.

ANS Note 2: $R(\lambda)$ is substituted for $\rho(\lambda)$

2.2.4 Spectral absorptance

$$\alpha(\lambda)$$

Ratio of the spectral concentration of radiant or luminous flux absorbed, to that of the incident radiation

ISO 80000-7:2008, definition 7-22.1.

2.2.5 Spectral scattering

Change of the spatial distribution of a beam of radiation spread in many directions by a surface or a medium without any change of frequency of the monochromatic components of which the radiation is composed.

NOTE 1 The quantities defined in 2.2.1.1 to 2.2.1.4 are interrelated as follows:

$$1=\tau(\lambda)+\rho(\lambda)+\alpha(\lambda)$$

with $$\tau(\lambda)=\tau_r(\lambda)+\tau_d(\lambda)$$
$$\rho(\lambda)=\rho_r(\lambda)+\rho_d(\lambda)$$

where $\tau_r(\lambda)$ is the regular spectral transmittance (specular);

$\rho_r(\lambda)$ is the regular spectral reflectance (specular);

$\tau_d(\lambda)$ is the diffuse spectral transmittance (scattered);

$\rho_d(\lambda)$ is the diffuse spectral reflectance (scattered).

NOTE 2 If necessary, these values can be represented as an average over a wavelength range from λ_1 to λ_2 as follows:

$$\tau_{ave}(\lambda_1 \text{ to } \lambda_2)=\frac{\int_{\lambda_1}^{\lambda_2}\tau(\lambda)\mathrm{d}\lambda}{\lambda_2-\lambda_1}\approx\frac{\sum_{i=1}^{m}\tau(\lambda_i)\Delta\lambda}{\lambda_2-\lambda_1}=\frac{\sum_{i=1}^{m}\tau(\lambda_i)}{m}$$

where $$\Delta\lambda=\frac{\lambda_2-\lambda_1}{m}$$

ANS Note 3: T(λ) is substituted for $\tau(\lambda)$, $R(\lambda)$ is substituted for $\rho(\lambda)$, with the appropriate subscripts

2.2.6 Refractive index

$$n(\lambda)$$

Ratio of the velocity of propagation of electromagnetic radiation in a vacuum to the velocity of propagation of electromagnetic radiation in a medium.

2.2.7 Angle of incidence

Angle between the normal to the surface and the incident ray.

2.2.8 Plane of incidence

Plane incorporating the normal to the surface and the incident ray.

2.3 Colorimetric parameters

A surface for visual applications can be characterized by colorimetric parameters. These depend on the reference illumination source, the reference observer, and the optical properties of the surface.

2.4 Polarization

2.4.1 General

When a coating is used at an angle of incidence different from zero, its characteristics depend upon the state of polarization of the incident radiation and it may influence the polarization state of the emergent radiation. It may then be necessary to indicate the orientation of the electric field vector in relation to the plane of incidence.

2.4.2 Linearly polarized radiation

Polarization where the orientation of the electric field vector remains constant.

NOTE 1 s-polarization refers to linear polarization where the electric field vector is perpendicular to the plane of incidence.

NOTE 2 p-polarization refers to linear polarization where the electric field vector is parallel to the plane of incidence.

2.4.3 Elliptically polarized radiation

Polarization where the projection of the electric field vector on to a plane normal to the direction of propagation describes an ellipse.

2.4.4 Circularly polarized radiation

Polarization where the projection of the electric field vector on to a plane normal to the direction of propagation describes a circle.

2.4.5 Randomly polarized radiation

Polarization where the orientation of the electric field vector of linearly polarized radiation varies randomly with time.

2.4.6 Unpolarized radiation

Radiation which has been resolved into any pair of orthogonal electric field vectors with varied phase difference where the average magnitudes of the two orthogonal vectors are the same and their phase difference change is completely random.

2.5 Phase relations

2.5.1 Phase change

$$d\Phi$$

angle difference, $\Phi - \Phi_0$, represents the phase change between an electromagnetic wave and a reference wave with its electric field vector given by

$$E = A\cos\left(\frac{2\pi vt}{\lambda} - \Phi\right)$$

where

E is the electric field vector;

A is the amplitude vector;

v is the velocity of propagation in the medium;

t is the time;

λ is the wavelength in the medium;

Φ is the phase.

The electric field at a fixed point in space due to an electromagnetic wave can be described by a periodic function given by

$$E_0 = A\cos\left(\frac{2\pi vt}{\lambda} - \Phi_0\right)$$

2.5.2 Phase retardation

$$\Delta\Phi$$

*d*ifference of phase change between the s- and p-components of the electric field vector

$$\Delta\Phi = d\Phi_p - d\Phi_s$$

3. Definition of coatings by function

The coatings are defined according to their function, i.e. according to the nature of the principal modification to the surface properties that they realize.

A coating intended to realize a principal function as defined in Table 1 can also include one or more secondary functions. Their relative importance with regard to the principal function shall be indicated.

Table 1 Definitions of coatings by function

Principal function	Code designation	Definition	Example of application
Reflecting	RE	Coating increasing the reflectance of an optical surface over a specified wavelength range.	Laser mirror
Antireflecting	AR	Coating reducing the reflectance of an optical surface over a specified wavelength range and usually increasing the transmittance.	AR coated lens
Beam splitting	BS	Coating separating the incident flux into two beams, one transmitted and the other reflected, the energy distribution of each beam reproducing the incident energy distribution in essentially a non-selective manner, over a specified wavelength range.	Neutral beamsplitter Partial reflector
Attenuating	AT	Coating reducing the transmittance in essentially a non-selective manner over a specified wavelength range.	Neutral density filter
Filtering (a) Bandpass (b) Band rejection	FI FI-BP FI-BR	Coating modifying the transmittance in a selectire manner over a specified wavelength range.	Leser line selection filler Raman notch filter
Selecting or combining (a) Long pass (b) Short pass	SC SC LP SC-SP	Coating dividing the incident radiation flux into two or more beams each one covering a limited spectral region and being propagated either by reflection or by transmission. The reverse path combines beams of different spectral regions.	Dichroic mirror Beam combiner Cold light mirror NIR cut filter
Polarizing	PO	Coating controlling the state of polarization of the emergent electromagnetic radiation, over a specified wavelength range.	Polarizer Non-polarizing beamsplitter
Phase changing	PC	Coating controlling the phase change of the emergent electromagnetic radiation relative to the incident radiation, and/or the phase difference between s and p vectors, over a specified wavelength range.	Phase retarder
Absorbing	AB	Coating absorbing a specified value of the incident flux over a specified wavelength range.	Light trap UV absorber
Supplementary	SU	Coating providing a non-optical property; this function is often combined with an optical function.	Electrical conductivity Chemical or mechanical protetion

4. Definitions of common coating imperfections

NOTE The inspection methods are described in ISO 9211-4 and ISO 14997. Examples of coating imperfections are given in Annex A.

ANS Note 4: Inspection methods are described in ANSI/OEOSC OP1.002:2009

4.1 Point-like imperfections

4.1.1 Pinhole

Very small hole in the thin film

4.1.2 Spatter

Imperfections that result when small chunks of coating material fly on to the substrate surface and adhere there in the coating process.

4.1.3 Particle

Small piece of matter on/in the film

4.1.4 Fine dust

Number (often numerous) of small pieces of matter on/in the film

4.1.5 Nodule

Small lump (usually of coating material) in the film

4.2 Line-like imperfections

4.2.1 Scratches

Marking or tearing of a surface which looks as though it has been done by either a sharp or rough instrument.

NOTE Scratches occur on optical surfaces in all degrees from various accidental causes.

4.2.2 Hairline scratch

Very fine, smooth scratch, usually straight

NOTE The hairline scratch is characterized by its uniqueness and its straightness. Other scratches can be curved, or appear straight or curved, multiple, adjacent or without contact.

4.2.3 Crack

Fracture in the film

4.2.4 Crazing

Pattern of fractures in the film (usually due to differential thermal stress)

4.3 Area-like imperfections

4.3.1 Stain

Patchy, localized discoloration of the surface, e.g. caused by chemical reactions

4.3.2 Abrasion

Surface damage caused by rubbing against another surface

4.3.3 Lint mark

Remains of fabric or paper fibres on an optical surface

4.3.4 Void

Small uncoated area inside the region which is coated

4.4 Volume-like imperfections

4.4.1 Peeling

Partial separation of thin film(s) originating from the peripheral zone of the coated area

4.4.2 Flaking

Partial separation of thin film(s) originating from the inner region of the coated area

4.4.3 Blister bubble

Inclusion under or within the coating, which lifts the film

5. Other terms and definitions

5.1 Clear aperture

Surface area to meet specifications

5.2 Rim

Any area outside of the clear aperture

5.3 Witness sample

Samples that represent the actual coated component used for spectral and environmental testing.

NOTE The details of witness samples and sampling procedures (e.g., material, surface texture, dimensions, number per batch, position in the coating chamber, etc.) is subject to agreement between supplier and user.

Annex A Micrographs of common types of coating imperfection (informative)

This annex gives micrographs of common types of coating imperfections in Figures A.1 to A.16.

Figure A.1 Pinhole

Figure A.2 Spatter

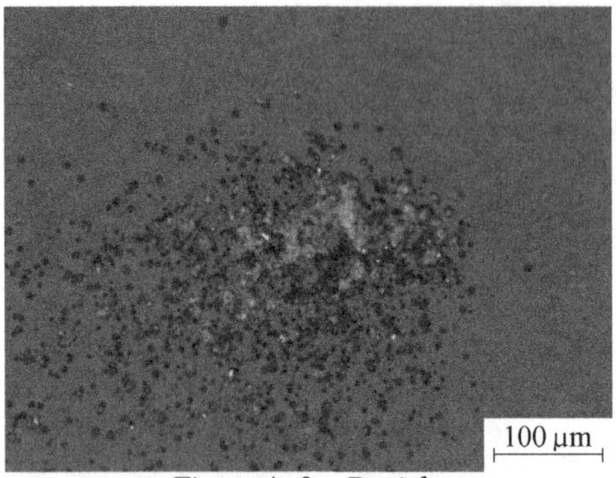

Figure A.3 Particle

Figure A.4 Fine dust

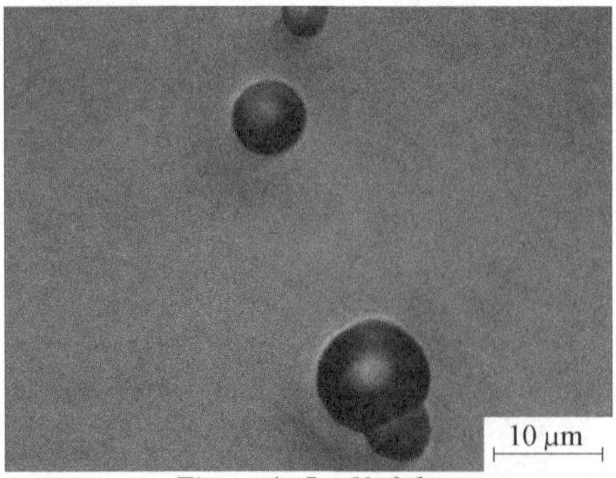

Figure A.5 Nodule

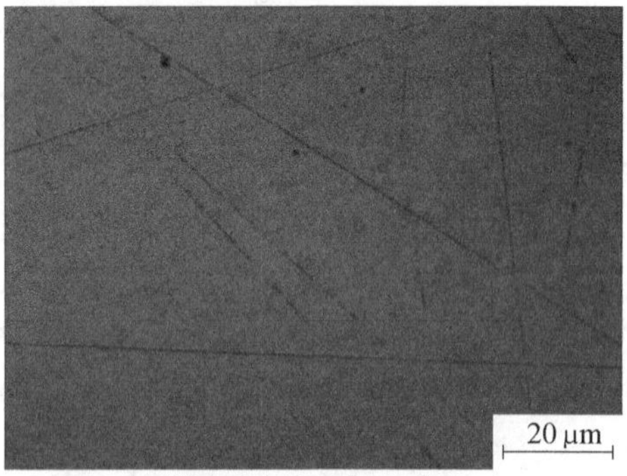

Figure A.6 Scratches

Figure A.7 Hairline scratch

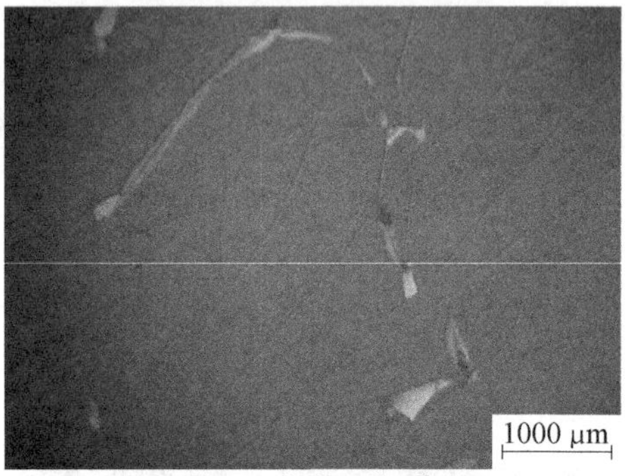

Figure A.8 Crack

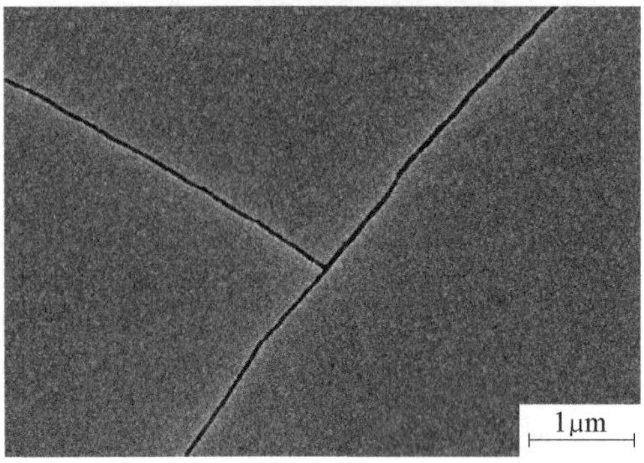

Figure A.9 Crazing

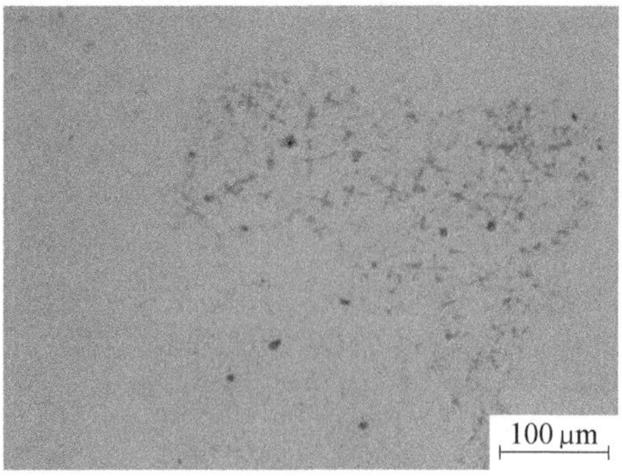

Figure A.10 Stain

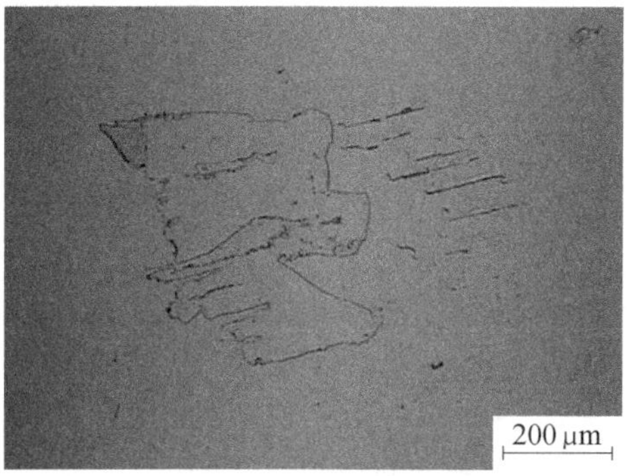

Figure A. 11 Abrasion

Figure A. 12 Lint mark

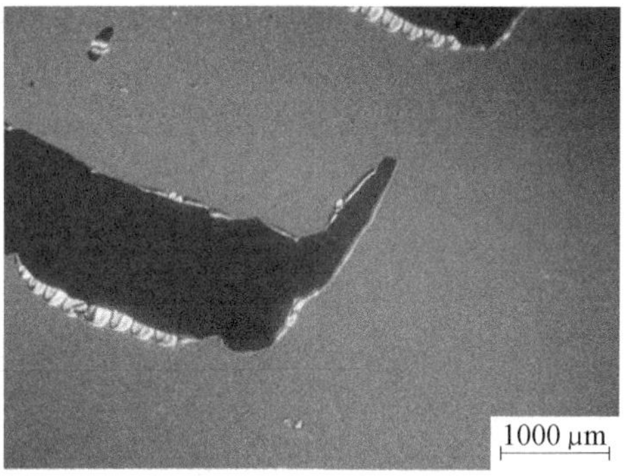

Figure A. 13 Void

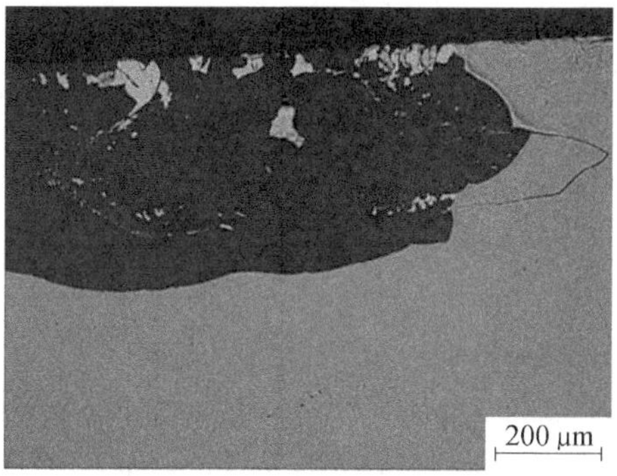

Figure A. 14 Peeling

Figure A. 15 Flaking

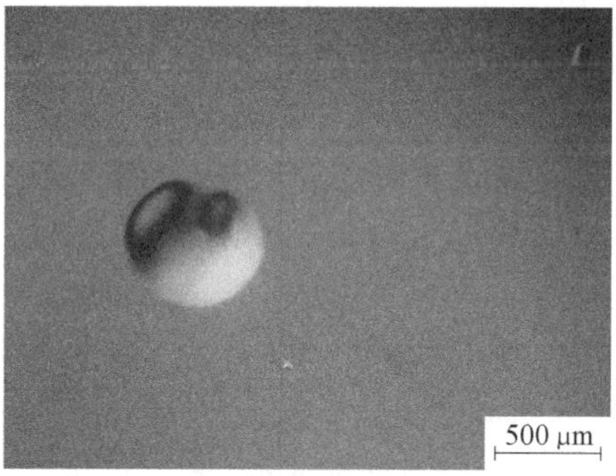

Figure A. 16 Blister

附录 5　ISO 9211-2:2010

Part 2: Optical properties

1. Scope

ISO 9211 identifies surface treatments of components and substrates excluding ophthalmic optics (spectacles) by the application of optical coatings and gives a standard form for their specification. It defines the general characteristics and the test and measurement methods whenever necessary, but is not intended to define the process method.

This part of ISO 9211 indicates how to specify optical properties of coatings and to represent their spectral characterization graphically.

2. Normative references

The following referenced documents are indispensable for the application of this document. For dated references, only the edition cited applies. For undated references, the latest edition of the referenced document (including any amendments) applies.

ISO 9211-1, Optics and photonics — Optical coatings — Part 1: Definitions

3. Terms and definitions

For the purposes of this document, the terms and definitions given in ISO 9211-1 apply.

4. Optical properties to be specified

When specifying optical properties, the refractive indices of the incidence medium and the emergent medium shall be given. The polarization state of the incident radiation shall also be indicated if the angle of incidence θ is different from zero or a range of angles of incidence is given. If there is no indication, unpolarized radiation is assumed.

The optical properties $\tau(\lambda)$, $\rho(\lambda)$, $\alpha(\lambda)$, $D(\lambda)$ and $\Delta\Phi(\lambda)$ of a coating shall be specified by using the formulation given and explained in 6.2 in order to provide a comprehensive description of a coating with regard to its minimum set of optical properties. Other optical properties like scattering or colorimetric parameters etc. shall be subject to agreement between supplier and user if appropriate.

ANS Note 1: $T(\lambda)$ is substituted for $\tau(\lambda)$ and $R(\lambda)$ is substituted for $\rho(\lambda)$

5. Measurement conditions

The measurement conditions for the spectrophotometric characterization shall be subject to agreement between supplier and user. These conditions depend on the principle of the measurement method and the instruments used, including the angle of incidence, the state of polarization, the spectral range and bandwidth of the measurement beam, etc. and shall be recorded in sufficient detail to enable verification of the measurement.

6. Numerical specification and graphical representation of spectral characteristics

6.1 General

This part of ISO 9211 defines the rules for the spectrophotometric characterization of optical coatings.

6.2 Rules for the numerical specification of spectral characteristics

The general structure of a numerical specification, as distinguished from a graphical specification, of a spectral optical property shall follow the structure of an inequality with the following terms:

(lower limit term) <or *u* (spectral optical property term) <or *u* (upper limit term)

EXAMPLE 1 (lower limit term) <(spectral optical property term) *u* (upper limit term)

The inequality may contain only two terms if the spectral optical property needs to be bounded only on one side.

EXAMPLE 2 (spectral optical property term) *u* (upper limit term) or (spectral optical property term) > (lower limit term).

Table 1 gives a schematic representation of elements necessary for the numerical specification of spectral characteristics as shown in Table 2.

NOTE Unless otherwise specified, the symbols τ and ρ denote the specular transmittance and reflectance.

ANS Note 2: T is substituted for τ and R is substituted for ρ.

Table 1 Scheme of elements for the numerical specification of spectral characteristics

Lower limit (subscript L) $i=1,2,...$	Comparator sign	Spectral optical property	Wavelength (or wavenumber) range or single wavelength (or wavenumber), angle of incidence[a] $i=1,2,...$	Comparator sign	Upper limit (subscript U) $i=1,2,...$	Z [R]presents any of
Z_{L_i}	<or *u*	Z	$(\lambda_i$ to $\lambda_{i+1}, \theta)$ or (λ_i, θ)	<or *u*	Z_{U_i}	τ, ρ, α, D, $\Delta\Phi$ or $\delta\Phi$
$Z_{L_i} \to Z^b_{L_{i+1}}$	<or *u*	Z	$(\lambda_i$ to $\lambda_{i+1}, \theta)$	<or *u*	$Z_{U_i} \to Z^b_{U_{i+1}}$	τ, ρ, α, D, $\Delta\Phi$ or $\delta\Phi$
Z_{ave,L_i}	<or *u*	Z_{ave}	$(\lambda_i$ to $\lambda_{i+1}, \theta)$	<or *u*	Z_{ave,U_i}	τ, ρ, α, D, or $\Delta\Phi$ or $\delta\Phi$
Z_{S,L_i}	<or *u*	Z_s	$(\lambda_i$ to $\lambda_{i+1}, \theta)$ or (λ_i, θ)	<or *u*	Z_{S,U_i}	τ, ρ, α or D
Z_{s,ave,L_i}	<or *u*	$Z_{S,ave}$	$(\lambda_i$ to $\lambda_{i+1}, \theta)$	<or *u*	Z_{S,ave,U_i}	τ, ρ, α or D

Continued Table 1

Lower limit (subscript L) $i=1,2,...$	Comparator sign	Spectral optical property	Wavelength (or wavenumber) range or single wavelength (or wavenumber), angle of incidence[a] $i=1,2,...$	Comparator sign	Upper limit (subscript U) $i=1,2,...$	Z Rpresents any of
Z_{p,L_i}	<or u	Z_p	$(\lambda_i$ to $\lambda_{i+1}, \theta)$ or (λ_i, θ)	<or u	Z_{p,U_i}	τ, ρ, α or D
Z_{p,ave,L_i}	<or u	$Z_{p,ave}$	$(\lambda_i$ to $\lambda_{i+1}, \theta)$	<or u	Z_{p,ave,U_i}	τ, ρ, α or D

[a] Each optical property can be specified for different wavelength (or wavenumber) ranges and/or different single wavelengths (or wavenumbers), if necessary.

If the angle of incidence θ is not explicitly indicated, an angle of 0° is assumed.

For special applications, a range of angles of incidence (θ_1 to θ_2) instead of a single angle can be specified.

If the angle of incidence θ is different from 0° or a range of angles is given, but neither s- nor p-polarization is defined, the radiation is assumed to be unpolarized.

[b] The arrow →indicates a linear change of the tolerance limit from value Z_{L_i} at λ_i to value $Z_{L_{i+1}}$ at λ_{i+1} (from value Z_{U_i} at λ_i to value $Z_{U_{i+1}}$ at λ_{i+1}, respectively).

Table 2 Numerical examples

Code designation[a]	Spectral characteristics (numerical specification)
AB	$0.75 \to 0.60 < \alpha$ (500 nm to 600 nm) $< 0.90 \to 0.75$
RE	ρ(400 nm to 700 nm)>0.98 ρ_{ave}(400 nm to 700 nm)>0.995
FI-BP	0.85<τ(535 nm to 565 nm)<0.95 τ(400 nm to 515 nm)<0.05 τ(585 nm to 720 nm)<0.15
PC	89°<$\Delta\Phi$(10.6 μm,45°)<91° ρ(10.6 μm, 45°)>0.97
PO	ρ_s(450 nm to 650 nm, 45°)>0.95 ρ_p(450 nm to 650 nm, 45°)<0.05

[a] The code designations are given in ISO 9211-1:2010, Table 1.

6.3 Rules for the graphical representation of spectral characteristics

6.3.1 Spectrophotometric characterization consists of indicating the following in a graph:

a) on the abscissa, the spectral region in which the characteristics are specified as a function of wavelength, λ, in nanometres or micrometres, or wavenumber, σ, in reciprocal centimetres;

b) on the ordinate, the values of the individual optical properties (τ, ρ, α, D or $\Delta\Phi$).

ANS Note 3: T is substituted for τ and R is substituted for ρ

6.3.2 The upper and/or lower tolerance limits (indicated by subscripts U and L respectively) within which the spectral characteristics must be located shall be indicated on the graph with hatched areas outside of the tolerance band. An alternative is the marking with triangles (▲ for the lower tolerance limit and ▼ for the upper tolerance limit) at both edges of the corresponding tolerance band. This way of marking is especially suited for tolerance limits at defined single wavelengths. If average values are specified, this shall be indicated as text on the graph, e. g.

$$\tau_{ave,L}<\tau_{ave}(\lambda_1 \text{ to } \lambda_2)<\tau_{ave,U}$$

ANS Note 4: T is substituted for τ and R is substituted for $\rho(\lambda)$, with the appropriate subscripts

6.3.3 If the coating is employed in several spectral regions, the characterization of the function in those different regions may appear on the same representation. Using different scales is permitted if necessary.

6.4 Graphical representation of principal optical functions

6.4.1 General

The following graphical representations of principal optical functions shall be used for specification and actual measurement. If appropriate, specified and measured upper, lower and/or average values can be combined in one graphical representation. The curves, the limits, and the numerical values shown in the following figures are only examples used for illustration. They shall not be taken as typical or standard values and limits.

ANS Note 5: For all clause 6.4 subclauses, T is substituted for τ and R is substituted for $\rho(\lambda)$, with the appropriate subscripts

6.4.2 Reflecting function (RE)

The reflecting function shall be characterized by its lower tolerance limit, ρ_L, of spectral reflectance. The upper tolerance limit, ρ_U, should also be indicated if necessary.

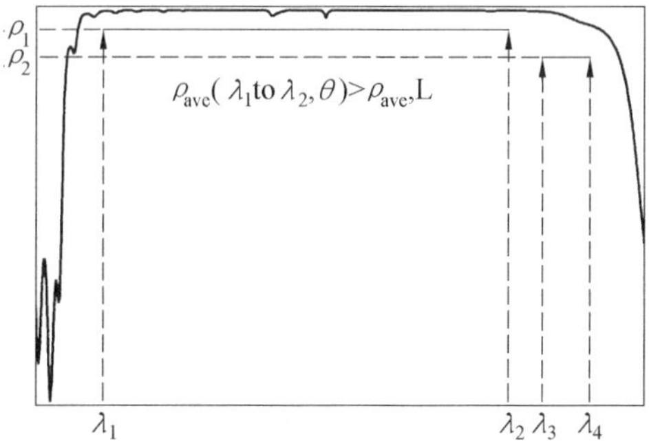

Figure 1 Reflecting function

General designation:

RE $\rho(\lambda_{2i-1} \text{ to } \lambda_{2i},\theta)>\rho_i,...;\ i=1,2,...$

Numerical example:

RE $\rho(400\text{ nm to }700\text{ nm},25° \text{ to } 35°)>0.98$

$\rho(730\text{ nm to }770\text{ nm},25° \text{ to } 35°)>0.96$

$\rho_{ave}(400\text{ nm to }700\text{ nm},25° \text{ to } 35°)>0.995$

6.4.3 Antireflecting function (AR)

The antireflecting function shall be characterized by its upper tolerance limit of spectral reflectance, ρ_U. If necessary, the spectral transmittance with its lower tolerance limit, τ_L, should be indicated.

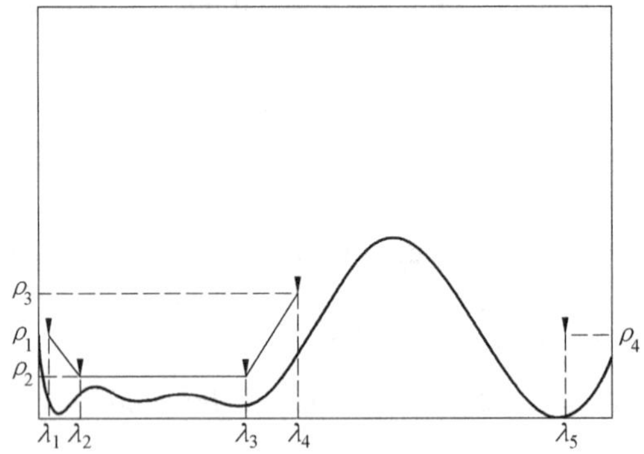

Figure 2 Antireflecting function

General designation:

AR $\rho(\lambda_i \text{ to } \lambda_{i+1},\theta)<\rho_i[\rightarrow\rho_{i+1}],\ldots;\ i=1,2,\ldots$

Numerical example:

AR $\rho(410\text{ nm to }420\text{ nm},0°\text{ to }30°)<0.01\rightarrow0.005$

$\rho(420\text{ nm to }600\text{ nm},0°\text{ to }30°)<0.005$

$\rho(600\text{ nm to }640\text{ nm},0°\text{ to }30°)<0.005\rightarrow0.015$

$\rho(905\text{ nm},0°\text{ to }30°)<0.01$

6.4.4 Beam splitting function (BS)

The beam splitting function shall be characterized by its upper and lower tolerance limits ($\tau_U,\tau_L,\rho_U,\rho_L$) of spectral transmittance and spectral reflectance. These two representations may be shown in separate graphs.

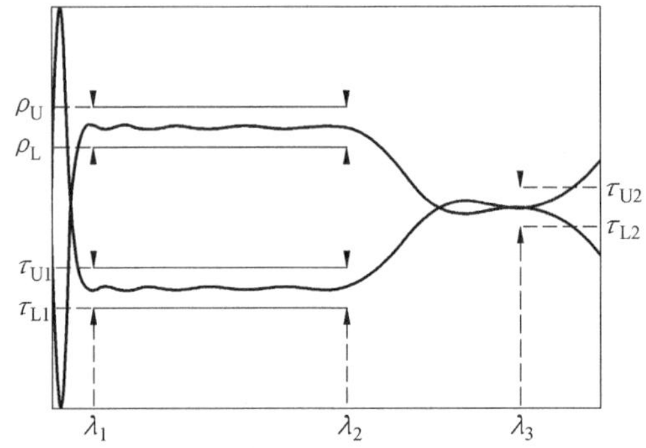

Figure 3 Beam splitting function

General designation:

BS $\tau_{L_i}<\tau(\lambda_{2i-1}\text{ to }\lambda_{2i},\theta)<\tau_{U_i},\ldots$

$\rho_{L_i}<\rho(\lambda_{2i-1}\text{ to }\lambda_{2i},\theta)<\rho_{U_i},\ldots;i=1,2,\ldots$

Numerical example:

BS $0.25<\tau(400\ \text{nm to } 700\ \text{nm}, 40° \text{ to } 50°)<0.35$

$0.45<\tau(905\text{nm}, 40° \text{ to } 50°)<0.55$

$0.65<\rho(400\ \text{nm to } 700\ \text{nm}, 40° \text{ to } 50°)<0.75$

6.4.5 Attenuating function (AT)

The attenuating function shall be characterized by its upper and lower tolerance limits (τ_U, τ_L) of spectral transmittance or spectral optical density (D_U, D_L).

NOTE Spectral optical density is related to spectral transmittance by the formula $D(\lambda) = -\log \tau(\lambda)$

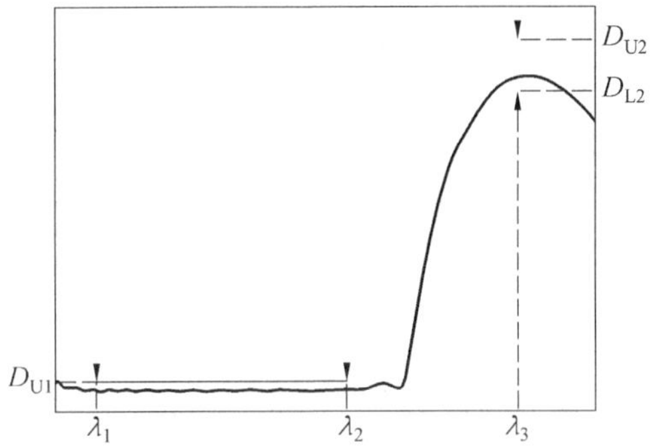

Figure 4 Attenuating function

General designation:

AT $D_{L_i}<D(\lambda_{2i-1} \text{ to } \lambda_{2i}, \theta)<D_{U_i}, \ldots;\ i=1,2,\ldots$

Numerical example:

AT $D(400\ \text{nm to } 700\ \text{nm}, 5°)<0.1$

$3.0<D(905\ \text{nm}, 5°)<3.5$

6.4.6 Filtering function (FI)

Filtering functions can be subdivided into two different groups, namely

a) Filtering function of bandpass type (FI-BP)

The bandpass filtering function shall be characterized by its upper and lower tolerance limits of spectral transmittance (τ_U, τ_L) in the pass band and its upper limits of spectral transmittance (τ_U) in its blocking ranges.

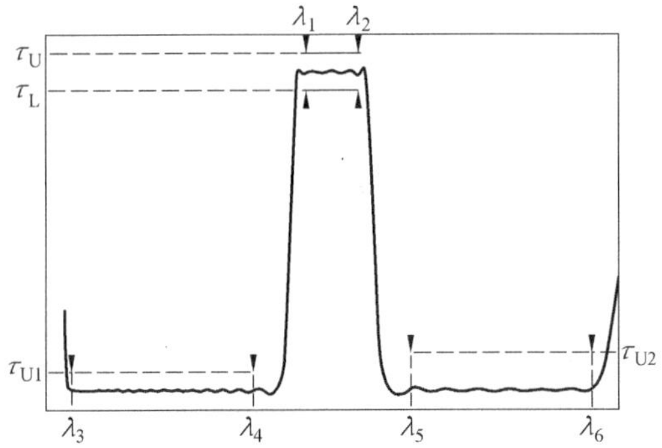

Figure 5 Filtering function of bandpass type

General designation:

FI-BP

$$\tau_L < \tau(\lambda_1 \text{ to } \lambda_2, \theta) < \tau_U$$

$$\tau(\lambda_{2i+1} \text{ to } \lambda_{2i+2}, \theta) < \tau_{Ui}, \ldots \quad i=1,2,\ldots$$

Numerical example:

FI-BP $\quad 0.85 < \tau(535 \text{ nm to } 565 \text{ nm}, 0° \text{ to } 5°) < 0.95$

$\tau(400 \text{ nm to } 515 \text{ nm}, 0° \text{ to } 5°) < 0.1$

$\tau(585 \text{ nm to } 700 \text{ nm}, 0° \text{ to } 5°) < 0.15$

NOTE If required, spectral characterization may be extended by using additional terms and definitions as described in Annex A.

b) Filtering function of band rejection type (FI-BR)

The band rejection filtering function shall be characterized by its upper and lower tolerance limits of spectral transmittance (τ_U, τ_L) in the rejection band (stop band) and its lower tolerance limits of spectral transmittance (τ_{L_i}) in its transmitting ranges.

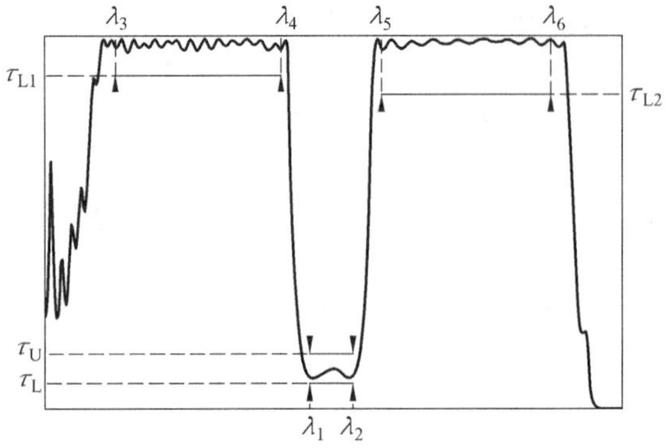

Figure 6 Filtering function of band rejection type

General designation:

FI-BR $\quad \tau_L < \tau(\lambda_1 \text{ to } \lambda_2, \theta) < \tau_U$

$\tau_{L_i} < \tau(\lambda_{2i+1} \text{ to } \lambda_{2i+2}, \theta), \ldots; i=1,2,\ldots$

Numerical example:

FI-BR $\quad 0.05 < \tau(535 \text{ nm to } 565 \text{ nm}) < 0.15$

$\tau(400 \text{ nm to } 515 \text{ nm}) > 0.9$

$\tau(585 \text{ nm to } 700 \text{ nm}) > 0.85$

6.4.7 Selecting or combining function (SC)

Selecting functions can be subdivided into two different groups, namely

a) Selecting function of long pass type (SC-LP)

The long pass selecting function shall be characterized by its upper and lower tolerance limits of spectral transmittance (τ_U, τ_L) in the long wavelength pass range and its upper limits of spectral transmittance (τ_{U_i}) in its short wavelength blocking range.

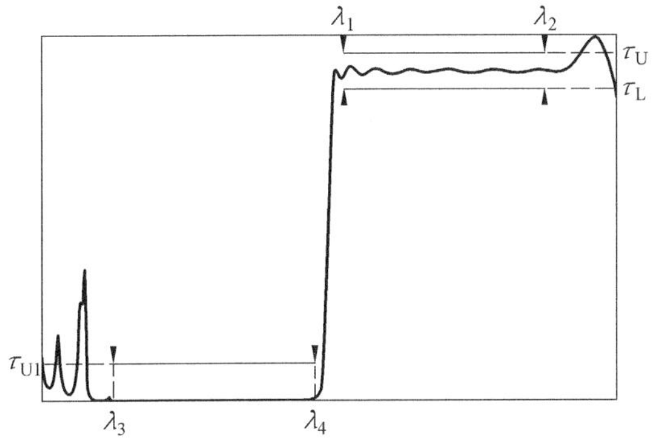

Figure 7　Selecting function of long pass type

General designation:

SC-LP　　$\tau_L<\tau(\lambda_1 \text{ to } \lambda_2, \theta)<\tau_U$

$\tau(\lambda_{2i+1} \text{ to } \lambda_{2i+2}, \theta)<\tau_{U_i}\cdots; i=1,2,\ldots$

Numerical example:

SC-LP　　$0.85<\tau(560 \text{ nm to } 700 \text{ nm}, 8°)<0.95$

$\tau(400 \text{ nm to } 540 \text{ nm}, 8°)<0.1$

NOTE If required, spectral characterization may be extended by using additional terms and definitions as described in Annex A.

b) Selecting function of short pass type (SC-SP)

The short pass selecting function shall be characterized by its upper and lower tolerance limits of spectral transmittance (τ_U, τ_L) in the short wavelength pass range and its upper limits of spectral transmittance (τ_{U_i}) in its long wavelength blocking range.

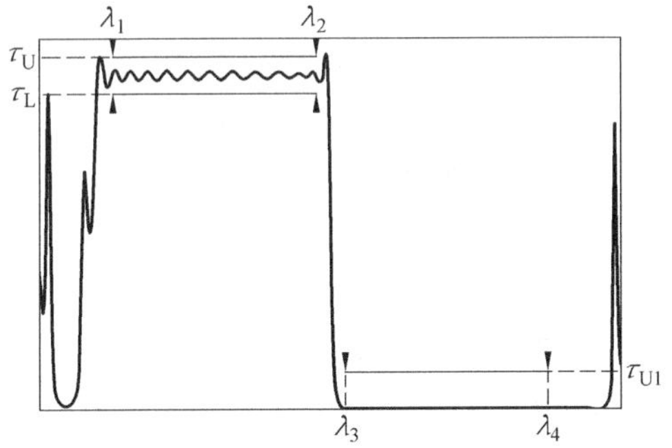

Figure 8　Selecting function of short pass type

General designation:

SC-SP　　$\tau_L<\tau(\lambda_1 \text{ to } \lambda_2, \theta)<\tau_U$

$\tau(\lambda_{2i+1} \text{ to } \lambda_{2i+2}, \theta)<\tau_{U_i}, \ldots; i=1,2,\ldots$

Numerical example:

SC-SP　　$0.85<\tau(400 \text{ nm to } 540 \text{ nm})<0.95$

$\tau(560\ \text{nm to } 700\ \text{nm})<0.1$

NOTE If required, spectral characterization may be extended by using additional terms and definitions as described in Annex A.

6.4.8 Polarizing function (PO)

The polarizing function shall be characterized by its upper and lower tolerance limits of spectral transmittance and/or reflectance for s- and p-polarization

$(\tau_{sU}, \tau_{sL}, \tau_{pU}, \tau_{pL}, \rho_{sU}, \rho_{sL}, \rho_{pU}, \rho_{pL})$

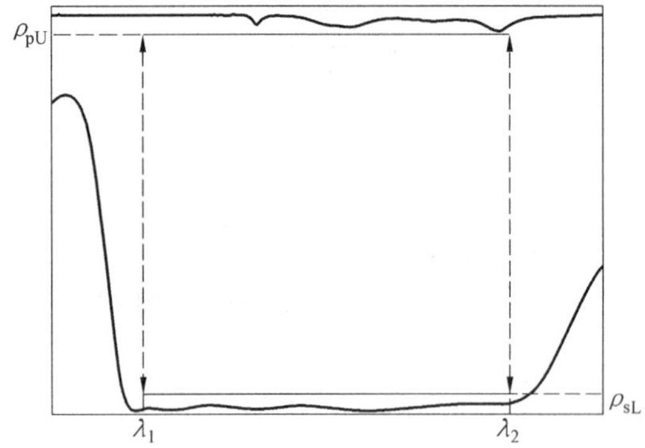

Figure 9 Polarizing function

General designation:

PO

$$\tau_{sL}<\tau_s(\lambda_1 \text{ to } \lambda_2, \theta)<\tau_{sU}$$

$$\tau_{pL}<\tau_p(\lambda_1 \text{ to } \lambda_2, \theta)<\tau_{pU}$$

$$\rho_{sL}<\rho_s(\lambda_1 \text{ to } \lambda_2, \theta)<\rho_{sU}$$

$$\rho_{pL}<\rho_p(\lambda_1 \text{ to } \lambda_2, \theta)<\rho_{pU}$$

Numerical example:

PO

$$\rho_s(450\ \text{nm to } 650\ \text{nm}, 45° \text{ to } 50°)>0.95$$

$$\rho_p(450\ \text{nm to } 650\ \text{nm}, 45° \text{ to } 50°)<0.05$$

6.4.9 Phase changing function (PC)

The phase changing function shall be characterized by its upper and lower tolerance limits of phase retardation ($\Delta\Phi_U, \Delta\Phi_L$).

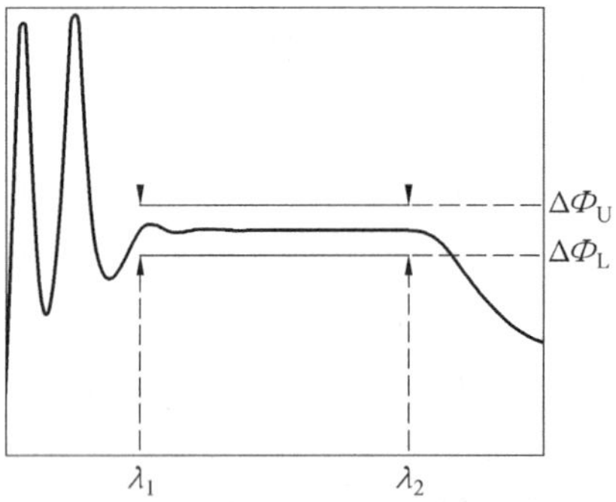

Figure 10 Phase changing function

General designation:

PC $\Delta\Phi_L < \Delta\Phi(\lambda_1 \text{ to } \lambda_2, \theta) < \Delta\Phi_U$

Numerical example:

PC $89° < \Delta\Phi(10.5\ \mu m \text{ to } 10.7\ \mu m,\ 45°) < 97°$

6.4.10 Absorbing function (AB)

The absorbing function shall be characterized by its upper and lower tolerance limits of spectral absorptance (α_U, α_L).

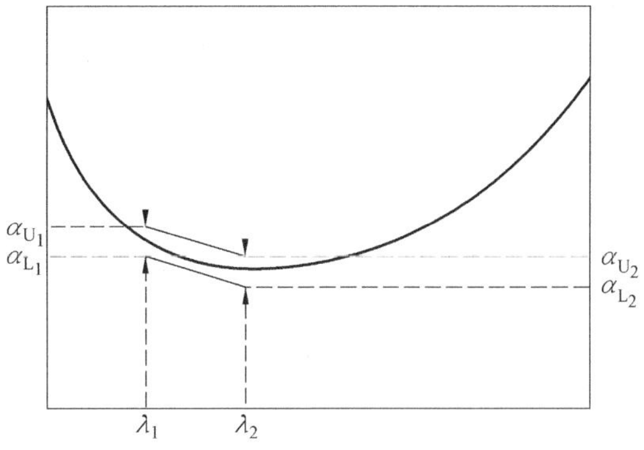

Figure 11 Absorbing function

General designation:

AB $\alpha_{L_{2i-1}}[\rightarrow\alpha_{L_{2i}}] < \alpha(\lambda_{2i-1} \text{ to } \lambda_{2i}, \theta) < \alpha_{U_{2i-1}}[\rightarrow\alpha_{U_{2i}}], \ldots \quad i = 1, 2, \ldots$

Numerical example:

AB $0.75 \rightarrow 0.60 < \alpha(500\ nm \text{ to } 600\ nm, 0°) < 0.90 \rightarrow 0.75$

Annex A Supplementary terms and definitions for filtering and selecting functions (normative)

ANS Note 6: Throughout Annex A, T is substituted for τ and R is substituted for $\rho(\lambda)$, with the appropriate subscripts

A.1 Filtering function of bandpass type

The bandpass filtering function can be additionally characterized by using terms and definitions as follows (see Figure A.1):

1) τ_A is the arithmetic average of upper and lower tolerance limits within the pass region.

$$\tau_A = \frac{\tau_U + \tau_L}{2}$$

2) τ_M is the measured maximum value of spectral transmittance within the pass region.

3) λ_M is the wavelength at which spectral transmittance equals τ_M.

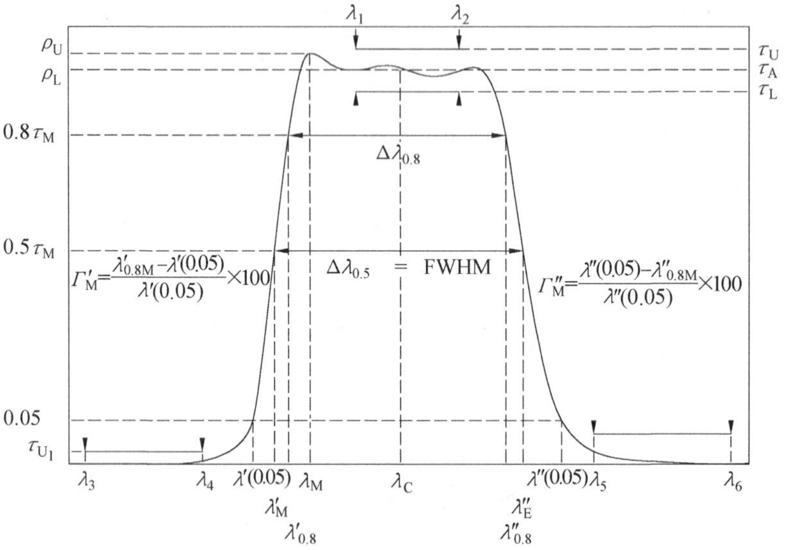

Figure A. 1　Filtering function (bandpass, τ_M, is used)

For the subsequent terms and definitions it must be specified whether τ_A or τ_M will be used. The superscript′ refers to the short wavelengths and the superscript″ to the long wavelengths of the bandpass.

4) $\lambda'_{0.5}$ and $\lambda''_{0.5}$ (edge wavelengths λ'_E and λ''_E) are the wavelengths at which spectral transmittance equals $0.5\tau_A$ or $0.5\tau_M$.

5) $\Delta\lambda_{0.5}$ (full width at half maximum, FWHM) is the bandwidth defined by $\Delta\lambda_{0.5} = \lambda''_{0.5} - \lambda'_{0.5}$.

6) λ_C (center wavelength) is the arithmetic average of a pair of wavelengths, $\lambda''_{0.5}$ and $\lambda'_{0.5}$.

7) $\lambda'_{0.8}$ and $\lambda''_{0.8}$ are the wavelengths at which spectral transmittance equals $0.8\tau_A$ or $0.8\tau_M$.

8) $\Delta\lambda_{0.8}$ is the bandwidth defined by $\Delta\lambda_{0.8} = \lambda''_{0.8} - \lambda'_{0.8}$.

9) $\lambda'_{0.05}$ and $\lambda''_{0.05}$ are the wavelengths at which spectral transmittance equals $0,05\tau_A$ or $0,05\tau_M$.

10) $\Delta\lambda_{0.05}$ is the bandwidth defined by $\Delta\lambda_{0.05} = \lambda''_{0.05} - \lambda'_{0.05}$.

11) S'_A or S'_M and S''_A or S''_M are the edge slopes defined by

$$S'_A = \frac{0.8\tau_A - 0.05\tau_A}{\lambda'_{0.8A} - \lambda'_{0.05A}} \text{ or } S'_M = \frac{0.8\tau_M - 0.05\tau_M}{\lambda'_{0.8M} - \lambda'_{0.05M}}$$

$$S''_A = \frac{0.8\tau_A - 0.05\tau_A}{\lambda''_{0.05A} - \lambda''_{0.8A}} \text{ or } S''_M = \frac{0.8\tau_M - 0.05\tau_M}{\lambda''_{0.05M} - \lambda''_{0.8M}}$$

12) $\lambda'(0.05)$ and $\lambda''(0.05)$ are the wavelengths at which spectral transmittance equals 0.05 (absolute value of spectral transmittance).

13) Γ'_A or Γ'_M and Γ''_A or Γ''_M are the relative transition widths in % defined by

$$\Gamma'_A = \frac{\lambda'_{0.8A} - \lambda'(0.05)}{\lambda'(0.05)} \times 100 \text{ or } \Gamma'_M = \frac{\lambda'_{0.8M} - \lambda'(0.05)}{\lambda'(0.05)} \times 100$$

$$\Gamma''_A = \frac{\lambda''(0.05) - \lambda''_{0.8A}}{\lambda''(0.05)} \times 100 \text{ or } \Gamma''_M = \frac{\lambda''(0.05) - \lambda''_{0.8M}}{\lambda''(0.05)} \times 100$$

NOTE In earlier literature the designation "Slope" or "% Slope" is used for above definitions. But these designations can lead to a misunderstanding of the real meaning of the equations, which give a measure for the width of the wavelength range between the blocking region and the pass region in relation to the spectral position of the filter. The smaller this value is, the steeper is the transmission curve of the filter.

14) The short and long wavelengths blocking ranges shall be defined according to 6.4.6 a).

NOTE All terms with the exception of τ_A are additionally used for the characterization of bandpass filtering functions and are given with tolerances.

A.2 Selecting functions of long pass and short pass type

The long and short pass selecting functions can be additionally characterized by using terms and definitions as follows (see Figure A.2):

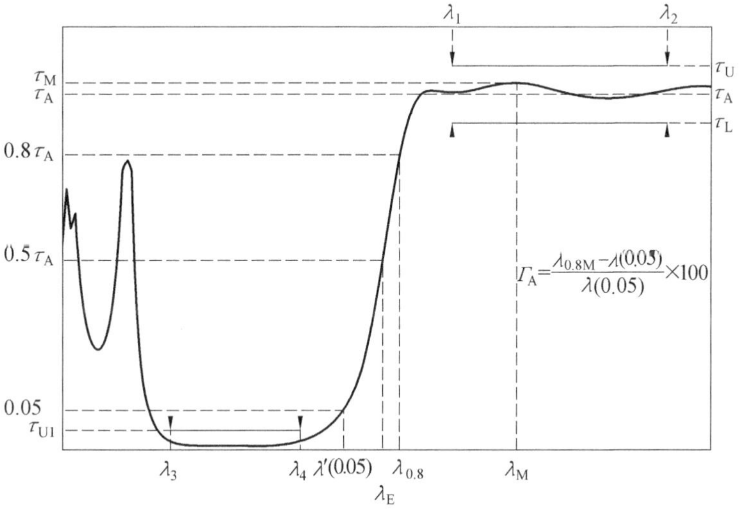

Figure A.2 Selecting function (example long pass, τ_A, is used)

1) τ_A is the arithmetic average of upper and lower tolerance limits within the pass region.

$$\tau_A = \frac{\tau_U + \tau_L}{2}.$$

2) τ_M is the measured maximum value of spectral transmittance within the pass region.

For the subsequent terms and definitions it must be specified whether τ_A or τ_M will be used.

3) $\lambda_{0.5}$ (edge wavelength λ_E) is the wavelength at which spectral transmittance equals $0.5\tau_A$ or $0.5\tau_M$.

4) $\lambda_{0.8}$ is the wavelength at which spectral transmittance equals $0.8\tau_A$ or $0.8\tau_M$.

5) $\lambda_{0.05}$ is the wavelength at which spectral transmittance equals $0.05\tau_A$ or $0.05\tau_M$.

6) S_A or S_M are the edge slopes defined by

$$S_A = \frac{0.8\tau_A - 0.05\tau_A}{|\lambda_{0.8A} - \lambda_{0.05A}|} \text{ or } S_M = \frac{0.8\tau_M - 0.05\tau_M}{|\lambda_{0.8M} - \lambda_{0.05M}|}$$

7) $\lambda(0.05)$ is the wavelength at which spectral transmittance equals 0.05 (absolute value of spectral transmittance).

8) Γ_A or Γ_M are the relative transition widths in % defined by

$$\Gamma_A = \frac{|\lambda_{0.8A} - \lambda(0.05)|}{\lambda(0.05)} \times 100 \text{ or } \Gamma_M = \frac{|\lambda_{0.8M} - \lambda(0.05)|}{\lambda(0.05)} \times 100$$

NOTE In earlier literature the designation "Slope" or "% Slope" is used for the above definition. But these designations can lead to a misunderstanding of the real meaning of the equation, which gives a measure for the width of the wavelength range between the blocking region and the pass region in relation to the spectral position of the filter. The smaller this value is, the steeper is the transmission curve of the filter.

9) The blocking range shall be defined according to 6.4.7 a) or 6.4.7 b).

NOTE All terms with the exception of τ_A are additionally used for the characterization of long pass and short pass selecting functions and are given with tolerances.

附录6　ISO 9211-3:2008(E)

Part 3: Environmental durability

1. Scope

ISO 9211 identifies surface treatments of components and substrates excluding ophthalmic optics (spectacles) by the application of optical coatings and gives a standard form for their specification. It defines the general characteristics and the test and measurement methods whenever necessary. It is not intended to define the process method.

This part of ISO 9211 specifies categories of use for optical coatings and identifies which environmental tests are necessary to prove that the coatings meet the required specification. Definitions and the extent of testing are given in ISO 9022-1.

2. Normative references

The following referenced documents are indispensable for the application of this document. For dated references, only the edition cited applies. For undated references, the latest edition of the referenced document (including any amendments) applies.

ISO 9022-1, Optics and optical instruments — Environmental test methods — Part 1: Definitions, extent of testing

ISO 9022-2, Optics and optical instruments — Environmental test methods — Part 2: Cold, heat and humidity

ISO 9022-4, Optics and optical instruments — Environmental test methods — Part 4: Salt mist

ISO 9022-6, Optics and optical instruments — Environmental test methods — Part 6: Dust

ISO 9022-9:1994, Optics and optical instruments — Environmental test methods — Part 9: Solar radiation

ISO 9022-11, Optics and optical instruments — Environmental test methods — Part 11: Mould growth

ISO 9022-12, Optics and optical instruments — Environmental test methods — Part 12: Contamination

ISO 9022-14, Optics and optical instruments — Environmental test methods — Part 14: Dew, hoarfrost, ice

ISO 9211-4, Optics and optical instruments — Optical coatings — Part 4: Specific test methods

3. Categories of use

3.1 Definitions of categories

Five categories of use are defined. Each category requires either different environmental tests and/or different severity of testing. These categories are listed below in order of severity of requirement.

Category A

This category refers to components in applications which would normally only apply when they are to be mounted internally within sealed units. In this category, handling is in a protected and controlled environment and should only take place with extreme care. Physical contact with the optically coated surface is discouraged.

Category B

This category refers to applications where components will be exposed only to a controlled environment. Such applications may involve mild abrasion such as occurs with carefully controlled cleaning.

Category C

This category refers to applications where components will be exposed to normal outdoor ambient conditions and cleaning but without severe abrasion and scratching.

Category D

This category refers to applications where components will be exposed to severe outdoor ambient conditions and uncontrolled cleaning with the risk of severe abrasion and scratching.

Category O

This category refers to applications which require special, non standard, specifications. Since the specification of the components in such cases will not exactly fit into one of the categories A to D, the recommended way to specify in such a case is to indicate first the category in which most requirements are satisfied. The exceptional requirements can then be specified from other categories or by indicating the test degree of severity.

EXAMPLE — "Category C; Abrasion, Humidity: Category B; Adhesion:03".

3.2 Operating and storage conditions

The temperature specifications listed in Table 1 are meant as storage conditions. For some types of coating, e.g. bandpass filters and accurate edge filters, it may be necessary that spectral tolerances shall be maintained within a certain temperature range. This should be specified separately, according to the requirements of the application.

3.3 Influence of the substrate

It should be kept in mind that it is not the coating but the entire coating-substrate combination which determines the category of use.

For instance, coatings on glass, normally satisfying category C, might not do so when applied to sensitive or unstable substrates. This is likely to become apparent with the rain, solubility, humidity, heat, and salt spray tests, for example.

3.4 Cemented coatings

This part of ISO 9211 does not apply to cemented coatings. The environmental stability of such a substrate–coating–cement–substrate combination depends too much on properties of the cement, as well as the (relative) properties, e. g. thermal expansion, of the two substrate components involved.

4. Specifications

The mechanical and chemical properties of coated optical elements, and more generally their environmental durability, can be assessed by a variety of methods. Test methods selected to give meaningful results representative of actual exposure of optical elements in their operating environment are listed in Table 1. The practical severity of any test listed may be limited by the substrate.

The requirements for coatings as listed in Table 1 are typically not accumulative and can be tested individually.

The tests in Table 1 are subdivided into degrees of severity, where appropriate. The severity of the test requirement increases with the number. The description is condensed information about the test method only. The full test procedure shall be taken from appropriate International Standards, referenced in Table 1, or can be specified by mutual agreement between customer and manufacturer.

An individual test performed on a one-test-on-one-sample basis can give information about that single property of an optical coating reflected by that test and can be particularly useful for the manufacturer. In reality, optical coatings will face a variety and range of severity of environmental exposures, which can be simulated by certain test sequences. Inevitably, such test sequences represent accumulative requirements. Requirements without any listed categories in Table 1 are to be considered for optional use in category 0, and are subject to agreement between customer and manufacturer.

Table 1 Environmental tests for optical coatings

No.	Test	Degree of severity	Description	Categories of use					Reference[a]
				A	B	C	D	0	
1	Abrasion	01	50 strokes cheesecloth		×				ISO 9211-4
		02	100 strokes cheesecloth			×			
		03	20 strokes eraser				×		
		04	40 strokes eraser						
2	Adhesion	01	Slow tape removal		×				ISO 9211-4
		02	Quick tape removal			×	×		
		03	Snap tape removal						
		—	Crosshatch test						

Table 1 (continued)

No.	Test	Degree of severity	Description	Categories of use A	B	C	D	E	Reference[a]
3	Dust/sand	01 to 03	Expose to the dust-laden air of velocity 8 m/s to 10 m/s, at a temperature of 18 ℃ to 28 ℃ and of relative humidity below 25 % for 6 h. The dust concentration is 5 g/m^3 to 15 g/m^3, and the size distribution of dust particle is given by: Dust particle size distribution Size (μm) 140 to 100, 100 to 71, 71 to 45, <45% (by mass) 2 8 15 75 SiO_2 content>97%						ISO 9022-6
4	Solubility	01	Immerse in distilled or deionized water at a temperature of 23 ℃±2 ℃ for 6 h			×			ISO 9211-4
		02	Immerse in distilled or deionized water at a temperature of 23 ℃±2 ℃ for 24 h				×		
		03	Immerse in distilled or deionized water at a temperature of 23 ℃±2 ℃ for 96 h						
		04	Immerse in salt water (45 g NaCl/l) at a temperature of 23 ℃±2 ℃ for 6 h						
		05	Immerse in salt water (45 g NaCl/l) at a temperature of 23 ℃±2 ℃ for 24 h				×		
		06	Immerse in salt water (45 g NaCl/l) at a temperature of 23 ℃±2 ℃ for 96 h						
		07	Immerse in boiling distilled or deionized water for 5 min			×			
		08	Immerse in boiling distilled or deionized water for 15 min				×		
		09	Immerse in boiling salt water (45 g NaCl/l) for 5 min				×		
		10	Immerse in boiling salt water (45 g NaCl/l) for 15 min						
		11	Immerse in boiling salt water (45 g NaCl/l) for 60 min						
		12	Immerse in boiling distilled or salt water (45 g NaCl/l) for 2 min. Then immerse in distilled water at room temperature for 1 min						

Table 1 (continued)

No.	Test	Degree of severity	Description	Categories of use A	B	C	D	E	Reference[a]
5	Damp heat	06	Expose to climatic conditions of 90 % to 95 % relative humidity and 55 ℃ ±2 ℃ for 6 h		×				ISO 9022-2
		07	Expose to climatic conditions of 90 % to 95 % relative humidity and 55 ℃ ±2 ℃ for 16 h			×			
		03	Expose to climatic conditions of 90 % to 95 % relative humidity and 40℃ ±2 ℃ for 10 d				×		
6	Cold	05	Expose to a temperature of −25 ℃ ±3 ℃ for 16 h	×					ISO 9022-2
		07	Expose to a temperature of −35 ℃ ±3 ℃ for 16 h		×	×			
		09	Expose to a temperature of −55 ℃ ±3 ℃ for 16 h (The temperature change rate should be less than 3 ℃/min)				×		
7	Dry heat	03	Expose to an atmosphere of 55 ℃ ±2 ℃ (below 40 % relative humidity) for 16 h	×					ISO 9022-2
		05	Expose to an atmosphere of 70 ℃ ±2 ℃ (below 40 % relative humidity) for 6 h		×	×			
		06	Expose to an atmosphere of 85 ℃ ±2 ℃ (below 40 % relative humidity) for 6 h (The temperature change rate should be less than 5 ℃/min)				×		
8	Slow temperature change	02	−25 ℃ ±3 ℃ to +55 ℃ ±2 ℃		×				ISO 9022-2
			−35 ℃ ±3 ℃ to +63 ℃ ±2 ℃			×			
		05	−50 ℃ ±3 ℃ to +70 ℃ ±2 ℃				×		
			Test chamber temperature change rate:						
		07	between 0.2 ℃/min and 2 ℃/min						
9	Salt mist	—	Expose to salt spray fog of 35 ℃ ±2 ℃ for 24 h Salt solution (concentration: 5% ± 1%, pH 6.5 to 7.2) is injected by compressed air (0.4×10^5 Pa to 1.7×10^5 Pa) from 0.5 ml/h to 3.0 ml/h per 80 cm^2 in fallout rate				×		ISO 9022-4[b]
10	Solar radiation	01	Expose to the radiation in a de-ozonised atmosphere of 25 ℃ ±2 ℃ to 55 ℃ ±2 ℃ for 72 h Irradiance on the surface of sample is 1 kW/m^2 ± 0.1 kW/m^2 The radiation source and spectral energy distribution shall be in accordance with Table 1 of ISO 9022-9:1994						ISO 9022-9

Table 1 (continued)

No.	Test	Degree of severity	Description	Categories of use A	B	C	D	E	Reference[a]
11	Icing/ frosting	01 and 02	Expose to the following atmospheres in succession (conditioning method 77): Step 1 Initial temperature: −15 ℃±3 ℃ Step 2 Temperature of icing/frosting: −5 ℃±2 ℃ Step 3 De-icing temperature and humidity 30 ℃ ± 2 ℃ and 80% to 95% relative humidity						ISO 9022−14
12	Chemical durability		Immerse in the following agents for respective tests (conditioning method 87):						ISO 9022−12
12−1	Acid corrosion	01 to 04	1) Sulphuric acid (H_2SO_4) 2) Nitric acid (HNO_3)						
12−2	Alkaline corrosion	01 to 04	1) Potassium hydroxide (KOH)						
		01	1) Acetone (CH_3COCH_3)		×	×	×		
12−3	Solvent solubility	01	2) Ethanol (C_2H_5OH)		×	×	×		
		02 to 04	1) Acetone (CH_3COCH_3)						
		02 to 04	2) Ethanol(C_2H_5OH)						
13	Mould growth[c]	01	Spray the spore suspension Number of spores in the suspension: 1 000 000/ml±200 000/ml Temperature and humidity conditions: 29 ℃±1 ℃, 96% ±2% relative humidity Number of spores on test item surface: 15 000/cm^2±3 000/cm^2 Test duration: 28 d Test fungi to be specified						ISO 9022−11
14	[d]								

[a] Referenced International Standards are normative test procedures, unless otherwise indicated.

[b] Exposure time is different from any degree of severity in ISO 9022−4.

[c] Mould growth (fungus): the resistance of a coating to damage by mould growth shall be specified, not the prevention of mould growth.

[d] Additional durability tests for special applications can be required, such as: rain impact/erosion, sand slurry abrasion, corrosive gases, fluids, etc.

Annex A (informative)

Examples of test sequences for Categories of use A, B, C and D

Table A.1 Example of a test sequence for Category of use A (one test sample is used)

Test step	No. (from Table 1)	Test	Degree of severity	Test sample 1
1	6	Cold	05	×
2	7	Dry heat	03	×

Table A.2 Example of a test sequence for Category of use B (two test samples are used)

Test step	No. (from Table 1)	Test	Degree of severity	Test sample 1	Test sample 2
1	2	Adhesion	01	×	×
2	1	Abrasion	01	×	
3	6	Cold	07		×
4	7	Dry heat	05		×
5	5	Damp heat	06		×
6	8	Slow temperature change	02		×
7	12-3	Solvent solubility	01	×	
8	2	Adhesion	01	×	×

Table A.3 Example of a test sequence for Category of use C (three test samples are used)

Test step	No. (from Table 1)	Test	Degree of severity	Test sample 1	Test sample 2	Test sample 3
1	2	Adhesion	02	×	×	×
2	1	Abrasion	02	×		
3	4	Solubility	01			×
4	6	Cold	07		×	
5	7	Dry heat	05		×	
6	5	Damp heat	07		×	
7	8	Slow temperature change	05		×	
8	12-3	Solvent solubility	01	×		
9	2	Adhesion	02	×	×	×

Table A.4 Example of a test sequence for Category of use D (four test samples are used)

Test step	No. (from Table 1)	Test	Degree of severity	Test sample 1	Test sample 2	Test sample3	Test sample 4
1	2	Adhesion	02	×	×	×	×
2	1	Abrasion	03	×			
3	4	Solubility	02			×	
4			05			×	
5			08			×	
6			09			×	
7	6	Cold	09		×		
8	7	Dry heat	06		×		
9	5	Damp heat	03		×		
10	8	Slow temperature change	07		×		
11	9	Salt mist	—				×
12	12-3	Solvent solubility	01	×			
13	2	Adhesion	02	×	×	×	×

附录 7　ISO 9211-4:2006(E)

Part 4: Specific test methods

1. Scope

This part of ISO 9211 describes surface treatments of components and substrates excluding ophthalmic optics (spectacles) by the application of optical coatings, and gives a standard form for their specification. It defines the general characteristics and the test and measurement methods whenever necessary, but is not intended to define the process method.

This part of ISO 9211 describes specific test procedures for coating environmental durability tests that are identified in ISO 9211-3 but not described in other normative references.

2. Normative references

The following referenced documents are indispensable for the application of this document. For dated references, only the edition cited applies. For undated references, the latest edition of the referenced document (including any amendments) applies.

ISO 48, Rubber, vulcanized or thermoplastic-Determination of hardness (hardness between 10 IRHD and 100 IRHD).

3. Terms and definitions

For the purposes of this document, the terms and definitions given in ISO 9211-1:1994 apply.

4. Test conditioning

Before and after subjecting a coated specimen (component or witness sample) to any inspection or test, the specimen shall be thoroughly cleaned as required to remove dirt, finger marks, smears, etc. Recommended storage time is at least 12h after the coating process under ambient atmospheric conditions, or as specified between manufacturer and buyer.

5. Abrasion resistance tests (conditioning method 01: abrasion)

5.1 General

The purpose of these tests is to evaluate to what extent the optical and mechanical properties of optical coatings on components and substrates are affected when subjected to specific abrading conditions at ambient atmospheric conditions.

5.2 Test conditions

5.2.1 General

Abrasion tests shall be conducted using a coating abrasion tester capable of meeting the requirements of 5.2 and 5.3. The length of stroke of the tester shall be approximately 20 mm when the dimensions of the specimen permit. A stroke is defined as one pass in one direction on the surface being test. The tester shall be sperated in a cycling mode. A cycle is defined as one stroke in one direction, followed by a return stroke in the opposite direction. The head of the tester shall be approximately normal to the surface under test during the rubbing operation. The specimen shall be firmly held so that it does not slide during the test.

5.2.2 Moderate abrasion tester

The rubbing bead of the abrasion tester shall be covered with a pad of cotton cheesecloth conforming to A.1, approximately 5 mm thick and 10 mm wide. Instructions for preparing the cheesecloth pad, cover and fixture are provided in Annex B.

5.2.3 Severe abrasion test

The rubbing head of the abrasion tester shall be affixed with a standard eraser, conforming to A.2. The eraser shall be inserted into the holder so that the exposed length does not exceed 3 mm.

It is permissible to clean the eraser with a clean towel, but solvents should be used. Also, the eraser may be conditioned by rubbing it across a clean, smooth or frosted glass surface to wear away some of the rubber if embedded foreign material is suspected.

5.3 Degree of severity (conditioning method 01: abrasion)

The degrees of severity for conditioning method 01 are given in Table 1.

Table 1 Degrees of severity for conditioning method 01: abrasion

Degree of severity	01	02	03	04
Abrader	Cheesecloth	Cheesecloth	Eraser	Eraser
Number of strokes	50	100	20	40
Force	5N±1N	5N±1N	10N±1N	10N±1N

5.4 Recovery

Subsequent to the rubbing operation the specimen shall be cleaned in Clause 4.

5.5 Evaluation

The film on the specimen shall be visually examined in reflected and/or transmitted light, with the unaided eye, for evidence of physical damage to the coating. The examination shall be performed using the method specified in Annex C, or that given in ISO 10110-7, or as agreed between the supplier and the user. The method used shall be stated. The coating shall not show any evidence of damage, such as abrasion or coating removal. If slight sleeking or scratching is visible and the cheesecloth or eraser and/or coating is suspected of having foreign material embedded in it, another area of the surface shall be retested using a fresh cheesecloth pad or eraser.

6. Adhesion tests (conditioning method 02: adhesion)

6.1 General

The purpose of these tests is to evaluate to what extent the mechanical properties of optical coatings on components and substrates are affected when subjected to specific tensile or shear stress conditions at ambient atmospheric conditions.

6.2 Test conditions

6.2.1 The adhesive tape used for this test shall be clear in colour with an adhesive strength on steel of at least 9.8 N per 25 mm width. It shall be 12 mm to 13 mm wide. It shall show no evidence of deterioration and shall be capable of being unwound from the roll at a normal rate of speed without showing evidence of adhesive offsetting, adhesive splitting, or stringing out of adhesive, nor breakage or splitting of the tape backing. The tape shall be free of bare spots or foreign particles or any defect that may affect serviceability or appearance.

6.2.2 Apply approximately 25 mm of tape to the coated surface when the dimensions of the specimen permit, with sufficient tape remaining to securely grasp with a thumb and finger.

6.2.3 Press the tape firmly onto the coated surface. Rub the non-adhesive surface of the tape with a finger to assure firm contact with the specimen and to work out any air bubbles that may be present.

6.2.4 Unless otherwise required in the relevant specification, do not apply the tape within 2mm of any rim of the specimen.

6.2.5 Hold the specimen firmly in one hand, and in the other the end of the tape that protrudes beyond the edge of the test specimen.

6.2.6 Remove the tape at an angle perpendicular to the coated surface at one of the rates indicated in Table 2.

6.3 Degree of severity (conditioning method 02: adhesion)

The degrees of severity for conditioning method 02 are given in Table 2.

Table 2 Degrees of severity for conditioning method 02: Adhesion

Degree of severity	01	02	03
Rate of tape removal	Slow (≈2 s to 3 s per 25 mm)	Quick (≈1 s per 25 mm)	Snap[a] (≪1 s per 25 mm)

[a] The "snap" rate of removal refers to a snapping action of the wrist and fingers

6.4 Recovery

Do not clean the specimen prior to evaluation.

6.5 Evaluation

The film on the specimen shall be visually examined in reflected and/or transmitted light, with the unaided eye, for evidence of coating removal. The examination shall be performed using the method specified in Annex C, or that given in ISO 10110-7, or as agreed between the supplier and the user. The method used shall be stated. The coating shall not show any evidence of coating removal.

Unless otherwise required in the relevant specification, visual discolourations of the coating such as stains, smears, streaks or cloudiness shall be acceptable if the specimen conforms to the optical and other environmental durability requirements of the relevant specification.

7. Crosshatch test (conditioning method 03: crosshatch)

7.1 General

The purpose of this test is to evaluate to what extent the adhesion properties of optical coatings on components and substrates are affected after cutting the coating (distorting the stress and influencing the adhesion).

7.2 Test conditions

7.2.1 Use a cutting device [e.g. a razor blade (suitable for soft substrates) or a diamond scribe] to make six parallel cuts in the coatings, 1.5 mm $\pm$ 0.5 mm apart and approximately 15 mm to 20 mm in length, when the dimensions of the specimen permit. Cut through the coating completely, but do not cut too deep into the substrate. Rotate the sample and in the same way make six parallel cuts perpendicular to the first set of cuts. Check the cut pattern for flakes or other irregularities and record the results.

7.2.2 Apply adhesive tape as specified in 6.2.1 over the crosshatch pattern in accordance with 6.2.2 to 6.2.5

7.3 Conditioning

Remove the tape at an angle perpendicular to the coated surface at a snap rate ($\ll$1 s per 25 mm).

7.4 Recovery

Do not clean the specimen prior to evaluation.

7.5 Evaluation

Rate the crosshatch results according to Table 3.

Table 3 Rating system for conditioning method 03: crosshatch

Classification	Picture	Description
0	—	The edges of the cuts are completely unchanged; none of the squares are detached.
1	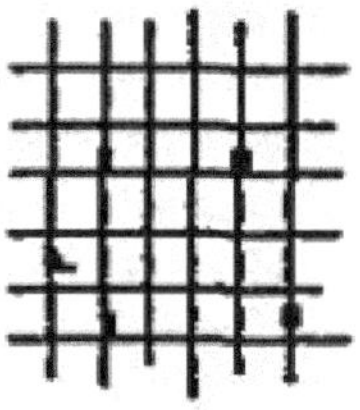	Small flakes of the coating are detached at the intersections; less than 5% of the total area is affected.
2		Small flakes of the coatings are detached along the cuts and the intersections; the area affected is 5% to 15% of the total area.

Continued Table 3

Classification	Picture	Description
3		Some parts of the squares are detached; the area affected is 15% to 35% of the total area.
4		Whole squares are detached; the area affected is 35% to 65% of the total area.
5	—	Flaking and detachment worse than classification 4

8. Solubility tests (conditioning method 04: solubility)

8.1 General

The purpose of these tests is to evaluate to what extent the optical and mechanical performance characteristics of optical coatings on components and substrates are affected after immersion in distilled or deionized water or a salt water solution.

8.2 Test conditions

8.2.1 The test container shall be made of non-reactive material, such as suitable glass or ceramic, with a volume adequate to submerge the test part(s) completely.

8.2.2 The specimen(s) shall be held in the test container using a specimen holder made of non-reactive material, such as polytetrafluoroethylene(PTFE) or acetal polymer.

8.2.3 The water used for tests shall be distilled or deionized. Its resistivity shall be greater than or equal to 0.2 MΩ · cm, at a temperature of 23 ℃±2 ℃.

8.2.4 The pH of the water or salt solution shall be between 6.5 and 7.2, measured at a temperature of 23 ℃±2 ℃. Only diluted, chemically pure hydrochloric acid or chemically pure sodium hydroxide solution shall be used to adjust the pH. The pH shall be measured either electrometrically by means of a glass electrode, or colourmetrically using bromothymol blue as an indicator.

8.2.5 The salt water solution shall be prepared by dissolving sodium chloride in distilled or deionized water at room temperature to obtain a concentration of 45 g/L. The sodium chloride shall not contain more than 1% impurities in total.

8.2.6 A cyclic test consists of boiling the specimen for 2 min in either distilled or salt water, and cooling it for 1min at room temperature in distilled water.

8.3 Degree of severity (conditioning method 04: solubility)

The degrees of severity for conditioning method 04 are given in Table 4.

Table 4 Degrees of severity for conditioning method 04: solubility

Degree of severity	Exposure time	Solution
01	6 h	Distilled or deionized water
02	24 h	Distilled or deionized water
03	96 h	Distilled or deionized water
04	6 h	Salt water
05	24 h	Salt water
06	96 h	Salt water
07	5 min	Boiling distilled or deionized water
08	15 min	Boiling distilled or deionized water
09	5 min	Boiling salt water
10	15 min	Boiling salt water
11	60 min	Boiling salt water
12	2 min+1 min	Boiling distilled or salt water[a] followed by distilled water at room temperature

[a] The user shall specify whether distilled or salt water is to be used and the number of cycles

8.4 Recovery

After immersion, specimens subjected to the water solubility test shall be dried with a soft clean cloth. Specimens subjected to the salt solution shall be gently washed in distilled or deionized water not warmer than 38 ℃ to remove salt deposits. Specimens then shall be dried with a soft clean cloth or with filtered dry nitrogen gas.

8.5 Evaluation

The film on the specimen shall be visually examined in reflected and/or transmitted light, with the unaided eye, for evidence of flaking, peeling, cracking, or blistering. The examination shall be performed using the method specified in Annex C, or that given in ISO 10110-7, or as agreed between the supplier and the user. The method used shall be stated. The coating shall not show any evidence of physical deterioration.

Unless otherwise required in the relevant specification, visual discolourations of the coating, such as stains, smears, streaks, or cloudiness, shall be acceptable if the specimen conforms to the optical and other environmental durability requirements of the relevant specification.

9. Environmental test code

The code for coating environmental durability tests shall be formed as follows:

Coating environmental durability test ISO 9211—4 —XX — XX

Name

ISO base number

Conditioning method

Degree of severity

Annex A (normative)
Materials for abrasion testing of optical coatings

A. 1 Cheesecloth material

A. 1. 1 Yarn

The yarn shall be made from cotton, free from waste and loading materials, carded, drawn and spun into single yarns.

A. 1. 2 Warp

The warp of the cloth shall have 41 yarns to 47 yarns per 25 mm and the filling shall have 33 yarns to 39 yarns per 25 mm. The total number of yarns in a 25 mm by 25 mm square shall be 76 to 84. The mass shall be 45 g/m^2 to 54 g/m^2

A. 1. 3 Type

The type of cheese cloth shall be bleached. Prior to use, it shall be laundered to remove completely the sizing agent and then dried.

A. 2 Eraser (rubber–pumice) material

A. 2. 1 General

The eraser[1)] shall be a uniform mixture of rubber and abrasive, formed by an extrusion process. It shall be composed of no less than 15% by mass of pumice. All abrasive shall be fine ground, such that 100% will pass through a sieve with opening 45 μm. The formulation shall not contain any ingredient which might leave a residue on the surface under test that would lubricate subsequent strokes during the test procedure.

A. 2. 2 Hardness

The finished eraser shall have an international rubber hardness degree (IRHD) of 75±5 on both ends, in accordance with ISO 48.

A. 2. 3 Accelerated aging

The eraser shall show a hardness change of not more than 10 points after being placed in an air oven for seven days at a temperature of 70 ℃±2 ℃

A. 2. 4 Shape and size

The diameter of the eraser shall be from 6. 5 mm to 7 mm, so that it fits tightly and is held by friction in an abrasion test fixture, such as that shown in Figure A. 1. It shall be of sufficient length to be held securely in the abrasion test fixture with not more than 3 mm exposed.

A. 2. 5 Workmanship

The eraser shall be free from any excessive holes, cracks, splits, or foreign particles which might adversely affect its use.

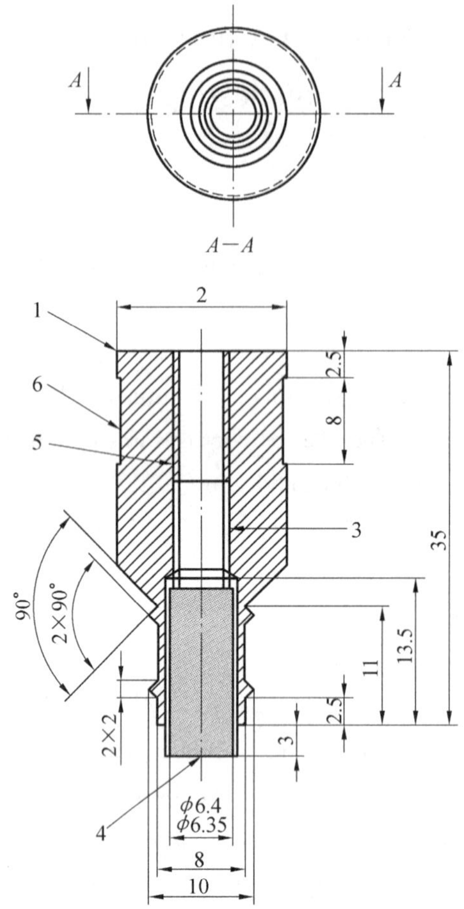

Figure A. 1 Abrasion test fixture with eraser installed

Key

1 abrasion test fixture	4 eraser conforming to Annex A
2 size to fit abrasion tester	5 thread for set screw
3 set screw	6 place for set screw

NOTE All dimensions except hole for the eraser are nominal and are not critical.

Annex B (normative)
Cheesecloth pad, pad cover and fixture preparation for moderate abrasion testing of optical coatings

B. 1 Cheesecloth pad preparation

B. 1. 1 Put on finger cots or latex, vinyl, or nitrile gloves.

B. 1. 2 Place a clean cotton towel or clean tissue paper on the work surface.

B. 1. 3 Clean all tools(scissors, callipers and 11mm diameter punch) with isopropyl alcohol(IPA) before use.

B. 1. 4 Cut and arrange into a stack 32 layers of cheesecloth material that complies with A. 1. The length and width of the stack should be sufficient to punch from it the number of 11 mm diameter pads that are needed. When compressed, the stack should be approximately 6 mm thick.

B. 1. 5 Fold a clean piece of paper in half.

B. 1. 6 Place the stacked layers of cheesecloth inside the folded piece of paper.

B. 1. 7 Staple through the paper and layers at each of the four corners of the stack of cheesecloth ,in order to keep them from moving out of alignment during the punching operation.

B. 1. 8 Place the paper-covered cheesecloth stack on a piece of polytetrafluoroethylene or similar material, and place the polytetrafluoroethylene on the workspace of a punch press.

B. 1. 9 Place an 11 mm diameter hole punch on top of the paper-covered cheesecloth stack.

B. 1. 10 Punch through the stack.

B. 1. 11 Carefully remove the hole punch from the stack of cheesecloth.

B. 1. 12 Remove the completed cheesecloth pad from the inside of the hole punch by pushing it out of the punch with a dowel or similar device.

B. 1. 13 Carefully place the completed cheesecloth pad inside a clean container.

B. 1. 14 Repeat steps B. 1. 9 to B. 1. 13 to cut additional cheesecloth pads as required.

B. 2 Cheesecloth pad cover and fixture preparation

B. 2. 1 Cut five 50 mm by 50 mm squares of cheesecloth. Two will be used as a permanent pad cover and three will be used as replaceable pad covers.

B. 2. 2 Remove the paper cover ends from an 11 mm diameter cheesecloth pad and place the pad in the centre of the two squares that will be the permanent pad cover.

B. 2. 3 Insert an eraser as specified in A. 2 in the tip of an abrasion test fixture, leaving 3 mm of the eraser tip exposed. See Figure A. 1.

B. 2. 4 Centre the pad and cover under the tip of the eraser in the abrasion test fixture.

B. 2. 5 Secure the cheesecloth cover firmly around shaft of the abrasion test fixture using a small rubber band and an 11mm diameter rubber O-ring placed between the two ridges on the shaft.

B. 2. 6 Pull the corners of the pad cover tight equally around the periphery of the pad, in order to hold the pad in place and centred under the eraser.

B. 2. 7 Tie a piece of dental floss around the shaft between the ridges to permanently hold the pad cover in place.

B. 2. 8 Trim the excess cover material beyond the securing devices close to the shaft.

B. 2. 9 Place the three replaceable cover layers over the pad cover.

B. 2. 10 Secure the layers firmly over the pad cover using a small rubber band placed between the two ridges on the shaft.

B. 2. 11 The fullest diameter of the cheesecloth tester should be approximately 12 mm diameter. The rub contact area should be approximately 10 mm diameter.

B.2.12 As the outer replaceable cover layer wears out, it soiled, or becomes contaminated , replace all three replaceable cover layers. The permanent cover and pad should rarely if ever need replacing.

Annex C (informative)
Visual examination of optical coatings

Visual examination of optical coatings by this method shall be performed using two cool white 15 W fluorescent light bulbs as the light source. The viewing distance from the coated surface to the eye shall not exceed 45 cm. The coated surface shall be viewed against a black matte background. The only illumination in the inspection area shall be from the light source used for examination. This method of examination is depicted in Figure C.1.

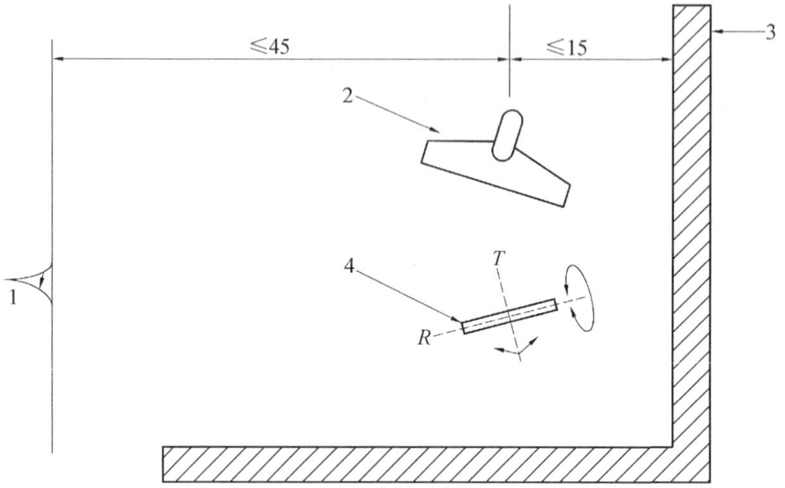

Figure C.1 Method of examination

Key

1 observer

2 commercial fixture containing two cool white 15 W fluorescent lamps

3 black matte background

4 specimen

R reflective viewing

T transmissive viewing

NOTE Tilt the specimen at an appropriate angle to see the coated surface.

名词索引

参考文献

[1] 唐晋发,郑权. 应用光学薄膜[M]. 上海:上海科学技术出版社,1984.
[2] 卢进军,刘卫国. 光学薄膜技术[M]. 西安:西北工业大学出版社,2005.
[3] 李正中. 薄膜光学与镀膜技术[M]. 台北:艺轩图书出版社,2004.
[4] 林永昌,卢维强. 光学薄膜原理[M]. 北京:国防工业出版社,1990.
[5] 尹树百. 薄膜光学理论与实践[M]. 北京:科学出版社,1987.
[6] 严一心,林鸿海. 薄膜技术[M]. 北京:兵器工业出版社,1994.
[7] 埃克托瓦. 薄膜物理学[M]. 王广阳,张福出,梁民笙,译. 北京:科学出版社,1986.
[8] 薛增泉,吴全德,李洁. 薄膜物理[M]. 北京:电子工业出版社,1991.
[9] JAMES D, RANCOURT. Optical thin film user handbook[M]. Washington: Washington SPIE Optical Engineering Press,1996.
[10] 赵宝升. 真空技术[M]. 北京:科学出版社,1998.
[11] 钟迪生. 真空镀膜:光学材料的选择与应用[M]. 辽宁:辽宁大学出版社,2001.
[12] 机械工业部仪器仪表工业局. 光学零件特种加工工艺学[M]. 北京:机械工业出版社,1993.
[13] 麦克劳德 H A. 光学薄膜技术[M]. 周九林,尹树百,译. 北京:国防工业出版社,1974.
[14] 田民波,刘德令. 薄膜科学与技术手册[M]. 北京:机械工业出版社,1991.
[15] 范正修. 光学薄膜[M]. 上海:中国科学院上海光学精密机械研究所,2000.
[16] MACLEOD H A. Thin—Film Optical Filters[M]. London: London IOP Publishing Ltd, 2006.
[17] RONALD R, WILLY. Pratical design and praoduction of optical thin films[M]. NEW York: Marcel Dekker,2002.
[18] 王怡德. 磁控溅射技术[M]. 北京:北京中方盖德真空技术有限公司,2004.
[19] 唐晋发,顾培夫. 现代光学薄膜技术[M]. 浙江:浙江大学出版社,2006.
[20] 顾培夫. 薄膜技术[M]. 杭州:浙江大学出版社,1990.
[21] 梁铨廷. 物理光学[M]. 北京:电子工业出版社,2008.
[22] ZHAN Meiqiong, TAN Tianya, ZHANG Dawei, et al. Influence of deposition temperature on the properties of high-reflectivity conatings[J]. Optical Engineering, 2006,45(6):063801.
[23] 蔡珣,石玉龙,周建. 现代薄膜材料与技术[M]. 上海:华东理工大学出版社,2007.
[24] 李学丹,万英超. 真空沉积技术[M]. 杭州:浙江大学出版社,1994.
[25] 郑伟涛. 薄膜材料与镀膜技术[M]. 北京:化学工业出版社,2007.

[26] SMITH D. Thin film deposition[M]. S. l.: MaGraw-Hill, Inc. 1995.
[27] 张以忱. 真空镀膜设备[M]. 北京:冶金工业出版社,2009.
[28] 吴自勤,王兵. 薄膜生长[M]. 北京:科学出版社,2001.